Collection
Inter
Africaine de
Mathématiques

AF870894

sous la direction
de Saliou Touré
Professeur à l'Université
d'Abidjan

MATHÉMATIQUES

4e

Joël BAILLIEUX
Kokou DÉKAWOLÉ
Samindang DJONDIMADJI
Ngoran Simon FRONDOH
Djam HAMAN
Walter Paul KOMO
Mbangadingar N'DILDE
Isaac NGAÏMONAZOUI
Daniel PAULUS
Dieudonné RANAIVOARIMIANDRY

EDICEF
58, rue Jean-Bleuzen
F 92178 VANVES Cedex

L'idée d'harmoniser les programmes de mathématiques entre les pays francophones d'Afrique et de l'océan Indien remonte à l'année 1983 où fut organisé par l'IRMA, à Abidjan, le premier séminaire d'harmonisation. Depuis, d'autres séminaires ont suivi : en 1985 à Cotonou, en 1988 à Conakry et en juin 1992 à Abidjan avec la participation de 20 pays.

PARTICIPATION DES DIFFÉRENTS PAYS

BÉNIN	COMORES	GUINÉE	RWANDA
BURKINA FASO	CONGO	MADAGASCAR	SÉNÉGAL
BURUNDI	COTE D'IVOIRE	MALI	TCHAD
CAMEROUN	DJIBOUTI	MAURITANIE	TOGO
CENTRAFRIQUE	GABON	NIGER	ZAÏRE

La suite logique, souhaitée par tous les participants, est l'élaboration d'une Collection Inter-Africaine de manuels de mathématiques pour l'enseignement secondaire. Des rédacteurs de tous les pays participent à la réalisation de ce projet. Un comité de coordination travaille avec les cellules nationales mises en place dans chaque pays.

COMITÉ DE COORDINATION

Mme Georgette OUÉDRAOGO-HADDAD

M. Frédy BÉGHAIN
M. Jacques BOUBILA
M. Hubert MEYER
M. Denny OUÉHI
M. Alain RENAULT
M. Soma TRAORÉ

D'autres séminaires de concertation ont réuni les responsables de ces cellules, à Libreville en 1993, à Ndjaména en 1994 et à Yaoundé en 1995.

ISBN 978-2-7531-0167-8

Dépôt légal : 02/2025 – Édition : n°32 – 59/5871/5 - Achevé d'imprimer en Mars 2025 en Italie par Vincenzo Bona S.p.A.

PRÉFACE

Dans un monde qui évolue rapidement, la maîtrise et l'approfondissement des mathématiques apparaissent comme une condition indispensable au développement des nations, plongées qu'elles sont dans l'ère de la haute technologie et de la mondialisation des marchés.

Voilà pourquoi les mathématiciens africains ont commencé, dès 1983, à organiser des réunions de concertation sur les problèmes posés par l'enseignement des mathématiques qui jouent un rôle essentiel dans la préparation des jeunes aux défis de l'avenir.

La Collection Inter-Africaine de Mathématiques que nous proposons aujourd'hui aux élèves de l'Enseignement Secondaire des pays francophones d'Afrique et de l'Océan Indien est le fruit de cette collaboration franche et fraternelle qui a abouti, au mois de juin 1992, à l'élaboration et à l'adoption par tous ces pays des programmes des premier et second cycles de l'Enseignement Secondaire.

Elle a pour objectifs majeurs :

– l'harmonisation de la pédagogie des mathématiques et la mise à la disposition des élèves et des enseignants africains de manuels de qualité tenant compte du milieu socioculturel africain en tant que support et véhicule privilégiés des concepts mathématiques ;

– l'acquisition par les élèves des bases d'une formation mathématique solide qui leur permettent d'analyser une situation, de conjecturer des hypothèses et de les valider ou non à l'épreuve des faits ou du raisonnement, de recourir aux modèles mathématiques qu'ils connaissent et de dégager une conclusion ;

– la diminution du coût du manuel pour permettre la réalisation d'un vieux rêve : un élève, un livre.

Les ouvrages de la Collection Inter-Africaine de Mathématiques, rédigés par des équipes d'enseignants, de chercheurs et de responsables pédagogiques africains, belges et français, s'appuient sur l'environnement des élèves pour les motiver, les faire agir, les amener à comprendre et à agir de nouveau, de manière autonome et créatrice. Les contenus adoptés et les méthodes pédagogiques préconisées ont été systématiquement expérimentés dans plusieurs pays avant que ne soient entreprises les rédactions définitives.

Conformément à notre conception de l'enseignement des mathématiques, nous n'avons pas voulu présenter les leçons sous forme d'exposés théoriques, mais comme des séances de travail au cours desquelles des activités de calcul, de dessin, de lecture de documents (le plus souvent empruntés au milieu africain) sont mises en œuvre pour solliciter et provoquer constamment la participation active des élèves.

Insérés dans les leçons, des exercices d'application immédiate permettent l'assimilation des notions étudiées. Placés à la fin des chapitres, des exercices d'entraînement et d'approfondissement permettent aux élèves d'éprouver leur compétence et aux professeurs d'évaluer leur enseignement.

Nous exprimons notre gratitude aux différents Ministres chargés de l'Éducation dans les pays francophones d'Afrique et de l'océan Indien, ainsi qu'aux responsables de la Coopération Française et de la Coopération Belge qui, par leur compréhension, leurs encouragements et leur soutien constant tant moral que matériel, nous ont permis de réaliser ces ouvrages dans les meilleures conditions possibles.

Enfin, nous espérons que ce manuel répondra au mieux à l'attente et aux besoins des utilisateurs (professeurs et élèves). Afin d'en améliorer les prochaines éditions, nous accueillerons avec reconnaissance les remarques, les critiques et les suggestions qu'ils voudront bien nous faire et, par avance, nous les en remercions.

Saliou Touré

SOMMAIRE

ACTIVITÉS GÉOMÉTRIQUES

ACTIVITÉS NUMÉRIQUES

ACTIVITÉS GÉOMÉTRIQUES

Nul n'entre ici s'il n'est géomètre.

PLATON (428-347 av. J.-C., Athènes)

1

Résoudre des problèmes de géométrie

Le « Premier livre des éléments » d'Euclide

« Construire un triangle isocèle qui ait chacun des angles de la base double de l'angle restant. »

21. « Les figures trilatéres sont terminées par trois droites. »

24. « Parmi les figures trilatéres, le triangle équilatéral est celle qui a ses trois côtés égaux. »

25. « Parmi les figures trilatéres, le triangle isocèle est celle qui a seulement deux côtés égaux. »

Quelles formulations modernes proposerais-tu de ces textes d'Euclide qui datent du IIIe siècle avant J.-C. ?

SOMMAIRE

1 Démontrer

1.1 DÉMONTRER QU'UN POINT EST LE MILIEU D'UN SEGMENT

Énoncé

ABCD et CDBE sont deux parallélogrammes.
• *Démontre que le point B est le milieu du segment [AE].*

Solution

Lecture de l'énoncé

Je lis attentivement l'énoncé pour faire l'inventaire des informations qui me permettront de :

① faire **une figure codée**, éventuellement après avoir fait une esquisse à main levée ; (on pourra coder en couleur les données explicites et au crayon leurs conséquences immédiates que l'on doit justifier avant utilisation) ;

② recenser, parmi les informations, **les données** du problème ;

③ identifier, parmi les informations, le problème posé qui est énoncé sous forme d'une phrase affirmative (*Démontre que ..., justifie que ...*) ou d'une phrase interrogative (*Quelle est... ?*) : c'est la **conclusion**.

① ***Figure codée***

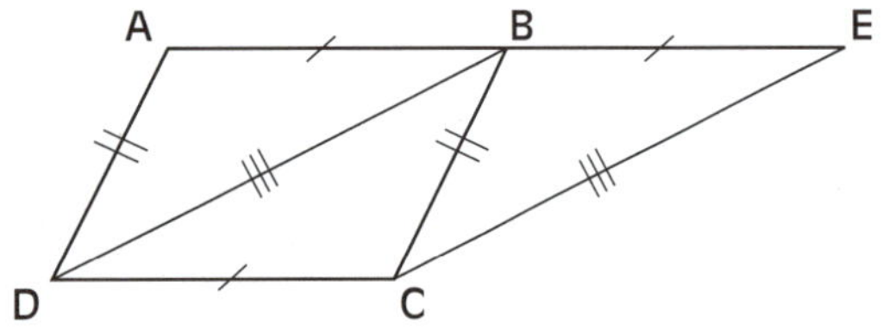

Les données de cet énoncé ne permettent pas un codage en couleur.
Par contre un codage au crayon noir est nécessaire afin de mettre en évidence des conséquences immédiates des données.
ABCD et CDBE sont des parallélogrammes :
– on ne code pas le parallélisme des supports des côtés opposés ;
– on code les longueurs des côtés opposés.

② ***Données***
• ABCD est un parallélogramme.
• CDBE est un parallélogramme.

③ ***Conclusion***
• Le point B est le milieu de [AE].

Recherche d'une démarche

À partir des données, je recherche une démarche qui me permettra de répondre à la question posée.

Pour démontrer que le point B est le milieu de [AE], je peux justifier que :
– AB = BE ;
– les points A, B et E sont alignés.

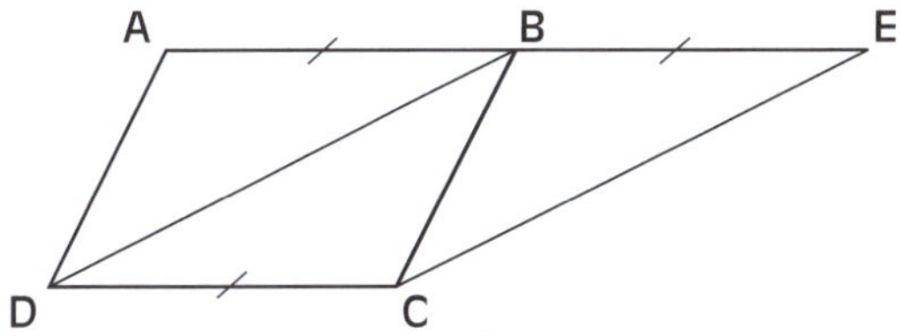

La conclusion mettant en jeu les points A, B et E, je m'intéresse :
- au côté [AB] du parallélogramme ABCD ;
- au côté [BE] du parallélogramme CDBE ;
- au côté [DC], opposé à [AB] et [BE].

Le codage des longueurs des autres côtés n'est donc pas utile ; donc je peux les effacer.

La démarche consiste à utiliser :
- le parallélisme des supports des côtés opposés pour justifier l'alignement des points A, B et E ;
- l'égalité des longueurs de ces mêmes côtés pour justifier que AB = BE.

Rédaction de la solution

ORGANIGRAMMES DE DÉMONSTRATION

1e étape

Je démontre que les points A, B et E sont alignés.

ABCD est un parallélogramme. —**1**→ (AB) // (DC)

CDBE est un parallélogramme. —**1**→ (BE) // (DC)

(AB) // (DC) et (BE) // (DC) —**2**→ A, B, E alignés

Justifications

1 Définition díun parallélogramme

2 Propriété : par un point n'appartenant pas à une droite donnée, on ne peut tracer qu'une seule droite parallèle à cette droite.

2e étape

Je démontre que AB = BE.

ABCD est un parallélogramme. —**3**→ AB = DC

CDBE est un parallélogramme. —**3**→ BE = DC

AB = DC et BE = DC —**4**→ AB = BE

Justifications

3 Propriété : les côtés opposés d'un parallélogramme ont la même longueur.

4 Conséquence immédiate de l'égalité.

3e étape

Je conclus.

A, B, E alignés et AB = BE —**5**→ B milieu de [AE]

Justification

5 Définition du milieu d'un segment.

PROPRIÉTÉ

Faire une démonstration ou démontrer, c'est établir une succession d'étapes qui, en partant des données, permet d'aboutir à la conclusion, chacune de ces étapes étant justifiée par des définitions, des propriétés ou des formules.

MÉTHODE

Pour résoudre un problème qui a pour objet de démontrer,
on peut procéder comme suit :

1 ***Lecture de l'énoncé***
- Faire ou reproduire une figure codée (éventuellement après une esquisse à main levée).
- Écrire les données et la conclusion.

2 ***Recherche d'une démarche***
- Analyser la figure codée.
- Rechercher une démarche de démonstration.
- Rechercher les outils nécessaires aux justifications.

3 ***Rédaction de la solution***
- Rédiger les différentes étapes de la démonstration et les justifier (ces étapes pourront être présentées sous forme d'organigrammes).

1.2 DÉMONTRER QU'UNE DROITE EST LA MÉDIATRICE D'UN SEGMENT

Énoncé

ABCD est un quadrilatère.
- *Trace les droites (L_1) et (L_2), médiatrices respectives de [AB] et [BC] ; marque le point M, intersection de (L_1) et (L_2).*
- *Trace les droites (L_3) et (L_4), médiatrices respectives de [CD] et [DA] ; marque le point N, intersection de (L_3) et (L_4).*
- *Démontre que (MN) est la médiatrice de [AC].*

Solution

Lecture de l'énoncé

Figure codée

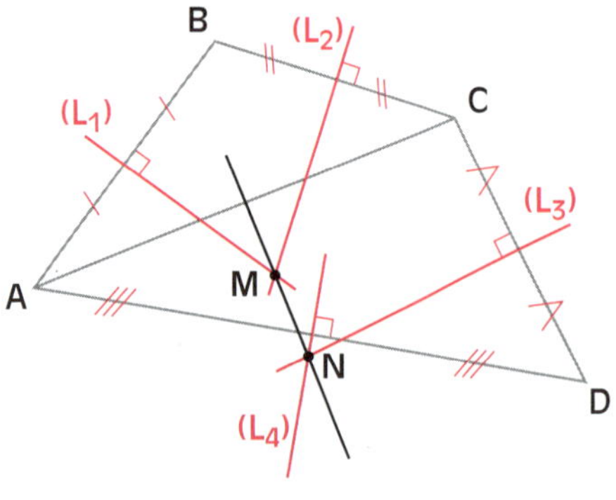

Données

(L_1) médiatrice de [AB]
(L_2) médiatrice de [BC]
(L_1) et (L_2) sécantes en M

(L_3) médiatrice de [CD]
(L_4) médiatrice de [DA]
(L_3) et (L_4) sécantes en N

Conclusion

(MN) médiatrice de [AC]

Recherche d'une démarche

Pour démontrer que (MN) est la médiatrice de [AC], j'ai la possibilité d'utiliser :

- soit la définition de la médiatrice d'un segment ;
- soit la propriété réciproque de la médiatrice d'un segment.

La définition n'est pas utilisable, car il faudrait justifier que :

- (MN) est perpendiculaire à (AC) ;
- (MN) coupe [AC] en son milieu.

Or aucune donnée ne me permet de le faire.

J'utiliserai donc les propriétés des points d'une médiatrice.

Rédaction de la solution

ORGANIGRAMMES DE DÉMONSTRATION

1e étape

Je démontre que M appartient à la médiatrice de [AC].

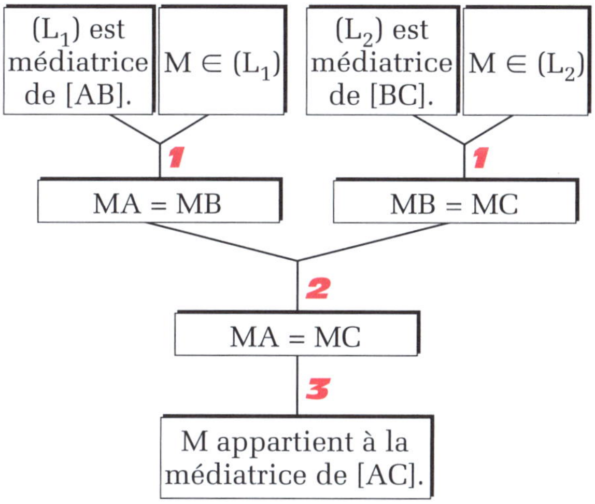

2e étape

Je démontre que N appartient à la médiatrice de [AC].

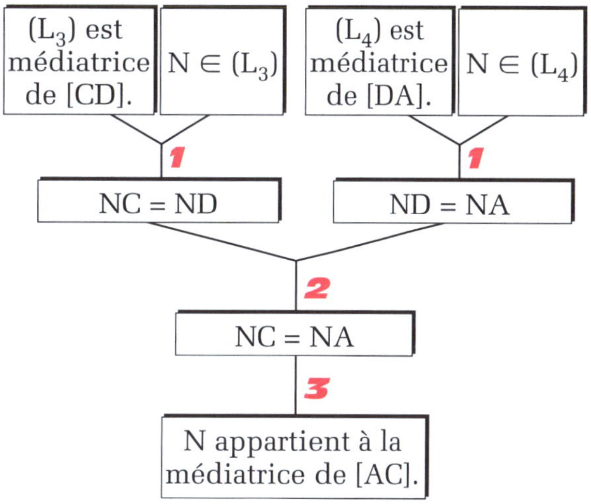

Justifications

1 Propriété de la médiatrice : si un point appartient à la médiatrice d'un segment, alors il est équidistant des extrémités de ce segment.

2 Conséquence immédiate de l'égalité.

3 Propriété réciproque de la médiatrice : si un point est équidistant des extrémités d'un segment, alors il appartient à la médiatrice de ce segment.

3e étape

Je conclus.

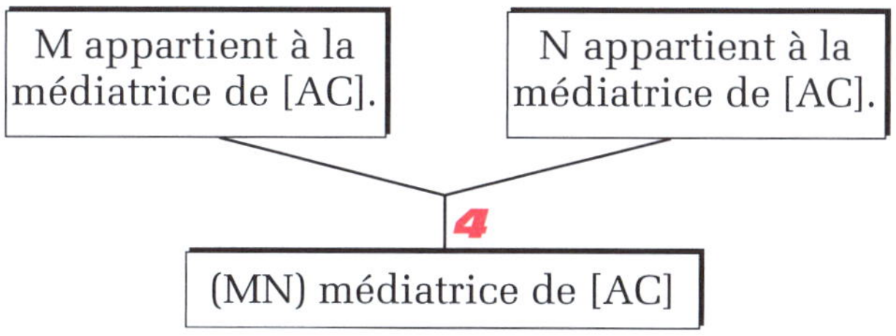

Justification

4 Une droite est définie par deux points.

MÉTHODE

Pour démontrer qu'une droite (D) est la médiatrice d'un segment [AB], plusieurs méthodes sont possibles :

1 ***Utiliser la définition***
Pour cela, on justifie que la droite (D) passe par le milieu de [AB] et est perpendiculaire à (AB).

2 ***Utiliser les propriétés des points d'une médiatrice***
Pour cela, on trouvera deux points équidistants des extrémités de [AB].

3 ***Utiliser un axe de symétrie d'une figure***
Pour cela, on pourra trouver :
- un triangle isocèle de base [AB], qui admet la droite (D) pour hauteur relative à la base (ou bissectrice de l'angle du sommet principal) ;
- un cercle ayant [AB] pour corde et la droite (D) pour diamètre perpendiculaire à (AB) ;
- deux cercles qui se coupent en A et B, la droite (D) étant la droite des centres.

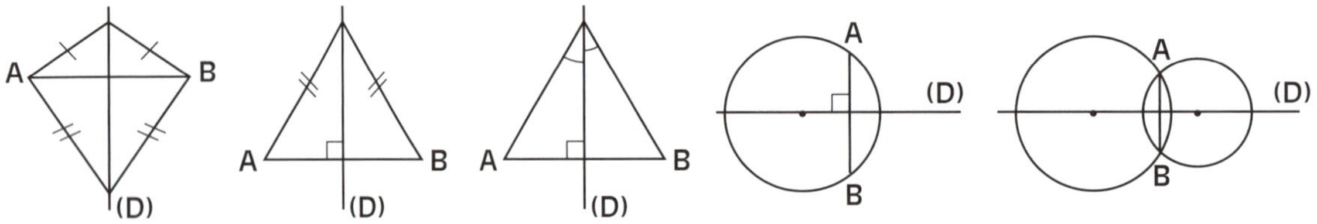

2 Construire

Énoncé

On donne un segment [AB] de longueur 5 cm.
- *Construis, à la règle et au compas uniquement, un triangle ABC tel que :*
  - *– ABC soit rectangle en A ;*
  - *– la hauteur [AH] ait pour longueur 4 cm.*

Solution

Lecture de l'énoncé

L'unité de longueur est le cm.

Donnée	***Contraintes***	***Instruments imposés***
AB = 5	ABC est un triangle rectangle en A.	Compas
	[AH] est une hauteur.	Règle
	AH = 4.	

Objectif
Réaliser une figure à partir de la donnée, vérifiant les contraintes et à l'aide des instruments imposés.

Recherche d'une démarche

Esquisse

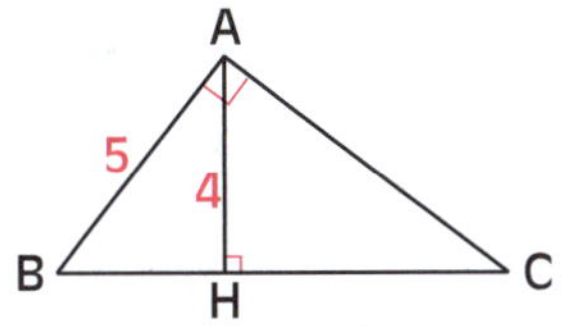

Analyse de l'esquisse

- Position du point H :
  - le triangle ABH est rectangle en H, donc H appartient au cercle $(\mathscr{C}_1)$ de diamètre [AB] ;
  - AH = 4 , donc H appartient au cercle $(\mathscr{C}_2)$ de centre A et de rayon 4 ;
  - par conséquent, H est un point d'intersection de $(\mathscr{C}_1)$ et $(\mathscr{C}_2)$.
- Position du point C :
  - C ∈ (BH) ;
  - ABC est rectangle en A, donc C appartient à la droite (L) passant par A et perpendiculaire à (AB) ;
  - par conséquent, C est le point d'intersection de (BH) et (L).

Rédaction de la solution

Programme de construction

- Construction du point H :
  - [AB] est un segment de longueur 5 cm ;
  - tracer le cercle $(\mathscr{C}_1)$ de diamètre [AB] ;
  - tracer le cercle $(\mathscr{C}_2)$ de centre A et de rayon 4 cm ;
  - marquer le point H, un des deux points d'intersection de $(\mathscr{C}_1)$ et $(\mathscr{C}_2)$;
- Construction du point C :
  - construire la perpendiculaire (L) à (AB) passant par A ;
  - tracer la droite (BH) ;
  - marquer le point C, intersection de (L) et (BH).

Construction

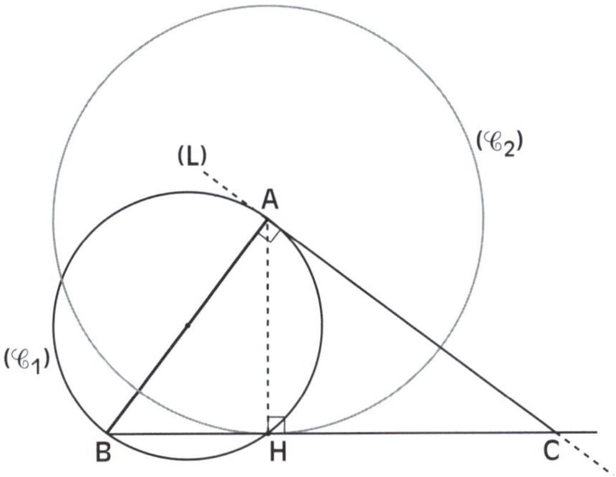

Justifications

- Le triangle ABC est rectangle en A, car (AC) ⊥ (AB) (puisque le point C appartient à la perpendiculaire (L) en A à (AB)).
- Dans le triangle ABC, (AH) est la hauteur passant par A, car (AH) ⊥ (BC) (puisque le triangle ABH est rectangle en H comme triangle inscrit dans un cercle de diamètre [AB]).
- AH = 4, car le point H appartient au cercle de centre A et de rayon 4 cm.

MÉTHODE

Pour résoudre un problème de construction, on peut procéder comme suit :

1 ***Lecture de l'énoncé***
- Écrire les données, les contraintes et les instruments imposés.

2 ***Recherche d'une démarche***
- Faire une esquisse.
- Analyser l'esquisse.
- Rechercher une méthode de construction.

3 ***Rédaction de la solution***
- Écrire le programme de construction.
- Réaliser la construction de la figure.
- Justifier que la figure obtenue respecte les contraintes de l'énoncé.

EXERCICES

ENTRAÎNEMENT

1 DÉMONTRER

1 ABC est un triangle rectangle en A tel que mes $\widehat{B}$ = 60°.
Le point I est le milieu de [BC].

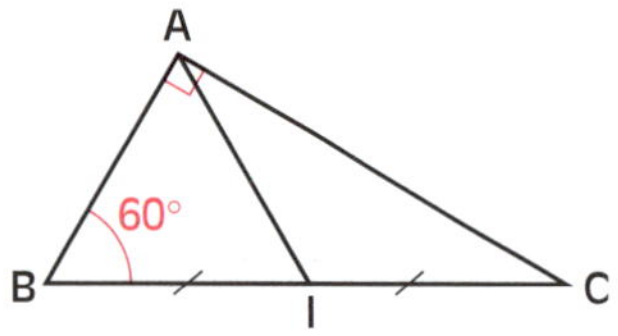

Démontre que le triangle ABI est équilatéral.

2 ABCD est un parallélogramme tel que :

mes $\widehat{ACD}$ = 62° et mes $\widehat{DBA}$ = 27°.

ABCD est-il un losange ?

3 Sur la figure codée ci-contre, ABC est un triangle et I un point du segment [BC].

Démontre que les points I, H, E et A sont sur un même cercle.

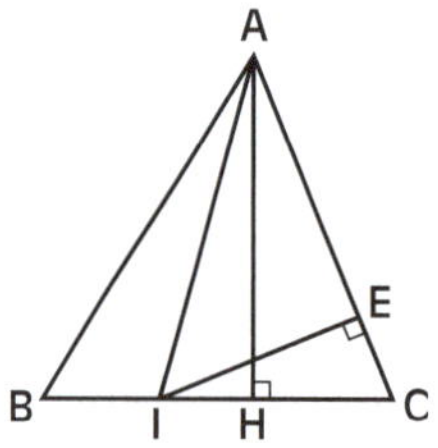

4 ABCD et AECF sont des parallélogrammes.

Démontre que EBFD est un parallélogramme.

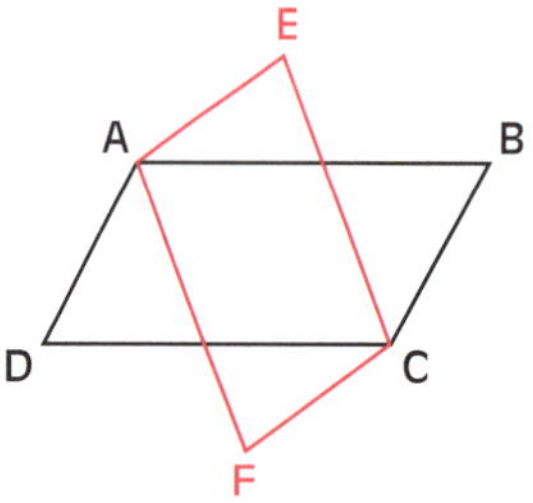

5 ABC est un triangle rectangle en A.
Dans ce triangle, la hauteur qui passe par A coupe (BC) en H.
Le cercle (𝒞) de centre H passant par A recoupe (AB) en E et (AC) en F.

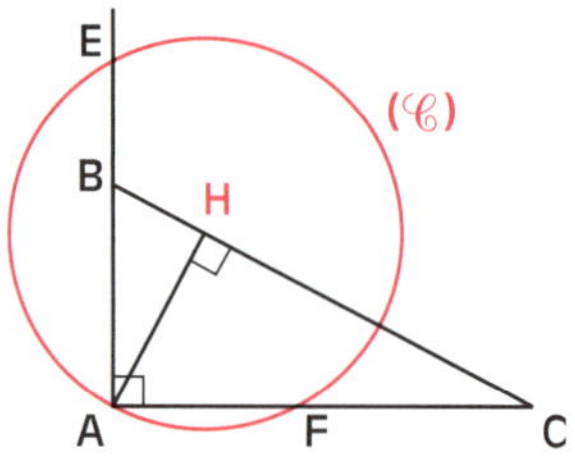

Démontre que les points E, H et F sont alignés.

6 ABC est un triangle rectangle en A ;
K est le point de [BC] tel que :

mes $\widehat{BAK}$ = mes $\widehat{ABC}$.

Démontre que K est le milieu de [BC].

7 (𝒞) est un cercle de centre O.
A, B et C sont trois points de ce cercle ; le point I est le milieu de [AB] ; le cercle (𝒞') de diamètre [BC] recoupe (AB) au point D.

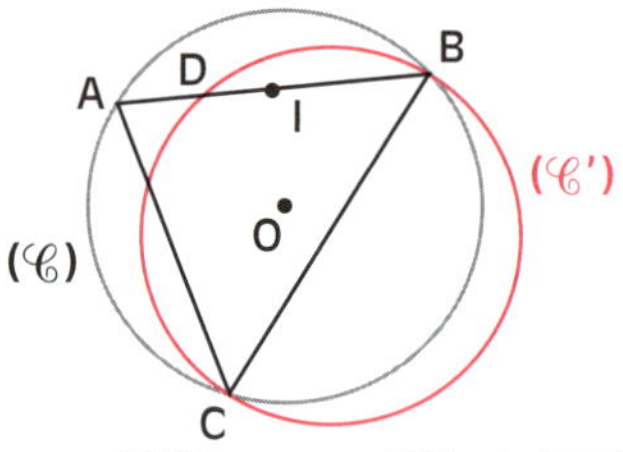

Démontre que (OI) est parallèle à (CD).

8 (𝒞) est un cercle de centre I et (𝒞') un cercle de centre J. (𝒞) et (𝒞') se coupent en A et B. Une droite (L) passant par A recoupe (𝒞) en M et (𝒞') en N. Le point M' est diamétralement opposé à M sur (𝒞) et N' est diamétralement opposé à N sur (𝒞').

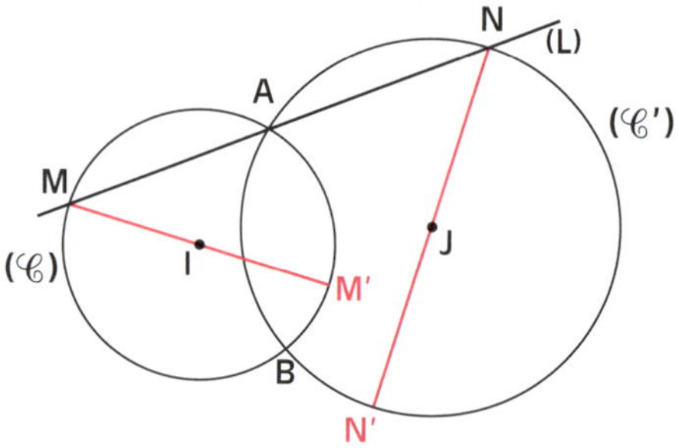

Démontre que A, M' et N' sont alignés.

9 (𝒞) est un cercle de centre O et (𝒞') est un cercle de centre O' ; (𝒞) et (𝒞') se coupent en A et B.
Le point D est le symétrique de A par rapport à O et E est le symétrique de A par rapport à O'.

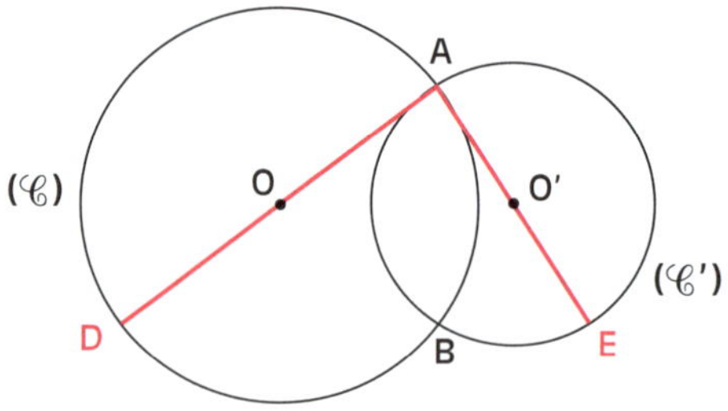

EXERCICES

Démontre que :
– les points D, B et E sont alignés ;
– la droite (OO') est parallèle à (DE).

2 CONSTRUIRE

10 On donne une demi-droite [OA].
En utilisant seulement la règle non graduée et le compas, construis un angle $\widehat{AOB}$ de mesure 15°.

11 On donne une droite (D), un point H appartenant à (D) et un point A n'appartenant pas à (D).

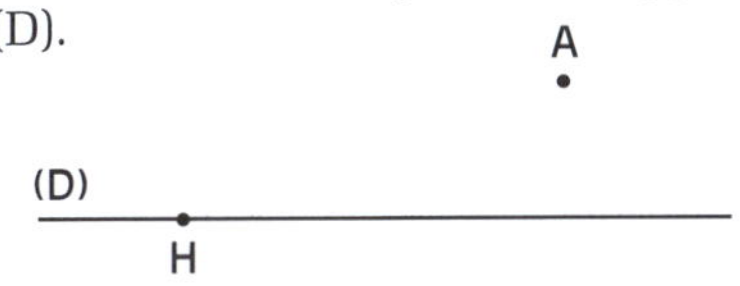

Construis, en utilisant seulement la règle et le compas, le point M appartenant à la droite (D) tel que MH = MA.

12 On donne un segment [AB] et une droite (D) tels que (D) et (AB) ne soient pas perpendiculaires.

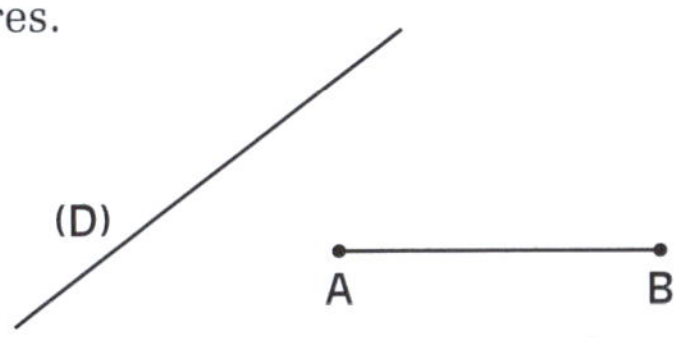

Construis, en utilisant seulement la règle non graduée et le compas, un cercle ($\mathscr{C}$) de centre O tel que :
– O appartienne à (D) ;
– ($\mathscr{C}$) passe par les points A et B.

13 On donne la figure ci-dessous sur laquelle ($\mathscr{C}$) est un cercle de centre O ; A est un point intérieur à ($\mathscr{C}$) et B un point extérieur à ($\mathscr{C}$).

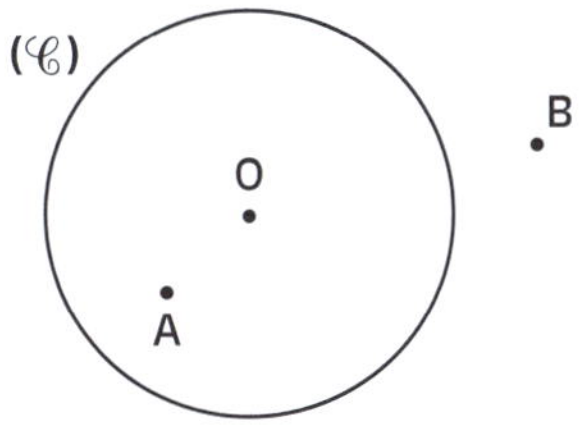

Construis, en utilisant seulement la règle non graduée et le compas, les points M et N du cercle ($\mathscr{C}$) qui sont équidistants de A et B.

14 On donne deux droites (D) et (L) perpendiculaires en O ; un point A n'appartenant ni à (D), ni à (L).

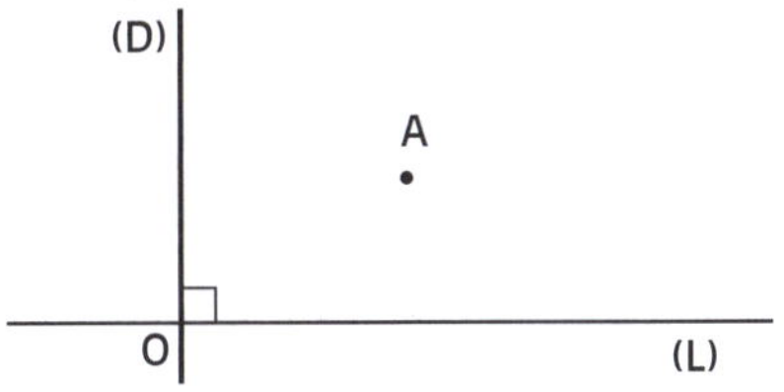

Construis, en utilisant seulement le compas, un point M appartenant à (D) et un point N appartenant à (L) tel que le point A soit le milieu de [MN].

APPROFONDISSEMENT

15 Sur la figure ci-dessous, ABC est un triangle et D est un point appartenant à [BC].
F est le milieu de [AC].
E est le milieu de [AD].
Le triangle AEB est tel que : EA = EB.

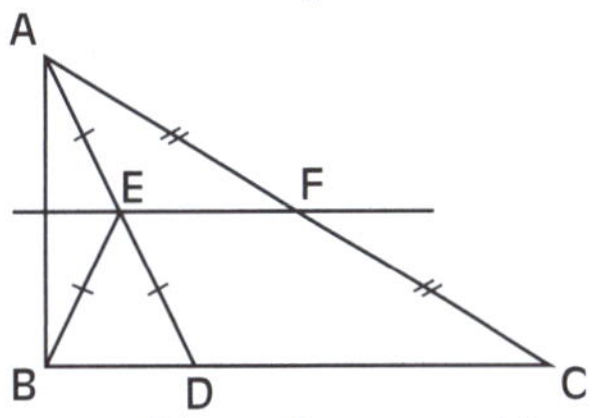

Recherche une démarche pour démontrer que la droite (EF) est la médiatrice du segment [AB] et rédige la démonstration en ordonnant correctement les étapes ① à ⑥ et leurs justifications 7 à 12.

ÉTAPES

① Le triangle ABC est rectangle en B
② F est le milieu de [AC] donc
FA = FB = FC
③ EA = EB donc E appartient à la médiatrice de [AB]
④ (EF) est la médiatrice de [AB]
⑤ Dans le triangle ABD,
E ∈ [AD] et EA = EB = ED
donc le triangle ABD est rectangle en B
⑥ F appartient à la médiatrice de [AB]

EXERCICES

Justifications

7 car un point équidistant des extrémités d'un segment appartient à la médiatrice de ce segment

8 car un point équidistant des extrémités d'un segment appartient à la médiatrice de ce segment

9 car le triangle ABD est inscriptible dans le cercle de diamètre [AD]

10 puisqu'une droite est définie par deux points

11 car le milieu de l'hypoténuse du triangle rectangle ABC est le centre du cercle circonscrit à ce triangle

12 car (AB) ⊥ (BC), puisque le triangle ABD est rectangle en B

16 On donne deux points O et O'.

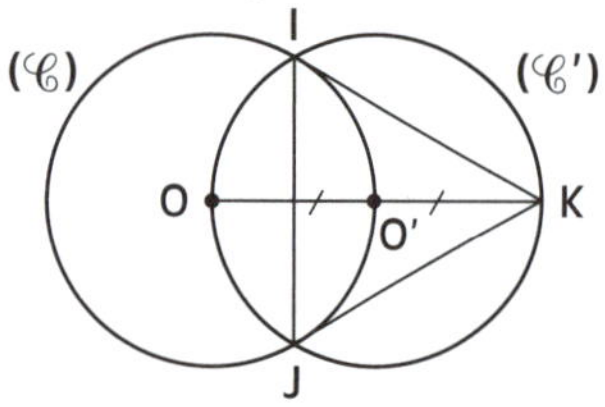

(𝒞) est le cercle de centre O et de rayon OO'.
(𝒞') est le cercle de centre O' et de rayon OO'.
(𝒞) et (𝒞') se coupent en I et J.
K est le symétrique de O par rapport à O'.
Démontre que le triangle IJK est équilatéral.

17 L'unité de longueur est le cm.
Construis un losange AEBF dont l'aire est 15 et tel que : AB = 5.

18 On donne trois points non alignés M, N et P.

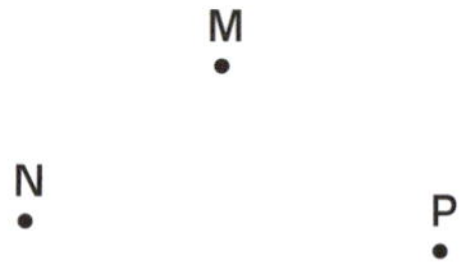

Construis, en utilisant seulement la règle et le compas, un point Q de telle sorte que les médiatrices des côtés [MN], [NP], [PQ] et [QM] du quadrilatère MNPQ soient concourantes.

19 ABCD est un carré.

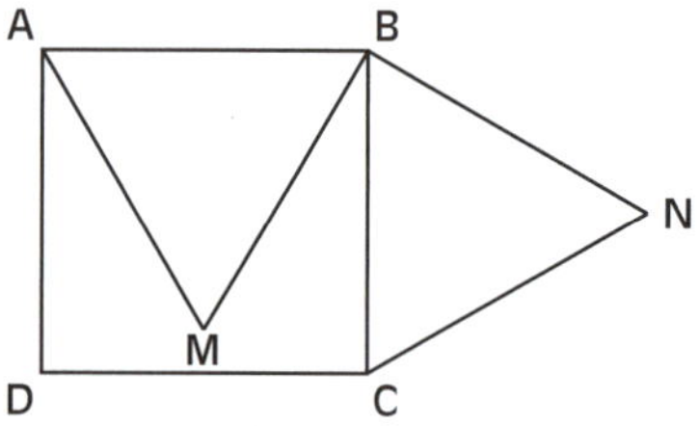

M est un point intérieur au carré et N un point extérieur au carré tels que AMB et BNC sont des triangles équilatéraux.
Les points D, M et N sont-ils alignés ?

2

Symétries

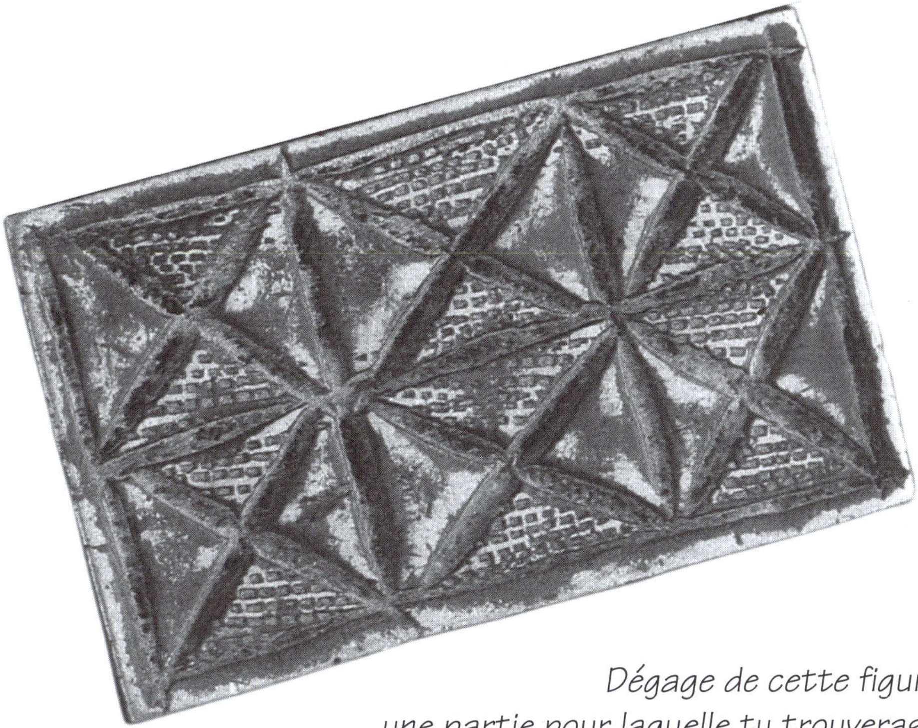

Dégage de cette figure
une partie pour laquelle tu trouveras :
– un centre de symétrie ;
– un axe de symétrie.

G. Niangoran-Bouah,
L'Univers Akan des poids à peser l'or, Éd. N.E.I.

SOMMAIRE

1 Notion d'application

Activité 1

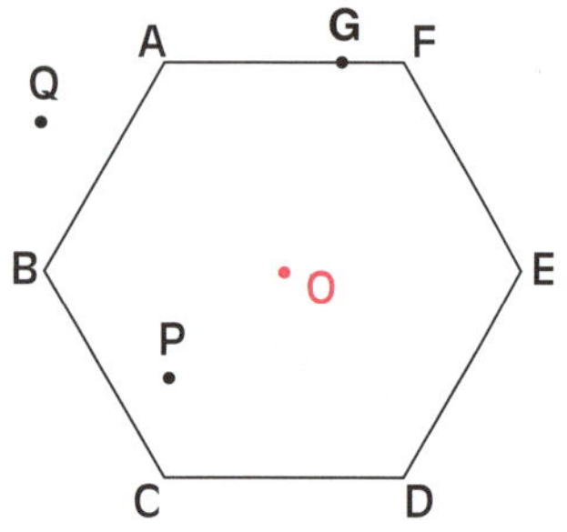

ABCDEF est un hexagone régulier de centre O.
G est un point de [AF].
P et Q sont deux points du plan.

• Construis le point H, symétrique du point G par rapport à O.
• Construis les points P' et Q', symétriques respectifs des points P et Q par rapport à O.
• Recopie et complète le tableau de correspondance suivant :

Point	O	A	B	C	D	E	F	G	P	Q
Symétrique par rapport à O										

Ainsi, à chaque point du plan, on peut faire correspondre un point et un seul, qui est son symétrique par rapport à O.

Cette correspondance est appelée **symétrie centrale de centre O**. On la note $\mathbf{S_O}$.

Activité 2

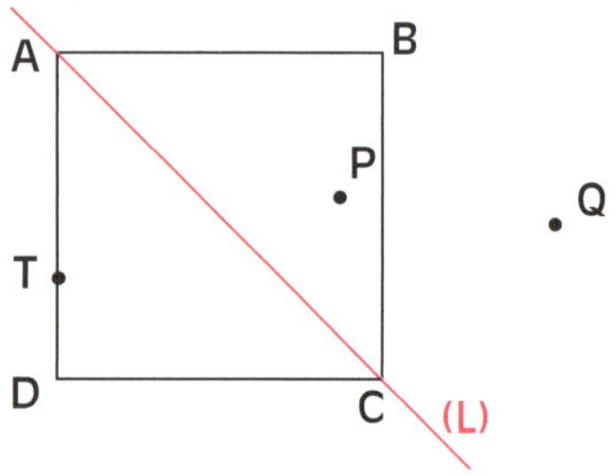

ABCD est un carré. On note (L) la droite passant par A et C.
T est un point de [AD].
P et Q sont deux points du plan.

• Construis le point U, symétrique du point T par rapport à (L).
• Construis les points P' et Q', symétriques respectifs des points P et Q par rapport à (L).
• Recopie et complète le tableau de correspondance suivant :

Point	A	B	C	D	P	Q	T
Symétrique par rapport à (L)							

Ainsi, à chaque point du plan, on peut faire correspondre un point et un seul, qui est son symétrique par rapport à (L).

Cette correspondance est appelée **symétrie orthogonale d'axe (L)**. On la note $\mathbf{S_{(L)}}$.

DÉFINITION

On appelle application du plan dans le plan toute correspondance qui, à chaque point du plan, associe un point du plan et un seul.

Lorsque l'application *f* du plan dans le plan associe au point M le point M',
on note : **M' = *f* (M).**

On dit que M' est l'**image** de M par l'application *f*.

PROPRIÉTÉ

La symétrie centrale et la symétrie orthogonale sont des applications du plan dans le plan.

EXERCICES

1.a Les carrés ABCD et IJKH sont symétriques par rapport à la droite (L) qui a été effacée.
Donne deux points de cette droite (L).
Reproduis et complète le tableau de correspondance suivant :

$S_{(L)}$	A	B	C	D	E	F	G	H	I	J	K

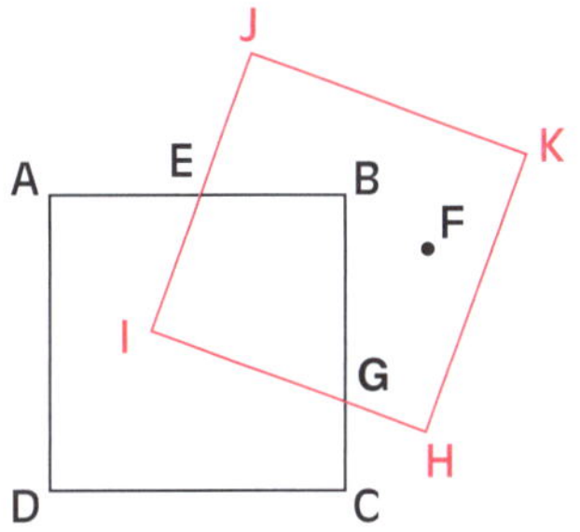

1.b Le tableau de correspondance ci-dessous est celui d'une symétrie de centre O.
Reproduis la figure et construis les points E, F, G et H.

S_O	
A	E
B	F
C	G
I	H

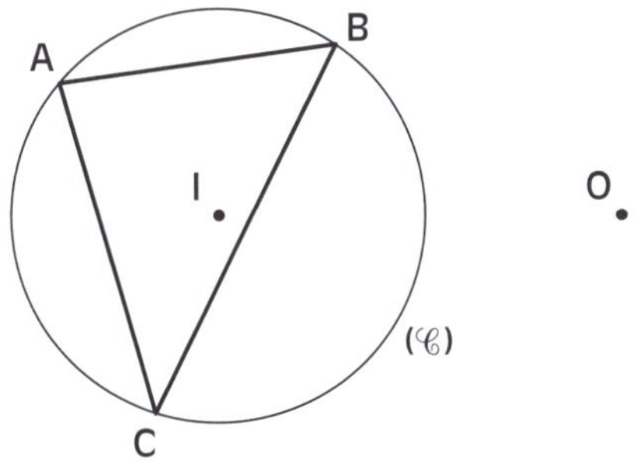

2 Propriétés des symétries

2.1 PROPRIÉTÉS

<table>
<tr><th>Par une symétrie centrale :</th><th>Par une symétrie orthogonale :</th></tr>
<tr><td colspan="2">Des points alignés ont pour images des points alignés.
Une droite a pour image une droite.
Un segment a pour image un segment de même longueur.
Le milieu d'un segment a pour image le milieu de l'image de ce segment.</td></tr>
<tr><td>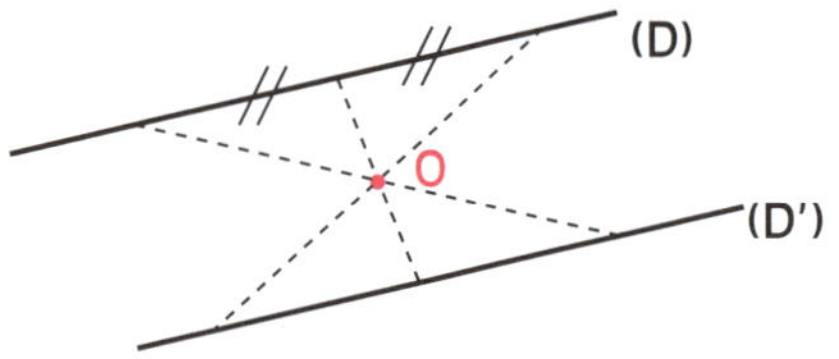

(D) et (D') sont parallèles.
Une droite passant par O est sa propre image par la symétrie de centre O.</td><td>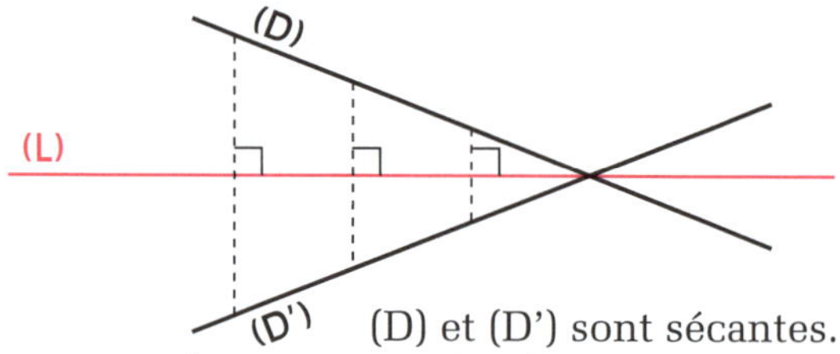

(D) et (D') sont sécantes.
Une droite perpendiculaire à (L) est sa propre image par la symétrie d'axe (L).</td></tr>
<tr><td colspan="2">Deux droites parallèles ont pour image deux droites parallèles.</td></tr>
<tr><td>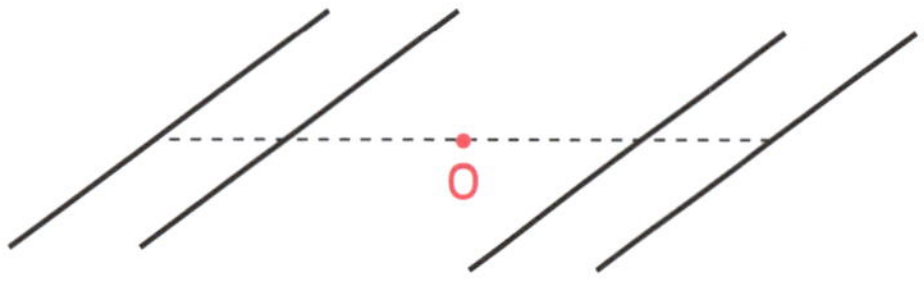
</td><td>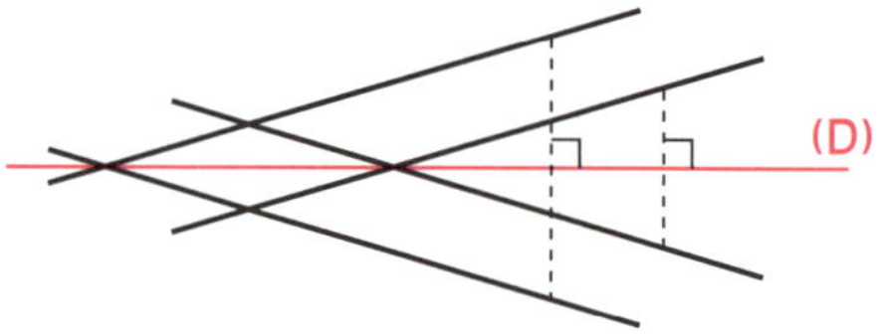
</td></tr>
<tr><td colspan="2">Un cercle a pour image un cercle de même rayon.</td></tr>
<tr><td>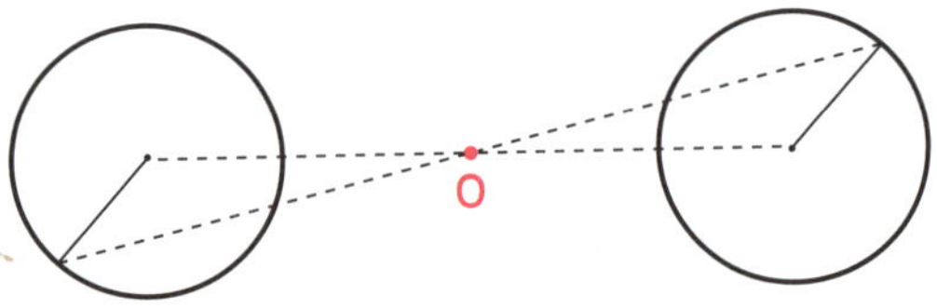
</td><td>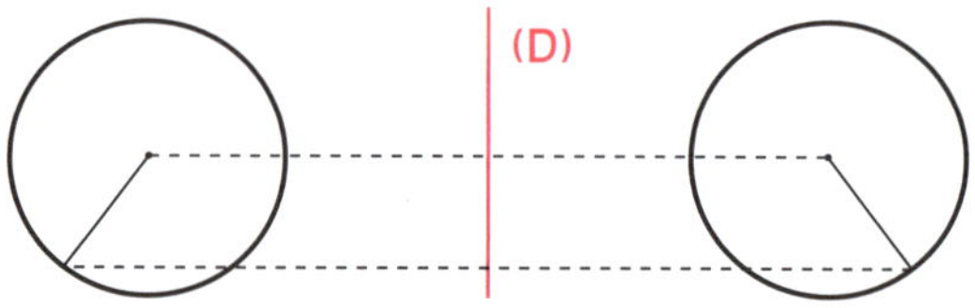
</td></tr>
<tr><td colspan="2">Un angle a pour image un angle de même mesure.</td></tr>
<tr><td>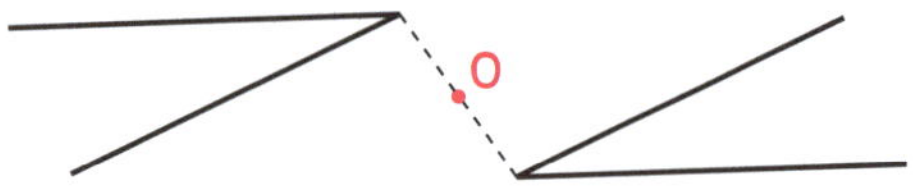
</td><td>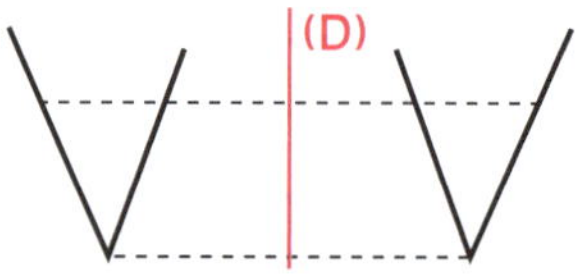
</td></tr>
<tr><td colspan="2">Deux droites perpendiculaires ont pour image deux droites perpendiculaires.</td></tr>
<tr><td>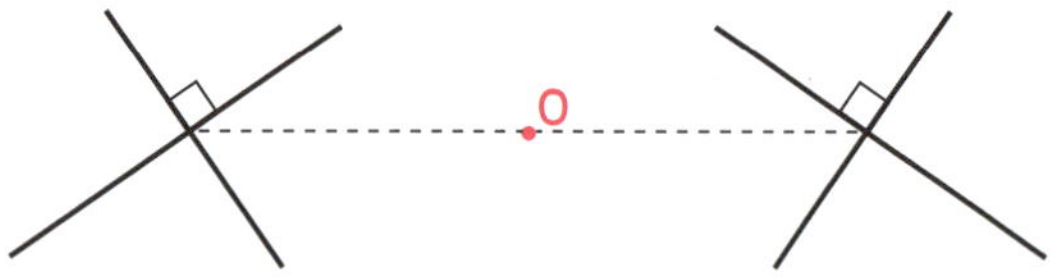
</td><td>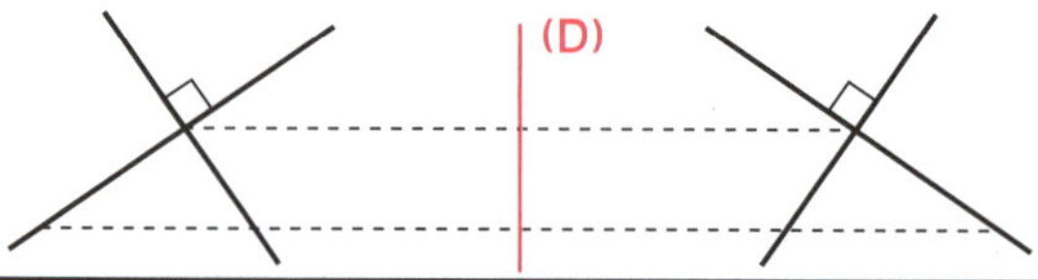
</td></tr>
<tr><td colspan="2">Si un point appartient à deux lignes,
alors son image appartient aux images de ces deux lignes.</td></tr>
</table>

2.2 UTILISATION DU TABLEAU DE CORRESPONDANCE

Activité 1

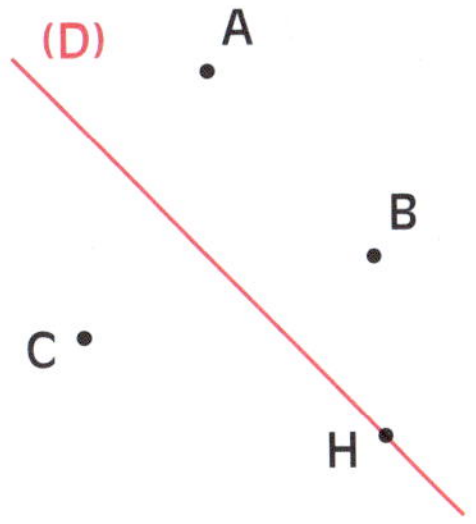

$S_{(D)}$	
A	E
B	F
C	G
H	H

$S_{(D)}$	
(AC)	
[BC]	
ABC	
(𝒞)	

- En te référant au 1er tableau de correspondance ci-contre, reproduis et complète la figure, puis donne l'image :
  - de la droite (AC),
  - du segment [BC],
  - du triangle ABC,
  - du cercle (𝒞) de centre A et de rayon AB.
- Reporte ces résultats dans le 2e tableau de correspondance.

Activité 2

- Reproduis et complète la figure codée ci-contre en te référant au tableau de correspondance suivant.

S_O	
A	E
B	F
C	G
H	K
I	J

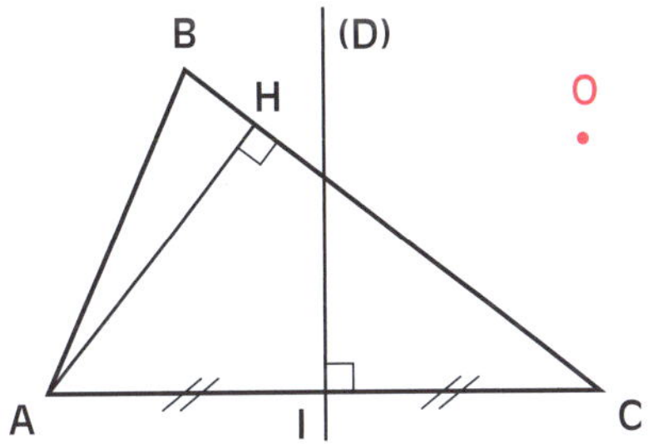

- Recopie les tableaux ci-dessous et donne les informations qu'ils permettent de déduire. Justifie tous les résultats.

Je sais que :

(D) est la médiatrice de [AC].

S_O	
A	E
C	G
(D)	(L)

Donc :
....
....
....
Car :
....
....
....

Je sais que :

[AH] est une hauteur du triangle BCA.

S_O	
B	F
C	G
A	E
H	K

Donc :
....
....
....
Car :
....
....
....

EXERCICES

2.a ABCD est un parallélogramme de centre K.
Construis le point F symétrique de C par rapport à D et le point L symétrique de F par rapport à K.
Dresse un tableau de correspondance de S_K et justifie que B est le milieu de [AL].

2.b ABCD est un trapèze isocèle de bases [AB] et [DC].
On désigne par (L) la médiatrice commune aux bases.
1) M et N sont les milieux respectifs des côtés [AD] et [BC].
Justifie que l'image de M par la symétrie orthogonale d'axe (L) est le point N.
2) La droite parallèle à (BC) et passant par M, coupe (L) en K.
Justifie que (NK) est parallèle à (AD).

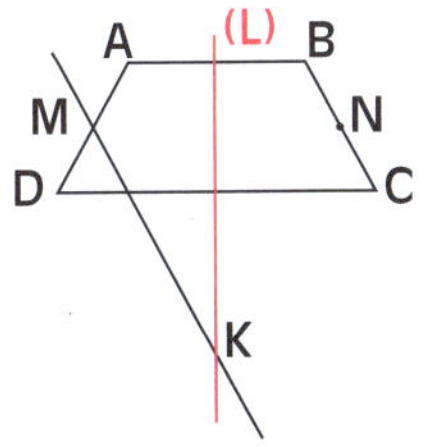

3 Utilisation de symétries

3.1 DES SYMÉTRIES POUR DÉMONTRER

Énoncé 1

On donne le point O et trois points A, B et C non alignés. P, Q et R sont les images respectives de A, B et C par la symétrie de centre O.

• *Démontre que les triangles ABC et PQR sont superposables.*

Solution

Lecture de l'énoncé

Figure codée

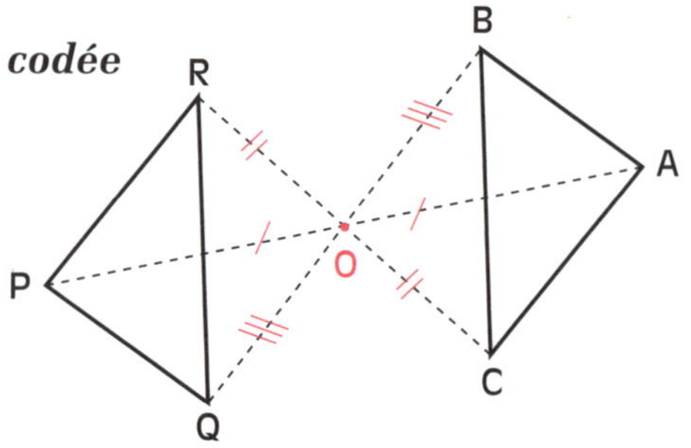

Données

S_O	
A	P
B	Q
C	R

Conclusion

ABC et PQR sont superposables.

Recherche d'une démarche

Je peux utiliser la propriété des segments symétriques, puis une propriété des triangles superposables.

Rédaction de la solution

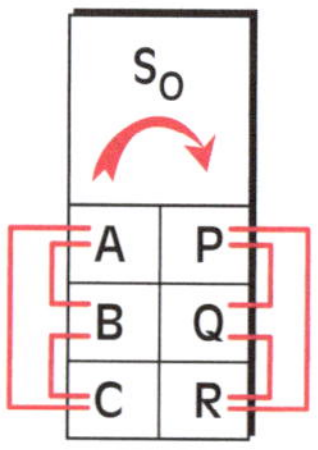

Des segments symétriques ont la même longueur, donc :

AB = PQ,
BC = QR,
CA = RP.

Les triangles ABC et PQR sont superposables car leurs trois côtés sont deux à deux de mêmes longueurs.

EXERCICES

3.a ABC est un triangle isocèle rectangle en A. O est un point situé à lextérieur de ce triangle. Marque les points A', B' et C', images respectives de A, B et C par la symétrie centrale de centre O.
Démontre que le triangle A'B'C' est un triangle rectangle isocèle. Quel est son sommet principal ?

3.b Construis un trapèze rectangle ABCD de bases [AB] et [DC]. Construis les points P, Q et R, images respectives des points A, B et D par la symétrie de centre C.
Quelle est la nature du quadrilatère PQCR ? Justifie ta réponse.

Énoncé 2

Trace un triangle isocèle ABC et marque le milieu I de sa base [BC]. Construis une droite (L) perpendiculaire à la droite (AI) ; la droite (L) coupe la droite (AB) au point M et la droite (AC) au point N.

- *Démontre que (AI) est la médiatrice de [MN].*

Solution

Lecture de l'énoncé

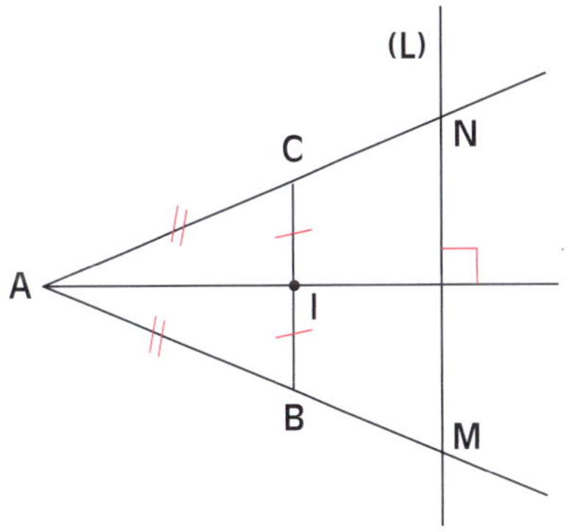

Figure codée
J'évite les deux cas particuliers de figure dans lesquels la droite (L) passe par les points A ou I.

Données
AB = AC.
I est le milieu de [BC].
(L) ⊥ (AI).
M est le point d'intersection de (L) et (AB).
N est le point d'intersection de (L) et (AC).

Conclusion
(AI) est la médiatrice du segment [MN].

Recherche d'une démarche

La figure suggère que la droite (AI) est un axe de symétrie du triangle ABC. Lorsque je l'aurai démontré, la symétrie $S_{(AI)}$ sera un outil exploitable.

Rédaction de la solution

- Je démontre que (AI) est un axe de symétrie du triangle ABC.

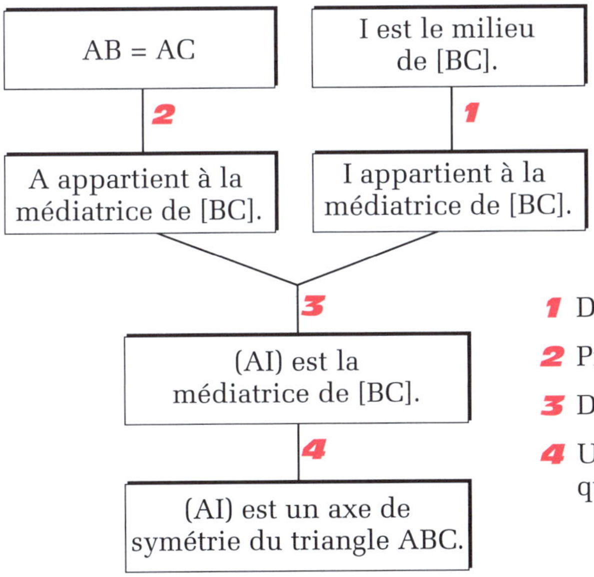

1 Définition de la médiatrice d'un segment.
2 Propriété de la médiatrice d'un segment.
3 Deux points définissent une droite.
4 Un triangle isocèle a un axe de symétrie qui est la médiatrice de sa base.

• J'utilise la symétrie orthogonale d'axe (AI).
La droite (L) est sa propre image par cette symétrie car elle est perpendiculaire à l'axe (AI).

Je sais que :

M est le point d'intersection de (AB) et (L).

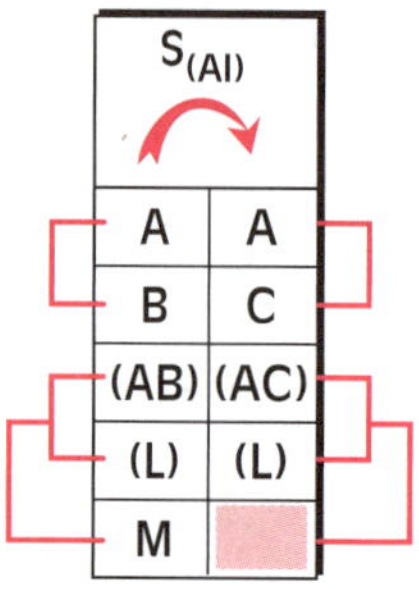

Donc :

l'image de M est le point d'intersection de (AC) et (L).

Car :

si un point appartient à deux lignes, son image appartient aux images de ces deux lignes.

Or N est le point d'intersection de (AC) et (L). N est donc l'image de M par la symétrie orthogonale d'axe (AI).
En conclusion, (AI) est la médiatrice du segment [MN].

Énoncé 3

1) *ABC est un triangle. D est un point du segment [BC]. Marque le milieu I de [AD].*
E et F sont les points tels que I soit le milieu de [EB] et de [FC].
• *Démontre que les points A, E et F sont alignés.*

2) *G est le point commun aux droites (AB) et (DF). H est le point commun aux droites (AC) et (DE).*
• *Démontre que I est le milieu de [HG].*

Solution PREMIÈRE QUESTION

Lecture de l'énoncé

Figure codée

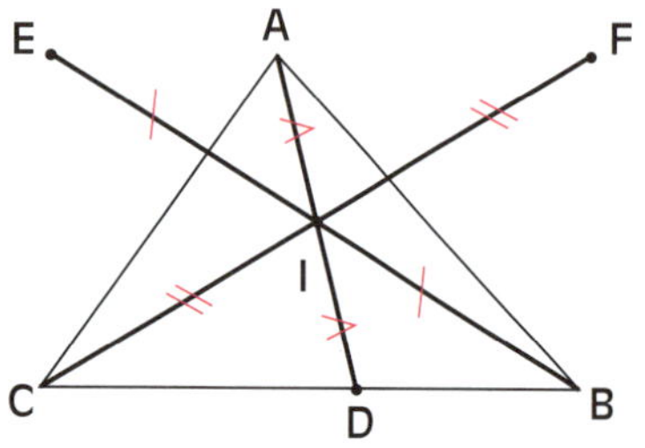

Données
ABC est un triangle.
D est un point de [BC].
I est le milieu de [AD].
I est le milieu de [EB].
I est le milieu de [FC].

Conclusion
Les points A, E et F sont alignés.

Recherche d'une démarche

Je peux démontrer que les points A, E et F sont les symétriques respectifs par rapport à I des points alignés D, B et C.

Rédaction de la solution

Je désigne par S_I la symétrie centrale de centre I.

Je sais que :

D, B, C
sont alignés.

S_I ↷	
D	A
B	E
C	F

Donc :

A, E, F
sont alignés.

Car :

les symétriques de trois points alignés
sont trois points alignés.

Solution DEUXIÈME QUESTION

Lecture de l'énoncé

Figure codée

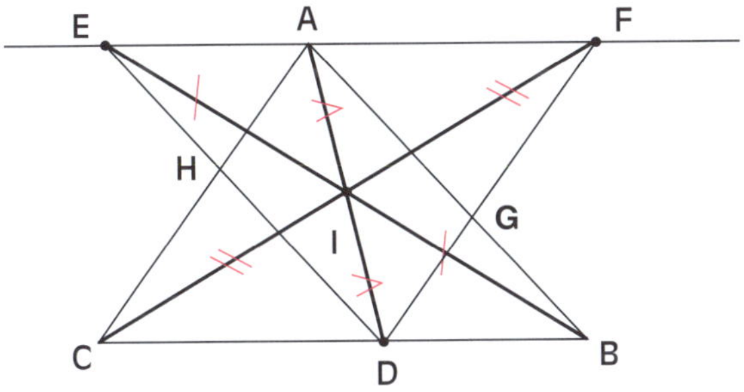

Données

ABC est un triangle.
D est un point de [BC].
I est le milieu de [AD].
I est le milieu de [EB].
I est le milieu de [FC].

A, E, et F sont alignés.

H est le point d'intersection de (AC) et de (ED).
G est le point d'intersection de (AB) et de (DF).

Conclusion

I est le milieu de [GH].

Recherche d'une démarche

Je vais démontrer que H et G sont symétriques par rapport à I.

Rédaction de la solution

Je sais que :

H est le point
d'intersection
de (AC) et (DE).

S_I ↷	
E	B
D	A
A	D
C	F
(AC)	(DF)
(DE)	(AB)
H	

Donc :

l'image de H est
le point d'intersection
de (DF) et (AB).

Car :

si un point appartient
à deux lignes,
son symétrique appartient
aux images de ces lignes.

Or G est le point d'intersection de (DF) et (AB). G est donc le symétrique de H par rapport à I.
Par conséquent, le point I est le milieu du segment [GH].

EXERCICE

3.C Trace un parallélogramme ABCD de centre O. Marque les points I, J, K et L, milieux respectifs des côtés [AB], [BC], [CD] et [DA].
Démontre que IJKL est un parallélogramme.

3.2 DES SYMÉTRIES POUR CONSTRUIRE

Activité 1

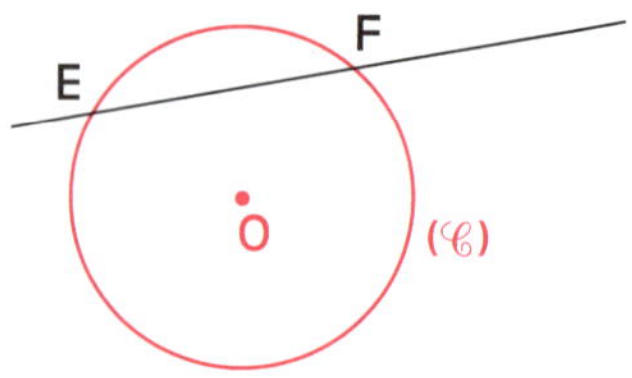

S_O	
E	E'
F	F'
(EF)	

On donne un cercle (𝒞) de centre O et deux points E et F de (𝒞). S_O est la symétrie de centre O.

• Complète le tableau de correspondance et la figure ci-contre.

• Explique la méthode de construction des points E' et F'.

Activité 2

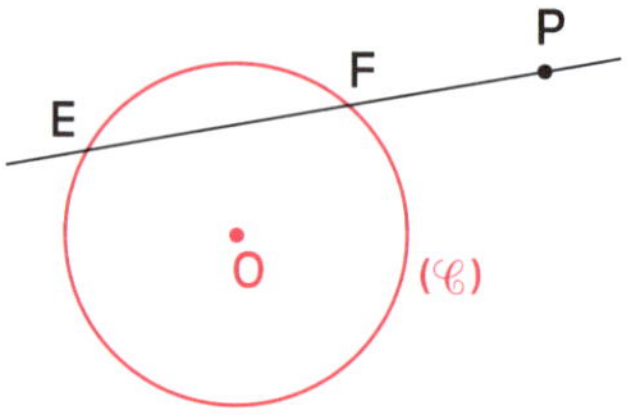

S_O	
E	E'
F	F'
(EF)	
P	P'

On donne un cercle (𝒞) de centre O, deux points E et F de (𝒞) et un point P de (EF).
S_O est la symétrie de centre O.

• Complète le tableau de correspondance et la figure ci-contre.

• Explique la méthode de construction du point P'.

Activité 3

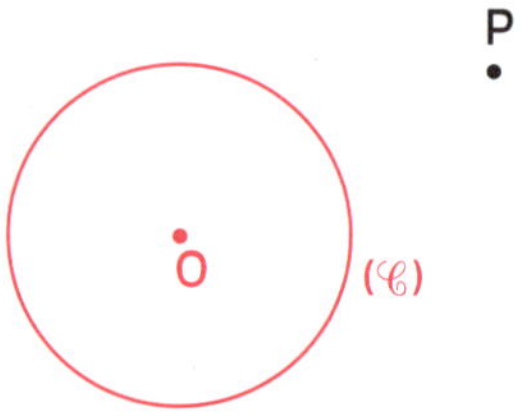

On donne un cercle (𝒞) de centre O et un point P n'appartenant pas à (𝒞).
S_O est la symétrie de centre O.

• À l'aide uniquement de la règle non graduée, construis le point P' image du point P par S_O.

• Explique la méthode de construction du point P'.

Énoncé

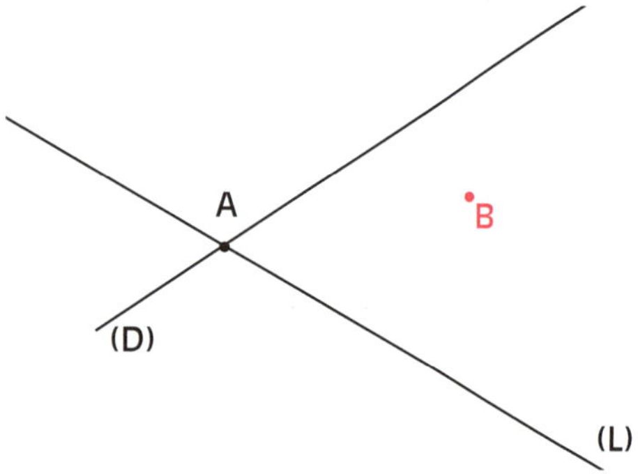

(D) et (L) sont deux droites sécantes au point A.
B est un point qui n'appartient ni à (D) ni à (L).

• Construis un point M de (D) et un point N de (L) tels que B soit le milieu du segment [NM].
(On pourra tracer les images des droites sécantes (D) et (L) par la symétrie de centre B.)

Solution

Lecture de l'énoncé

Données

Deux droites sécantes (D) et (L),
le point d'intersection A de (D) et (L),
un point B n'appartenant ni à (D), ni à (L).

Contraintes

M est un point de (D),
N est un point de (L),
B est le milieu de [NM].

Objectifs

Construire un point M et un point N vérifiant les contraintes.

Recherche d'une démarche

Je trace une esquisse avec des points M et N qui répondent aux contraintes.

Esquisse de la figure

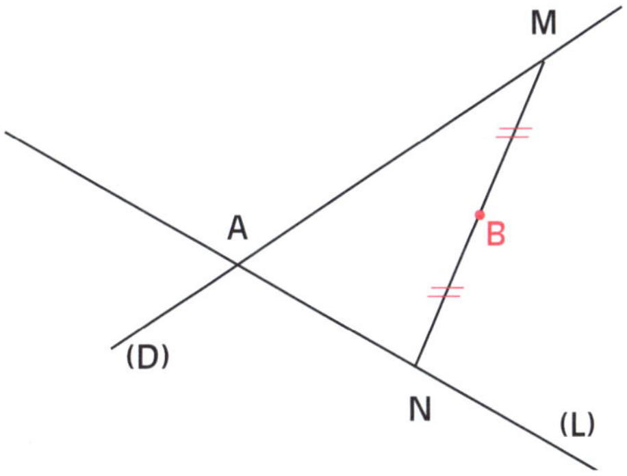

B étant le milieu de [MN], je pourrais utiliser S_B, la symétrie de centre B.

Je complète cette esquisse en me référant à la suggestion de l'énoncé.

Esquisse complétée

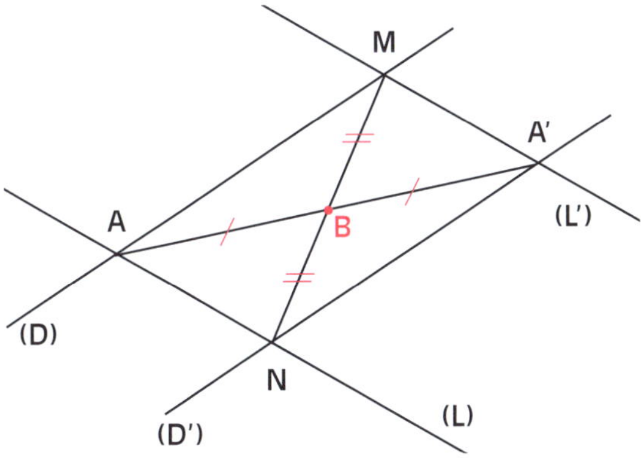

Analyse de la figure

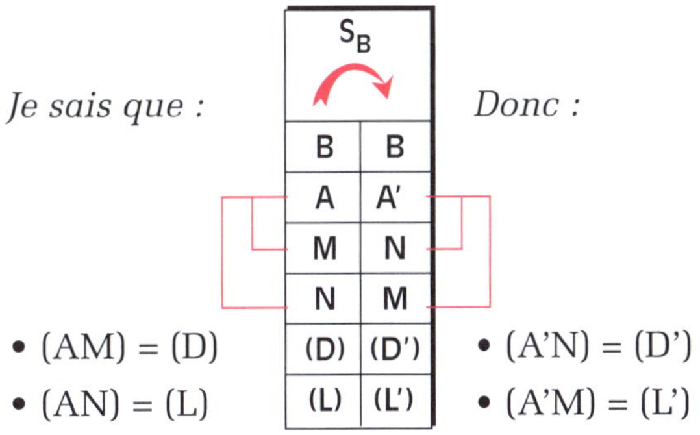

Par conséquent, M est le point d'intersection des droites (D) et (L') ; N est le point d'intersection des droites (D') et (L).

Rédaction de la solution

Construction

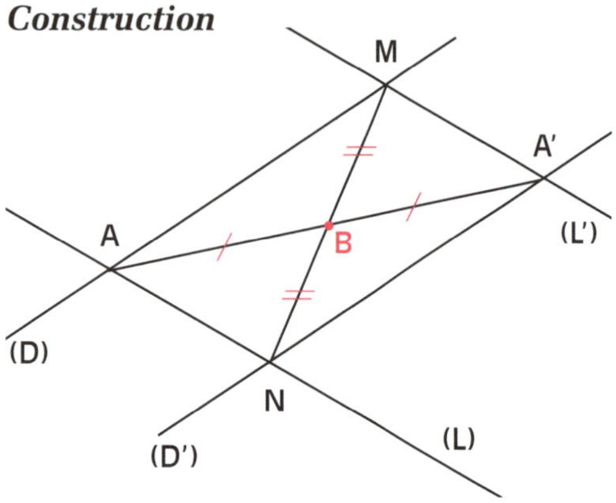

Programme de construction

- Construire le point A' image de A par S_B.
- Construire la droite (D') image de (D) par S_B.
- Marquer N, le point d'intersection de (D') et (L).
- Construire la droite (L') image de (L) par S_B.
- Marquer M, le point d'intersection de (D) et (L').

Justification

- Lorsque deux droites sont parallèles, toute sécante à l'une est sécante à l'autre, donc :
  – (D) et (L') sont sécantes,
  – (L) et (D') sont sécantes.
- Les points M et N sont symétriques par rapport au point B.

EXERCICE

3.d On donne le cercle ($\mathscr{C}$) et un point E de ce cercle.
Construis un carré EFGH inscrit dans le cercle ($\mathscr{C}$).

AXES ET CENTRES DE SYMÉTRIE

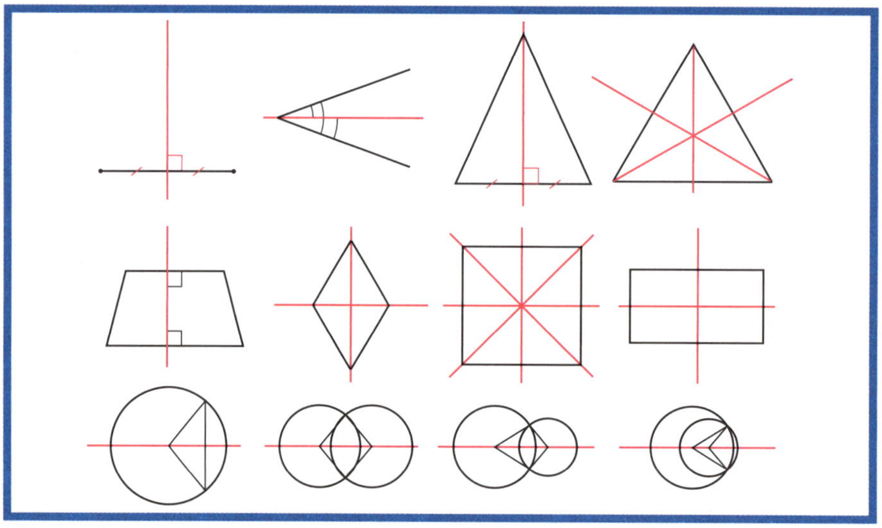

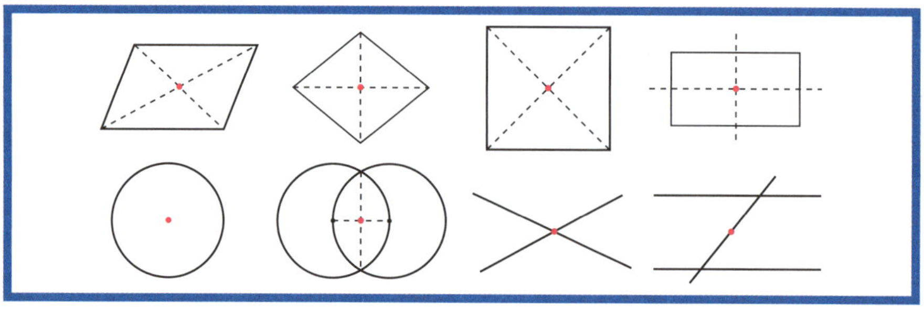

EXERCICES

ENTRAÎNEMENT

1 NOTION D'APPLICATION

1 ABCD est un parallélogramme de centre O. Trouve les images de A, B, C et D par S_O.

2 ABC est un triangle et M est le milieu de [BC].
Le point D est l'image de A par la symétrie de centre M.
Recopie et complète le tableau de correspondance ci-contre.

S_M	
A	
B	
C	
M	
D	
(AB)	
(AC)	
(AD)	

3 ABCD est un carré de centre O.
$(\mathcal{C})$ est le cercle de centre B et de rayon AB ; $(\mathcal{C}')$ est le cercle de centre D et de rayon AB.
Recopie et complète les tableaux de correspondance suivants :

$S_{(BD)}$	
A	
B	
C	
D	
$(\mathcal{C})$	
$(\mathcal{C}')$	

$S_{(AC)}$	
A	
B	
C	
D	
$(\mathcal{C})$	
$(\mathcal{C}')$	

S_O	
A	
B	
C	
D	
$(\mathcal{C})$	
$(\mathcal{C}')$	

2 PROPRIÉTÉS DES SYMÉTRIES

4 ABC est un triangle rectangle en A ; les points M et N sont les images respectives des points B et C par la symétrie de centre A.
Démontre que le quadrilatère BCMN est un losange.

5 ABC est un triangle isocèle en A ; les points D et E sont les images respectives des points B et C par la symétrie de centre A.
Démontre que le quadrilatère BCDE est un rectangle.

6 ABC est un triangle isocèle en A ; le point D est le symétrique de B par rapport à A.
Démontre que le triangle BCD est rectangle.

7 L'unité de longueur est le cm.
A et B sont des points tels que AB = 4. $(\mathcal{C})$ est le cercle de centre A et de rayon 2,5 et $(\mathcal{C}')$ est le cercle de centre B et de rayon 2,5. $(\mathcal{C})$ coupe $(\mathcal{C}')$ en M et N.
Démontre que B est l'image de A par la symétrie orthogonale d'axe (MN).

8 L'unité de longueur est le cm.
On donne un triangle ABC, rectangle en A tel que : mes $\widehat{ABC}$ = 30° et BC = 5.
Construis le cercle $(\mathcal{C})$ circonscrit au triangle ABC. Justifie que (BC) est un axe de symétrie de $(\mathcal{C})$.
Construis le symétrique D de A par rapport à (BC). Quelle est la nature du triangle BCD ? Du triangle ABD ?

3 UTILISATION DE SYMÉTRIES

9 ABC est un triangle rectangle en A, O est le centre du cercle $(\mathcal{C})$ circonscrit à ABC, (L) est la droite parallèle à (AB) passant par C.
Démontre que (L) est l'image de (AB) par la symétrie de centre O.

10 ABCD est un rectangle, E l'image du point A par S_D et F l'image du point B par S_C.
a) Démontre que (EF) est l'image de la droite (AB) par la symétrie orthogonale d'axe (DC).
Justifie que ABFE est un rectangle.
b) Démontre que le centre O de ce rectangle appartient à (DC).

11 ABCD est un parallélogramme de centre O. H est le point de [DC] tel que (AH) ⊥ (DC) ; K est le point de [AB] tel que (CK) ⊥ (AB).
Démontre que les points H, K et O sont alignés.

12 ABC est un triangle isocèle de sommet A. (L) est la médiatrice de [BC]. La droite perpendiculaire à (AB), qui passe par B, coupe (L) en M.
Démontre que (CM) est perpendiculaire à (AC).

13 (L) et (L') sont deux droites perpendiculaires en O, et M un point n'appartenant ni à (L) ni à (L').
Le point N est l'image de M par $S_{(L)}$, le point K est l'image de N par $S_{(L')}$.

a) Démontre que le triangle MNK est rectangle.
b) Démontre que O est équidistant des points M, N et K.
c) Démontre que K est l'image de M par S_O.

14 ABC est un triangle et M le milieu de [BC]. Le point D est le symétrique de B par rapport à A et le point N est le symétrique de M par rapport à A.
a) Démontre que : ND = MC.
b) Démontre que le quadrilatère CDNM est un parallélogramme.

15 ABC est un triangle tel que $\widehat{ABC}$ soit un angle obtus ; (L) est la médiatrice de [BC] et M le milieu de [AB]. Les points D et N sont les images respectives de A et M par $S_{(L)}$.
a) Démontre que N est le milieu de [DC].
b) La droite (AC) coupe (BD) en K. Démontre que K appartient à (L).
c) Démontre que le quadrilatère ABCD est un trapèze isocèle.

16 ABCD est un carré ; M et N sont les milieux respectifs de [AB] et [BC].
Démontre que N est l'image de M par la symétrie orthogonale d'axe (DB).

17 RSTU est un carré, K est l'image de U par la symétrie orthogonale d'axe (ST).
Démontre que le triangle KSU est rectangle et isocèle.

18 ($\mathscr{C}$) est le cercle de centre O et de diamètre [AB]. (L) est une droite perpendiculaire à (AB) qui coupe ($\mathscr{C}$) en M et N.
Démontre que (AB) est un axe de symétrie du quadrilatère AMBN.

19 ABCD est un losange de centre O ; (L) et (L') sont deux droites perpendiculaires en O.
(L) coupe (BC) en P et (AD) en R. (L') coupe (CD) en Q et (AB) en S.
Quelle est la nature du quadrilatère PQRS ?

20 RSTU est un parallélogramme de centre O.
La droite (L) parallèle à (RS) passant par O coupe (RU) en H et (ST) en G.
a) Démontre que G est l'image de H par la symétrie S_O.
b) Quelle est la nature du quadrilatère RHTG ?

21 On donne un segment [AB] et sa médiatrice (L).
a) Construis deux points E et F de (L) tels que (AB) soit la médiatrice de [EF].
Quelle est la nature du quadrilatère AEBF ?
b) P est un point du segment [AF] distinct de A et F, Q est l'image de P par la symétrie orthogonale d'axe (L).
Démontre que Q, F et B sont alignés.
Quelle est la nature du quadrilatère ABQP ?

22 APC est un triangle isocèle en A. (L) est la médiatrice de [PC]. La hauteur passant par C coupe (L) en B et (AP) en K. La droite (PB) coupe (AC) en M.
a) Démontre que (PM) est une hauteur du triangle APC.
b) Démontre que les points P, K, M et C sont situés sur un même cercle.

23 MNP est un triangle tel que :

mes $\widehat{PMN}$ = 35° et mes $\widehat{PNM}$ = 55°.

a) Le point A est l'image de M par S_P et le point B est l'image de N par S_P.
Démontre que le quadrilatère ABMN est un losange.
b) K est le milieu de [BM]. Le point L est l'image de K par la symétrie d'axe (AM).
Démontre que L est le milieu de [MN].

APPROFONDISSEMENT

24 ABCD est un losange de centre O, P est un point de la droite (AB), distinct de A et B. La droite parallèle à (AC) passant par P coupe (BC) en Q ; la droite (OP) coupe (CD) en R.
a) Démontre que Q est l'image de P par la symétrie orthogonale d'axe (BD).
b) Démontre que R est l'image de P par la symétrie centrale de centre O.
c) Justifie que le triangle PQR est rectangle en Q.
d) Le symétrique de Q par rapport à O est le point S. Quelle est la nature du quadrilatère PQRS ?

25 ABCD est un carré de centre O. I et J sont les milieux respectifs de [AB] et [AD]. Le point B' est l'image de B et le point D' est l'image de D par la symétrie orthogonale d'axe (I J).
a) Démontre que A est le milieu de [B'D'].
b) Démontre que les droites (B'I) et (D'J) se coupent en O.

EXERCICES

26 ABC est un triangle isocèle en A. I est le milieu de [BC] et K est le symétrique de I par rapport à (AC). La droite parallèle à (BC) passant par K coupe (AC) en M.
a) Démontre que MKCI est un losange.
b) Démontre que (BM) est une hauteur du triangle ABC.

27 ABC est un triangle rectangle en A.
a) M et N sont les milieux respectifs de [BC] et [AC].
Démontre que (MN) est la médiatrice de [AC].
b) Le point D est l'image de B par $S_{(MN)}$.
Démontre que le quadrilatère ABDC est un rectangle.

28 ABC est un triangle ; [AH] une hauteur de ABC, M le milieu de [AB] et N le milieu de [AC].
Le point P est l'image de H par la symétrie de centre M et le point Q est l'image de H par la symétrie de centre N.
a) Démontre que le quadrilatère BCQP est un rectangle.
b) Démontre que (MN) est la médiatrice de [AH].
c) Démontre que (MN) est un axe de symétrie du rectangle BCQP.

29 ABC est un triangle isocèle en A. M est un point de [AB] et N un point de [AC] tels que :
– AM = AN ;
– les droites (MC) et (NB) se coupent en K.
Démontre que K appartient à la médiatrice de [BC].

30 ABC est un triangle isocèle en A ; M est l'image de A par la symétrie de centre B, N est l'image de A par la symétrie de centre C et K est l'image de A par la symétrie orthogonale d'axe (BC).
Démontre que K est le milieu de [MN].

31 ABC est un triangle isocèle en A. La médiatrice (L) de [BC] coupe (BC) en K. Le cercle (𝒞) de diamètre [AK] recoupe (AB) en M et (AC) en N.
a) Démontre que N est l'image de M par $S_{(L)}$.
b) Démontre que le quadrilatère MNCB est un trapèze isocèle.

32 ABC est un triangle et M un point de [AB] distinct de A et B. Le point D est l'image de C par la symétrie de centre A. La droite (L), passant par D et parallèle à (CM), coupe (AB) en N.
Démontre que le quadrilatère MCND est un parallélogramme.

33 ABC est un triangle dont l'angle $\widehat{B}$ n'est pas droit. Le point M est le milieu de [BC] ; D est l'image de A par la symétrie orthogonale d'axe (BC) ; E est l'image de A par la symétrie de centre M.
a) Démontre que les droites (BC) et (DE) sont parallèles.
b) Démontre que BCED est un trapèze isocèle.

34 RST est un triangle rectangle en R ; le point O est le milieu de [ST]. A est l'image de R par la symétrie orthogonale d'axe (ST) et K est l'image de A par la symétrie de centre O.
a) Quelle est l'image par $S_{(ST)}$ du triangle RST ?
b) Quelle est la nature du quadrilatère ASKT ?
c) Démontre que A, S, T, K et R sont situés sur un même cercle.

35 On donne le triangle ABC.

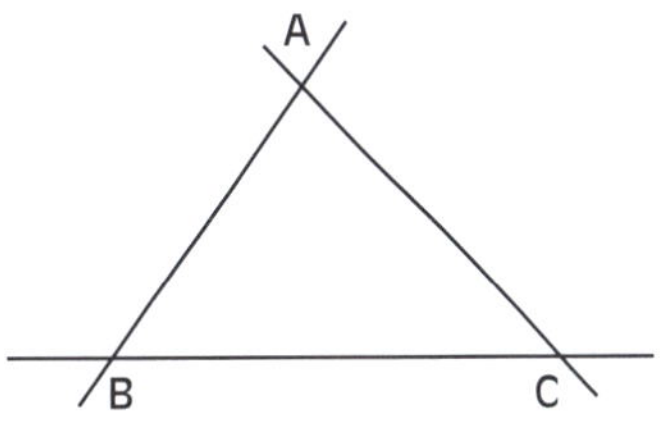

Construis un point M sur (AB) et un point N sur (AC) tels que (BC) soit la médiatrice du segment [MN].

36 On donne trois points non alignés A, B et I. Construis les droites (D) et (L), symétriques par rapport à I et telles que :

$$A \in (D) \text{ et } B \in (L).$$

37 On donne une droite (D) et un point P n'appartenant pas à (D). En utilisant seulement le compas, construis le symétrique du point P par rapport à la droite (D).
Peux-tu réaliser cette construction en ne traçant que deux arcs de cercles ?

EXERCICES

38 On donne la figure ci-dessous, sur laquelle ABCD est un parallélogramme de centre O et M un point.

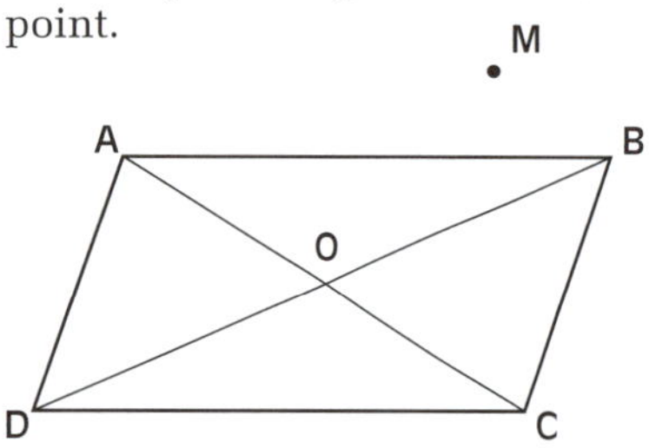

Construis le symétrique de M par rapport à O en utilisant seulement la règle non graduée.

39 On donne deux cercles ($\mathscr{C}$) et ($\mathscr{C}$') de rayons différents, sécants en deux points I et J. Construis un point A sur ($\mathscr{C}$) et un point B sur ($\mathscr{C}$') tel que I soit le milieu de [AB].

RECHERCHE

40 On donne un triangle ABC et un point P appartenant à [BC].

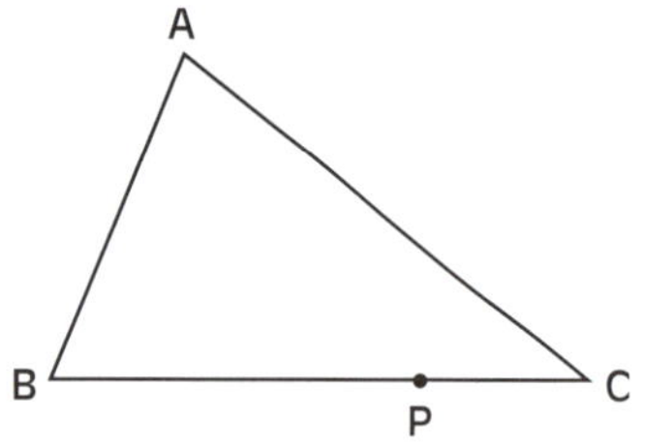

Construis le point M appartenant à (AB) et le point N appartenant à (AC) tels que le périmètre du triangle MNP soit minimum.

Toutes les constructions de points réalisées à la règle et au compas peuvent se faire en utilisant seulement le compas ; l'exercice qui suit en est un exemple.

41 On donne un cercle ($\mathscr{C}$) de centre O, A un point intérieur à ($\mathscr{C}$) et B un point extérieur à ($\mathscr{C}$).

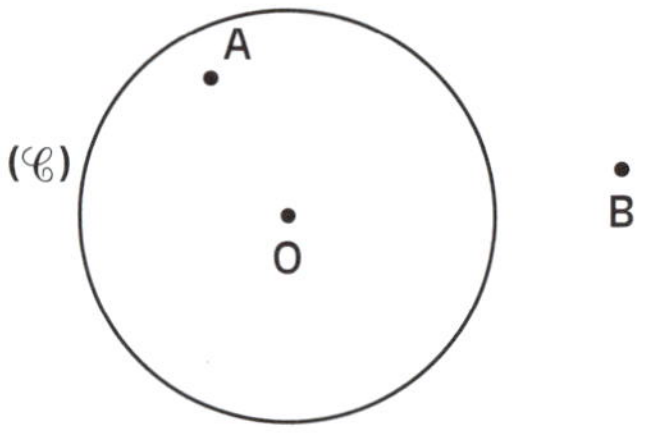

Construis, en utilisant seulement le compas, les points d'intersection de la droite (AB) et du cercle ($\mathscr{C}$).

3

Distances

Sur les parties rectilignes d'une autoroute, les bandes délimitant les voies de circulation sont des droites parallèles équidistantes.

SOMMAIRE

1 Distances et droites

1.1 DISTANCE D'UN POINT À UNE DROITE

Activité 1

Chaque matin, Achta sort de sa case pour aller puiser de l'eau à la rivière voisine.
Ce cours d'eau a un rivage rectiligne à proximité de sa case.

- Fais un plan sur lequel tu indiqueras le chemin le plus court qu'elle puisse emprunter.

Activité 2

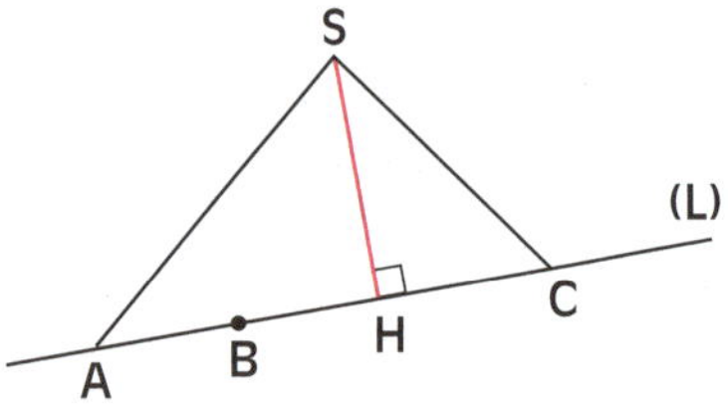

(L) est une droite. S est un point n'appartenant pas à (L). H est le point de (L) tel que (SH) $\perp$ (L). A, B et C sont trois points de la droite (L).

- Compare à SH chacune des distances SA, SB et SC. Justifie.

> (L) est une droite. S est un point n'appartenant pas à (L).
> H est le point de (L) tel que (SH) $\perp$ (L). M est un point de (L).
> Si $M \neq H$ alors $SH < SM$.

DÉFINITION

(L) est une droite. S est un point n'appartenant pas à (L).
H est le point d'intersection de (L) et de la perpendiculaire à (L) passant par S.
On appelle distance du point S à la droite (L) la distance SH.

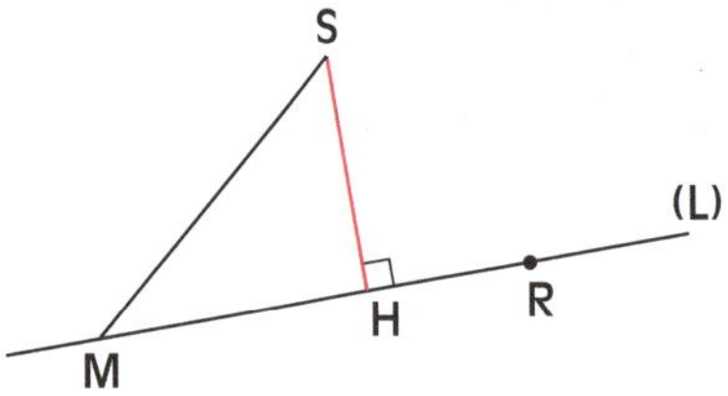

$SH < SM$.

SH est la distance de S à (L).

La distance de R à (L) est nulle.

EXERCICES

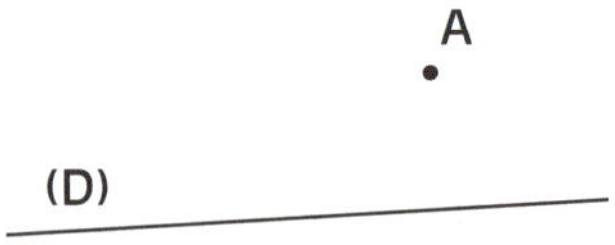

1.a L'unité de longueur est le mm.
Mesure la distance du point A à la droite (D).

1.b Marque un point B. Trace une droite située à 3 cm du point B.

1.c L'unité de longueur est le cm.
Trace une droite (L). Marque un point A tel que la distance de A à (L) soit 2,5.

1.2 DISTANCE DE DEUX DROITES PARALLÈLES

Activité

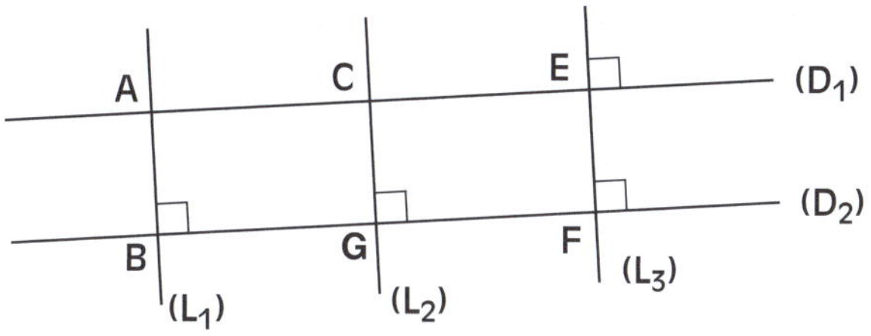

(D_1) et (D_2) sont des droites parallèles.
(L_1), (L_2) et (L_3) sont des droites perpendiculaires à (D_1) respectivement en A, C et E, et à (D_2) respectivement en B, G et F.

- Justifie que : AB = CG = EF.

DÉFINITION

(L) et (D) sont deux droites parallèles.
A est un point de (L) et B un point de (D) tels que (AB) est perpendiculaire à (L).
On appelle distance des droites parallèles (D) *et* (L) la distance AB.

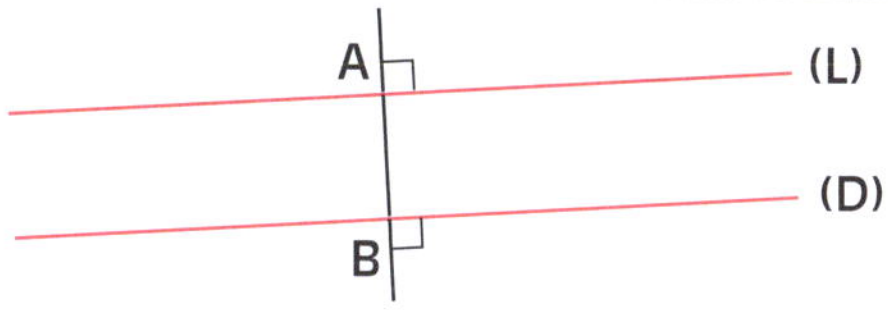

AB est la distance des deux droites parallèles (D) et (L).

EXERCICES

1.d L'unité de longueur est le mm.
(L) et (D) sont deux droites parallèles.
Mesure la distance des droites (D) et (L).

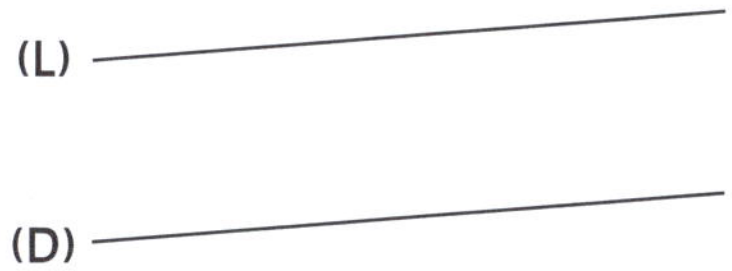

1.e L'unité de longueur est le mm.
Trace deux droites (L) et (D) parallèles telles que la distance de ces deux droites est 25.
Trace une autre droite (P), à la même distance de (D).
Justifie que (P) et (L) sont parallèles. Quelle est la distance de (P) et (L) ?

2 Points équidistants de deux droites

2.1 POINTS ÉQUIDISTANTS DE DEUX DROITES PARALLÈLES

Activité

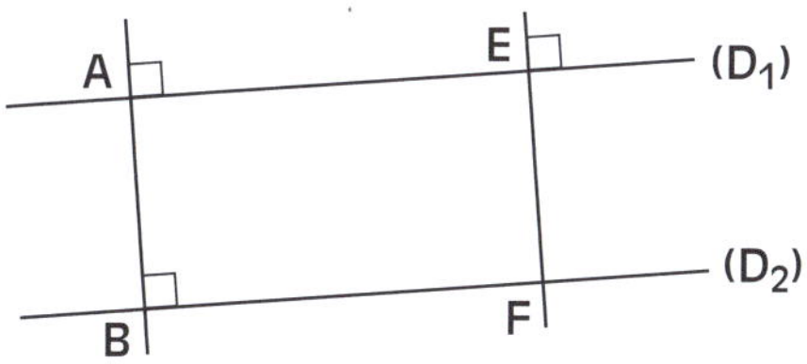

(D_1) et (D_2) sont deux droites parallèles.
(AB) est perpendiculaire à (D_1) en A, et à (D_2) en B.
(EF) est perpendiculaire à (D_1) en E et à (D_2) en F.
- Justifie que les segments [AB] et [EF] ont la même médiatrice.

DÉFINITION

Une droite perpendiculaire à deux droites parallèles (D_1) et (D_2) coupe ces droites respectivement en A et B.
On appelle axe médian des deux droites parallèles (D_1) et (D_2), la médiatrice du segment [AB].

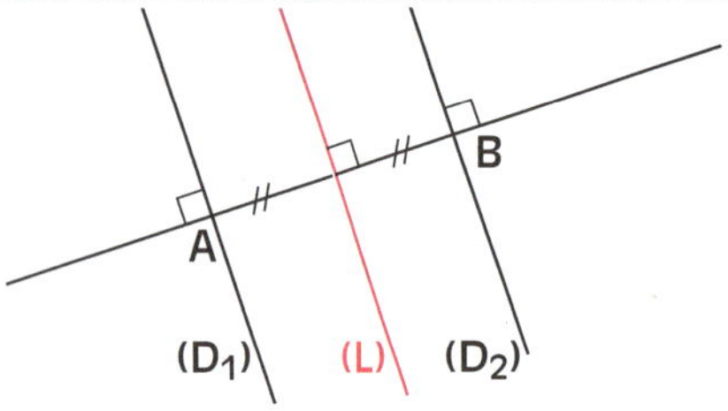

(L) est l'axe médian de (D_1) et (D_2), c'est un axe de symétrie de la figure formée par les droites (D_1) et (D_2).

On admet la propriété suivante et sa réciproque :

PROPRIÉTÉ

Si un point appartient à l'axe médian de deux droites parallèles, alors il est équidistant de ces deux droites.

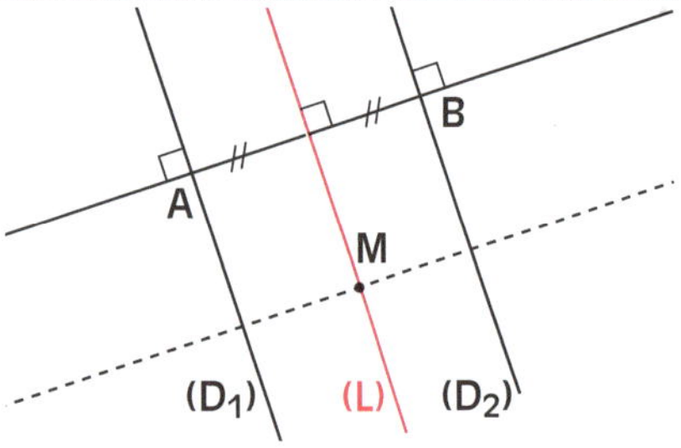

M appartient à l'axe médian de (D_1) et (D_2).

distance de M à (D_1) = distance de M à (D_2)

PROPRIÉTÉ

Si un point est équidistant de deux droites parallèles, alors il appartient à l'axe médian de ces deux droites.

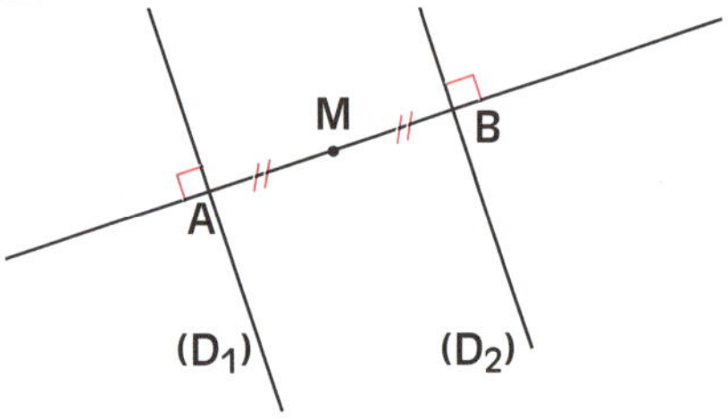

distance de M à (D_1) = distance de M à (D_2)

M appartient à l'axe médian de (D_1) et (D_2).

EXERCICES

2.a Plie une feuille rectangulaire en faisant coïncider deux bords parallèles. Que représente le pli pour les deux bords ?

2.b L'unité de longueur est le cm. On donne une droite (D).
Trace deux droites parallèles telles que leur distance à (D) soit 5.

2.c Trace un parallélogramme ABCD. Place un point qui est à la fois équidistant des droites (AB) et (DC) et équidistant des droites (AD) et (BC).

2.2 POINTS ÉQUIDISTANTS DE DEUX DROITES SÉCANTES

Bissectrice d'un angle

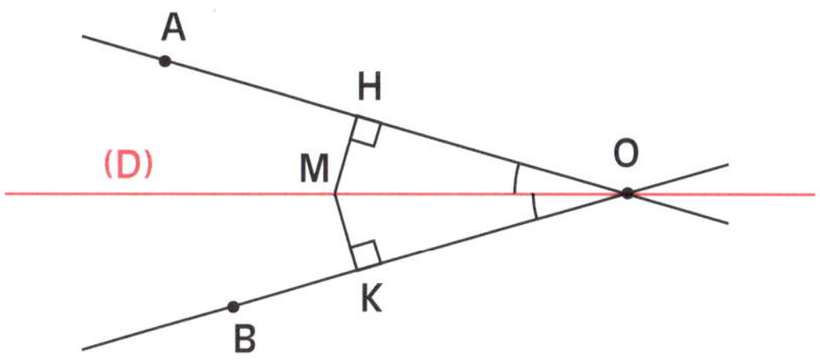

(D) est la bissectrice de l'angle $\widehat{AOB}$,
M un point de (D).
(MH) et (OA) sont perpendiculaires en H.
(MK) et (OB) sont perpendiculaires en K.

- Justifie que MH = MK.

PROPRIÉTÉ

Si un point appartient à la bissectrice d'un angle, alors il est équidistant des supports des côtés de cet angle.

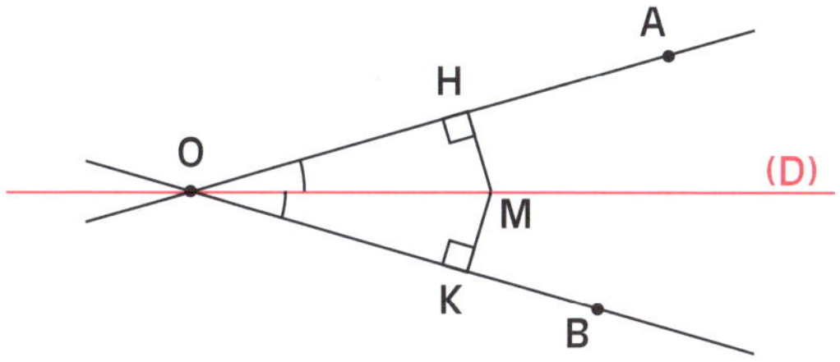

M est un point de la bissectrice de $\widehat{AOB}$.

distance de M à (OA) = distance de M à (OB)

Axes de symétrie de deux droites sécantes

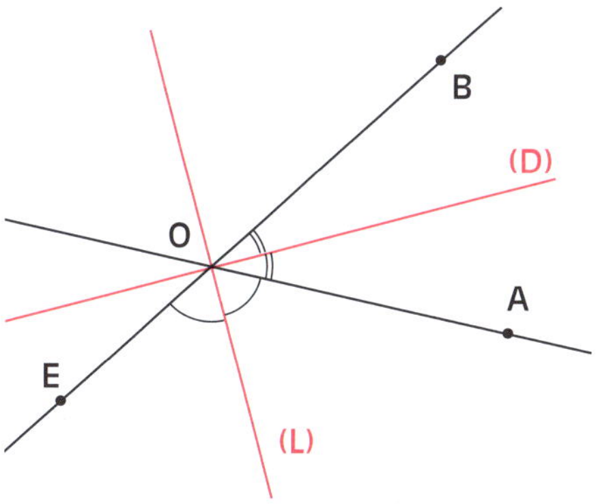

(OA) et (OB) sont deux droites sécantes.
E est un point de la demi-droite opposée à [OB).

(D) est la bissectrice de l'angle $\widehat{AOB}$.

(L) est la bissectrice de l'angle $\widehat{AOE}$.

- Justifie que les droites (L) et (D) sont perpendiculaires.
- Complète les tableaux de correspondance suivants :

$S_{(D)}$	
(OA)	…
(OB)	…
(L)	…
(D)	…

$S_{(L)}$	
(OA)	…
(OB)	…
(L)	…
(D)	…

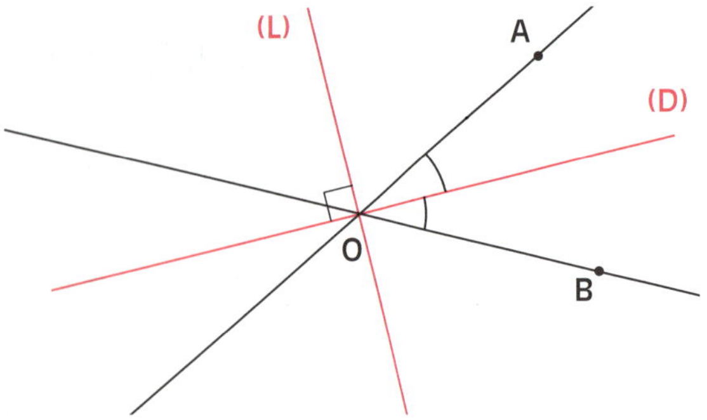

Par conséquent :

$\widehat{AOB}$ étant un angle ni droit ni plat,
(D) la bissectrice de l'angle $\widehat{AOB}$,
(L) la droite perpendiculaire à (D) en O,
(D) et (L) sont les axes de symétrie des droites sécantes (OA) et (OB).

• M étant un point de (D) ou de (L), justifie qu'il est équidistant de (OA) et (OB).
N étant un point équidistant de (OA) et (OB), on admet qu'il appartient à (D) ou à (L).

PROPRIÉTÉS

• Si un point appartient à l'un des axes de symétrie de deux droites sécantes non perpendiculaires, alors il est équidistant de ces deux droites.

• Si un point est équidistant de deux droites sécantes, alors il appartient à l'un des axes de symétrie de ces deux droites.

EXERCICES

2.d Marque un point A. Trace deux droites sécantes situées à 3,6 cm de A.

2.e Trace deux droites sécantes (D) et (L).
Place un point situé à 2 cm de chacune de ces droites.
Peux-tu en construire d'autres ?

3 Cercles et droites

3.1 POSITION RELATIVE DE DEUX CERCLES

Activité

L'unité de longueur est le cm. On donne deux points A et B tels que AB = 4. Trace en rouge le cercle $(\mathscr{C})$ de centre A et de rayon 2,5.
Trace les cercles $(\mathscr{C}_1)$ de centre B et de rayon 1 ; $(\mathscr{C}_2)$ de centre B et de rayon 1,5 ; $(\mathscr{C}_3)$ de centre B et de rayon 3 ; $(\mathscr{C}_4)$ de centre B et de rayon 6,5 et $(\mathscr{C}_5)$ de centre B et de rayon 7,5.

• Précise le nombre de points communs au cercle $(\mathscr{C})$ et à chacun des cercles $(\mathscr{C}_1)$, $(\mathscr{C}_2)$, $(\mathscr{C}_3)$, $(\mathscr{C}_4)$ et $(\mathscr{C}_5)$.

• Compare dans chaque cas la distance AB à la somme et à la différence des rayons des deux cercles.

On admet les propriétés suivantes :

PROPRIÉTÉS

($\mathscr{C}$) est un cercle de centre O et de rayon r, ($\mathscr{C}$') est un cercle de centre O' et de rayon r', tels que $r' < r$.

Si OO' $< r - r'$ ou OO' $> r + r'$ alors ($\mathscr{C}$) et ($\mathscr{C}$') n'ont aucun point commun.	**Si OO' $= r - r'$ ou OO' $= r + r'$ alors ($\mathscr{C}$) et ($\mathscr{C}$') ont un point commun et un seul.**	**Si $r - r' <$ OO' $< r + r'$ alors ($\mathscr{C}$) et ($\mathscr{C}$') ont deux points communs.**
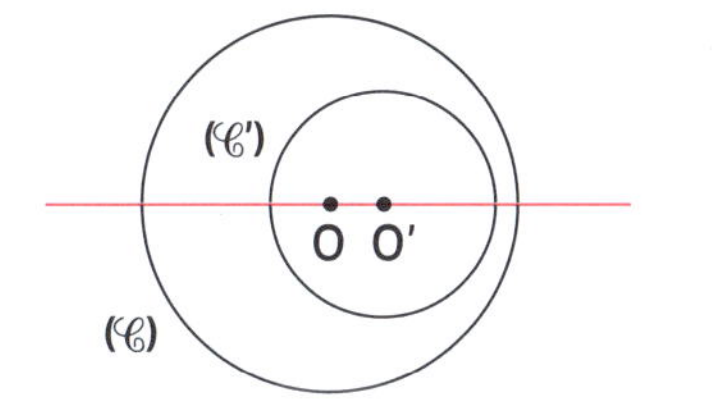	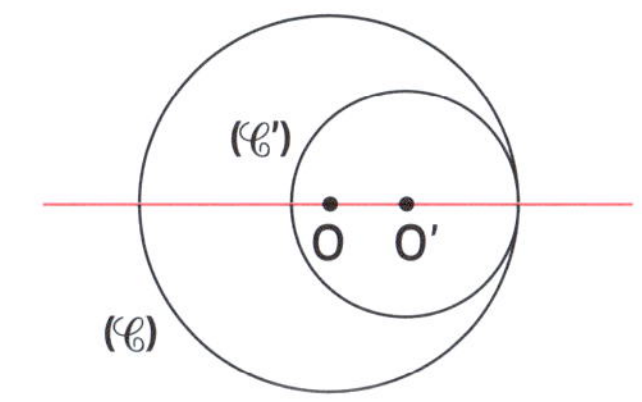	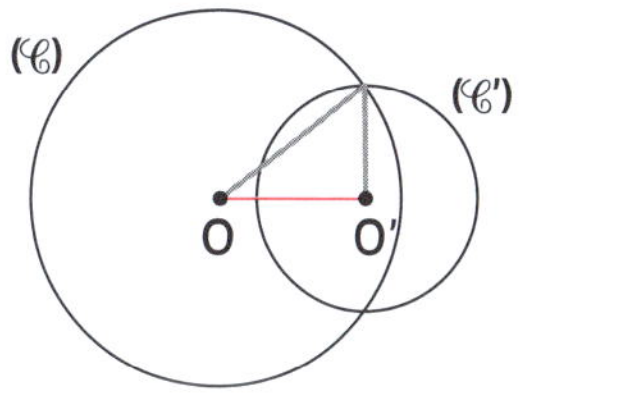
($\mathscr{C}$) et ($\mathscr{C}$') sont disjoints.	**($\mathscr{C}$) et ($\mathscr{C}$') sont tangents intérieurement.**	**($\mathscr{C}$) et ($\mathscr{C}$') sont sécants.**
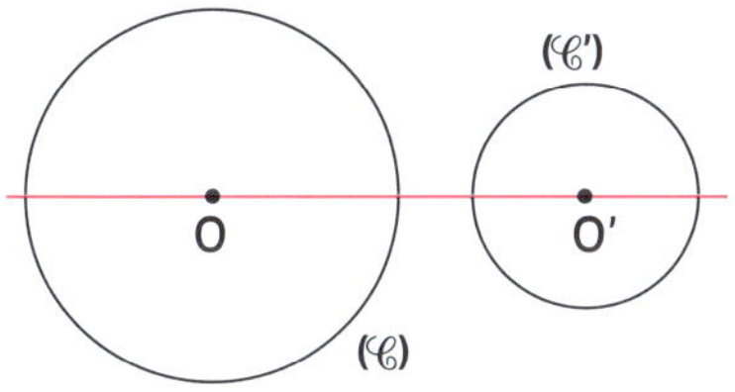	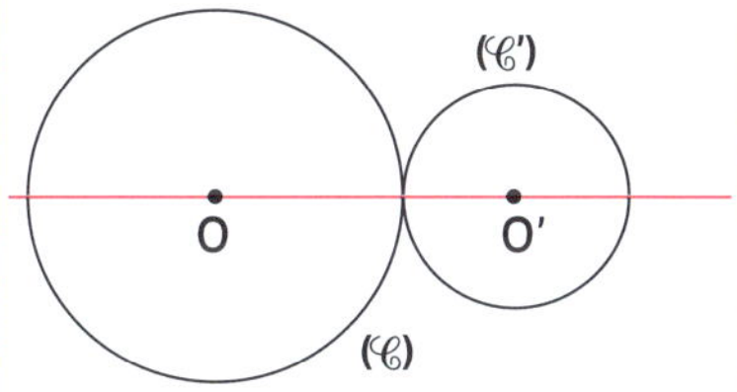	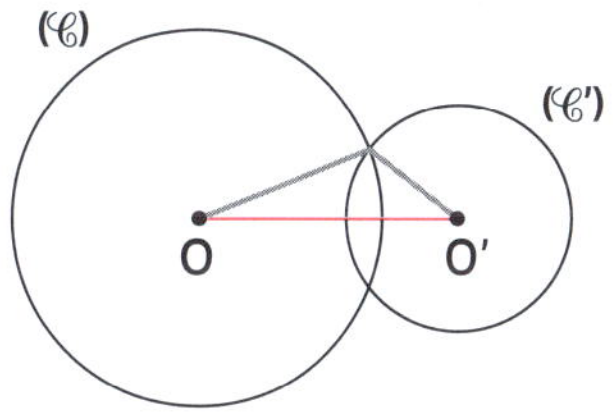
($\mathscr{C}$) et ($\mathscr{C}$') sont disjoints.	**($\mathscr{C}$) et ($\mathscr{C}$') sont tangents extérieurement.**	**($\mathscr{C}$) et ($\mathscr{C}$') sont sécants.**
Si ($\mathscr{C}$) et ($\mathscr{C}$') n'ont aucun point commun, alors OO' $< r - r'$ ou OO' $> r + r'$.	**Si ($\mathscr{C}$) et ($\mathscr{C}$') ont un point commun et un seul, alors OO' $= r - r'$ ou OO' $= r + r'$.**	**Si ($\mathscr{C}$) et ($\mathscr{C}$') ont deux points communs, alors $r - r' <$ OO' $< r + r'$.**

3.2 POSITION RELATIVE D'UN CERCLE ET D'UNE DROITE

Activité

Trace un cercle ($\mathscr{C}$) de centre O et de rayon 1,5 cm.
Trace une droite (D_1) à 2 cm de O, une droite (D_2) à 1,5 cm de O et une droite (D_3) à 1 cm de O.

- Précise le nombre de points communs au cercle ($\mathscr{C}$) et à chacune des droites (D_1), (D_2) et (D_3).
- Compare le rayon du cercle aux distances de O à (D_1), (D_2) et (D_3).

On admet les propriétés suivantes :

PROPRIÉTÉS

(𝒞) est un cercle de centre O et de rayon r ; (D) est une droite.
H est le point de (D) tel que (OH) ⊥ (D).

Si OH < r alors (𝒞) et (D) ont deux points communs.	Si OH = r alors (𝒞) et (D) ont un point commun et un seul.	Si OH > r alors (𝒞) et (D) n'ont aucun point commun.
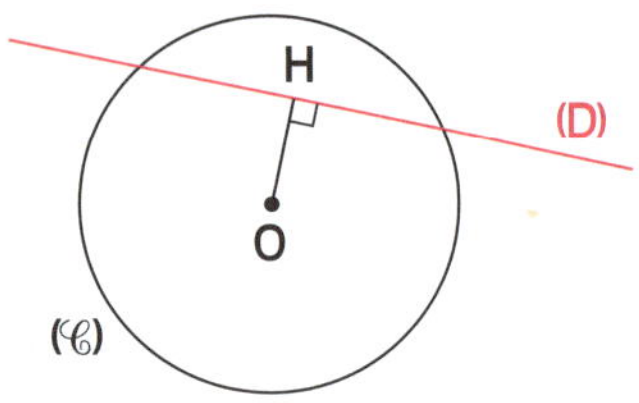	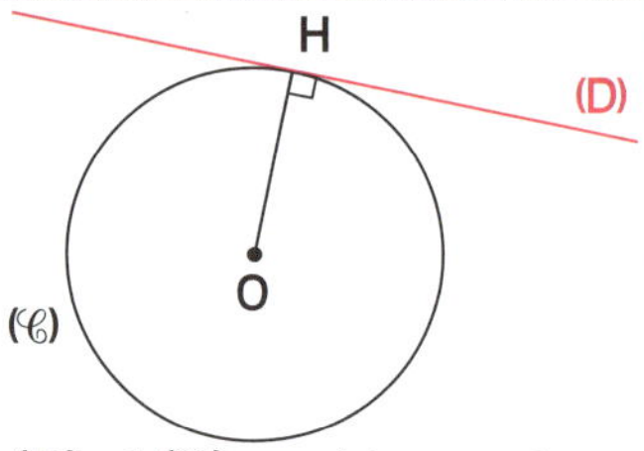	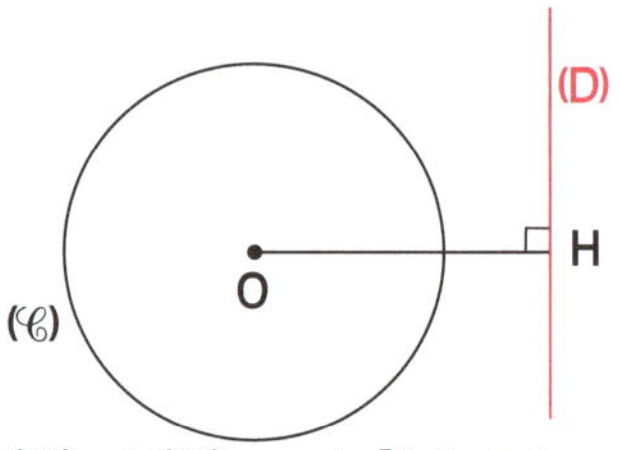
(D) et (𝒞) sont sécants.	(D) et (𝒞) sont tangents.	(D) et (𝒞) sont disjoints.
Si (𝒞) et (D) ont deux points communs, alors OH < r.	Si (𝒞) et (D) ont un point commun et un seul, alors OH = r.	Si (𝒞) et (D) n'ont aucun point commun, alors OH > r.

DÉFINITION

(𝒞) est un cercle de centre O, H un point de (𝒞).
On appelle tangente en H au cercle (𝒞) la droite perpendiculaire en H à (OH).

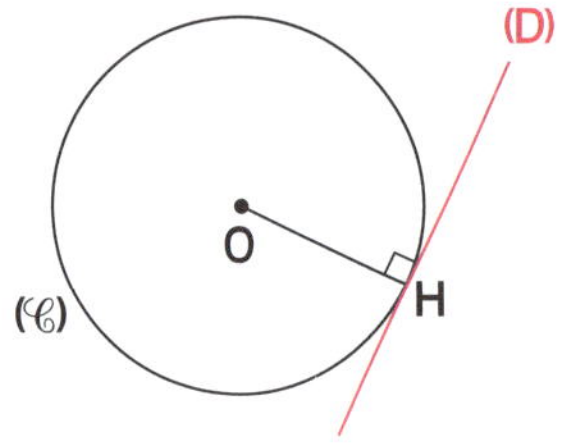

[OH] est un rayon du cercle (𝒞).
(D) est perpendiculaire à (OH) en H.

(D) est **tangente** à (𝒞) en H.
H est le **point de contact** de (D) et de (𝒞).

3.3 TANGENTES À UN CERCLE

Activité

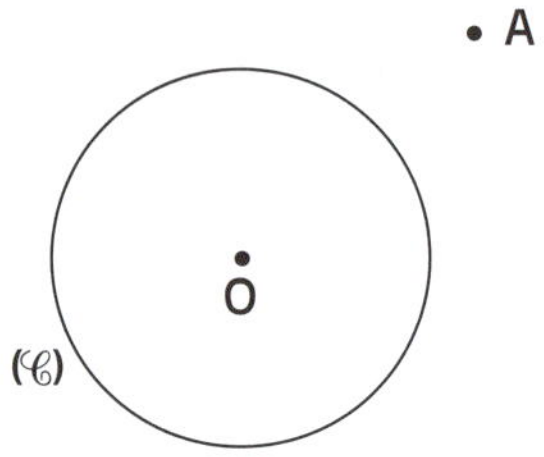

(𝒞) est un cercle de centre O, A un point extérieur à (𝒞).

- Construis une tangente à (𝒞) passant par A.

Esquisse

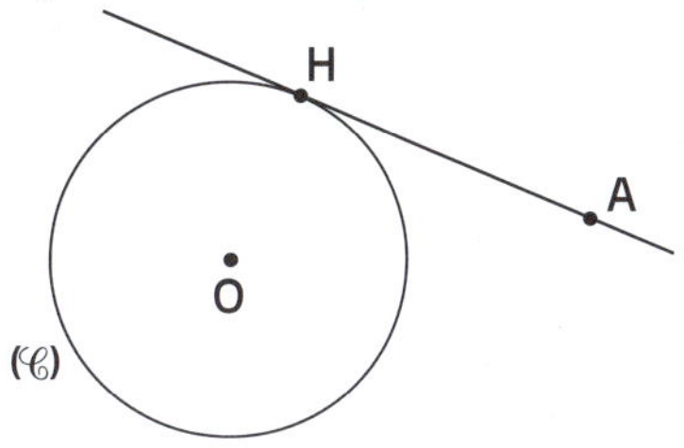

Analyse de la figure

•Justifie que H appartient au cercle de diamètre [OA].

• Donne le programme de construction d'une droite passant par le point A et tangente au cercle (𝒞) de centre O ; ce programme est illustré par le film de construction ci-après.

• Combien de droites passant par le point A sont-elles tangentes au cercle (𝒞) de centre O ? Explique pourquoi.

FILM DE CONSTRUCTION

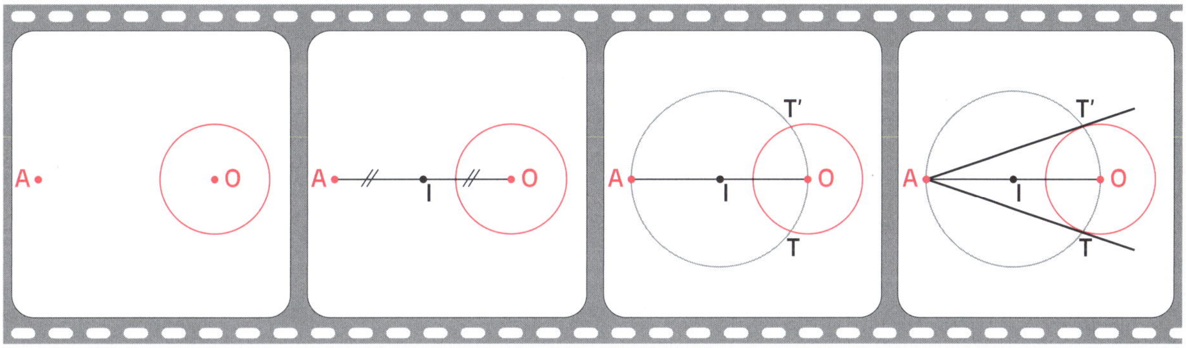

EXERCICES

3.a On donne un cercle (𝒞) de centre O et un point A de ce cercle. Construis la droite tangente en A au cercle.

3.b On donne un cercle (𝒞) de centre O et un point A extérieur à ce cercle. Construis les droites (D) et (L) passant par A et tangentes au cercle (𝒞).

3.c $\widehat{AOB}$ est un angle dont la bissectrice est la droite (OC). Construis un cercle (𝒞) tangent à la fois au deux côtés de l'angle. Justifie ta construction.

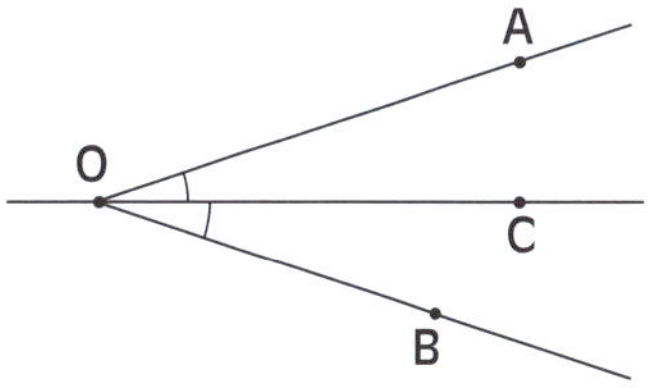

3.d Un cercle (𝒞) est tangent à deux droites sécantes (L) et (L') respectivement en T et T'. Le centre O de ce cercle a été effacé. Construis ce centre en utilisant seulement l'équerre ; énonce ton programme de construction.

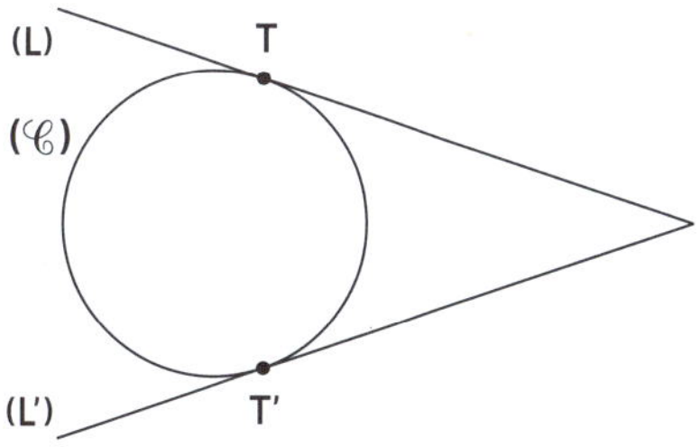

EXERCICES

ENTRAÎNEMENT

1 DISTANCES ET DROITES

1 L'unité de longueur est le mm.
Construis un triangle ABC tel que :
AB = 60, AC = 25 et BC = 65.
Vérifie, à l'aide de l'équerre, que le triangle ABC est rectangle en A.
Quelle est la distance du sommet B à la droite (AC) ? du sommet C à la droite (AB) ?
Mesure la distance de A à (BC).

2 Construis un carré ABCD de côté 48 mm.
Le point O est le centre de ce carré.
Quelle est la distance du point A à chacune des droites (BC), (CD) et (CO) ?
Mesure la distance de A à (BD).

3 On donne un segment [AC] de 66 mm et sa médiatrice (L). Le point d'intersection de (L) et (AC) est le point O.
Sur la droite (L), place deux points B et D à 24 mm de la droite (AC).
Quelle est la nature du quadrilatère ABCD ?

4 L'unité de longueur est le mm.
Trace le trapèze rectangle ABCD tel que :
– ses angles $\widehat{A}$ et $\widehat{B}$ soient droits ;
– sa hauteur soit égale à 32 ;
– AD = 40 et BC = 72.
a) Quelle est la distance du point B à la droite (AD) ?
b) Quelle est la distance du point C à la droite (AB) ? à la droite (AD) ?

5 On donne une droite (D).
Construis une droite (D') parallèle à (D) et située à 45 mm de cette droite.

6 On donne une droite (D) et un point C situé à 3 cm de (D).
Construis deux droites (D_1) et (D_2) parallèles à (D) situées à 2 cm de cette droite.
Quelle est la distance du point C à chacune des droites (D_1) et (D_2) ?

7 On donne une droite (D) et un point B situé à 1 cm de (D).
Construis les droites (D_1) et (D_2) parallèles à (D), situées à 2 cm du point B.
Quelle est la distance des droites (D_1) et (D_2) ?
Quelle est la distance de (D) à chacune des droites (D_1) et (D_2) ?

8 On donne un point O.
Construis une droite (D) située à 2 cm de O et une droite (D') située à 3,5 cm de O, telles que (D) et (D') soient sécantes.

9 On donne un point P.
Construis une droite (L) située à 25 mm de P et une droite (L') située à 40 mm de P, telles que (L) et (L') soient parallèles.
Calcule la distance des droites (L) et (L').
(Il y a deux cas de figure.)

2 POINTS ÉQUIDISTANTS DE DEUX DROITES

10 On donne deux droites parallèles (D) et (D').
Construis un point A équidistant des droites (D) et (D').

11 On donne un point A.
Construis deux droites sécantes (D) et (D') situées à 36 mm du point A.

12 On donne une droite (D) et un point A n'appartenant pas à (D).
Construis la droite (D') symétrique de la droite (D) par rapport au point A.
Démontre que le point A appartient à l'axe médian des deux droites (D) et (D').

13 On donne deux droites sécantes (D) et (D'). Construis un point situé à 3 cm de (D) et à 2 cm de (D'). Combien peux-tu construire de tels points ?

14 On donne deux droites (D) et (D') sécantes en A. Construis un point B situé à 3 cm de A et équidistant des droites (D) et (D'). Combien peux-tu construire de tels points ?

15 On donne deux droites (D) et (L) sécantes en O. Construis les axes de symétrie de la figure formée par ces deux droites.

16 On donne deux droites parallèles (D) et (D').
Construis l'axe médian (L) des deux droites (D) et (D').

EXERCICES

17 On donne deux droites (D) et (D') sécantes au point A. En plaçant l'un des bords de ta règle plate le long de la droite (D) et en utilisant l'autre bord, trace une droite (L) parallèle à (D). Trace de la même façon une droite (L') parallèle à (D'). Les droites (L) et (L') se coupent au point B et forment, avec (D) et (D'), le quadrilatère AEBF.
Démontre que (AB) est un axe de symétrie de la figure.
Démontre que AEBF est un losange.
(Pour cela, calcule l'aire de AEBF de deux façons différentes.)

3 CERCLES ET DROITES

18 On donne deux droites parallèles (D) et (L) distantes de 52 mm. Construis un cercle $(\mathscr{C})$ tangent aux deux droites (D) et (L).

19 On donne deux droites parallèles (D), (D') et une sécante commune (L).
Construis un cercle $(\mathscr{C})$ tangent aux trois droites (D), (D') et (L).

20 On donne un cercle $(\mathscr{C})$ de centre O, de rayon 2 cm, et un point A de $(\mathscr{C})$. Construis le cercle $(\mathscr{C}')$, de centre O', de rayon 2,5 cm et tangent extérieurement à $(\mathscr{C})$ en A.
Démontre que la droite perpendiculaire à (O'O) en A est tangente aux deux cercles $(\mathscr{C})$ et $(\mathscr{C}')$.
Calcule OO'.

21 On donne un cercle $(\mathscr{C})$ de centre O, de rayon 4 cm, et un point A de $(\mathscr{C})$. Construis le cercle $(\mathscr{C}')$, de centre O', de rayon 2,5 cm et tangent intérieurement à $(\mathscr{C})$ en A.
Démontre que la droite perpendiculaire à (O'O) en A est tangente aux deux cercles $(\mathscr{C})$ et $(\mathscr{C}')$.
Calcule OO'.

22 L'unité de longueur est le cm.
On donne deux points O et O' tels que OO' > 5.
Trace :
– le cercle $(\mathscr{C})$ de centre O et de rayon 3 ;
– le cercle $(\mathscr{C}')$ de centre O' et de rayon 2.
Quelle est la position relative des cercles $(\mathscr{C})$ et $(\mathscr{C}')$?

23 On donne un carré ABCD de centre O et le point E, milieu du côté [BC].
Trace le cercle $(\mathscr{C})$ de centre O passant par E.
Quelle est la position relative de chacune des droites (AB), (BC), (CD) et (DA) par rapport au cercle $(\mathscr{C})$?

24 On donne une droite (L) et un cercle $(\mathscr{C})$.
Construis les droites qui sont tangentes au cercle $(\mathscr{C})$ et parallèles à (L).

25 On donne une droite (D). Trace en rouge l'ensemble des points situés à 3 cm de (D).

26 On donne un cercle $(\mathscr{C})$ de centre O, et deux diamètres [AB] et [CD] de supports perpendiculaires. Construis la tangente à $(\mathscr{C})$ en chacun des points A, B, C et D.
Quelle est la nature du quadrilatère obtenu ?

APPROFONDISSEMENT

Les exercices 27, 28 et 29 sont liés.

27 Examine la figure codée ci-dessous.
Démontre que le point E appartient à la bissectrice de l'angle $\widehat{BAC}$.

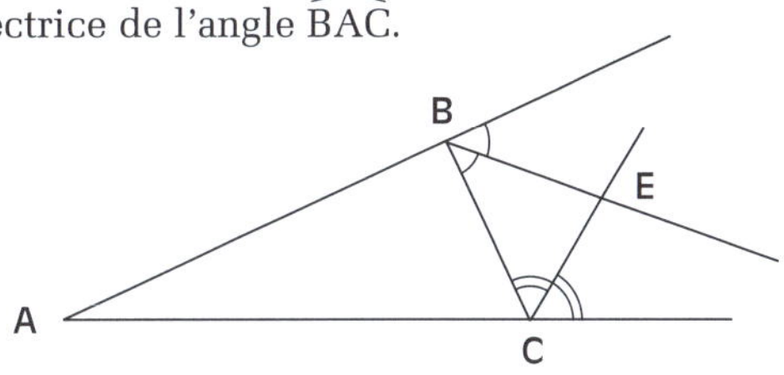

28 ABCD est un rectangle de centre O.
E est un point du segment [AB].
Les bissectrices des angles $\widehat{AOE}$ et $\widehat{AEO}$ sont sécantes en F. Les bissectrices des angles $\widehat{ACB}$ et $\widehat{ABC}$ sont sécantes en G.
Démontre que les points A, F et G sont alignés.

29 Sur la figure codée ci-dessous, les droites (D) et (L) sont parallèles.
Démontre que le point R appartient à l'axe médian des droites (D) et (L).

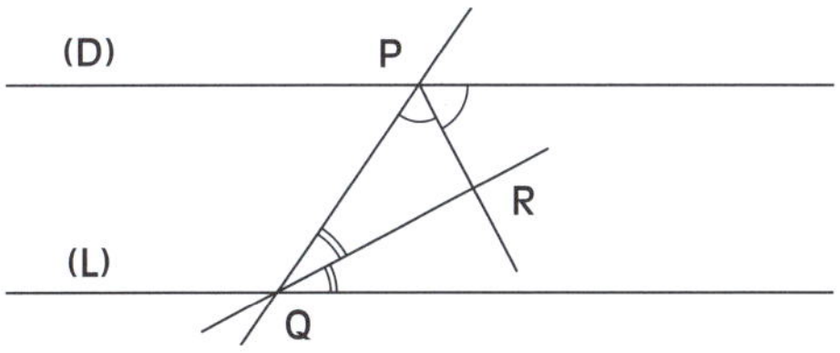

EXERCICES

30 On donne un carré ABCD de côté 4 cm.
Construis deux droites parallèles (L) et (L') situées à 4 cm de (AC).
Construis deux droites parallèles (D) et (D') situées à 4 cm de (BD).
Quelle est la nature du quadrilatère formé par ces quatre droites ?

Les exercices 31, 32 et 33 sont liés.

31 On donne deux droites parallèles (L) et (L'), leur axe médian (D), une droite (D') qui coupe (L) au point B, (L') au point C et (D) au point A.
Démontre que le point A est le milieu du segment [BC].

32 On donne un triangle ABC.
Construis la droite (L) passant par le point A et parallèle à (BC).
Construis l'axe médian (D) des droites (L) et (BC).
La droite (D) coupe (AB) en E et (AC) en F.
Démontre que les points E et F sont les milieux respectifs des segments [AB] et [AC].

33 On donne un parallélogramme ABCD, le milieu I de [AD] et le milieu J de [BC].
Démontre que la droite (IJ) est l'axe médian des droites (AB) et (CD).
Marque un point N sur le segment [IJ].
Compare les aires des triangles NAB et NCD.

Les exercices 34, 35 et 36 sont liés.

34 On donne un cercle $(\mathscr{C})$ de centre O et un point A extérieur à ce cercle.
Construis les deux droites passant par A et tangentes à ce cercle.
Démontre que les points de contact T et T' sont symétriques par rapport à la droite (AO).

35 On donne un cercle de centre O, de rayon 37 mm, et un point A à 63 mm du point O.
Construis les droites passant par A et tangentes au cercle $(\mathscr{C})$. Désigne par T et T' les points de contact de chaque tangente avec le cercle $(\mathscr{C})$.
Démontre que la droite (AO) est la bissectrice des angles $\widehat{TAT'}$ et $\widehat{TOT'}$ et que AT = AT'.

36 On donne un cercle $(\mathscr{C})$ de centre O, un diamètre [AB] et un autre point D de $(\mathscr{C})$.
Construis les tangentes à $(\mathscr{C})$ en A et en D.
Ces deux tangentes se coupent au point E.
Démontre que les droites (BD) et (EO) sont parallèles.

37 Les droites (AB), (AD) et (BD) sont tangentes à un cercle $(\mathscr{C})$ dont le centre I a été effacé.

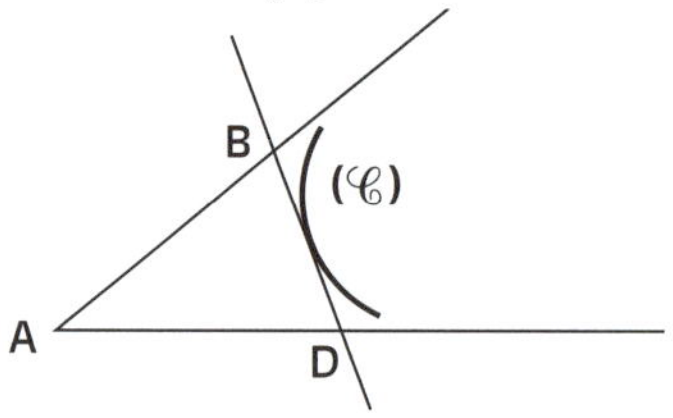

Construis ce centre en utilisant seulement le rapporteur et la règle non graduée.
Énonce ton programme de construction.

38 L'unité de longueur est le mm.
On donne les points A et B tels que AB = 80.
Place un point M tel que AM = 55 et BM = 45.
Construis le cercle $(\mathscr{C})$ passant par M et tangent à (AB) au point B.
Construis l'autre tangente à $(\mathscr{C})$ qui passe par A ; désigne par D le point de contact.
Construis la tangente à $(\mathscr{C})$ au point M.
Elle coupe (AB) en E et (AD) en F.
Calcule le périmètre du triangle AEF.

RECHERCHE

39 Sur la figure ci-dessous, a, b et c désignent les mesures respectives des côtés [BC], [AC] et [AB] et r le rayon du cercle inscrit dans le triangle ABC.

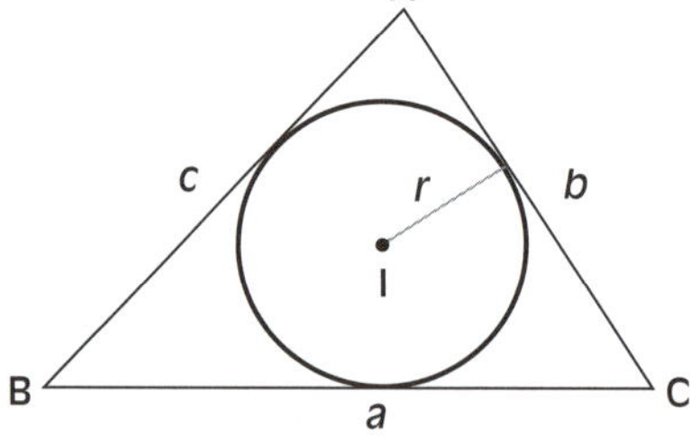

Trouve une formule permettant de calculer l'aire du triangle ABC quand les valeurs de a, b, c et r sont connues.

4

Triangle

Comment utiliser une corde à douze nœuds également espacés comme équerre ? Ce procédé, connu dans l'Égypte ancienne, est encore utilisé de nos jours par certains maçons.

SOMMAIRE

1 Droite des milieux

1.1 PROPRIÉTÉ DE LA DROITE DES MILIEUX

Activité

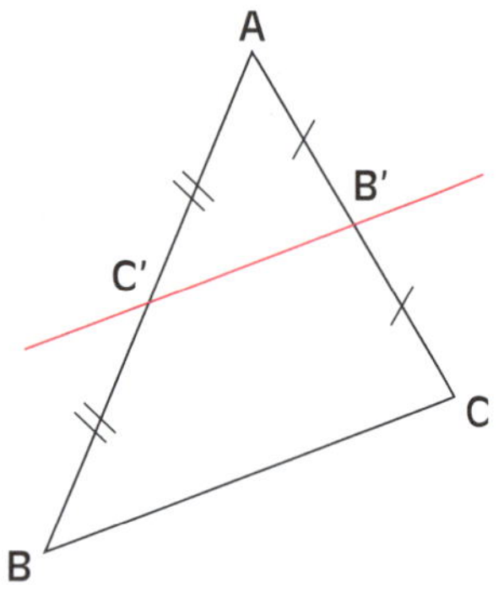

ABC est un triangle.
B' et C' sont les milieux respectifs des côtés [AC] et [AB].

- Démontre que (B'C') // (BC) et $B'C' = \frac{1}{2} BC$.

Pour cela :
– construis le point K, symétrique de B' par rapport à C' ;
– justifie que le quadrilatère AKBB' est un parallélogramme ;
– justifie que le quadrilatère KBCB' est un parallélogramme.

PROPRIÉTÉ

Dans un triangle :
- **si une droite passe par les milieux de deux côtés, alors elle est parallèle au support du troisième côté ;**
- **la longueur du segment qui joint les milieux de deux côtés est égale à la moitié de la longueur du troisième côté.**

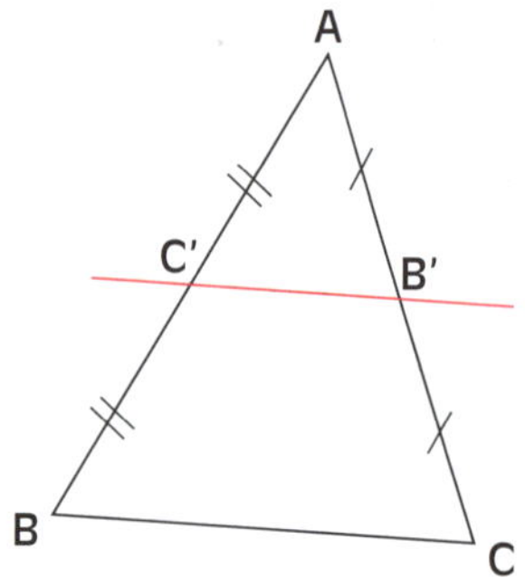

ABC est un triangle.

C' milieu de [AB]	B' milieu de [AC]

(B'C') // (BC) et $B'C' = \frac{1}{2} BC$

(B'C') est appelée **droite des milieux**.

EXERCICE

1.a L'unité de longueur est le cm.
Construis un triangle ABC tel que : BC = 9, CA = 7, AB = 8.
Place les points A', B' et C', milieux respectifs des côtés [BC], [CA] et [AB].
Trace le triangle A'B'C'.
(On pourra tracer avec une même couleur les segments à supports parallèles.)
Calcule A'B', B'C' et C'A'.
Cite trois parallélogrammes de cette figure. Justifie ta réponse.

EXERCICE

1.b ABC est un triangle.
(B'C') est la droite parallèle à (BC) passant par A.
(C'A') est la droite parallèle à (CA) passant par B.
(A'B') est la droite parallèle à (AB) passant par C.
Justifie que les points A, B et C sont les milieux respectifs de [B'C'], [C'A'] et [A'B'].

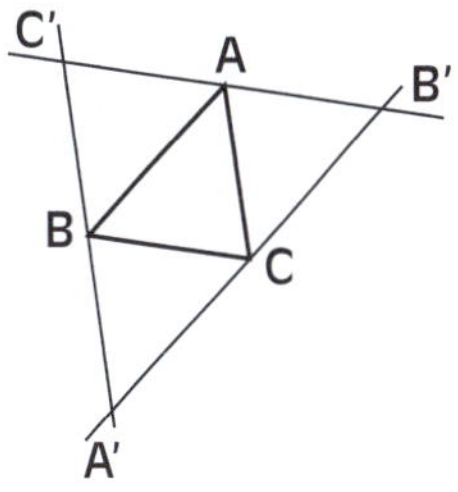

1.2 DROITE PASSANT PAR LE MILIEU D'UN CÔTÉ

Activité

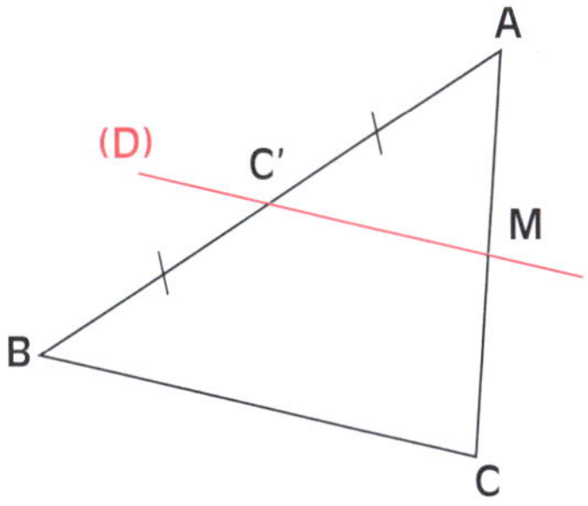

ABC est un triangle.
C' est le milieu du côté [AB].
La droite (D) parallèle à (BC) passant par C' coupe [AC] en M.

• Démontre que M est le milieu de [AC].

Pour cela :
– construis le point M', symétrique de M par rapport à C' ;
– justifie que AMBM' est un parallélogramme ;
– justifie que M'MCB est un parallélogramme.

PROPRIÉTÉ

Dans un triangle, si une droite passe par le milieu d'un côté et est parallèle au support d'un autre côté, alors elle passe par le milieu du troisième côté.

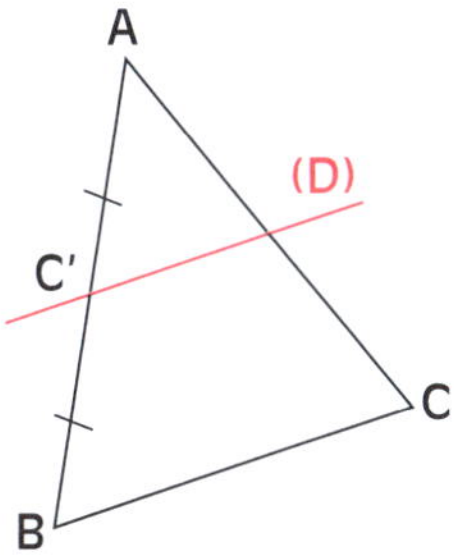

ABC est un triangle.

C' milieu de [AB]	C' ∈ (D)	(D) // (BC)

(D) passe par le milieu de [AC].

EXERCICE

1.c ABC est un triangle rectangle en B.
La médiatrice de [BC] coupe l'hypoténuse en un point I.
Démontre que le point I est le milieu du côté [AC].

2 Droites particulières d'un triangle

2.1 HAUTEURS – ORTHOCENTRE

Activité

Trace un triangle et construis ses trois hauteurs. Elles semblent concourantes.
Nous allons justifier qu'elles le sont effectivement.

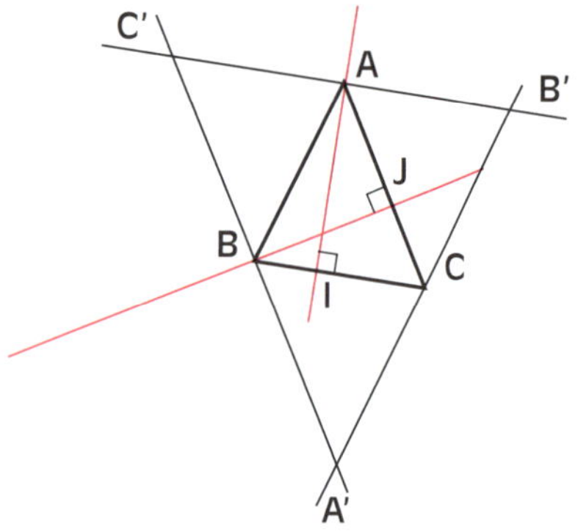

ABC est un triangle.
(AI) et (BJ) sont deux hauteurs du triangle ABC.
On a construit le triangle A'B'C' de la façon suivante :
– (A'B') est la droite passant par C et parallèle à (AB) ;
– (B'C') est la droite passant par A et parallèle à (BC) ;
– (C'A') est la droite passant par B et parallèle à (CA).

• Démontre que les points A, B et C sont les milieux respectifs des segments [B'C'], [C'A'] et [A'B'].
• Démontre que les hauteurs du triangle ABC sont les médiatrices du triangle A'B'C'.
• Conclus.

PROPRIÉTÉ

Les trois hauteurs d'un triangle sont concourantes.

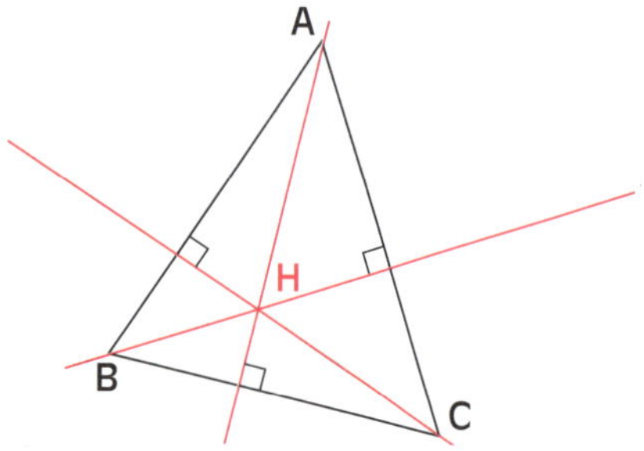

H, point de concours des hauteurs, est appelé l'**orthocentre** du triangle ABC.

EXERCICES

2.a MNP est un triangle tel que l'angle $\widehat{NMP}$ est obtus.
ABC est un triangle rectangle en B.
Reproduis chacun de ces deux triangles.
Construis l'orthocentre du triangle MNP.
Nomme l'orthocentre du triangle ABC.
Justifie ta réponse.

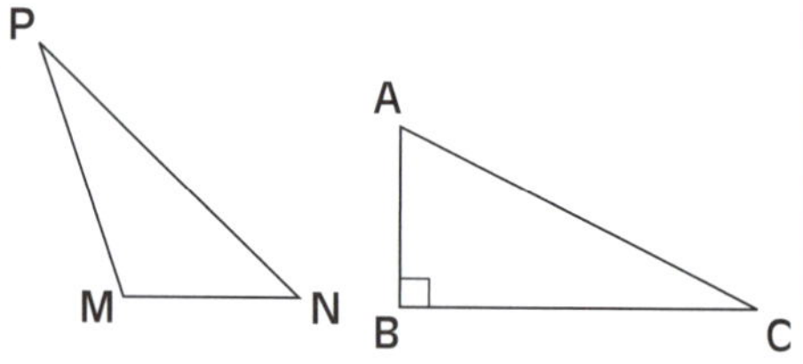

2.b ABC est un triangle et H son orthocentre. Quel est l'orthocentre de chacun des triangles AHB, AHC et BHC ? Justifie tes réponses.

2.2 BISSECTRICES – CENTRE DU CERCLE INSCRIT

Activité

Trace un triangle et construis les bissectrices des angles de ce triangle. Elles semblent concourantes.

Nous allons justifier qu'elles le sont effectivement.

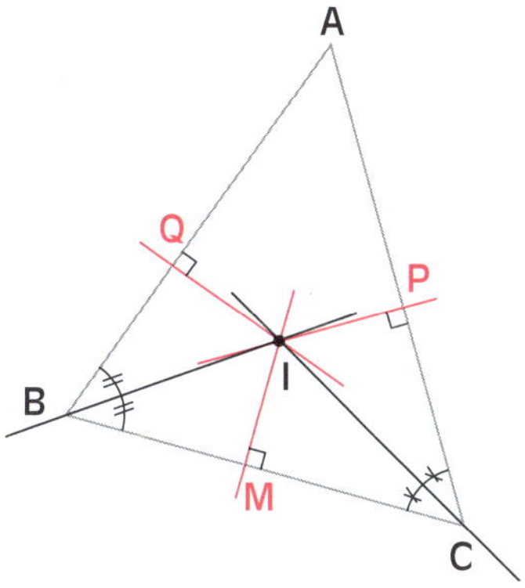

ABC est un triangle.
Les bissectrices des angles $\widehat{B}$ et $\widehat{C}$ se coupent en I.
Les droites passant par I et perpendiculaires aux droites (BC), (CA) et (AB) coupent celles-ci respectivement en M, P et Q.

- Démontre que la bissectrice de l'angle $\widehat{A}$ passe par I (pour cela, tu pourras justifier que : IM = IP = IQ).

Trace le cercle ($\mathscr{C}$) de centre I et de rayon IM.
- Justifie que ($\mathscr{C}$) est tangent aux droites (BC), (CA) et (AB) respectivement en M, P et Q.

- Constate que ($\mathscr{C}$) est intérieur au triangle ABC.

DÉFINITION

On appelle cercle inscrit dans un triangle le cercle intérieur à ce triangle et tangent aux supports de ses côtés.

PROPRIÉTÉ

Les trois bissectrices des angles d'un triangle sont concourantes.
Leur point commun est le centre du cercle inscrit dans ce triangle.

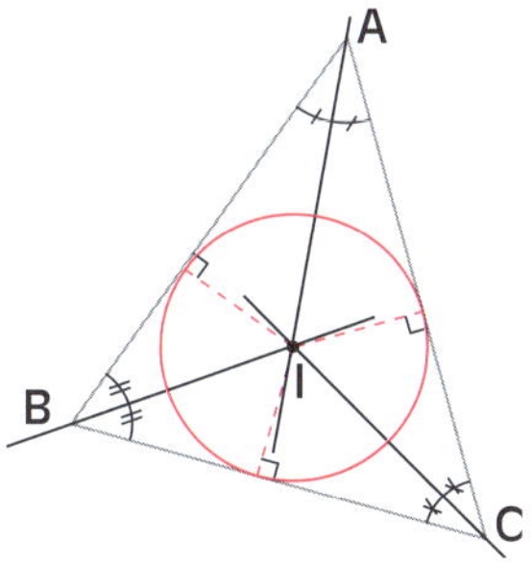

I, point de concours des bissectrices, est le **centre du cercle inscrit** dans le triangle ABC.

EXERCICES

2.c ABC est un triangle. Construis en rouge le cercle circonscrit au triangle ABC et en bleu le cercle inscrit dans le triangle ABC.

2.d ABC est un triangle rectangle en B. I est le centre du cercle ($\mathscr{C}$) inscrit dans ce triangle.
($\mathscr{C}$) est tangent à (AB) en M et à (BC) en P.
Démontre que le quadrilatère MIPB est un carré.

2.3 MÉDIANES – CENTRE DE GRAVITÉ

Médiane

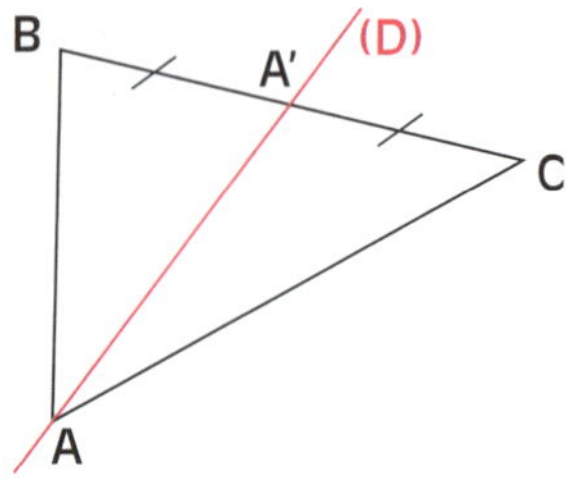

Examine la figure codée ci-contre. Observe la droite (D).
C'est la **médiane** du triangle ABC qui passe par le sommet A.

- Dans chacun des triangles AA'B et AA'C, construis la hauteur passant par le sommet A.
- Compare les aires de ces deux triangles.

DÉFINITION

On appelle médiane d'un triangle la droite qui passe par un sommet et par le milieu du côté opposé à ce sommet.

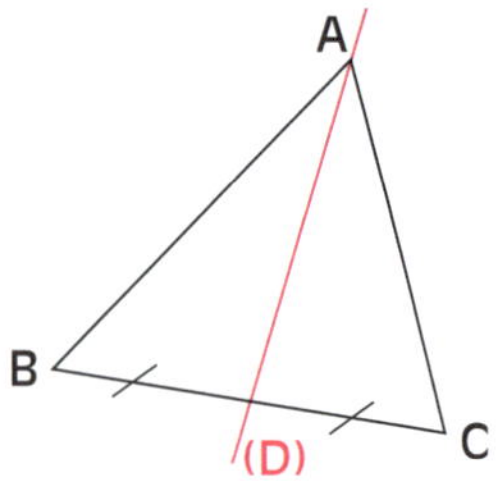

La droite (D) est la médiane passant par A ; c'est aussi la médiane relative au côté [BC].

PROPRIÉTÉ 1

Chaque médiane d'un triangle le partage en deux triangles de même aire.

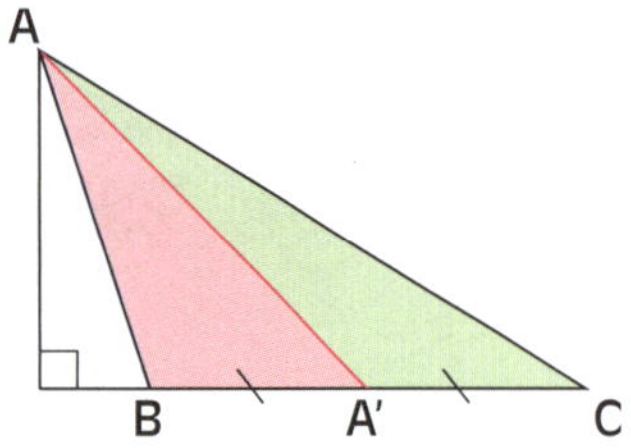

Aire AA'B = aire AA'C

EXERCICES

2.e Examine la figure codée ci-contre où A' est le milieu de [BC].
Nomme :
– la hauteur passant par A ;
– la médiatrice du côté [BC] ;
– la médiane relative au côté [BC].

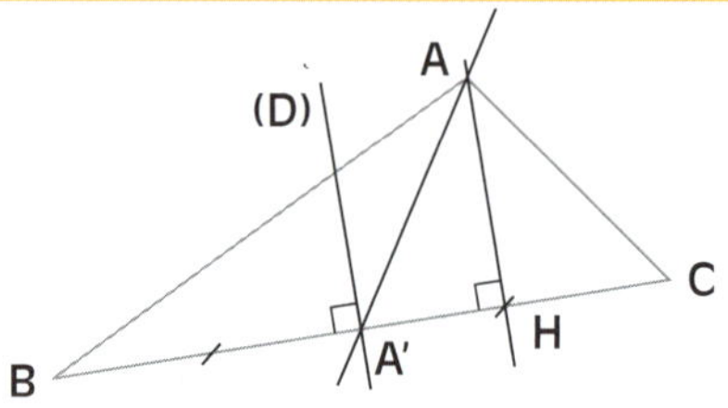

2.f ABC est un triangle.
Les points A', B' et C' sont les milieux respectifs des côtés [BC], [CA] et [AB].
Démontre que les triangles ABC et A'B'C' ont les mêmes médianes.

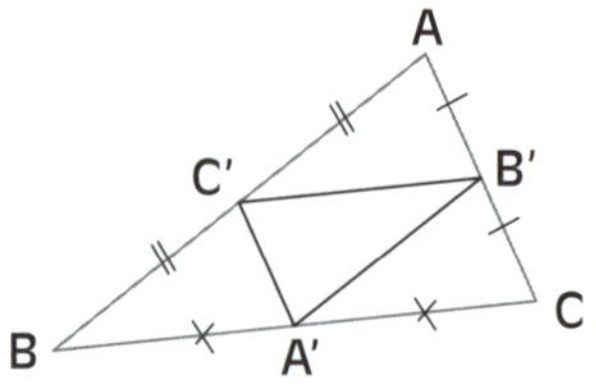

Centre de gravité

Trace un triangle et construis ses trois médianes. Elles semblent concourantes.
Nous allons justifier qu'elles le sont effectivement.

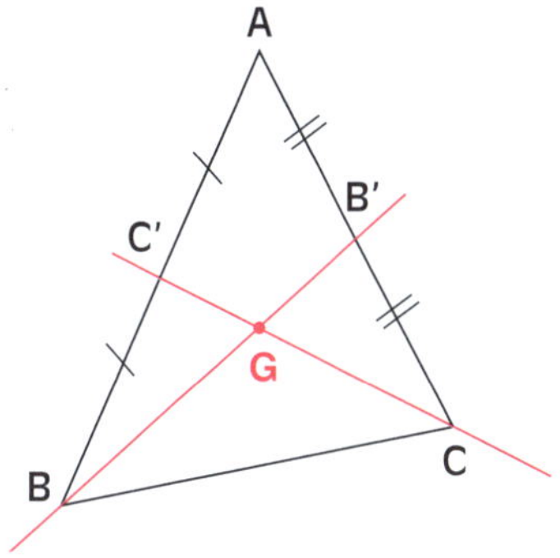

ABC est un triangle.
Les droites (BB') et (CC') sont deux médianes de ce triangle. Elles sont sécantes en G.

- Démontre que la droite (AG) passe par le milieu A' du côté [BC].

Pour cela :
- marque le point E symétrique de A par rapport à G ;
- justifie que (BE) et (CC') sont parallèles (tu peux utiliser la droite des milieux dans le triangle ABE) ;
- justifie de la même façon que (CE) et (BB') sont parallèles ;
- justifie que le quadrilatère CGBE est un parallélogramme ;
- justifie que (AG) passe par le milieu A' du côté [BC].

- Démontre que : $AG = \frac{2}{3} AA'$. Pour cela, précise la position des points G et A' sur le segment [AE] dans le parallélogramme CGBE.

PROPRIÉTÉ 2

Les trois médianes d'un triangle sont concourantes.

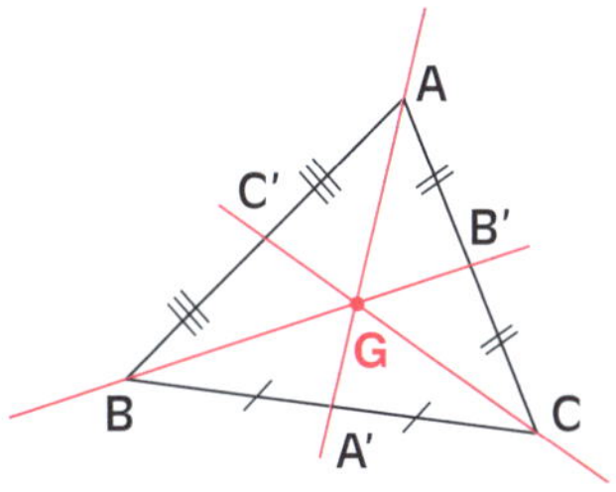

G, point de concours des médianes est le **centre de gravité** du triangle ABC.

De plus : $AG = \frac{2}{3} AA'$; $BG = \frac{2}{3} BB'$; $CG = \frac{2}{3} CC'$.

PROPRIÉTÉ 3

Le centre de gravité d'un triangle est situé aux $\frac{2}{3}$ de chaque médiane à partir du sommet.

Suivant le contexte, les mots **médiane** et **hauteur** désigneront une droite, un segment ou une longueur.

EXERCICE

2.g ABC est un triangle.
Les points B' et C' sont les milieux respectifs des côtés [AC] et [AB].
Le point G est le centre de gravité du triangle ABC.
Les points E et F sont les milieux respectifs des segments [BG] et [CG].
Démontre que le quadrilatère B'C'EF est un parallélogramme.

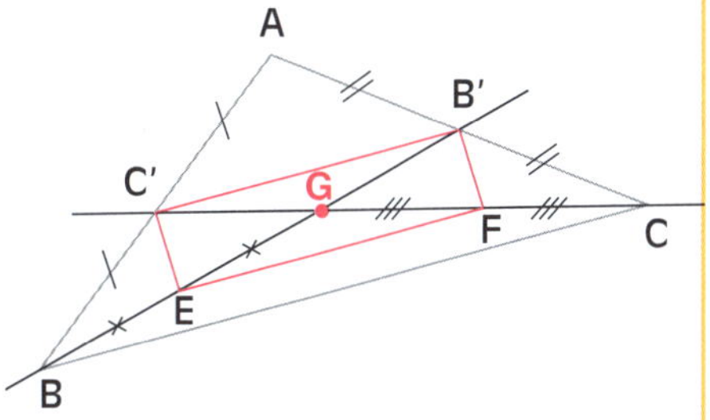

3 Droites particulières d'un triangle isocèle

3.1 PROPRIÉTÉS

Activité

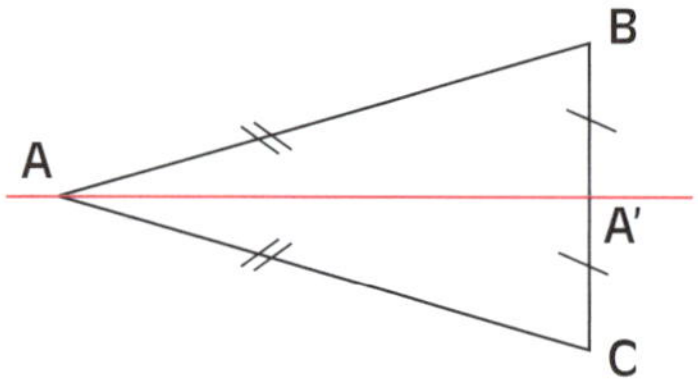

ABC est un triangle isocèle en A, A' le milieu de [BC].

• Justifie que (AA') est un axe de symétrie du triangle ABC.

PROPRIÉTÉ 1

L'axe de symétrie d'un triangle isocèle est à la fois la médiatrice de sa base, la bissectrice, la hauteur et la médiane passant par son sommet principal.

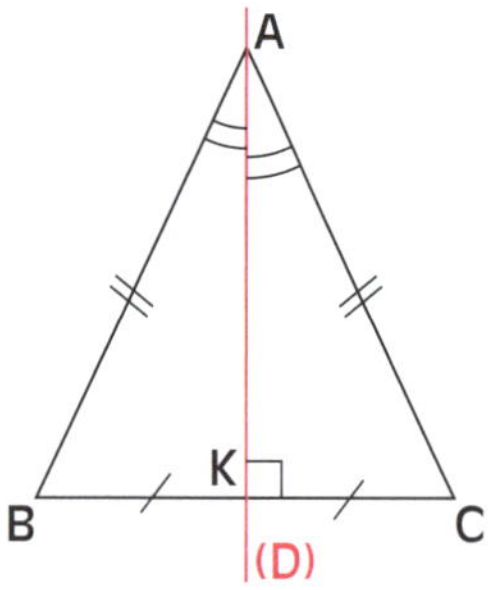

ABC est un triangle isocèle en A.

(D) est un axe de symétrie.

La droite (D) est :
– la médiatrice de [BC] ;
– la médiane passant par A ;
– la hauteur passant par A ;
– la bissectrice de l'angle $\widehat{A}$.

PROPRIÉTÉ 2

Dans un triangle équilatéral, le centre de gravité est à la fois l'orthocentre du triangle, le centre du cercle circonscrit au triangle et le centre du cercle inscrit dans le triangle.

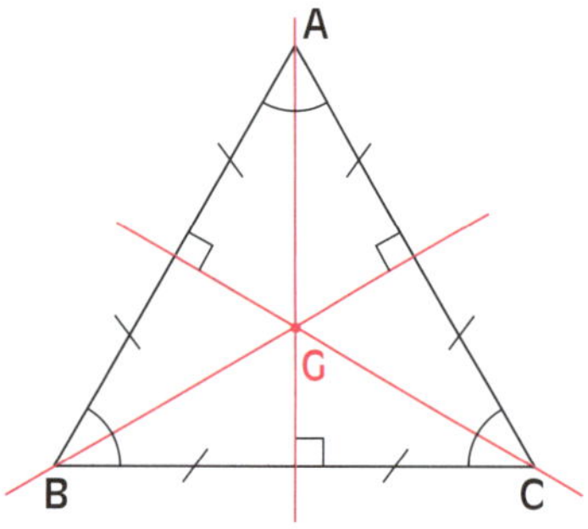

ABC est un triangle équilatéral.

Le point G est :
– le centre de gravité du triangle ;
– le centre du cercle circonscrit au triangle ;
– le centre du cercle inscrit dans le triangle ;
– l'orthocentre du triangle.

3.2 RECONNAÎTRE UN TRIANGLE ISOCÈLE

Activité

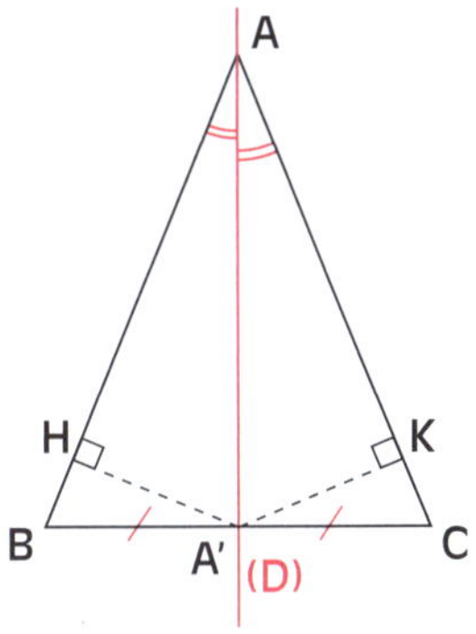

ABC est un triangle tel que la bissectrice (D) de l'angle $\widehat{A}$ passe par le milieu A' du côté [BC].

On veut démontrer que le triangle ABC est isocèle en A.
- Pour cela, justifie que :
- les triangles AA'B et AA'C ont la même aire ;
- le point A' est équidistant de (AB) et (AC) ;
- AB = AC.

(tu pourras utiliser l'aire des triangles AA'B et AA'C de bases respectives [AB] et [AC].)

PROPRIÉTÉS

Dans un triangle, si une droite est à la fois bissectrice et hauteur, alors ce triangle est isocèle.	Dans un triangle, si une droite est à la fois bissectrice et médiane, alors ce triangle est isocèle.	Dans un triangle, si une droite est à la fois hauteur et médiane, alors ce triangle est isocèle.
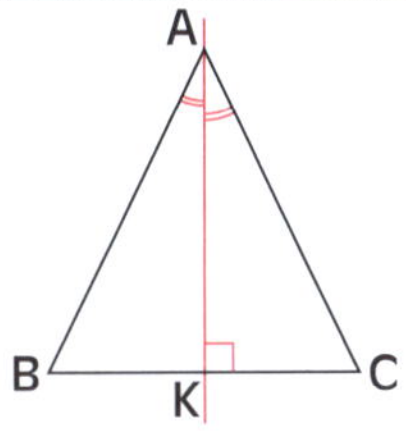	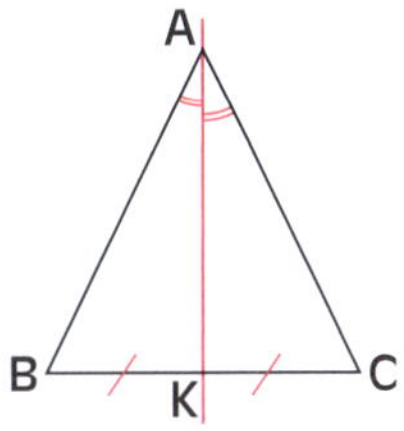	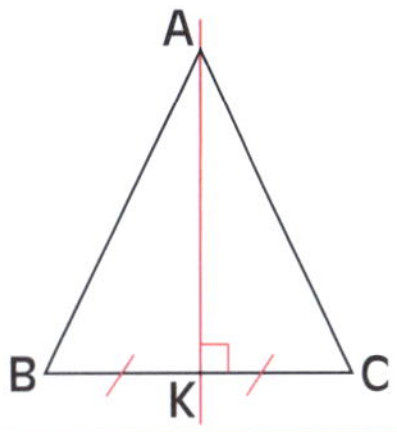

EXERCICE

3.a L'activité précédente a permis de démontrer une des trois propriétés ci-dessus. Démontre les deux autres.

4 Propriétés métriques du triangle rectangle

Suivant le contexte, les mots **côté** et **hypoténuse** désigneront un segment ou une longueur.

4.1 PROPRIÉTÉ DE PYTHAGORE

Activité 1

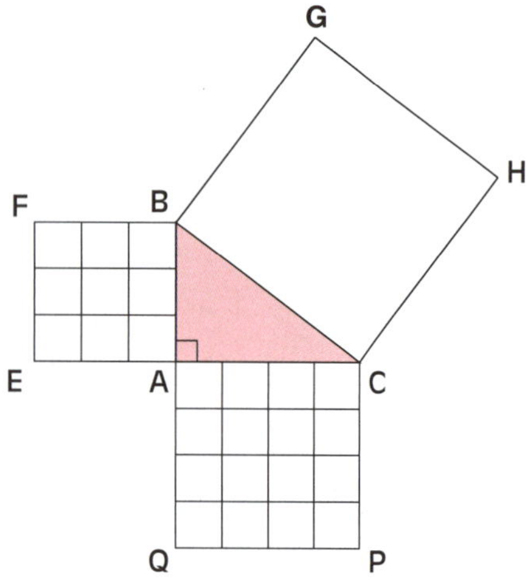

unité de longueur

unité d'aire

ABC est un triangle rectangle en A tel que :
AB = 3 et AC = 4.

ABFE, ACPQ et BGHC sont des carrés d'aires respectives $\mathcal{A}_1$, $\mathcal{A}_2$ et $\mathcal{A}_3$.

- Avec l'unité de longueur, mesure le côté [BC].
- Détermine $\mathcal{A}_1$, $\mathcal{A}_2$ et $\mathcal{A}_3$.
- Compare $\mathcal{A}_3$ et $\mathcal{A}_1 + \mathcal{A}_2$.

Activité 2

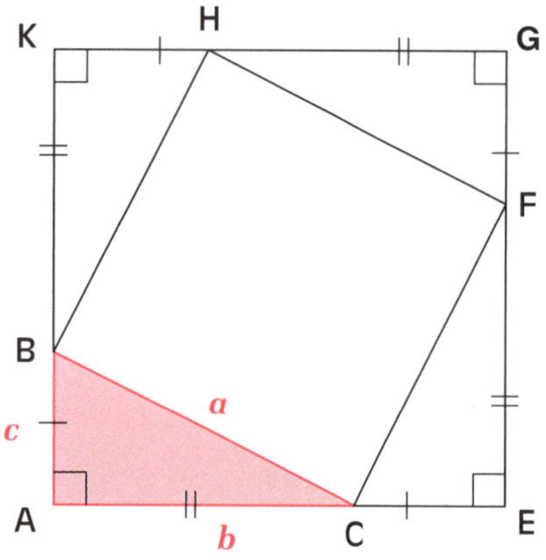

ABC est un triangle rectangle en A.
On considère la figure codée ci-contre obtenue à partir du triangle ABC.

On veut comparer a^2 et $b^2 + c^2$.
Pour cela :

1) Démontre que BCFH est un carré.
À cet effet :
- justifie que les triangles ABC, ECF, GFH et KHB sont superposables ;
- déduis-en que :
  - le quadrilatère BCFH est un losange ;
  - l'angle $\widehat{BCF}$ est droit.

2) Calcule de deux manières l'aire du carré BCFH.

PROPRIÉTÉ DE PYTHAGORE

Si un triangle est rectangle, alors le carré de l'hypoténuse est égal à la somme des carrés des deux autres côtés.

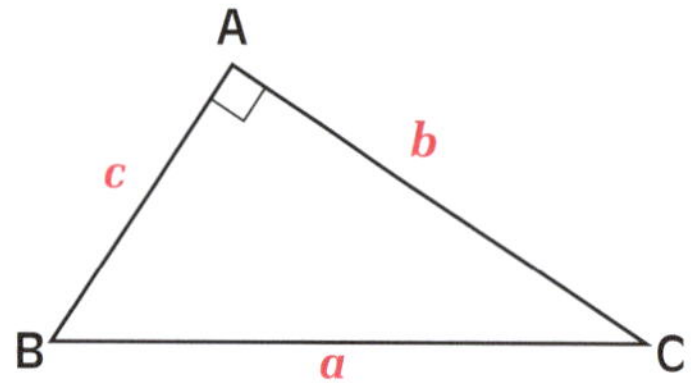

$$a^2 = b^2 + c^2$$

Table des carrés de 1 à 99

	0	1	2	3	4	5	6	7	8	9
0	0	1	4	9	16	25	36	49	64	81
10	100	121	144	169	196	225	256	289	324	361
20	400	441	484	529	576	625	676	729	784	841
30	900	961	1 024	1 089	1 156	1 225	1 296	1 369	1 444	1 521
40	1 600	1 681	1 764	1 849	1 936	2 025	2 116	2 209	2 304	2 401
50	2 500	2 601	2 704	2 809	2 916	3 025	3 136	3 249	3 364	3 481
60	3 600	3 721	3 844	3 969	4 096	4 225	4 356	4 489	4 624	4 761
70	4 900	5 041	5 184	5 329	5 476	5 625	5 776	5 929	6 084	6 241
80	6 400	6 561	6 724	6 889	7 056	7 225	7 396	7 569	7 744	7 921
90	8 100	8 281	8 464	8 649	8 836	9 025	9 216	9 409	9 604	9 801

À l'aide de la table ci-dessus :

- vérifie que le carré de 54 est 2 916 ;
- vérifie que 2 209 est le carré de 47.
- Quel est le carré de 72 ?
- Quel est le nombre qui a pour carré 7 396 ?

Explique comment tu procèdes.

EXERCICES

4.a L'unité de longueur est le cm.
Construis un triangle ABC, rectangle en A tel que : AB = 12 et AC = 5.
Calcule BC. Vérifie sur ta figure.

4.b L'unité de longueur est le cm.
ABC est un triangle rectangle en B tel que : AB = 15 et AC = 17.
Calcule BC.

4.c Calcule la longueur des diagonales d'un rectangle de longueur 12 cm et de largeur 9 cm.

4.2 RÉCIPROQUE DE LA PROPRIÉTÉ DE PYTHAGORE

Reconnaître un triangle rectangle

L'unité de longueur est le cm.
Construis un triangle ABC tel que : AB = 6, AC = 8, BC = 10.

- Vérifie que $AB^2 + AC^2 = BC^2$.
- Vérifie à l'aide d'une équerre que le triangle est rectangle en A.

On admet la propriété suivante :

PROPRIÉTÉ

Si dans un triangle le carré d'un côté est égal à la somme des carrés des deux autres côtés, alors ce triangle est rectangle.

La ficelle du maçon

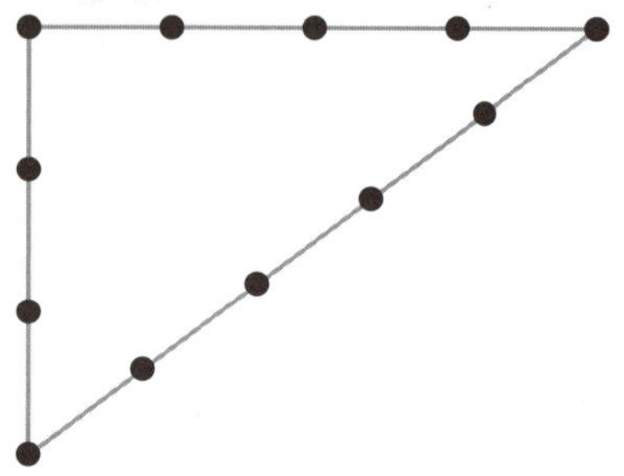

Pour construire un angle droit, certains maçons se servent d'une ficelle ayant des nœuds espacés de façon régulière.

• Pour chaque côté du triangle obtenu ci-contre, compte le nombre d'intervalles entre deux nœuds ; que constates-tu ?

• Ce triangle est rectangle, pourquoi ?

• Explique pourquoi cette façon de construire un angle droit porte le nom de **méthode « 3, 4, 5 »**.

EXERCICES

4.d L'unité de longueur est le cm.
Dans chacune des colonnes du tableau ci-contre, précise si le triangle ABC est rectangle en A.

AB	30	5	4,1	12	4,5	7,5
AC	40	6	3,2	5	6	18
BC	50	7	4,6	13	7,5	19,5

4.e L'unité de longueur est le cm.
Dans chacune des colonnes du tableau ci-contre, précise si le triangle ABC est rectangle ; indique alors l'angle droit.

AB	6	4,8	10	4
BC	6,5	3,6	6	6
CA	2,5	6	8	5

4.f L'unité de longueur est le cm.
Un parallélogramme ABCD est tel que : AB = 20 ; BC = 48 ; CA = 52.
Justifie que ABCD est un rectangle.

4.g Un parallélogramme MNPQ a un côté de longueur 7,5 cm ; ses deux diagonales ont pour longueurs respectives 12 cm et 9 cm.
Justifie que MNPQ est un losange.

4.3 PROPRIÉTÉ MÉTRIQUE DÉDUITE DE L'AIRE

Activité 1

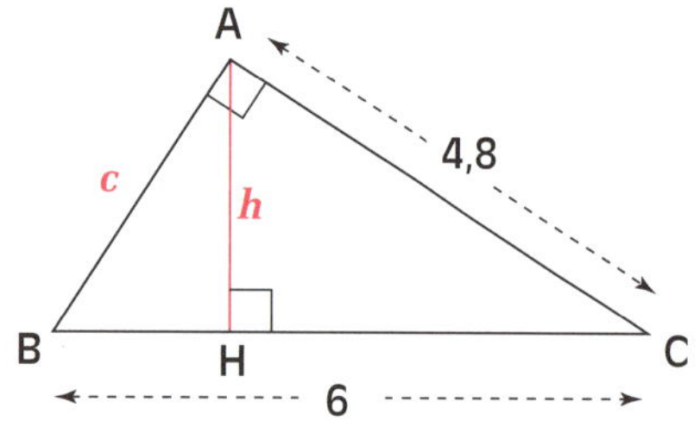

L'unité de longueur est le cm.
Examine la figure codée ci-contre.

• Calcule c.
• Calcule l'aire du triangle ABC.
• Déduis-en h.

Activité 2

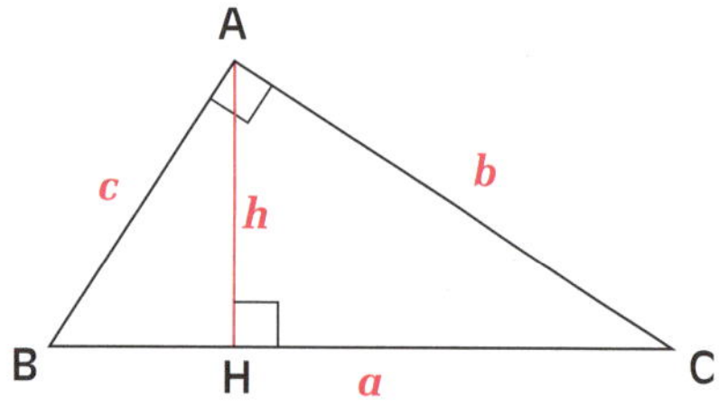

Examine la figure codée ci-contre.

• Calcule de deux manières l'aire du triangle ABC.

• Déduis-en une égalité qui relie a, b, c et h.

PROPRIÉTÉ

Dans un triangle rectangle, le produit des côtés de l'angle droit est égal au produit de l'hypoténuse et de la hauteur passant par le sommet de l'angle droit.

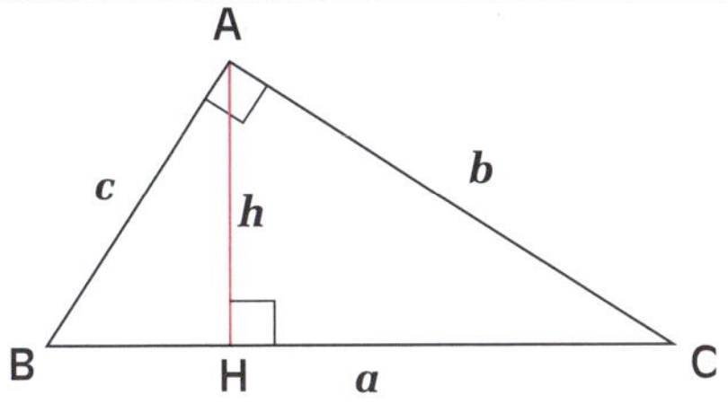

$$a \times h = b \times c$$

EXERCICE

4.h L'unité de longueur est le cm.
Le triangle ABC est tel que AB = 40, BC = 41 et CA = 9.
Vérifie que ce triangle est rectangle.
Calcule la distance de A à la droite (BC).

EXERCICE COMMENTÉ

Énoncé

ABC est un triangle. La hauteur passant par A coupe la droite (BC) en K.
D est un point de la droite (AK) n'appartenant pas à la demi-droite [KA).
La droite parallèle à la droite (AB), passant par D, coupe la droite (BC) en E.
La droite perpendiculaire à la droite (CD), passant par E, coupe la droite (AK) en H.

- *Démontre que les droites (BH) et (AC) sont perpendiculaires.*

(On pourra justifier au préalable que le point C est l'orthocentre du triangle DEH.)

Solution

Lecture de l'énoncé

Figure

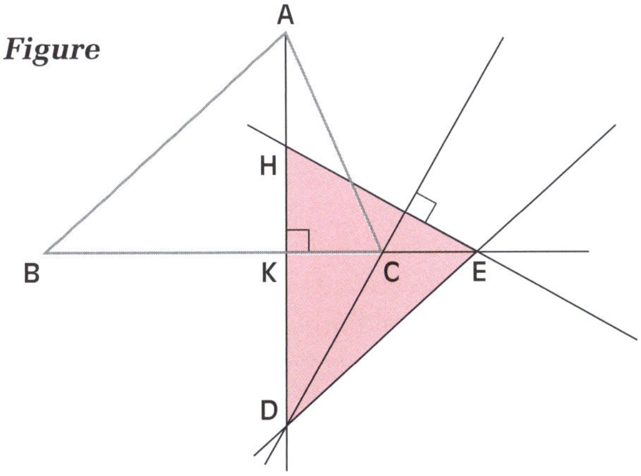

Données

(AK) est une hauteur du triangle ABC.
(DE) // (AB)
(EH) ⊥ (CD)

Conclusion

(BH) ⊥ (AC)

Recherche d'une démarche

- Suivant l'indication de l'énoncé, je justifie que le point C est l'orthocentre du triangle DEH. Je complète alors la figure.

Figure

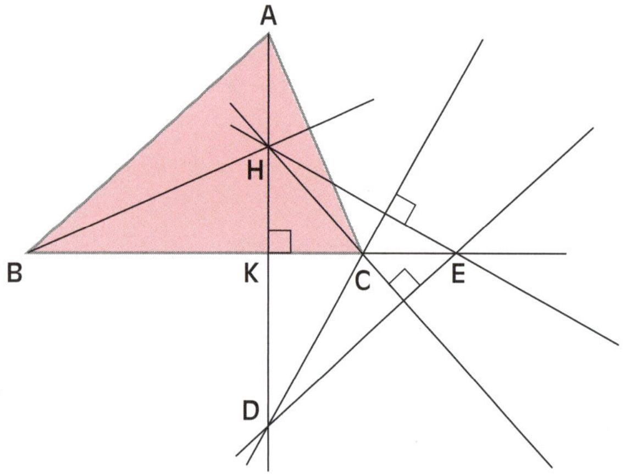

- La droite (AK) étant une hauteur du triangle ABC et le point H appartenant à (AK), cela me suggère que H pourrait être l'orthocentre du triangle ABC. Pour le justifier, je dois démontrer que (CH) est une hauteur du triangle ABC.

Rédaction de la solution

Étapes de la démonstration	*Justifications*
• (AK) ⊥ (BC) et (CD) ⊥ (EH).	*Données*
donc les droites (BC) et (CD) sont des hauteurs du triangle DEH.	Définition d'une hauteur d'un triangle.
Leur point d'intersection C est l'orthocentre de ce triangle.	Définition de l'orthocentre d'un triangle.
• La droite (CH) est une hauteur du triangle DEH et (CH) ⊥ (DE).	Car c'est une droite qui passe par un sommet et l'orthocentre du triangle DEH.
• (AB) // (DE) et (CH) ⊥ (DE) donc (CH) ⊥ (AB).	Car, deux droites étant parallèles, lorsqu'une droite est perpendiculaire à l'une, elle est perpendiculaire à l'autre.
(CH) est donc une hauteur du triangle ABC.	Définition d'une hauteur d'un triangle.
• Les droites (AK) et (CH) sont deux hauteurs du triangle ABC.	Définition de l'orthocentre d'un triangle.
Leur point d'intersection H est l'orthocentre du triangle ABC.	
• La droite (BH) est une hauteur du triangle ABC	Car c'est une droite qui passe par un sommet et l'orthocentre H du triangle ABC.
donc (BH) ⊥ (AC).	Définition d'une hauteur d'un triangle.

EXERCICES

ENTRAÎNEMENT

1 DROITE DES MILIEUX

1 $(\mathscr{C})$ et $(\mathscr{C}')$ sont deux cercles de centre O dont les longueurs des rayons sont respectivement 2,5 cm et 5 cm. Une demi-droite [OX) coupe $(\mathscr{C})$ et $(\mathscr{C}')$ respectivement aux points A et B. Une autre demi-droite [OY), non opposée à [OX), coupe $(\mathscr{C})$ et $(\mathscr{C}')$ respectivement aux points E et F.
Démontre que : BF = 2 AE.
Quelle est la nature du quadrilatère ABFE ?

2 ABC est un triangle. Le point A' est le milieu du côté [BC]. La droite passant par A' et parallèle à la droite (AB) coupe la droite (AC) au point P. La droite passant par le point P et parallèle à la droite (BC) coupe la droite (AB) au point Q.
Démontre que Q est le milieu du côté [AB].

3 ABCD est un quadrilatère ; les points H, I, J et K sont les milieux respectifs des côtés [AB], [BC], [CD] et [DA].
Quelle est la nature du quadrilatère HIJK ?

4 ABC est un triangle. E est le symétrique du point A par rapport à la droite (BC) et F le symétrique du point A par rapport au point B.
Démontre que la droite (BC) est parallèle à la droite (EF).

5 ABC est un triangle. Les points B' et C' sont les milieux respectifs des côtés [AC] et [AB].
M est un point quelconque du côté [BC].
La droite (AM) coupe la droite (B'C') au point N.
Démontre que N est le milieu du segment [AM].

6 ABCD est un losange ; les points M et N sont les milieux respectifs des côtés consécutifs [AB] et [AD].
Démontre que les droites (MN) et (AC) sont perpendiculaires.

2 DROITES PARTICULIÈRES D'UN TRIANGLE

7 Dans chacun des triangles codés ABC :
– quelle est la nature des droites concourantes au point O ?
– que représente ce point O pour le triangle ABC ?

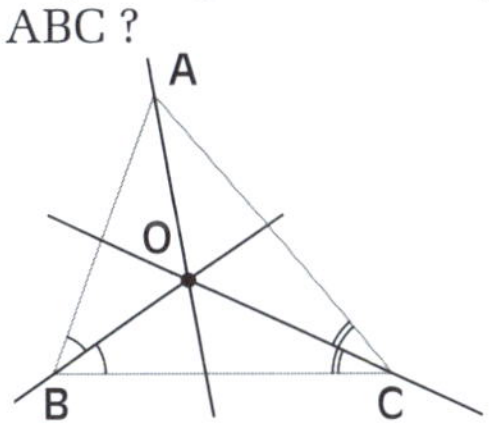

figure 1

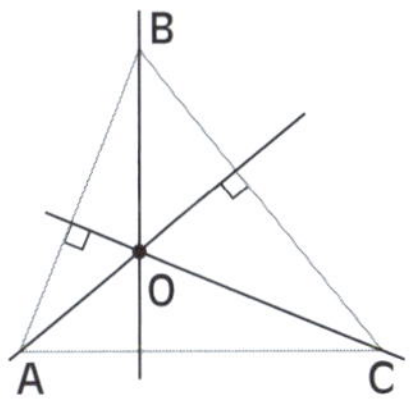

figure 2

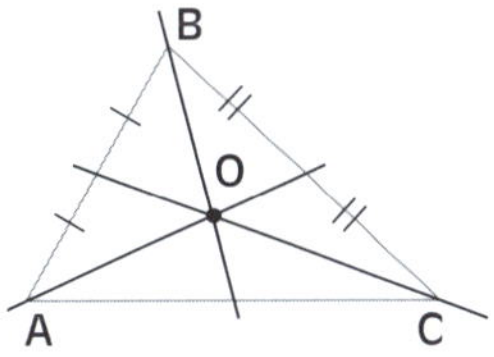

figure 3

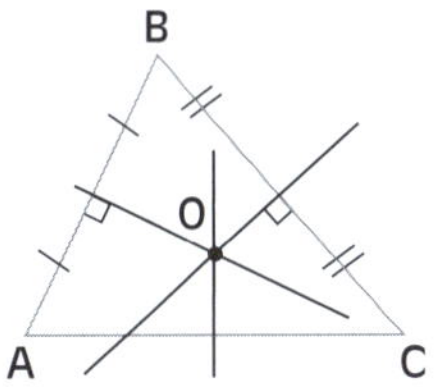

figure 4

8 On donne un segment [AB] et un point H n'appartenant pas à la droite (AB), comme l'indique la figure.

Construis le triangle ABC ayant pour orthocentre le point H.
Énonce un programme de construction du triangle ABC.

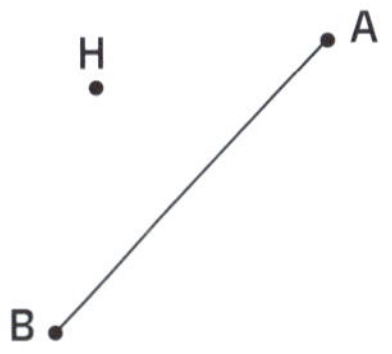

9 On donne un segment [AB] et un point G n'appartenant pas à la droite (AB), comme l'indique la figure.

Construis le triangle ABC ayant le point G pour centre de gravité.
Énonce un programme de construction du triangle ABC.

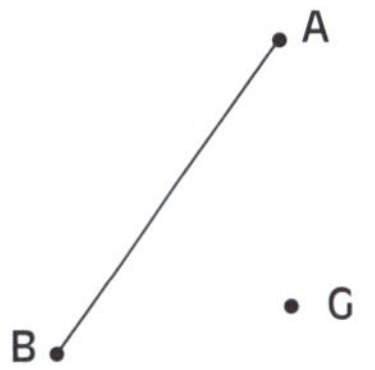

10 On donne un segment [AB] et un point O n'appartenant pas à la droite (AB), comme l'indique la figure page suivante.

EXERCICES

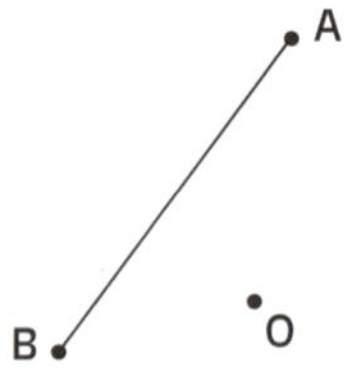

Construis le triangle ABC ayant le point O pour centre du cercle inscrit au triangle ABC.
Énonce un programme de construction du triangle ABC.

11 L'unité de longueur est le cm.
ABCD est un rectangle de centre H tel que AB = 4 et BC = 2.
La droite (L), perpendiculaire à la droite (AC) passant par le point D, coupe (AC) au point M.
La droite (L'), perpendiculaire à la droite (BD) passant par le point C, coupe (DB) au point N.
(L) et (L') se coupent au point Q.
Démontre que la droite (QH) est parallèle à chacune des droites (AD) et (BC).

3 DROITES PARTICULIÈRES D'UN TRIANGLE ISOCÈLE

12 Examine la figure codée ci-dessous.

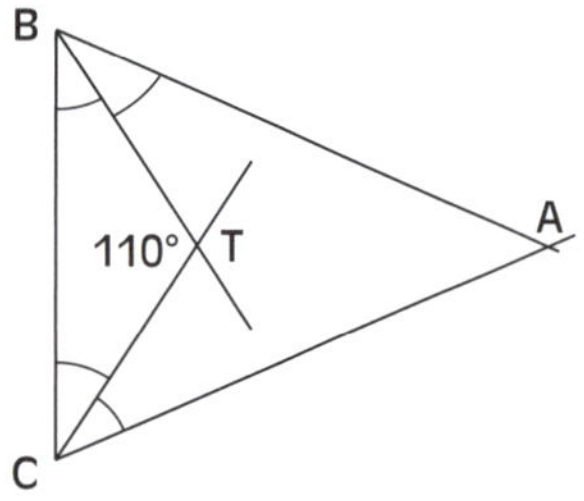

Calcule les mesures des trois angles du triangle ABC.
Que représente le point T pour le triangle ABC ?
Démontre que la droite (AT) est perpendiculaire à la droite (BC).

13 Reproduis la figure ci-dessous.

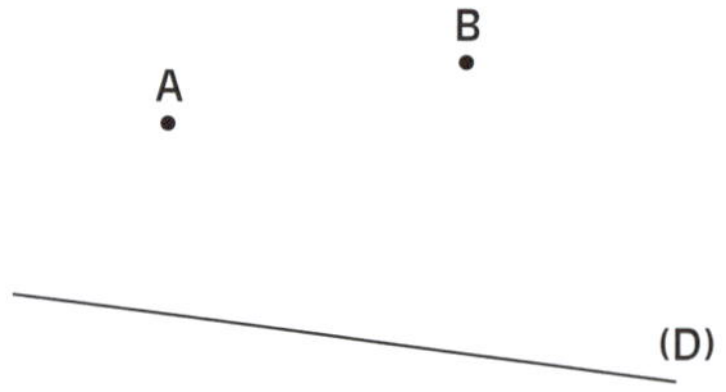

Construis le triangle ABC isocèle en C tel que le sommet C appartienne à la droite (D).

4 PROPRIÉTÉS MÉTRIQUES DU TRIANGLE RECTANGLE

14 L'unité de longueur est le cm.
Recopie, puis complète le tableau ci-dessous par VRAI ou FAUX :

ABC est un triangle tel que.	ABC est un triangle rectangle.
AB = 6 ; BC = 10 ; AC = 8.	
AB = 4,5 ; BC = 7,5 ; AC = 6.	
AB = 6 ; BC = 9 ; AC = 8.	
AB = 7,5 ; BC = 12,5 ; AC = 10.	
AB = 9 ; BC = 15 ; AC = 1.	

15 L'unité de longueur est le cm.
ABC est un triangle. Le point I est le milieu du côté [AC].
Recopie, puis complète le tableau ci-dessous par VRAI ou FAUX :

ABC est un triangle tel que.	ABC est un triangle rectangle.
AC = 8 ; BI = 4.	
AC = 7 ; BI = 3.	
AC = 9 ; BI = 5.	
mes $\widehat{A}$ = 47° ; mes $\widehat{C}$ = 43°.	
mes $\widehat{A}$ = 38° ; mes $\widehat{C}$ = 51°.	

16 La cour d'une petite école maternelle a la forme d'un rectangle dont les dimensions sont 48 m et 14 m. On doit placer le mât du drapeau national au centre de la cour.
À quelle distance de chacun des coins de la cour va-t-on placer ce mât ?

17 Examine la figure codée ci-dessous.

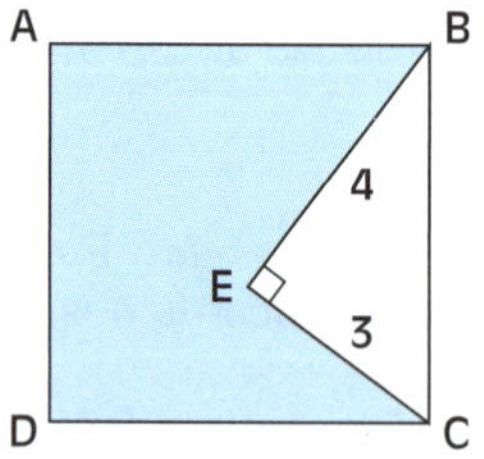

Calcule l'aire de la partie bleue.

18 L'unité de longueur est le m.
Examine la figure codée ci-dessous.

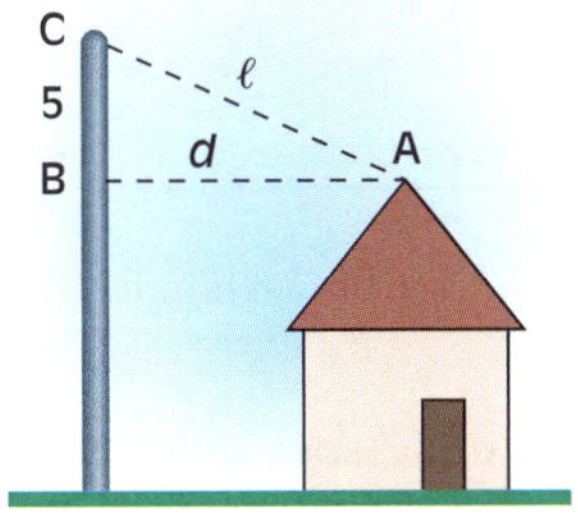

À quelle distance d du faîte du toit de la maison, la Société Nationale d'Électricité doit-elle placer le poteau électrique pour que la longueur ℓ du fil électrique d'alimentation soit de 13 mètres ?

19 Pour vérifier que le mur A et le mur B qu'il a construits forment un angle droit, un maçon effectue les mesures ci-après :
– il marque un point P à 80 cm du coin sur le mur A ;
– il marque un point Q à 60 cm du coin sur le mur B.
Voici la construction vue de dessus :

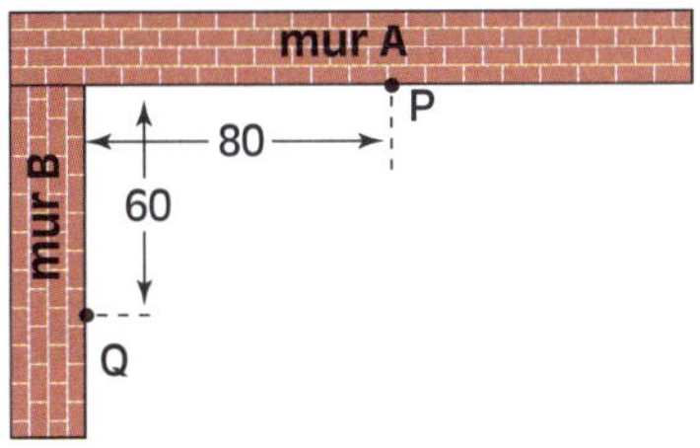

Il mesure PQ. Quelle distance doit-il trouver pour être certain que les murs A et B forment bien un angle droit ?

20 L'unité de longueur est le cm.
Construis un triangle ABC rectangle en B tel que AB = 8 et BC = 6.
Trace :
- le cercle de centre A et de rayon AB ; il coupe la droite (AC) au point M ;
- le cercle de centre C et de rayon CB ; il coupe la droite (AC) au point N.

Calcule MN.

21 L'unité de longueur est le cm.
Examine la figure codée suivante.
Démontre que la droite (AB) est tangente au cercle (𝒞) au point B.

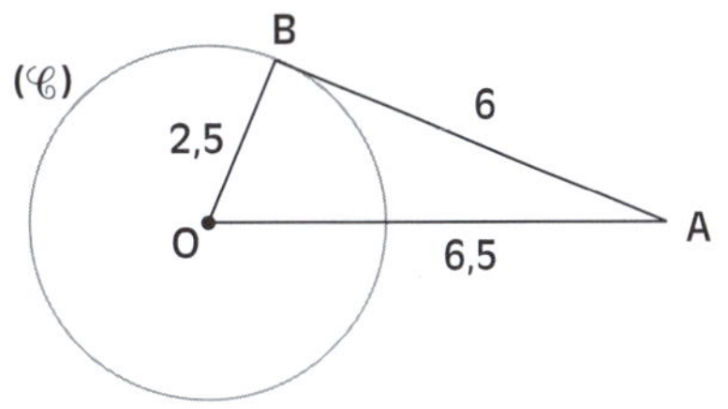

22 L'unité de longueur est le cm.
Examine la figure codée ci-dessous.

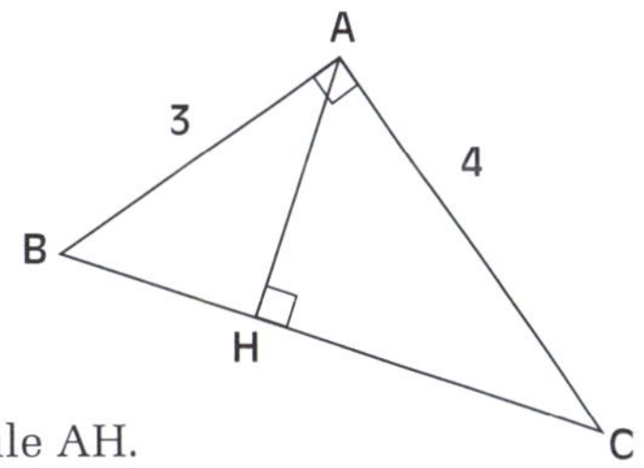

Calcule AH.

23 (𝒞) est le cercle de centre O et de rayon 5 cm. M est un point situé à 13 cm du point O. I est le point de contact d'une tangente à (𝒞) passant par M. Dans le triangle IOM, la hauteur passant par I coupe (OM) en H.
Calcule MI et IH.

APPROFONDISSEMENT

24 Dans un triangle ABC, les points C' et B' sont les milieux respectifs des côtés [AB] et [AC] et mes $\widehat{ACB}$ = mes $\widehat{ABC}$ = 60°.
Quelle est la nature du triangle AC'B' ?

25 M, N et P sont trois points d'une droite (D). A est un point n'appartenant pas à (D).
M', N' et P' sont respectivement les milieux des segments [AM], [AN] et [AP].
Démontre que les points M', N' et P' sont alignés.

26 Le quadrilatère ABCD est un trapèze de bases [AB] et [DC].
Le point I est le milieu du côté [AD]. La droite (L), passant par I et parallèle au côté (DC), coupe [BC] en J, [BD] en N et [AC] en M.
Démontre que le point J est le milieu du côté [BC].

EXERCICES

Démontre que : IN = JM et IM = JN.

Démontre que : $\frac{1}{2}$ (DC – AB) = NM.

27 Reproduis la figure ci-dessous. Elle montre un triangle ABC dont une partie a été effacée.

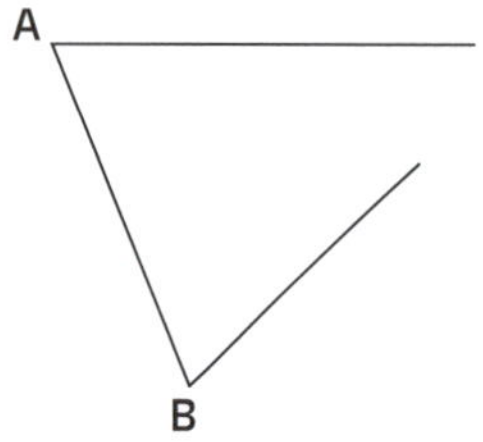

Sans tracer la partie effacée :

a) construis le milieu I du côté [AB] ; puis les points J et K milieux respectifs des côtés [AC] et [BC].

b) Construis la médiane passant par C.

28 Un élément de charpente est constitué de deux triangles isocèles ABC et A'B'C' tels que les points A', B' et C' sont les milieux respectifs des côtés [BC], [CA] et [AB].

L'unité étant le m, BC = 8 et AB = AC = 5.

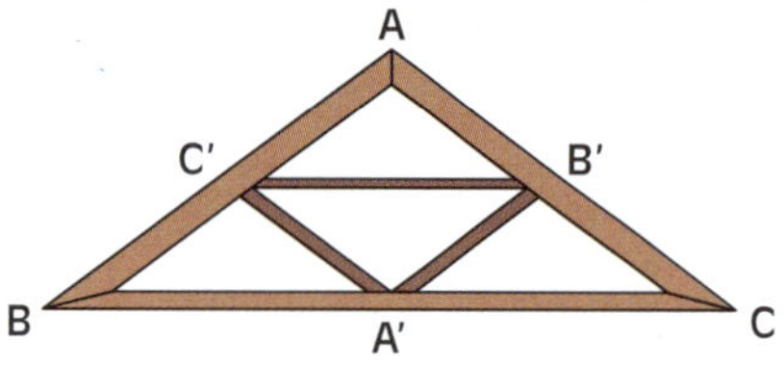

Calcule la longueur totale de bois constituant cet élément de charpente.

29 ABC est un triangle.

E et F sont les symétriques respectifs de B et C par rapport à A ; G et H sont les symétriques respectifs de C et A par rapport à B ; I et J sont les symétriques respectifs de A et B par rapport à C.

Désignons par $\mathcal{P}_1$ le périmètre du triangle ABC et par $\mathcal{P}_2$ le périmètre du polygone EFGHIJ.

Démontre que : $\mathcal{P}_2 = 3\,\mathcal{P}_1$.

30 ABC est un triangle. Les points A', B' et C' sont les milieux respectifs des côtés [BC], [CA] et [AB] de ce triangle. I est le milieu du segment [C'B'].

Démontre que I est le milieu du segment [AA'].

31 Examine la figure codée ci-dessous.

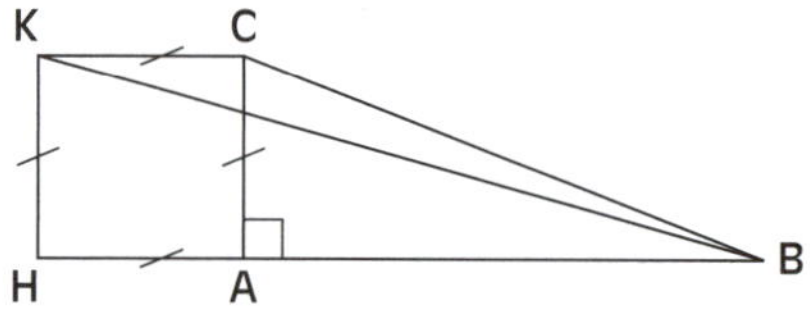

Démontre que l'aire du triangle BKC est égale à la moitié de l'aire du carré ACKH.

32 La figure ci-dessous montre un cercle ($\mathscr{C}$) dont une partie a été effacée.

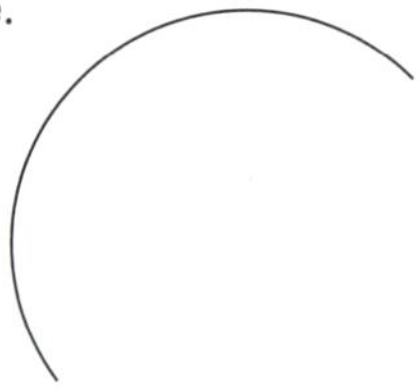

Énonce un programme de construction du centre de ce cercle.

33 Dans un triangle ABC, les bissectrices des angles $\widehat{B}$ et $\widehat{C}$ se coupent en un point O.

La droite parallèle à la droite (CB) passant par O coupe la droite (AB) en P et la droite (AC) en Q.

a) Démontre que les triangles BOP et COQ sont isocèles.

b) Démontre que : QP = CQ + BP.

34 ABCD est un parallélogramme de centre O. Les points K et L sont les milieux respectifs des côtés [AB] et [BC]. Les droites (AL) et (CK) se coupent au point G.

a) Démontre que les points B, G et O sont alignés.

b) Donne la position du point G sur le segment [BD].

35 ABCD est un parallélogramme de centre O. Les points K et L sont les milieux respectifs des côtés [AB] et [BC]. La droite (DK) coupe la droite (AC) au point G ; la droite (DL) coupe cette même droite au point G'.

Démontre que AG = GG' = G'C = $\frac{1}{3}$ AC.

36 Examine la figure codée ci-dessous.

Démontre que le triangle ABC est isocèle en A (tu pourras exprimer l'aire du triangle ABC de deux manières différentes).

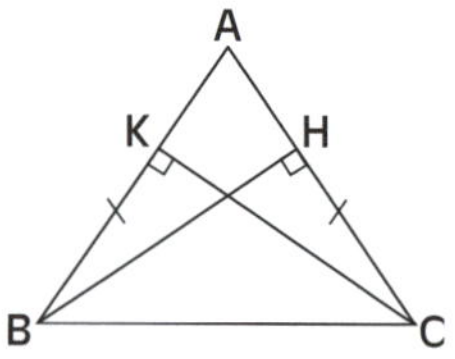

EXERCICES

37 ABCD est un losange de centre I.
Démontre que le point I est le centre du cercle tangent aux supports des côtés de ce losange.
Construis ce cercle.

38 Sur la figure codée ci-dessous, les points A', B' et C' sont les milieux respectifs des côtés [BC], [CA] et [AB] du triangle ABC ; le cercle tracé a pour diamètre [B'C'].
F est le point d'intersection de la droite (A'B') avec ce cercle ; E est le point d'intersection de la droite (A'C') avec ce cercle.

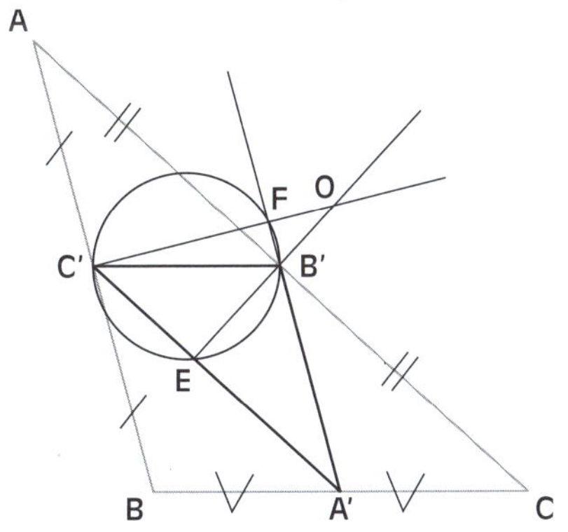

a) Démontre que la droite (C'F) est la médiatrice du segment [AB] et que la droite (B'E) est la médiatrice du segment [AC].
Que représente le point O pour le triangle ABC ? pour le triangle A'B'C' ?
b) Démontre que la droite (A'O) est perpendiculaire à la droite (B'C').

39 Examine la figure codée ci-dessous.

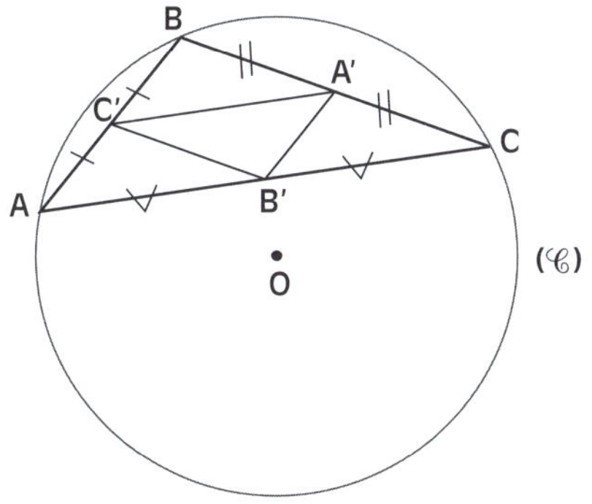

a) Démontre que le point O est l'orthocentre du triangle A'B'C'.
b) Démontre que les triangles ABC et A'B'C' ont le même centre de gravité.

40 Voici l'esquisse d'une parcelle de terrain donnée en héritage par M. Obam à ses deux enfants Paul et Thomas.

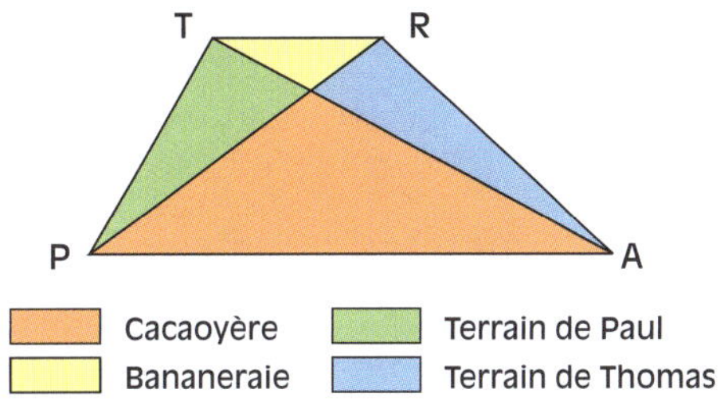

Cette parcelle est un trapèze formé de quatre triangles. La bananeraie et la cacaoyère restent dans le domaine familial. Le géomètre municipal dit que les deux frères ont hérité chacun d'un terrain triangulaire de même aire. A-t-il raison ?

41 Prends 3,14 pour valeur approchée de π.
Le cercle (𝒞) de centre O et de diamètre [AB] a comme périmètre 15,7 cm.
M est un point du cercle (𝒞) tel que la longueur du segment [AM] est 3 cm. Calcule BM.

42 L'unité de longueur est le cm.
ABCD est un rectangle tel que :
$$AB = 1{,}5 \text{ et } BC = 5.$$
E est un point de [BC] tel que : BE = 0,5.
Démontre que (AE) et (ED) sont perpendiculaires.

43 ABC est un triangle rectangle en A et m est un nombre entier naturel non nul.
Les côtés d'un triangle A'B'C' sont tels que :
A'B' = m AB ; A'C' = m AC et B'C' = m BC.
Démontre que le triangle A'B'C' est rectangle.

44 L'unité de longueur est le cm.
Sur la figure ci-dessous, ABCD est un rectangle.

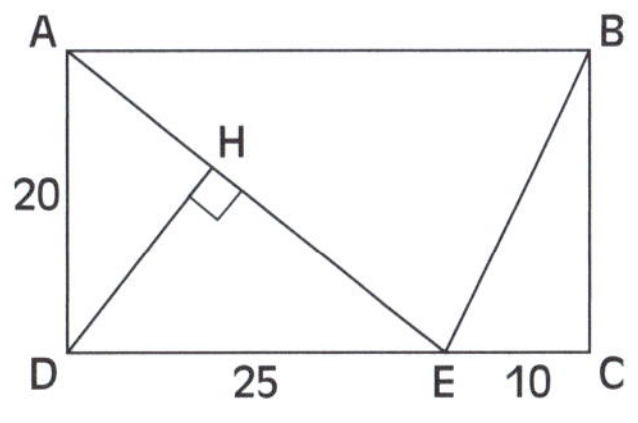

a) Démontre que le triangle ABE est isocèle.
b) Calcule DH.

45 L'unité de longueur est le cm.

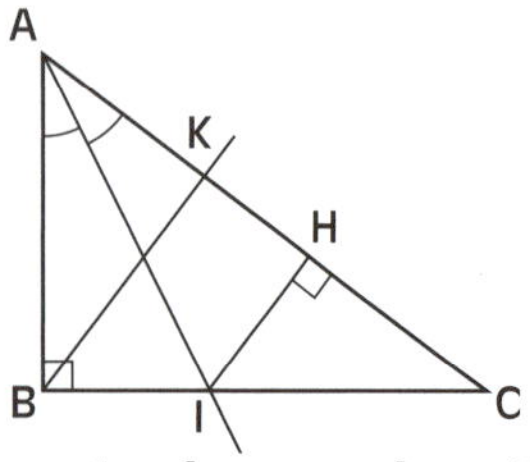

ABC est un triangle rectangle en B.
La bissectrice de l'angle $\widehat{A}$ coupe la droite (BC) au point I.
La droite, perpendiculaire à la droite (AC) passant par le point I, coupe la droite (AC) au point H.
La droite, parallèle à la droite (IH) passant par le point B, coupe la droite (AC) au point K.
Sachant que AC = 20 ; AB = 12 et IH = 6 :
a) calcule BC ;
b) trouve BI sans faire de calculs ;
c) donne la valeur de IC ;
d) calcule BK.

46 ABC est un triangle rectangle en B. Le segment [BH] est une hauteur de ce triangle.
Démontre que :
$AH^2 + HC^2 + 2\,BH^2 = AC^2$.

47 ABCD est un losange. I, J, K et L sont les milieux respectifs des côtés [AB], [BC], [CD] et [DA] de ce losange.
a) Démontre que le quadrilatère IJKL est un rectangle.
b) Démontre que l'aire du losange ABCD est le double de l'aire du rectangle IJKL.

48 Examine la figure ci-contre.
[AB] est un diamètre du cercle ($\mathscr{C}$).
Démontre que les droites (AM), (BN) et (PQ) sont concourantes.

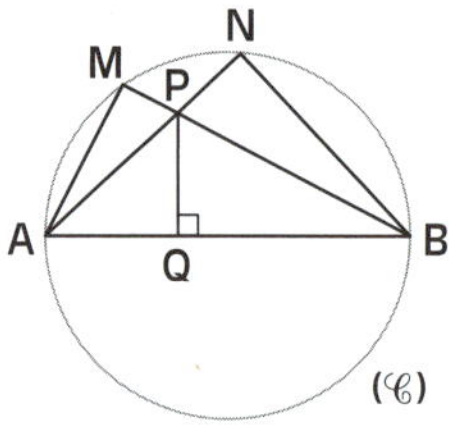

49 On donne un cercle ($\mathscr{C}$) de diamètre [AB].
[AE] et [BF] sont deux cordes dont les supports sont sécants en P.
En utilisant seulement la règle non graduée, construis l'orthocentre du triangle PAB.

50 ABCD est un parallélogramme de centre I.
(L) est la perpendiculaire à (BD) passant par A ;
(L') est la perpendiculaire à (AC) passant par B.
Les droites (L) et (L') se coupent en E.
Démontre que : (EI) ⊥ (AB).

RECHERCHE

51 Examine la figure ci-dessous.

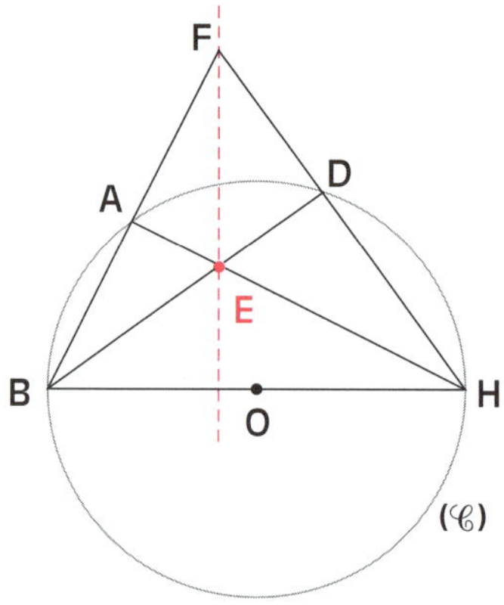

Démontre que les droites (EF) et (BH) sont perpendiculaires en ordonnant correctement les dix phrases suivantes :

① Les deux hauteurs (HA) et (BD) se coupent au point E.
② Le point A appartient au cercle ($\mathscr{C}$) et [BH] est un diamètre de (($\mathscr{C}$).
③ D'où : la droite (FE) est la troisième hauteur du triangle BFH.
④ D'où : la droite (BD) est une hauteur du triangle BFH.
⑤ Donc : (HA) ⊥ (BA).
⑥ Donc : (BD) ⊥ (HD).
⑦ Par conséquent : (FE) ⊥ (BH).
⑧ Le point D appartient au cercle (($\mathscr{C}$) et [BH] est un diamètre de ($\mathscr{C}$).
⑨ Donc le point E est l'orthocentre de triangle BFH.
⑩ D'où : la droite (HA) est une hauteur du triangle BFH.

5

Translations et vecteurs

Pour gagner cette course, deux consignes : pagayer en gardant la bonne direction et avancer rapidement dans le bon sens.

SOMMAIRE

1 Translations

1.1 DIRECTION ET SENS

Présentation

• Dans le **langage usuel** on dit que :
– le camion bleu et la voiture rouge ne roulent pas dans la même direction ;
– la voiture noire devra changer de direction pour se rendre au lycée.

• Dans le **langage mathématique** on dit que le camion bleu et la voiture rouge roulent dans la même direction, celle du tracé rectiligne (D) ; ils vont en sens contraires :
– du lycée vers l'hôpital pour le camion bleu,
– de l'hôpital vers le lycée pour la voiture rouge.

• Lorsque deux droites sont parallèles, on dit qu'elles ont la même **direction**.
Une droite (AB) détermine une direction, et chaque droite parallèle à (AB) a la même direction que (AB).

• Une direction étant déterminée par la donnée d'une droite (AB), il y a deux **sens** de parcours pour cette direction :
– le sens de A vers B, on dira que c'est le sens du couple (A ; B) ;
– le sens de B vers A, on dira que c'est le sens du couple (B ; A).

EXERCICE

1.a Sur la figure codée ci-contre, ABDF est un parallélogramme.

• Cite deux droites ayant la même direction que :
(BC) ; (GF) ; (CD).

• Cite trois couples ayant le même sens que :
(A ; C) ; (B ; E) ; (K ; D).

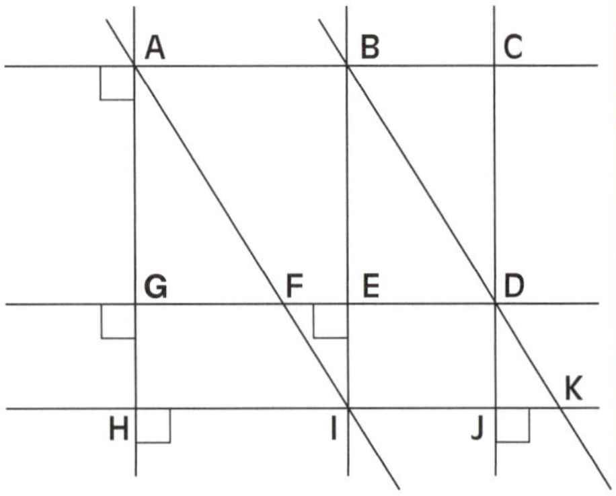

1.2 TRANSLATION

Activité 1

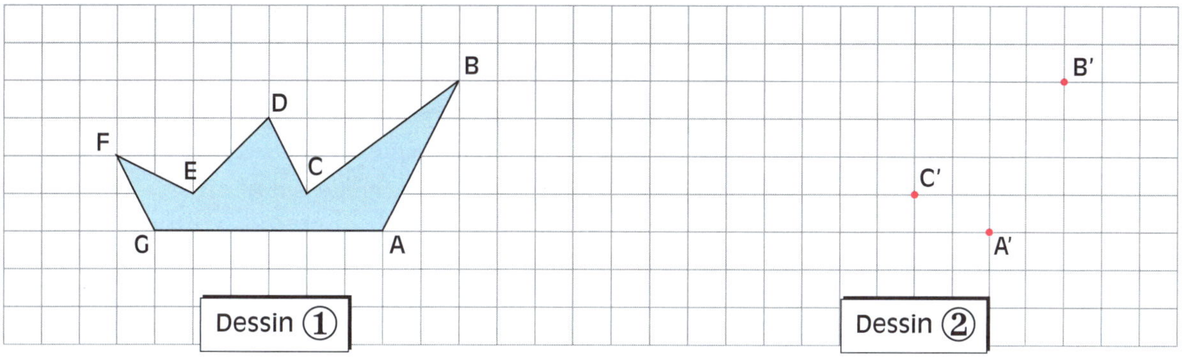

On veut reproduire le dessin ① de façon à ce que les points A, B, C, D, E, F et G correspondent respectivement aux points A', B' ,C', D', E', F' et G'. Les points A', B' et C' du dessin ② sont donnés.

• Vérifie que les triangles ABC et A'B'C' sont superposables.
Construis les autres points D', E', F' et G' et explique ta méthode.

• Vérifie que :
– les droites (AA'), (BB'), (CC'), (DD'), (EE'), (FF') et (GG') ont la même direction ;
– les couples (A ; A'), (B ; B'), (C ; C'), (D ; D'), (E ; E'), (F ; F') et (G ; G') ont le même sens ;
– les segments [AA'], [BB'], [CC'], [DD'], [EE'], [FF'] et [GG'] ont la même longueur.

• Comment pourrais-tu réaliser le dessin ② sans tenir compte du quadrillage ?

Activité 2

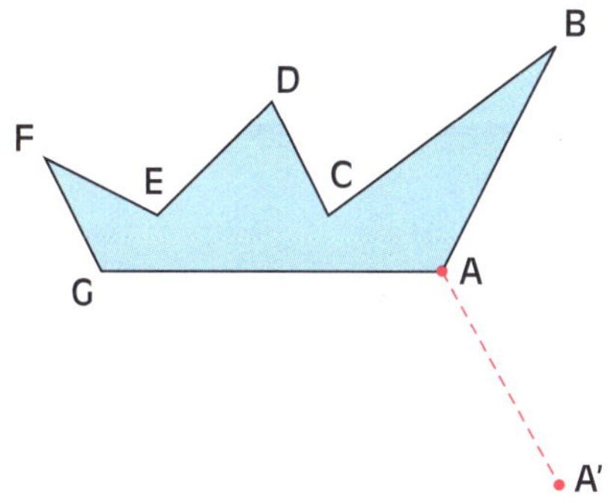

• Construis le point B' tel que :
– les droites (BB') et (AA') ont la même direction ;
– les couples (B ; B') et (A ; A') ont le même sens ;
– les segments [BB'] et [AA'] ont la même longueur.

• Construis de même les points C', D', E', F' et G'.

• À l'aide d'un papier calque, vérifie que les deux figures sont superposables.

Présentation

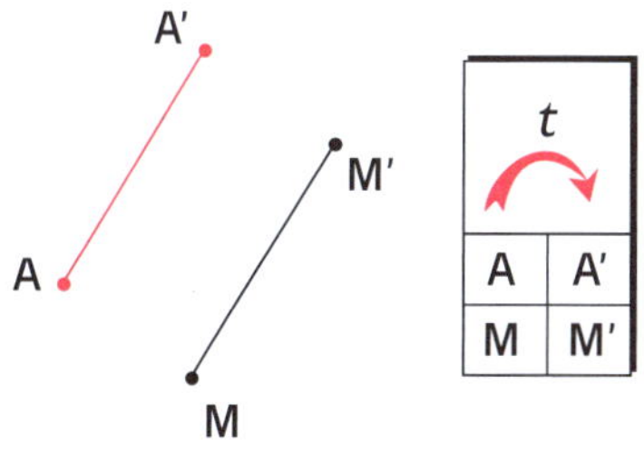

A et A' sont deux points du plan.

À chaque point M du plan, on associe le point M' tel que :
– les droites (MM') et (AA') ont la même direction ;
– les couples (M ; M') et (A ; A') ont le même sens ;
– les segments [MM'] et [AA'] ont la même longueur.

On définit ainsi une application du plan dans le plan qui est déterminée par les deux points A et A' ; c'est la **translation** qui applique A sur A'.

Construction de l'image d'un point par une translation

• Construis l'image M' de M par la translation qui applique A sur B, dans chacun des cas suivants :

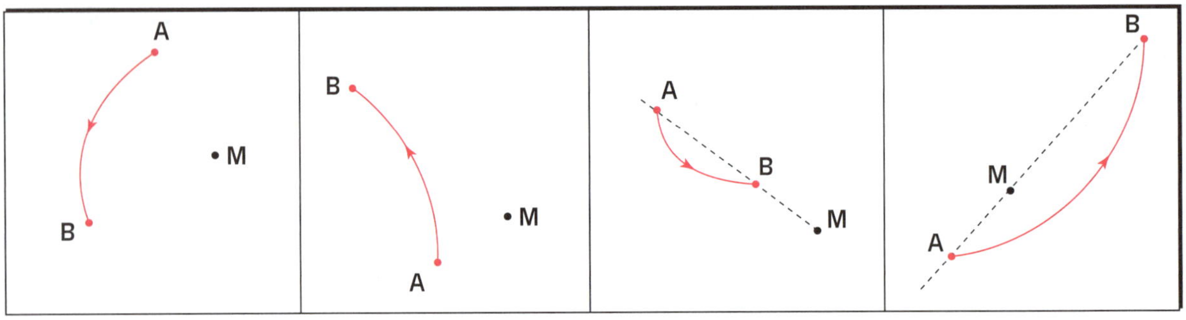

1.b On donne trois points A, B et C.
Construis les images de B et de C par la translation qui applique A sur B.
Construis les images de C et de A par la translation qui applique B sur A.

2 Vecteurs

2.1 NOTION DE VECTEURS

Présentation

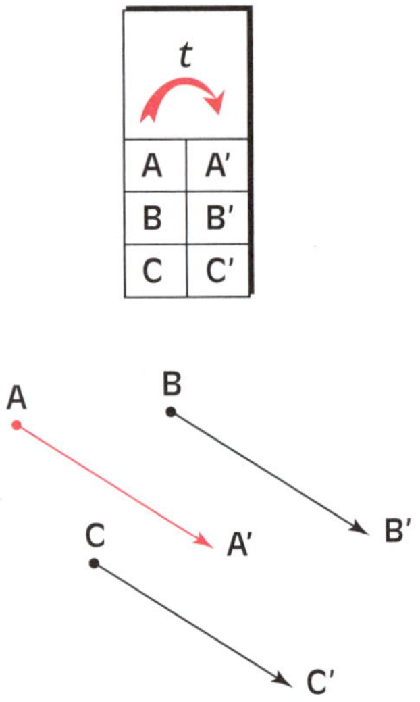

A et A' sont deux points du plan.
t est la translation qui applique A sur A'.

Les points A et A', B et B', C et C' déterminent :
- une même direction ;
- un même sens ;
- une même longueur.

On dit que les points A et A', B et B', C et C' définissent un même **vecteur**.

Ce vecteur a :
- pour direction, celle de la droite (AA') ;
- pour sens, celui du couple (A ; A') ;
- pour longueur, celle du segment [AA'].

Ce vecteur est noté indifféremment : $\overrightarrow{AA'}$, $\overrightarrow{BB'}$, $\overrightarrow{CC'}$, ...

$\overrightarrow{AA'}$ est lu : vecteur AA'.

Chacune des flèches (ou segments fléchés) ci-dessus représente indifféremment ce vecteur.

Un vecteur est déterminé par un couple de points.

ÉGALITÉ DE VECTEURS

Des vecteurs qui ont la même direction, le même sens et la même longueur sont égaux.

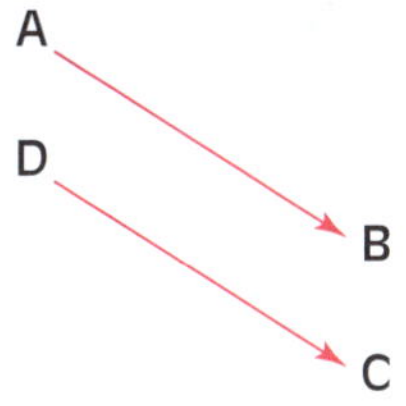

(AB) et (DC) ont la même direction. | (A ; B) et (D ; C) ont le même sens. | [AB] et [DC] ont la même longueur.

$\overrightarrow{AB} = \overrightarrow{DC}$

EXERCICE

2.a (AC) et (FD) sont deux droites parallèles ;
ABEF et BCDE sont des losanges.
On donne les vecteurs suivants :
$\overrightarrow{AB}$, $\overrightarrow{AC}$, $\overrightarrow{DF}$, $\overrightarrow{ED}$, $\overrightarrow{FD}$, $\overrightarrow{CB}$, $\overrightarrow{FE}$, $\overrightarrow{BF}$, $\overrightarrow{BE}$, $\overrightarrow{FA}$.

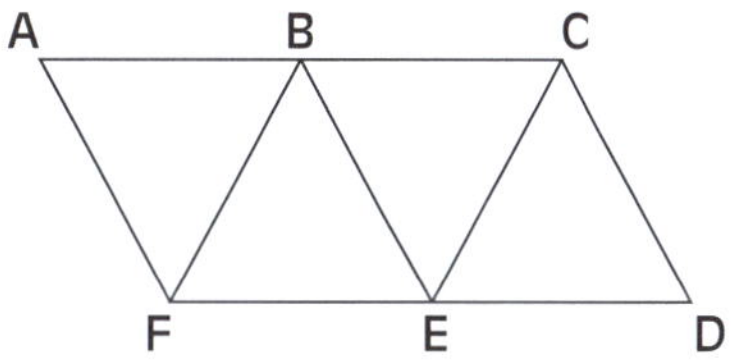

– Cite des vecteurs qui ont la même direction que $\overrightarrow{AB}$; le même sens que $\overrightarrow{AB}$.
– Cite des vecteurs qui ont la même longueur que $\overrightarrow{CD}$; la même direction que $\overrightarrow{CD}$.
– Cite des vecteurs égaux à $\overrightarrow{ED}$.

2.2 VECTEURS ET CONFIGURATIONS

Caractérisation vectorielle du parallélogramme

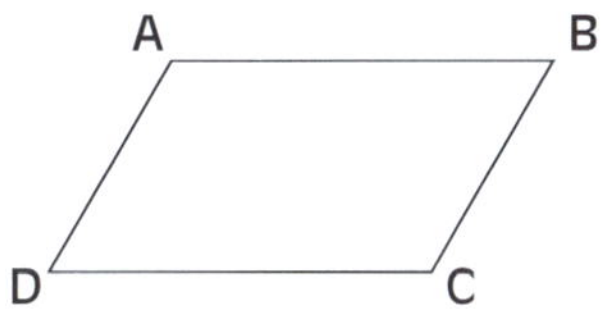

ABCD est un parallélogramme.
- Trouve :
– un vecteur égal à $\overrightarrow{AB}$;
– un vecteur égal à $\overrightarrow{AD}$;
– un vecteur égal à $\overrightarrow{CD}$.
- Justifie tes réponses.

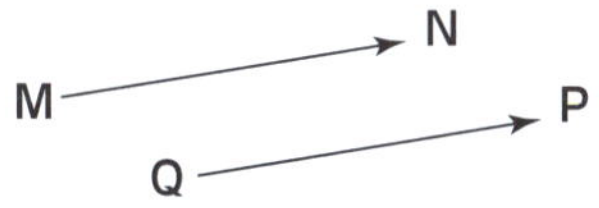

M, N, P et Q sont quatre points non alignés tels que : $\overrightarrow{MN} = \overrightarrow{QP}$.
- Justifie que le quadrilatère MNPQ est un parallélogramme.

PROPRIÉTÉ

A, B, C et D sont quatre points non alignés.
ABCD est un parallélogramme équivaut à $\overrightarrow{AB} = \overrightarrow{DC}$.

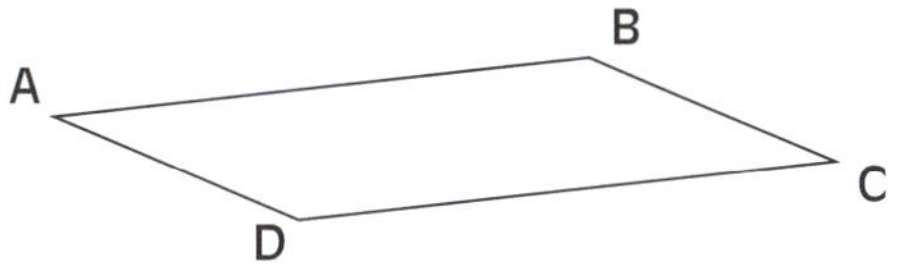

ABCD est un parallélogramme.

$\overrightarrow{AB} = \overrightarrow{DC}$

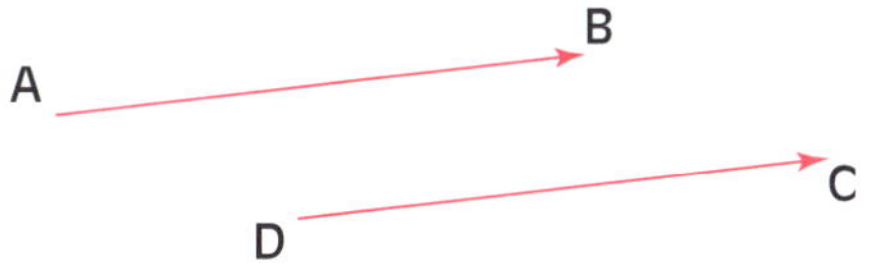

$\overrightarrow{AB} = \overrightarrow{DC}$

ABCD est un parallélogramme.

On admet la propriété suivante qui généralise la précédente :

PROPRIÉTÉ

A, B, C et D sont des points du plan.
[AC] et [BD] ont le même milieu équivaut à $\overrightarrow{AB} = \overrightarrow{DC}$.

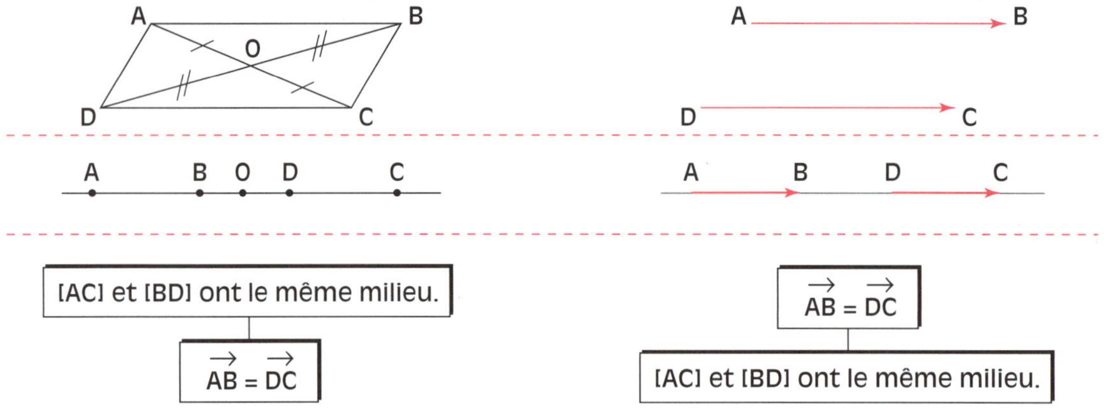

EXERCICES

2.b Trace un parallélogramme ABCD. Construis le point E tel que $\overrightarrow{CE} = \overrightarrow{DC}$.
Démontre que le quadrilatère ABEC est un parallélogramme.

2.c ABCDEF est un hexagone régulier de centre O.
Indique des vecteurs égaux à chacun des vecteurs suivants : $\overrightarrow{AB}$, $\overrightarrow{DC}$, $\overrightarrow{DO}$.
Justifie tes réponses.

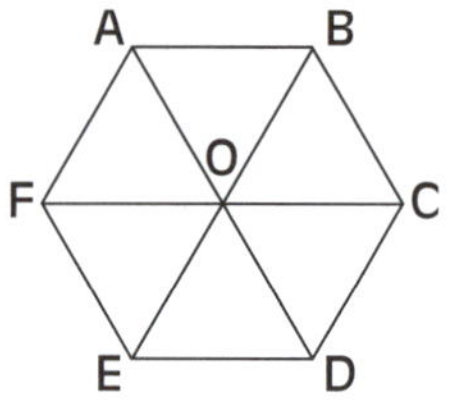

Caractérisation vectorielle du milieu d'un segment

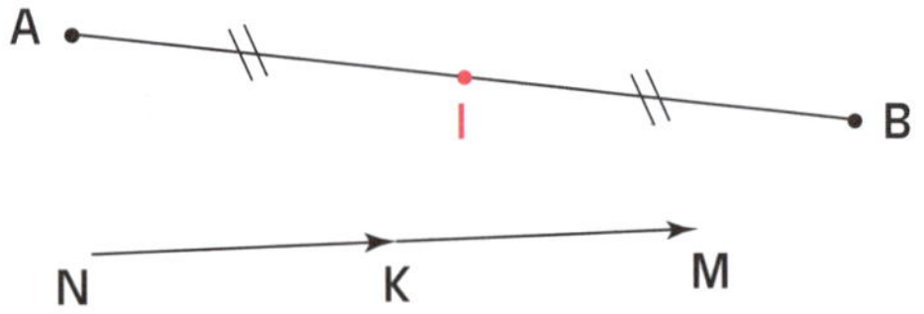

I est le milieu du segment [AB].
- Justifie que $\overrightarrow{AI} = \overrightarrow{IB}$.

M, N et K sont trois points tels que $\overrightarrow{NK} = \overrightarrow{KM}$.
- Justifie que K est le milieu de [MN].

PROPRIÉTÉ

A, B et I sont trois points du plan.
I est milieu de [AB] équivaut à $\overrightarrow{AI} = \overrightarrow{IB}$.

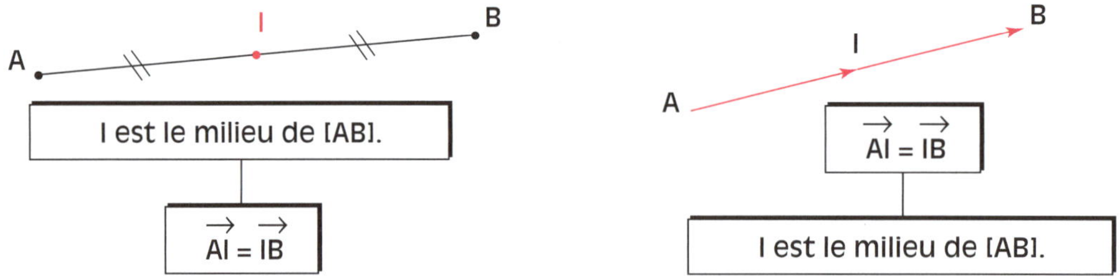

EXERCICES

2.d Dans le parallélogramme MNPQ, K est le milieu de [NP].
Construis le point R, image de M par la symétrie centrale de centre K.
Indique des vecteurs égaux à $\overrightarrow{MN}$ et justifie tes réponses.
Démontre que P est le milieu de [QR].

2.e ABC est un triangle. Construis le point D tel que $\overrightarrow{CD} = \overrightarrow{AB}$.
Construis le point E tel que $\overrightarrow{BE} = \overrightarrow{CA}$. Démontre que B est le milieu de [ED].

2.3 SOMME DE DEUX VECTEURS

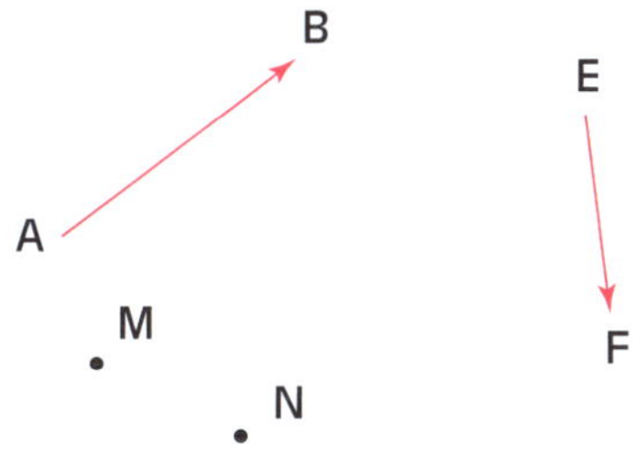

M et N sont des points du plan, $\overrightarrow{AB}$ et $\overrightarrow{EF}$ sont des vecteurs.

- Marque les points P, Q, R, S tels que :
$$\overrightarrow{AB} = \overrightarrow{MP} = \overrightarrow{NQ} \quad ; \quad \overrightarrow{EF} = \overrightarrow{PR} = \overrightarrow{QS}.$$
- Justifie que $\overrightarrow{MR} = \overrightarrow{NS}$.

(Pour cela, justifie que $\overrightarrow{MN} = \overrightarrow{PQ} = \overrightarrow{RS}$.)

ÉGALITÉ DE CHASLES

A, B et C sont des points du plan.
On appelle somme des vecteurs $\overrightarrow{AB}$ et $\overrightarrow{BC}$ le vecteur $\overrightarrow{AC}$.

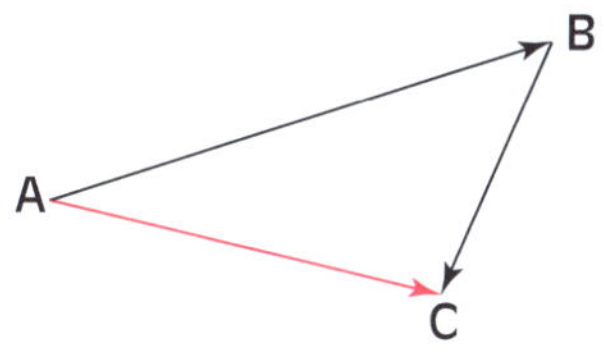

$$\overrightarrow{AB} + \overrightarrow{BC} = \overrightarrow{AC}$$

Égalité de Chasles

MÉTHODE

Pour construire la somme des vecteurs $\overrightarrow{MN}$ et $\overrightarrow{PQ}$,
on peut procéder comme suit :

- choisir un point A ;
- construire le point B tel que $\overrightarrow{AB} = \overrightarrow{MN}$;
- construire le point C tel que $\overrightarrow{BC} = \overrightarrow{PQ}$.

Le vecteur $\overrightarrow{AC}$ est la somme des vecteurs $\overrightarrow{MN}$ et $\overrightarrow{PQ}$.

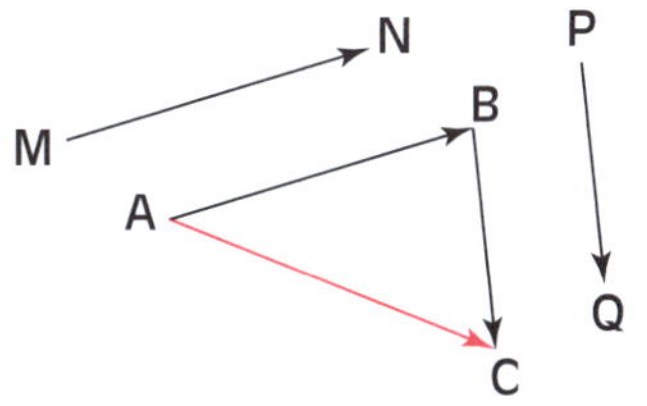

$$\overrightarrow{MN} + \overrightarrow{PQ} = \overrightarrow{AB} + \overrightarrow{BC} = \overrightarrow{AC}$$

Égalité de Chasles

EXERCICES

2.f Dans les trois cas suivants, reproduis la figure et construis un vecteur égal au vecteur $\vec{AB} + \vec{EF}$.

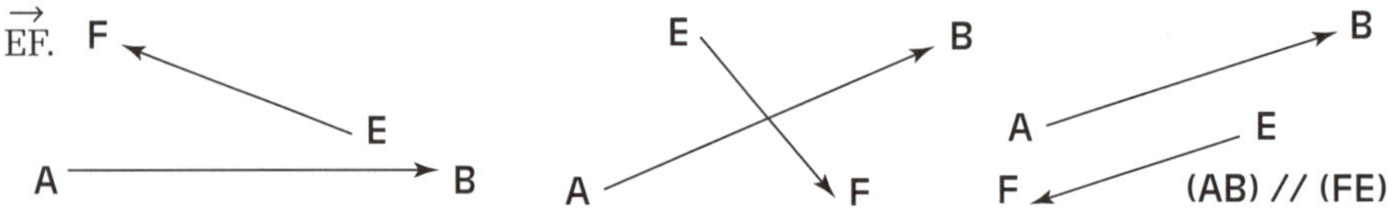

2.g Dans les trois cas suivants, reproduis la figure et construis un vecteur égal au vecteur $\vec{AB} + \vec{AC}$.

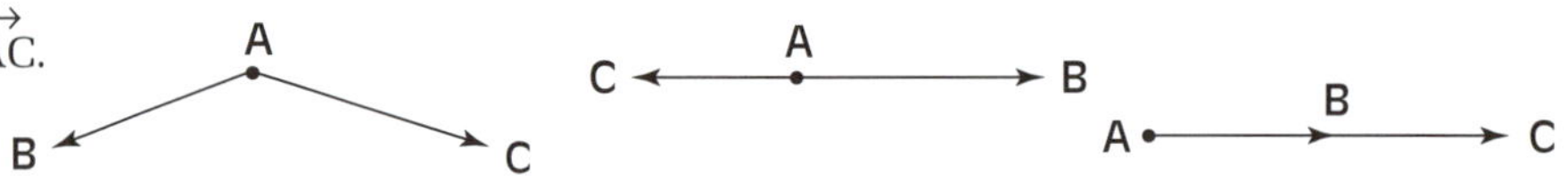

2.h ABCD est un parallélogramme.
Justifie que $\vec{AB} + \vec{AD} = \vec{AC}$.

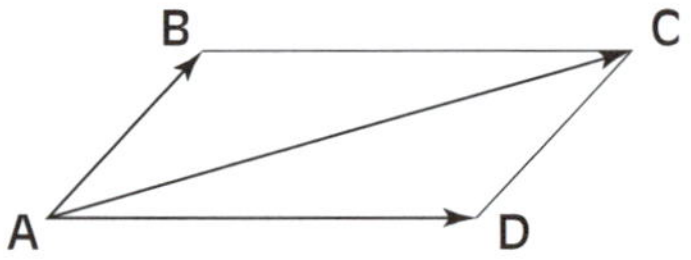

2.4 SOMME DE PLUSIEURS VECTEURS

Activité 1

En appliquant l'égalité de Chasles, calcule : $\vec{AB} + \vec{BC}$ et $\vec{BC} + \vec{CD}$.

- Calcule ensuite : $(\vec{AB} + \vec{BC}) + \vec{CD}$; puis $\vec{AB} + (\vec{BC} + \vec{CD})$. Que constates-tu ?

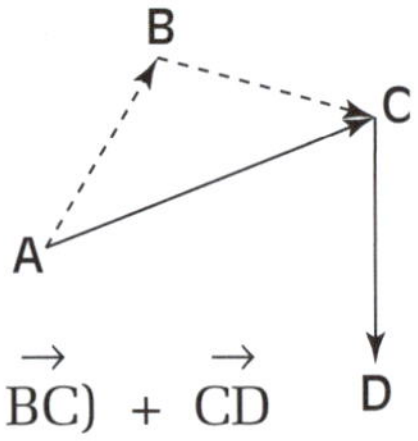

$(\vec{AB} + \vec{BC}) + \vec{CD}$

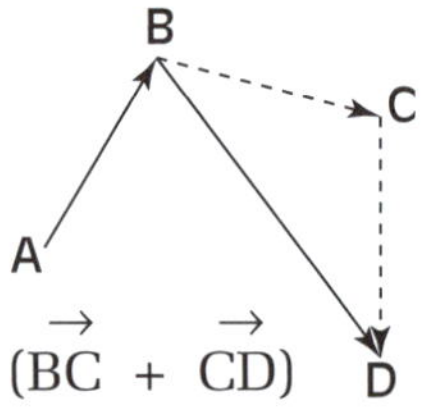

$\vec{AB} + (\vec{BC} + \vec{CD})$

Plus généralement, on se propose de comparer les sommes

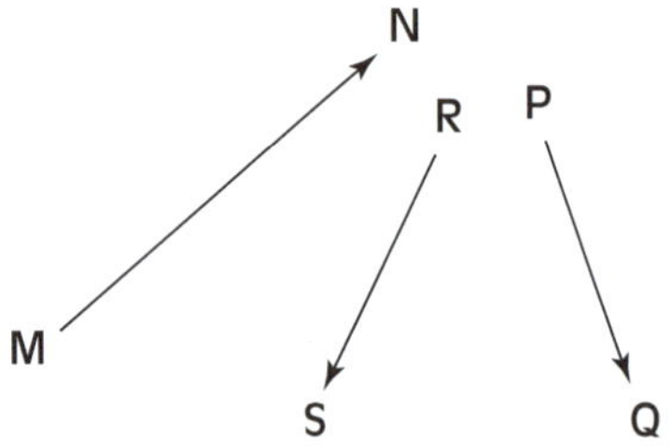

$(\vec{MN} + \vec{PQ}) + \vec{RS}$ et $\vec{MN} + (\vec{PQ} + \vec{RS})$.

- Pour cela : – choisis un point A ;
  – marque les points B, C et D tels que :
  $\vec{AB} = \vec{MN}$, $\vec{BC} = \vec{PQ}$ et $\vec{CD} = \vec{RS}$;
  – calcule $(\vec{MN} + \vec{PQ}) + \vec{RS}$ puis $\vec{MN} + (\vec{PQ} + \vec{RS})$.
- Que constates-tu ?

Activité 2

On se propose de comparer les sommes $\vec{PQ} + \vec{RS}$ et $\vec{RS} + \vec{PQ}$.

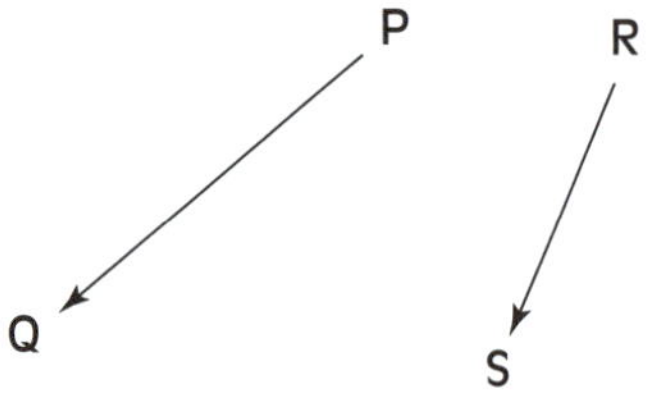

- Pour cela : – choisis un point A ;
  – marque les points B, C et D tels que :
  $\vec{AB} = \vec{PQ}$, $\vec{BC} = \vec{RS}$ et $\vec{CD} = \vec{PQ}$;
  – calcule $\vec{PQ} + \vec{RS}$ puis $\vec{RS} + \vec{PQ}$.
- Que constates-tu ? Justifie.

RÈGLE

Pour calculer une somme de plusieurs vecteurs, on peut déplacer et regrouper certains vecteurs.

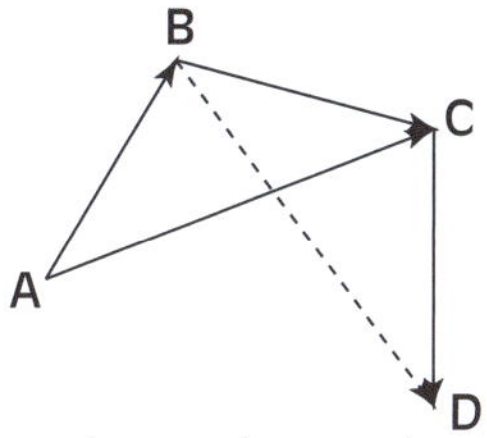

$(\overrightarrow{AB} + \overrightarrow{BC}) + \overrightarrow{CD} = \overrightarrow{AB} + (\overrightarrow{BC} + \overrightarrow{CD})$

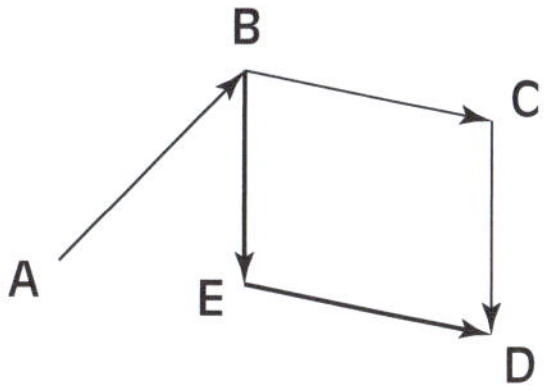

$\overrightarrow{AB} + \overrightarrow{BC} + \overrightarrow{CD} = \overrightarrow{AB} + \overrightarrow{CD} + \overrightarrow{BC}$

Exemple :

Calculons $\overrightarrow{AB} + \overrightarrow{CD} + \overrightarrow{BC}$.

$\overrightarrow{AB} + \overrightarrow{CD} + \overrightarrow{BC} = (\overrightarrow{AB} + \overrightarrow{BC}) + \overrightarrow{CD} = \overrightarrow{AC} + \overrightarrow{CD} = \overrightarrow{AD}$.

EXERCICE

2.i Calcule : $\overrightarrow{AB} + \overrightarrow{CD} + \overrightarrow{BE} + \overrightarrow{DF} + \overrightarrow{EF}$; $\overrightarrow{AD} + \overrightarrow{BC} + \overrightarrow{EB} + \overrightarrow{CA}$.

2.5 OPPOSÉ D'UN VECTEUR

DÉFINITIONS

A et B étant des points du plan, on a : $\overrightarrow{AB} + \overrightarrow{BA} = \overrightarrow{AA}$.

Le vecteur $\overrightarrow{AA}$ est appelé vecteur nul, il est noté $\overrightarrow{0}$.

Les vecteurs $\overrightarrow{AB}$ et $\overrightarrow{BA}$ sont dits opposés, on note : $\overrightarrow{BA} = -\overrightarrow{AB}$.

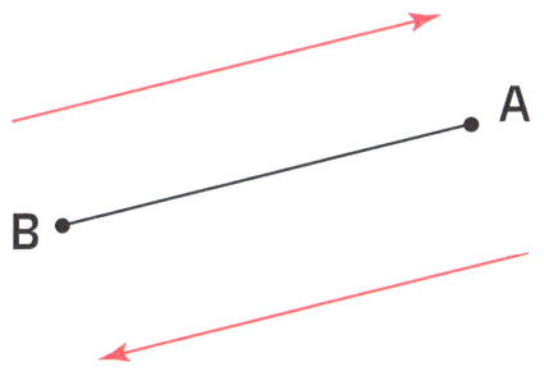

$\overrightarrow{AB} + \overrightarrow{BA} = \overrightarrow{0}$

$\overrightarrow{BA} = -\overrightarrow{AB}$

Deux vecteurs opposés ont la même direction, la même longueur, mais des sens contraires.

Nouvelle caractérisation du milieu d'un segment

On donne deux points A et B.

- Construis le milieu I de [AB].
- Justifie que $\overrightarrow{IA} + \overrightarrow{IB} = \overrightarrow{0}$.

PROPRIÉTÉ

A, B et I sont trois points du plan.

I est le milieu de [AB] équivaut à $\overrightarrow{IA} + \overrightarrow{IB} = \overrightarrow{0}$.

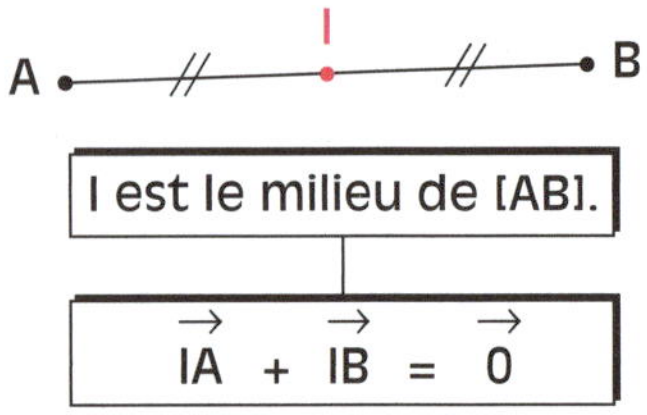

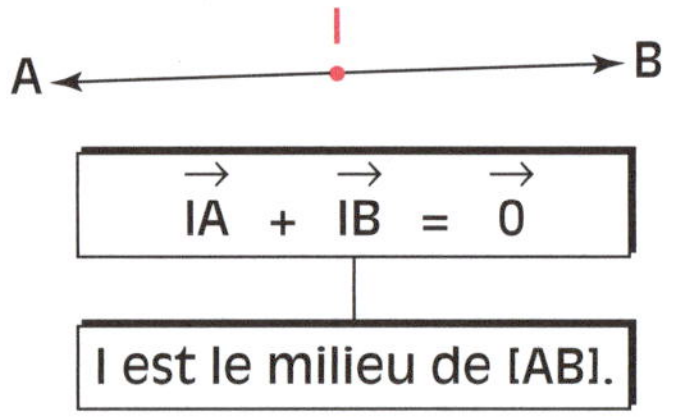

EXERCICES

2.j ABCD est un parallélogramme de centre M. Démontre que : $\overrightarrow{MA} + \overrightarrow{MB} + \overrightarrow{MC} + \overrightarrow{MD} = \overrightarrow{0}$.

3 Translations et vecteurs

3.1 CARACTÉRISATION VECTORIELLE DE LA TRANSLATION

Vocabulaire

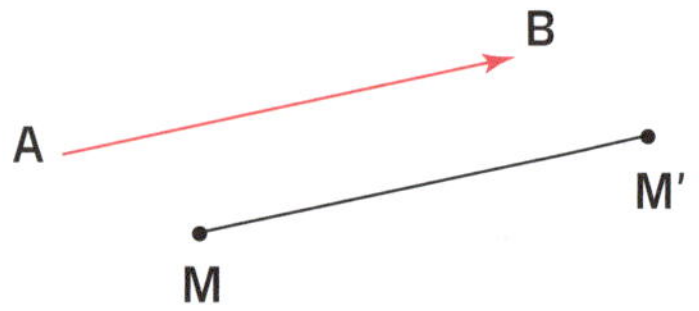

A et B sont des points du plan.
La translation qui applique A sur B est notée : $t_{\overrightarrow{AB}}$.

On lit : **translation de vecteur** $\overrightarrow{AB}$.

PROPRIÉTÉ

A, B, M, M' sont des points du plan.

L'image de M par $t_{\overrightarrow{AB}}$ est M' équivaut à $\overrightarrow{MM'} = \overrightarrow{AB}$.

3.2 PROPRIÉTÉS

Image d'une droite

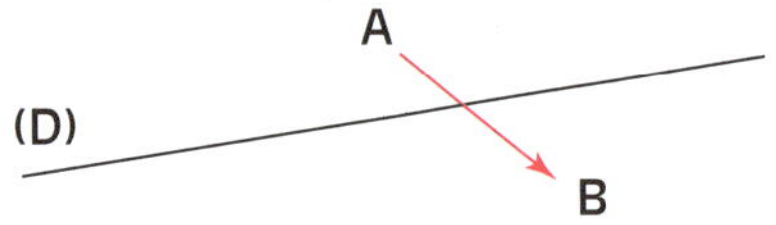

$\overrightarrow{AB}$ est un vecteur et (D) est une droite.
On se propose de déterminer l'image de la droite (D) par la translation $t_{\overrightarrow{AB}}$.

• Marque deux points M et N de (D), construis leurs images respectives M' et N' par $t_{\overrightarrow{AB}}$.
Désigne par (D') la droite qui passe par les points M' et N'.
Marque un point P de (D), construis son image P' par $t_{\overrightarrow{AB}}$ et justifie que P' est un point de (D').
Tu viens de démontrer que l'image de chaque point de (D) est un point de (D').
• Chaque point de (D') est-il l'image d'un point de (D) ?
Pour répondre à cette question, marque un point Q' de (D') et construis le point Q de (D) tel que Q' est l'image de Q par $t_{\overrightarrow{AB}}$.
• Justifie que (D) et (D') sont des droites parallèles.

Image d'un angle

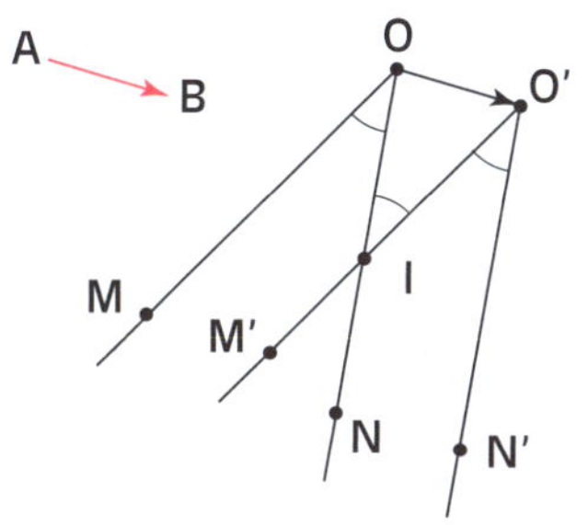

$\overrightarrow{AB}$ est un vecteur et $\widehat{MON}$ un angle.

• Reproduis cette figure où les points M', N' et O' sont les images respectives de M, N et O par la translation $t_{\overrightarrow{AB}}$, et I est le point d'intersection des droites (ON) et (O'M').

• Justifie que les angles $\widehat{MON}$, $\widehat{OIO'}$ et $\widehat{M'O'N'}$ ont la même mesure.

On admet les propriétés suivantes :

PROPRIÉTÉS

Par une translation :	
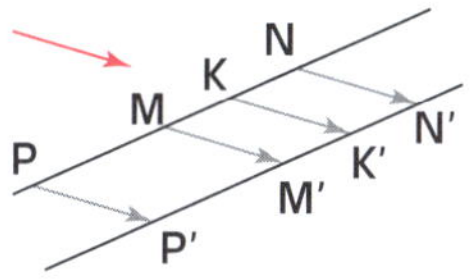	• Des points alignés ont pour image des points alignés. • Une droite a pour image une droite de même direction. • Un segment a pour image un segment de même longueur. • Le milieu d'un segment a pour image le milieu de l'image de ce segment.
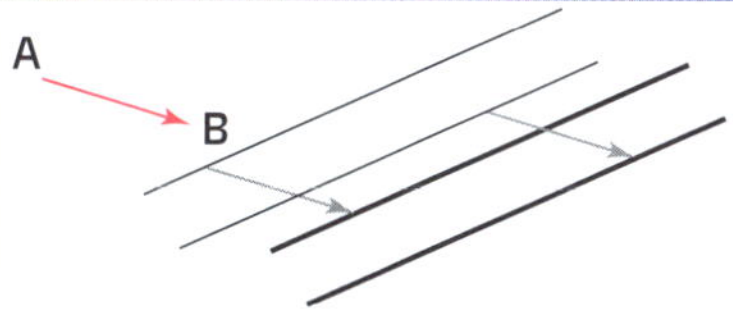	• Deux droites parallèles ont pour image deux droites parallèles.
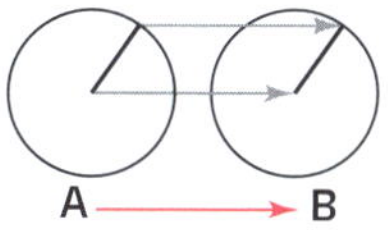	• Un cercle a pour image un cercle de même rayon.
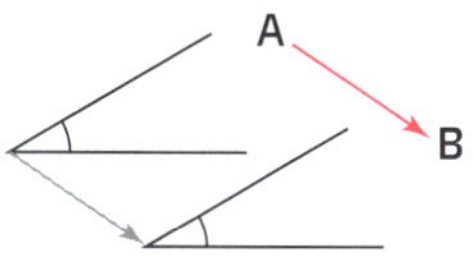	• Un angle a pour image un angle de même mesure.
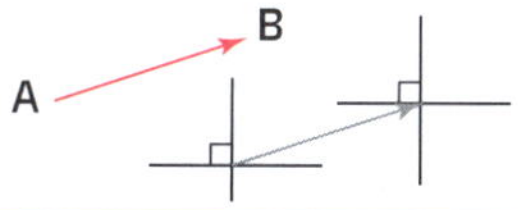	• Deux droites perpendiculaires ont pour image deux droites perpendiculaires.
• Si un point appartient à deux lignes alors son image appartient aux images de ces deux lignes.	

EXERCICE

3.a ABC est un triangle.
[AH] est une hauteur de ce triangle.
D et E sont les images respectives de C et B par la translation $t_{\overrightarrow{AH}}$.

- Trace les hauteurs (CK) et (BF) de ce triangle.
- À l'aide d'une équerre non graduée, construis les droites (L_1) et (L_2), images respectives de (CK) et de (BF) par la translation $t_{\overrightarrow{AH}}$.

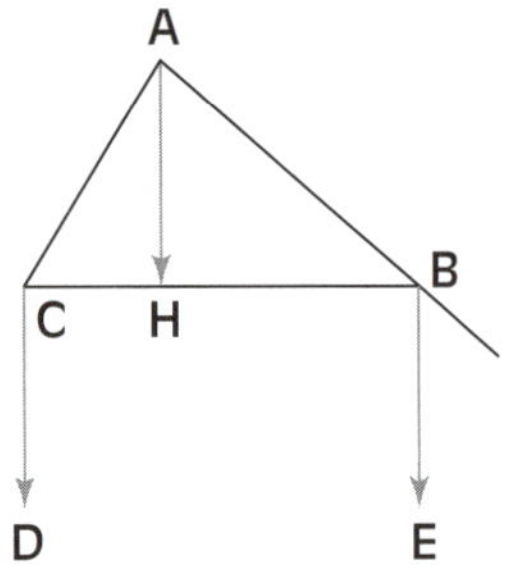

- Démontre que les droites (L_1), (L_2) et (AH) sont concourantes.

EXERCICES

ENTRAÎNEMENT

1 TRANSLATIONS

1 Trace deux droites (D) et (D') ayant la même direction.
Trace une droite (L) n'ayant pas la même direction que la droite (D).
Sur (D), marque deux points A et B ; sur (D'), marque deux points C et E tels que (A ; B) et (C ; E) aient le même sens.
Sur (D), marque un point F tel que (A ; B) et (B ; F) aient le même sens.
Sur (D'), marque un point G tel que (C ; E) et (C ; G) aient des sens contraires.

2 ABC est un triangle ; A', B' et C' sont respectivement les milieux de [BC], [CA] et [AB].
t_1 est la translation qui applique B sur A' ; t_2 est la translation qui applique A' sur B' et t_3 est la translation qui applique A sur B'.
Recopie et complète les tableaux de correspondance suivants.

t_1	
B	A'
C'	...
A'	...

t_2	
A'	B'
B	...
C'	...

t_3	
A	B'
B'	...
C'	...

3 On donne le parallélogramme ABCD de centre O.

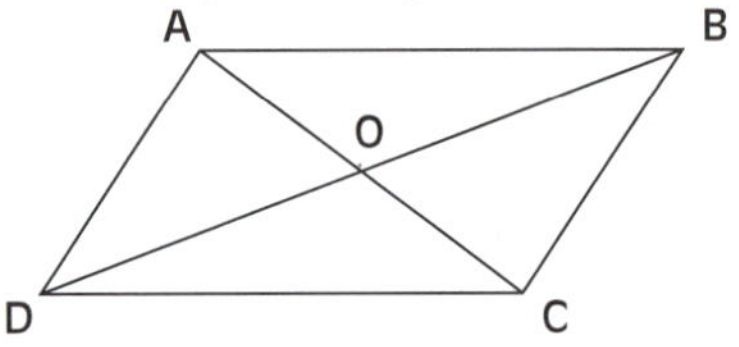

t est la translation qui applique O sur B.
Reproduis la figure et construis les points E, F et G.
Quelle est l'image de D par la translation t ?

t	
O	B
A	E
B	F
C	G
D	...

2 VECTEURS

4 (L) est une droite et K est le milieu commun aux segments [BC] et [AD].

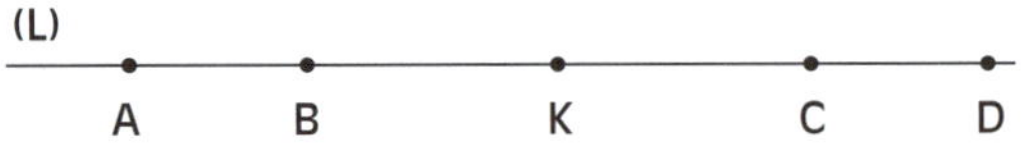

En utilisant uniquement les lettres A, B, C, D et K, écris toutes les égalités vectorielles que te suggère cette figure.

5 ABC est un triangle équilatéral. M, N et P sont les milieux respectifs des côtés [AB], [AC] et [BC].

EXERCICES

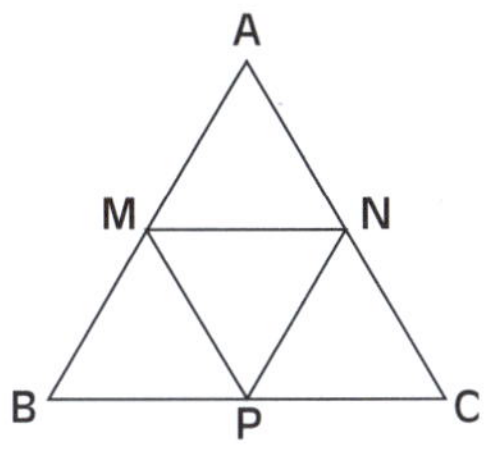

Parmi les vecteurs suivants :
$\overrightarrow{AB}$, $\overrightarrow{BP}$, $\overrightarrow{NP}$, $\overrightarrow{BC}$, $\overrightarrow{AM}$, $\overrightarrow{PC}$, $\overrightarrow{NM}$, $\overrightarrow{BM}$, $\overrightarrow{MN}$, $\overrightarrow{CP}$, indique :

a) ceux qui ont même direction ;
b) ceux qui ont même sens ;
c) ceux qui ont même longueur ;
d) ceux qui sont égaux.

6 On donne trois points non alignés A, B et C. Construis :

a) le point D tel que $\overrightarrow{AD} = \overrightarrow{BC}$;
b) le point E tel que $\overrightarrow{AC} = \overrightarrow{BE}$;
c) le point K tel que $\overrightarrow{BC} = \overrightarrow{CK}$.

7 On donne trois points non alignés A, B, C. Construis :

a) le point D tel que $\overrightarrow{AB} = \overrightarrow{DC}$;
b) le point E tel que $\overrightarrow{BC} = \overrightarrow{EA}$.

8 On donne le parallélogramme ABCD de centre O et les milieux respectifs I, J, K et L des côtés [AB], [BC], [CD] et [DA]. Écris des vecteurs égaux à chacun des vecteurs suivants :

$\overrightarrow{DL}$, $\overrightarrow{AI}$ et $\overrightarrow{IJ}$.

9 On donne trois points non alignés A, B, C. Construis les points D et E vérifiant que :

$\overrightarrow{AD} = \overrightarrow{BC}$ et $\overrightarrow{BE} = \overrightarrow{AC}$.

Démontre que C est le milieu de [DE].

10 ABC est un triangle. M, N et P sont les milieux respectifs de [AB], [AC] et [BC].
Démontre que : $\overrightarrow{BP} = \overrightarrow{PC} = \overrightarrow{MN}$.

11 ABC est un triangle ; D est le milieu du segment [BC].
Construis le point M, image de A par la symétrie de centre D, et le point N, image de M par la symétrie de centre C.
Démontre que : $\overrightarrow{BM} = \overrightarrow{AC}$ et $\overrightarrow{AN} = \overrightarrow{BC}$.

12 Reproduis les figures ci-dessous sur une feuille quadrillée.

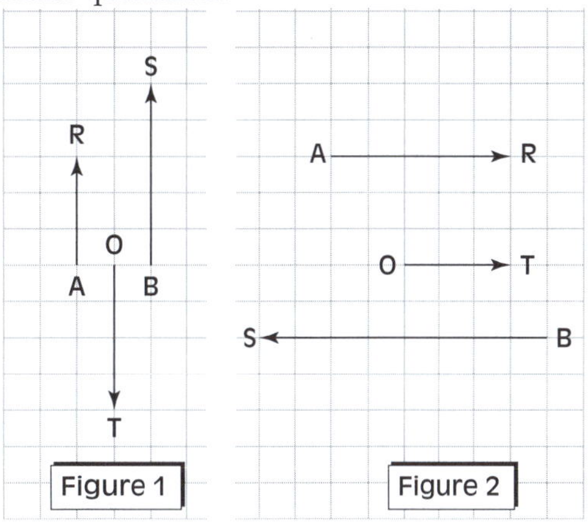

Construis dans chaque cas le point M tel que :

$\overrightarrow{OM} = \overrightarrow{AR} + \overrightarrow{OT} + \overrightarrow{BS}$.

13 Dans chacun des cas suivants, reproduis la figure sur une feuille quadrillée et construis un vecteur égal à la somme indiquée.

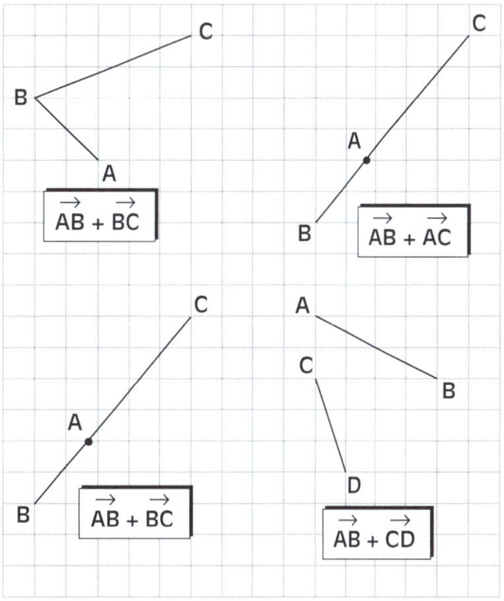

14 On donne trois points non alignés A, B, C. Construis :

a) le point D tel que : $\overrightarrow{AD} = \overrightarrow{AC} + \overrightarrow{AB}$;
b) le point E tel que : $\overrightarrow{BE} = \overrightarrow{AC} + \overrightarrow{AB}$;
c) le point K tel que : $\overrightarrow{CK} = \overrightarrow{BA} + \overrightarrow{BC}$.

EXERCICES

15 On donne un carré ABCD de centre O. Construis :

a) le point E tel que : $\overrightarrow{OE} = \overrightarrow{AB} + \overrightarrow{DC}$;

b) le point G tel que : $\overrightarrow{BG} = \overrightarrow{BD} + \overrightarrow{BC}$.

16 On donne un triangle ABC.

Construis le point D tel que : $\overrightarrow{AB} = \overrightarrow{AC} + \overrightarrow{AD}$.

17 Recopie et complète les égalités suivantes en utilisant l'égalité de Chasles :

a) $\overrightarrow{AM} + \overrightarrow{MK} = \ldots$; b) $\overrightarrow{AB} + \overrightarrow{B\ldots} = \overrightarrow{AM}$;

c) $\overrightarrow{K\ldots} + \overrightarrow{AC} = \overrightarrow{KC}$; d) $\overrightarrow{\ldots M} + \overrightarrow{MB} = \overrightarrow{K\ldots}$;

e) $\overrightarrow{EH} = \overrightarrow{\ldots K} + \overrightarrow{K\ldots}$; f) $\overrightarrow{B\ldots} = \overrightarrow{\ldots K} + \overrightarrow{\ldots A}$.

18 ABCD est un parallélogramme. Trouve une expression plus simple pour chacun des vecteurs suivants :

a) $\overrightarrow{AB} + \overrightarrow{CD}$; b) $\overrightarrow{AD} + \overrightarrow{CB}$;

c) $\overrightarrow{AB} + \overrightarrow{AD}$; d) $\overrightarrow{AB} + \overrightarrow{DA}$.

19 MNRS est un parallélogramme. Recopie puis complète les égalités suivantes :

a) $\overrightarrow{MN} = \overrightarrow{S\ldots}$; b) $\overrightarrow{\ldots M} = \overrightarrow{RN}$;

c) $\overrightarrow{S\ldots} + \overrightarrow{S\ldots} = \overrightarrow{SN}$; d) $\overrightarrow{NS} = \overrightarrow{\ldots} + \overrightarrow{NM}$.

20 ABCD est un parallélogramme. Les vecteurs suivants sont-ils égaux ?

a) $\overrightarrow{CD}$ et $\overrightarrow{AB}$; b) $\overrightarrow{AD}$ et $\overrightarrow{CB}$;

c) $\overrightarrow{DC}$ et $\overrightarrow{AB}$; d) $\overrightarrow{AC}$ et $\overrightarrow{BD}$;

e) $\overrightarrow{AD}$ et $\overrightarrow{DC}$; f) $\overrightarrow{AA}$ et $\overrightarrow{CC}$;

g) $\overrightarrow{BD}$ et $\overrightarrow{BA} + \overrightarrow{BC}$; h) $\overrightarrow{AB} + \overrightarrow{CD}$ et $\overrightarrow{0}$;

i) $\overrightarrow{CA} + \overrightarrow{CB}$ et $\overrightarrow{AB}$; j) $\overrightarrow{BA} + \overrightarrow{DA}$ et $\overrightarrow{CA}$.

21 On donne trois points non alignés M, N, P. Construis les points R et S vérifiant :
$\overrightarrow{NR} = \overrightarrow{NM} + \overrightarrow{NP}$ et $\overrightarrow{PS} = \overrightarrow{PM} + \overrightarrow{PN}$.
Démontre que M est le milieu de [RS].

22 On donne un parallélogramme ABCD.

Construis le point M tel que : $\overrightarrow{AM} + \overrightarrow{AD} = \overrightarrow{0}$.
Démontre que ACBM est un parallélogramme.

23 On donne un triangle ABC et le milieu O du côté [BC].

Construis le point D tel que : $\overrightarrow{AO} = \overrightarrow{OD}$.

Démontre que : $\overrightarrow{AB} + \overrightarrow{AC} = \overrightarrow{AD}$.

24 On donne quatre points A, B, C et D.

Démontre que : $\overrightarrow{AC} + \overrightarrow{BD} = \overrightarrow{AD} + \overrightarrow{BC}$.

25 On donne un triangle ABC.
Construis les points M, N et P tels que :
$\overrightarrow{BM} = \overrightarrow{AB}$; $\overrightarrow{PC} = \overrightarrow{AB}$ et $\overrightarrow{CN} = \overrightarrow{AB}$.

a) Démontre que : $\overrightarrow{AP} = \overrightarrow{MN}$.

b) Démontre que : $\overrightarrow{AC} = \overrightarrow{CN} + \overrightarrow{BC}$.

26 On donne un rectangle ABCD.

Construis le point E tel que : $\overrightarrow{AD} = \overrightarrow{AC} + \overrightarrow{AE}$.
Démontre que A est le milieu de [BE].

27 ABC est un triangle. Construis le point M tel que : $\overrightarrow{AM} = \overrightarrow{AB} + \overrightarrow{CA}$.
Démontre que ACBM est un parallélogramme.

28 On donne quatre points A, B, C, D.
Quel est le point E tel que :

$$\overrightarrow{AB} + \overrightarrow{BD} = \overrightarrow{CE} + \overrightarrow{AC} \ ?$$

29 On donne un triangle ABC et un point K du segment [BC] distinct de B et C.
Construis les points M et N vérifiant :

$$\overrightarrow{AM} = \overrightarrow{AK} + \overrightarrow{AB} \text{ et } \overrightarrow{AN} = \overrightarrow{AK} + \overrightarrow{AC}.$$

a) Démontre que : $\overrightarrow{AK} = \overrightarrow{BM}$.

b) Démontre que : $\overrightarrow{BC} = \overrightarrow{MN}$.

3 TRANSLATIONS ET VECTEURS

30 ABC est un triangle ; M, N et P sont les milieux respectifs des côtés [AB], [AC] et [BC]. Démontre que le triangle AMN est l'image du triangle NPC par une translation dont tu préciseras le vecteur.

EXERCICES

31 On donne un carré ABCD.
Construis l'image de ce carré par la translation de vecteur $\overrightarrow{AC}$.

32 On désigne par $\mathcal{F}$ la figure ci-dessous dans laquelle EFG est un triangle équilatéral de 4 cm de côté et O le centre du demi-cercle de diamètre [EF].

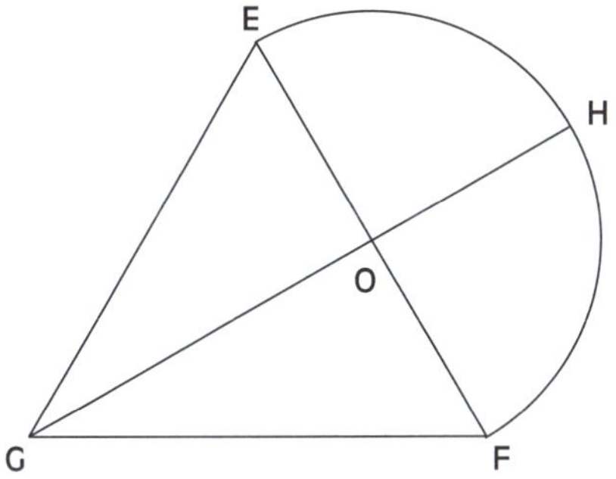

a) Reproduis la figure $\mathcal{F}$.

b) Construis le point A tel que $\overrightarrow{EF} = \overrightarrow{FA}$.

c) Construis l'image de la figure $\mathcal{F}$ par la translation de vecteur $\overrightarrow{HG}$.

d) Construis l'image de la figure $\mathcal{F}$ par la translation de vecteur $\overrightarrow{EA}$.

33 Reproduis la figure $\mathcal{F}$ ci-dessous sur une feuille quadrillée.

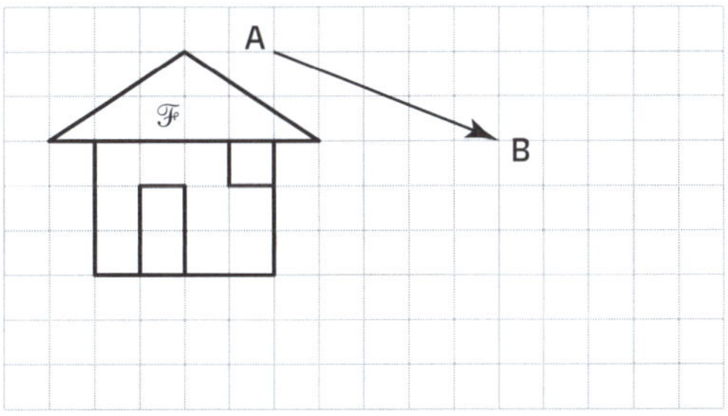

Construis l'image de $\mathcal{F}$ par la translation de vecteur $\overrightarrow{AB}$.

34 RST est un triangle ; M et N sont les milieux respectifs des côtés [RS] et [RT].
Le point A est l'image de S par la symétrie de centre N et le point B l'image de T par la symétrie de centre M.

a) Démontre que A est l'image de R par $t_{\overrightarrow{ST}}$.

b) Démontre que : $\overrightarrow{RA} + \overrightarrow{RB} = \overrightarrow{0}$.

35 On donne trois points non alignés A, B, C.
Construis le point E image de B par la translation de vecteur $\overrightarrow{AB}$, puis le point H image de B par la translation de vecteur $\overrightarrow{CB}$.
Démontre que ACEH est un parallélogramme.

36 On donne quatre points M, N, P et Q.
Construis le point R, image de Q par $t_{\overrightarrow{MN}}$ puis le point S, image de R par $t_{\overrightarrow{NP}}$.

Démontre que : $\overrightarrow{MQ} = \overrightarrow{PS}$.

37 On donne un carré ABCD de centre O.
Construis les points E, F, G et H tels que :

$t_{\overrightarrow{BO}}$	
A	E
B	F
C	G
D	H

a) Que peut-on dire de F ?

b) Démontre que EFGH est un carré de centre D.

APPROFONDISSEMENT

38 On donne un triangle ABC.

a) Construis les points M, N et E tels que :

$$\overrightarrow{AM} = \overrightarrow{CA} \; ; \; \overrightarrow{BN} = \overrightarrow{MB} \; ; \; \overrightarrow{AE} = \overrightarrow{MB}.$$

b) Démontre que les droites (EN) et (AB) sont parallèles ainsi que les droites (CE) et (AB).

c) Démontre que E est le milieu de [CN].

39 On donne un triangle MNP.
Construis le point Q image de P par $t_{\overrightarrow{MP}}$.

Trace la droite parallèle à (PN) passant par Q, elle coupe (MN) en R.

Démontre que : $\overrightarrow{MN} = \overrightarrow{NR}$.

40 On donne un parallélogramme ABCD.

a) Quelle est l'image de la droite (DC) :

– par la translation de vecteur $\overrightarrow{AB}$?

– par la translation de vecteur $\overrightarrow{DB}$?

b) Construis la droite (L) image de (AC) par la translation de vecteur $\overrightarrow{AB}$. (L) coupe (DC) en E.
c) Démontre que C est le milieu de [DE].

41 On donne un triangle ABC et un point D du segment [AC] distinct de A et C.
Construis les points M et N vérifiant :

$$\overrightarrow{DM} = \overrightarrow{DA} + \overrightarrow{BC} \text{ et } \overrightarrow{DN} = \overrightarrow{DC} + \overrightarrow{AB}.$$

a) Démontre que : $\overrightarrow{AM} = \overrightarrow{BC}$.
b) Démontre que C est le milieu de [MN].

42 On donne un segment [AM].
Construis un triangle équilatéral ABC tel que :

$$\overrightarrow{BC} = \overrightarrow{AM}.$$

Énonce le programme de ta construction.

43 On donne un triangle ABC et les points M et N, images respectives de A et B par la symétrie de centre C.
a) Construis le point D, image de A par la translation de vecteur $\overrightarrow{BC}$.
b) Démontre que : $\overrightarrow{AC} = \overrightarrow{DN}$ et $\overrightarrow{CD} = \overrightarrow{MN}$.
c) Démontre que : $\overrightarrow{AC} = \overrightarrow{DC} + \overrightarrow{CN}$;
$\overrightarrow{MB} = \overrightarrow{DA} + \overrightarrow{ND}$.

44 On donne un parallélogramme ABCD et le milieu M de [BC].
Construis le point E image de C par la translation de vecteur $\overrightarrow{DC}$.
a) Démontre que : $\overrightarrow{AB} + \overrightarrow{BM} = \overrightarrow{CE} + \overrightarrow{MC}$.
b) Démontre que M est le milieu de [AE].

45 On donne un triangle ABC, le point M milieu du côté [AC] et le point D image de A par la symétrie de centre B.
a) Construis le point E image de M par la translation de vecteur $\overrightarrow{AB}$.
b) Démontre que les quadrilatères ABEM, BDEM et BECM sont des parallélogrammes.
c) Démontre que E est le milieu de [DC].

46 ABCDEF est un hexagone régulier inscrit dans un cercle ($\mathscr{C}$) de centre O.
a) Démontre que OABC est un losange.
b) Démontre que : $\overrightarrow{OA} + \overrightarrow{OC} = \overrightarrow{OB}$;
$\overrightarrow{OD} + \overrightarrow{OF} = \overrightarrow{OE}$.

47 On donne un triangle ABC, le point K milieu de [AC] et la hauteur [AH].
a) Construis les points M et N images respectives de B et C par $t_{\overrightarrow{AH}}$. Démontre que le quadrilatère BCNM est un rectangle.
b) Construis la droite (L) image de la droite (AH) par $t_{\overrightarrow{HK}}$. Démontre que la droite (L) est la médiatrice de [HC].

48 On donne un triangle équilatéral OMN.
a) Construis les points P, Q, R et S tels que :
$\overrightarrow{OP} = \overrightarrow{MO}$; $\overrightarrow{QP} = \overrightarrow{NO}$; $\overrightarrow{MR} = \overrightarrow{NO}$; $\overrightarrow{OS} = \overrightarrow{NO}$.
b) Démontre que MNQPSR est un hexagone régulier.

49 On donne un triangle ABC.
a) Construis les points D et E tels que :

$$\overrightarrow{AD} = \overrightarrow{BC} \text{ et } \overrightarrow{CE} = \overrightarrow{AB}.$$

Construis les points F et H images respectives de A et B par la symétrie de centre C.
b) Démontre que les quadrilatères CEFH et BDHE sont des parallélogrammes.
c) Démontre que : $\overrightarrow{BD} = \overrightarrow{CD} + \overrightarrow{EF}$.

6

Projection et repérage

La bataille navale

La bataille navale se joue à deux. Chaque joueur dispose d'un quadrillage de cent carreaux sur lequel il répartit les bâtiments de sa « flotte », constituée d'un croiseur (3 carreaux), de deux torpilleurs (2 carreaux chacun) et de trois escorteurs (1 carreau chacun). Le but est de repérer les bâtiments de son adversaire afin de les « couler ». L'illustration ci-dessous est un exemple de deux dispositions.

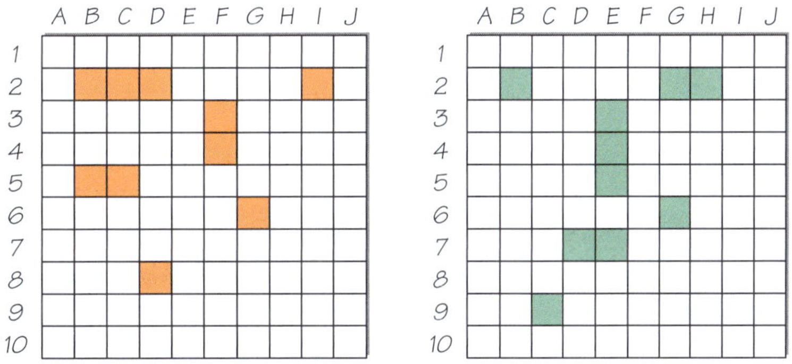

joueur n° 1 **joueur n° 2**

– le joueur n° 2 annonce (C ; 3).
– le joueur n° 1 répond ; « Perdu » et annonce à son tour : (G ; 2).
– le joueur n° 2 répond : « Touché ».
– le joueur n° 1 conserve le droit d'annonce et propose : (G ; 3).
– le joueur n° 2 répond : « Perdu » et annonce : (I ; 2).
– le joueur n° 1 répond : « Coulé ».
– le joueur n° 2 propose une autre annonce, et ainsi de suite…

SOMMAIRE

1 Projection

1.1 PRÉSENTATION

Activité

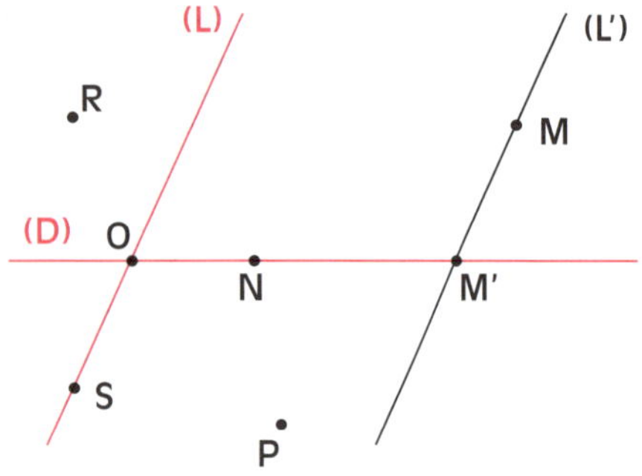

(D) et (L) sont deux droites sécantes en O.
M est un point du plan.

• Construis le point M' en exécutant le programme suivant :
– tracer la droite (L') parallèle à (L) passant par M ;
– marquer M', point d'intersection de (L') et de (D).

Ce programme permet d'associer à chaque point du plan, un point du plan et un seul.
Il définit une application du plan dans le plan, appelée **projection sur (D) parallèlement à (L)**.
Le point M' est appelé le **projeté** de M sur (D) parallèlement à (L)

P et R sont deux points du plan.
• Construis P' et R', projetés respectifs de P et R.

N est un point de (D) et S un point de (L).
• Quels sont les projetés des points N, S et O ?

DÉFINITION 1

(D) et (L) sont deux droites sécantes.
On appelle projection sur (D) parallèlement à (L) l'application du plan dans le plan qui, à chaque point M associe M', point commun à la droite (D) et à la droite parallèle à (L) passant par M.

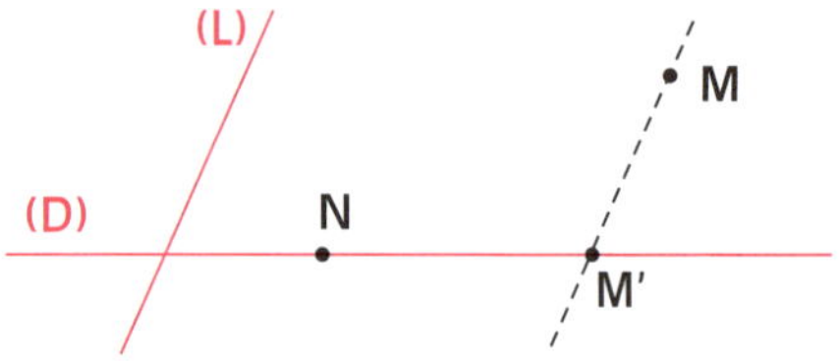

M' ∈ (D) et (MM') // (L).
Le point M' est appelé **projeté** de M.

N ∈ (D).
N est son propre projeté.

DÉFINITION 2

Lorsque les droites (D) et (L) sont perpendiculaires, la projection sur (D) parallèlement à (L) est appelée projection orthogonale sur (D).

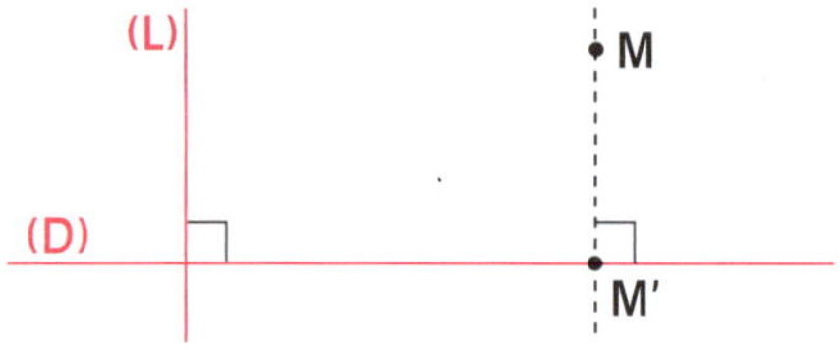

M' ∈ (D) et (MM') ⊥ (D).

Le point M' est appelé **projeté orthogonal** de M sur (D).

EXERCICES

1.a (D) et (D') sont deux droites sécantes.
A, B, C, E et F sont des points du plan tels que la droite (EF) est parallèle à (D').
Construis les projetés des points A, B, C, E sur (D) parallèlement à (D').
Quel est le projeté du point F ? Justifie.

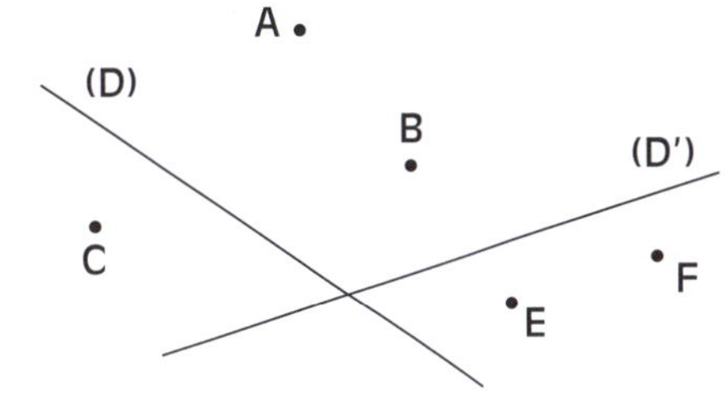

1.b (D) est une droite ; M, N et P sont trois points du plan.
Q est un point appartenant à (D).
Construis les projetés orthogonaux des points M, N, P sur la droite (D).
Quel est le projeté orthogonal du point Q sur la droite (D) ? Justifie.

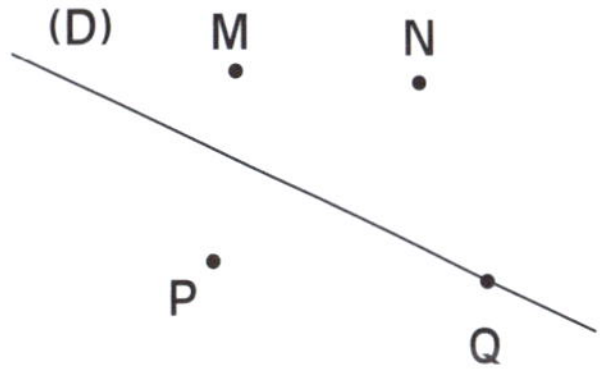

1.c (D) et (L) sont deux droites sécantes.
G est un point de (D).
Marque trois points A, B et C ayant pour projeté le point G par la projection sur (D) parallèlement à (L).

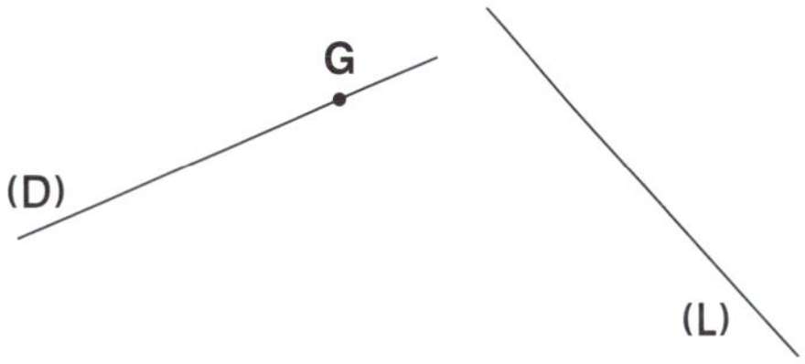

1.2 PROPRIÉTÉS

Projeté d'un segment

(D) et (L) sont deux droites sécantes et [AB] est un segment.
On considère la projection sur (D) parallèlement à (L).

1er cas : (AB) et (L) sont sécantes.

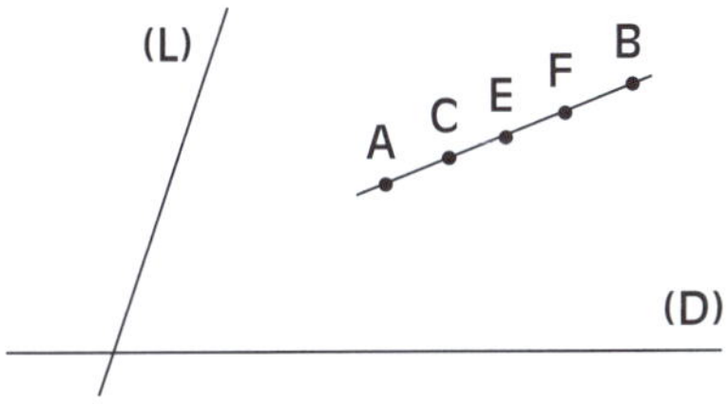

C, E et F sont trois points du segment [AB].
- Construis les points A' et B' projetés respectifs de A et B.
- Trace en rouge le segment [A'B'].
- Construis les points C', E' et F' projetés respectifs des points C, E et F.

Tu constates que C', E' et F' sont des points de [A'B'].

On admet que chaque point du segment [AB] a pour projeté un point du segment [A'B'].
- Marque un point N' du segment [A'B']. Tu constates que N' est le projeté d'un point N du segment [AB].

On admet que chaque point du segment [A'B'] est le projeté d'un point du segment [AB].
On dit que le segment [A'B'] est le projeté du segment [AB].

2e cas : (AB) et (L) sont parallèles.

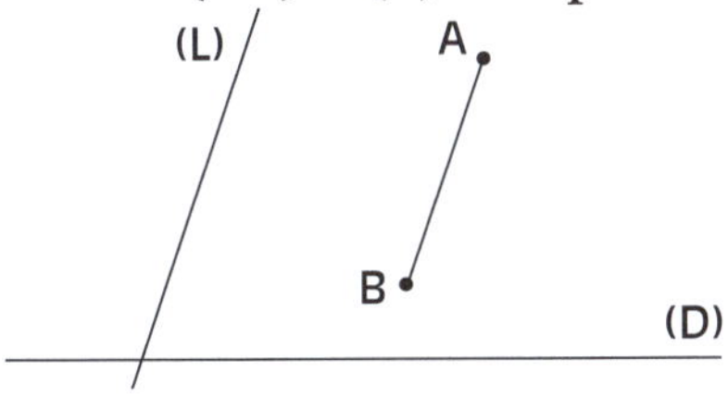

- Construis le point A' projeté de A.
- Marque un point M de [AB] et justifie que son projeté est le point A'.

Chaque point de [AB] a pour projeté A'.
On dit que le point A' est le projeté du segment [AB].

PROPRIÉTÉ

Le projeté d'un segment est un segment ou un point.

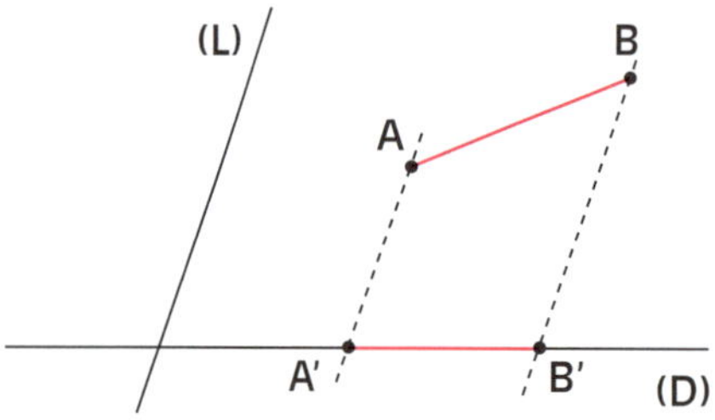

[AíB'] est le projeté de [AB].

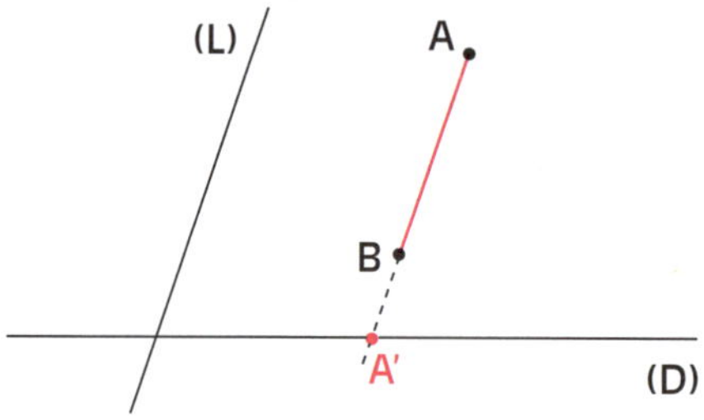

A' est le projeté de [AB].

EXERCICE

1.d ABCD est un parallélogramme de centre O.
E est un point de [BC] tel que (OE) est parallèle à (AB).
On considère la projection sur (BC) parallèlement à (CD).
Quel est le projeté de chacun des segments [AD], [OB] et [AB] ?
Cite les trois segments de la figure qui ont pour projeté le segment [BC].

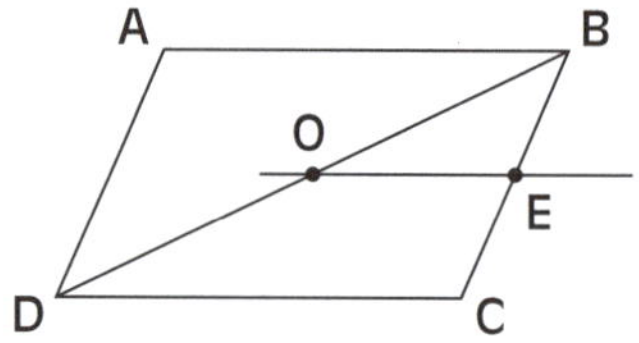

Projeté du milieu d'un segment

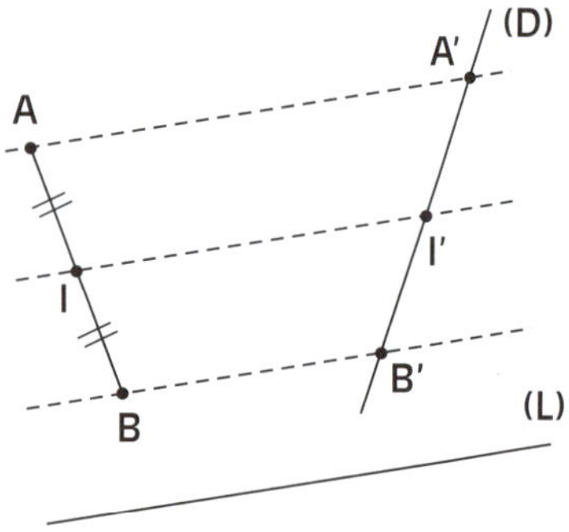

(D) et (L) sont deux droites sécantes.
(AB) et (L) sont sécantes.
I est le milieu du segment [AB].
A', B' et I' sont les projetés respectifs de A, B et I sur (D) parallèlement à (L).

On veut démontrer que le point I' est le milieu de [A'B'].

Pour cela :

- marque le point J, point d'intersection des droites (AB') et (I'I) ;
- démontre que J est le milieu de [AB'], puis démontre que I' est le milieu de [A'B'].

PROPRIÉTÉ

Lorsque le projeté d'un segment n'est pas un point,
le projeté du milieu du segment est le milieu du projeté de ce segment.

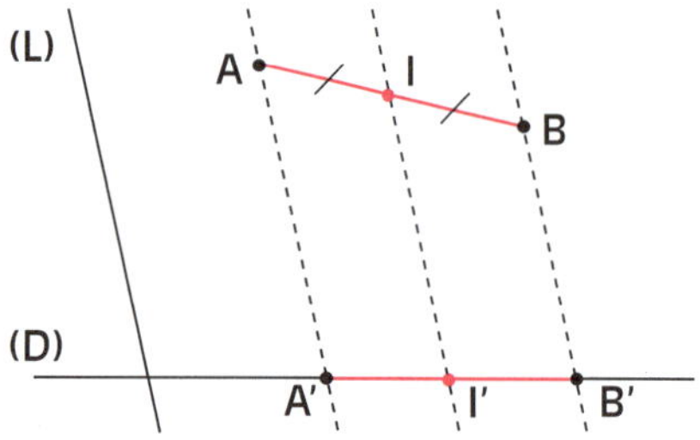

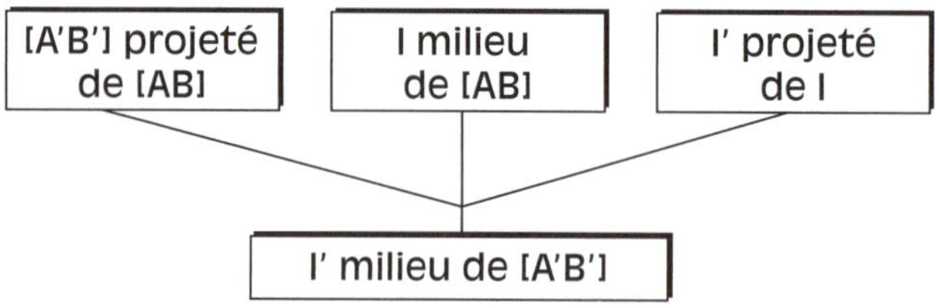

EXERCICE

1.e ABCD est un quadrilatère. Le point I est le milieu du côté [AB].
À l'aide de la règle non graduée et de l'équerre, construis successivement les points J, K et L, milieux respectifs des côtés [BC], [CD] et [DA].
Justifie tes constructions.

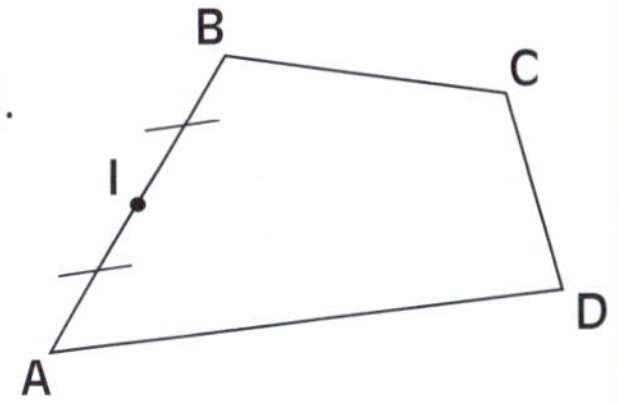

1.3 PARTAGE D'UN SEGMENT EN SEGMENTS DE MÊME LONGUEUR

Activité

On veut partager un segment [AB] de 10 cm en trois segments de même longueur.

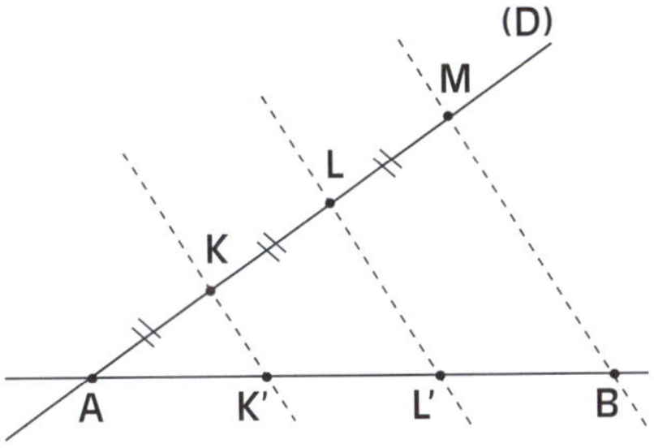

Pour cela :
– on a tracé une droite (D) sécante en A à la droite (AB) ;
– on a marqué sur la droite (D) les points K, L et M rangés dans l'ordre A, K, L, M et tels que : AK = KL = LM ;
– on a marqué K' et L', projetés respectifs de K et L sur (AB) parallèlement à (MB).

• Justifie que : AK' = K'L' = L'B.
(Tu pourras justifier que K' est le milieu de [AL'], puis que L' est le milieu de [K'B].)

2 Repérage dans le plan

2.1 REPÈRE DU PLAN

Présentation

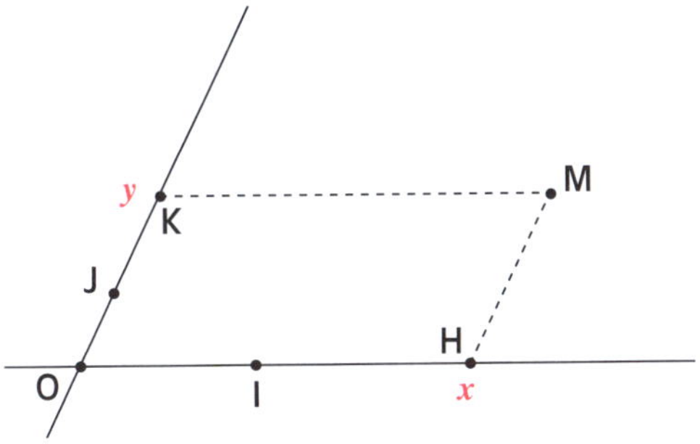

O, I et J sont trois points non alignés.
(O, I) est un repère de la droite (OI).
(O, J) est un repère de la droite (OJ).

M est un point du plan.
H est le projeté de M sur (OI) parallèlement à (OJ).
K est le projeté de M sur (OJ) parallèlement à (OI).

x est l'abscisse du point H dans le repère (O, I).

y est l'abscisse du point K dans le repère (O, J).

(O, I, J) est **un repère du plan**. Le point O est l'**origine** de ce repère.
x est l'**abscisse du point M** dans le repère (O, I, J).
y est l'**ordonnée du point M** dans le repère (O, I, J).
(x ; y) est le couple des **coordonnées de M** dans le repère (O, I, J).

(OI) est l'**axe des abscisses** et (OJ) est l'**axe des ordonnées**.

On note : M $(x ; y)$

On lit : M est le point de coordonnées $(x ; y)$.

EXERCICES

2.a (O, I, J) est un repère du plan.
On donne les points : A (2 ; 1,5), B (– 4 ; 5), C $(0 ; -\frac{3}{4})$, D (– 3 ; – 4,3).
Donne l'abscisse et l'ordonnée de chacun de ces points.

2.b (O, I, J) est un repère du plan.
Donne le couple des coordonnées de chacun des points A, B, C, D, I, J et O.

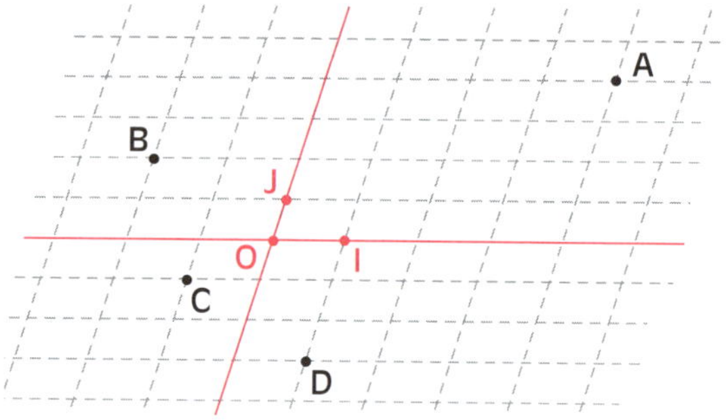

2.c (O, I, J) est un repère du plan.
Place les points M (2 ; 3), N (– 1 ; – 2), P (– 3 ; 0), Q (1,5 ; – 4) et R (0 ; 2,5).

2.2 REPÈRE ORTHOGONAL – REPÈRE ORTHONORMÉ

DÉFINITIONS

(O, I, J) est un repère.
On dit que le repère (O, I, J) est orthogonal lorsque : (OI) ⊥ (OJ).

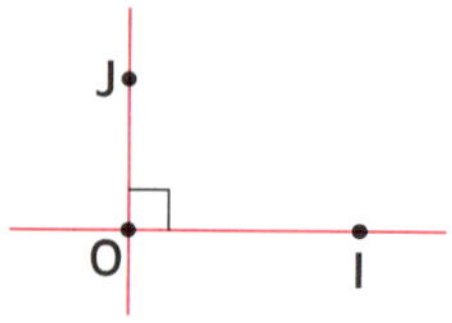

(OI) ⊥ (OJ)

(O, I, J) est un repère.
On dit que le repère (O, I, J) est orthonormé (ou orthonormal) lorsque : (OI) ⊥ (OJ) et OI = OJ.

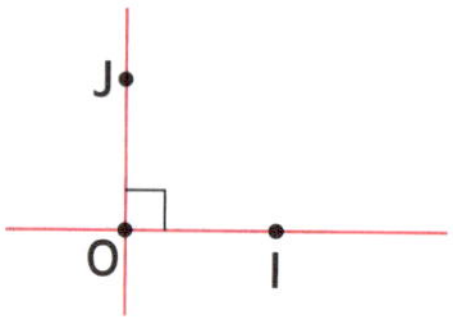

(OI) ⊥ (OJ) et OI = OJ

EXERCICES

2.d (O, I, J) est un repère orthonormé du plan.
Les couples de coordonnées suivants sont ceux des points de la figure ci-contre :
(0 ; – 1), (2 ; 1), (1 ; 0), (1 ; – 1),
(0 ; 1), (– 2 ; 1), (1 ; 2) et (0 ; 0).
Attribue à chacun de ces points son couple de coordonnées.

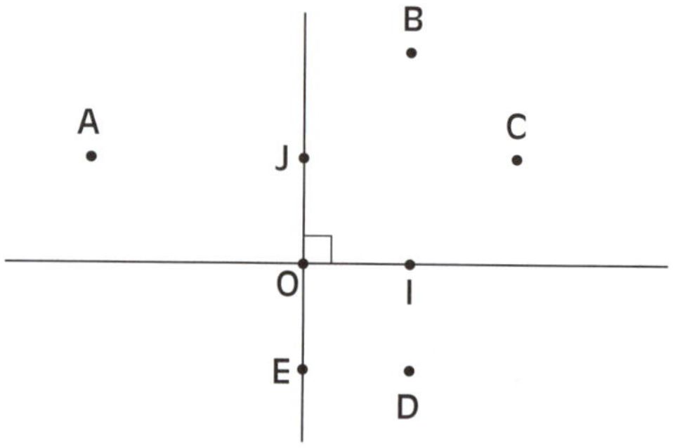

2.e (O, I, J) est un repère orthogonal du plan.
Place les points A (2 ; 5), B (– 1 ; 3), C (– 3 ; – 4), D (5 ; – 2) et E (2 ; 0).

EXERCICES

ENTRAÎNEMENT

1 PROJECTIONS

1 ABCD est un parallélogramme.
Quels sont les projetés respectifs des points A, B, C et D par :
a) la projection sur (CD) parallèlement à (AD) ?
b) la projection sur (BC) parallèlement à (AB) ?

2 ABCD est un parallélogramme de centre O. Dans chacun des cas suivants, trouve des droites (L) et (L').
1er cas : B et C sont les projetés respectifs de A et D sur (L) parallèlement à (L').
2e cas : O et C sont les projetés respectifs de O et B sur (L) parallèlement à (L').

3 ABC est un triangle.
Les points I, J et K sont les milieux respectifs de [BC], [CA] et [AB].
Quels sont les projetés respectifs :
a) des points A, J et C sur (AB) parallèlement à (BC) ?
b) des points K et J sur (BC) parallèlement à (IJ) ?

4 ABCD est un trapèze isocèle de bases [AB] et [DC]. Les points I et J sont les milieux respectifs de [AB] et [DC].
Quels sont les projetés orthogonaux respectifs des points A, B, C et D sur (IJ) ?

5 ABCD est un carré de centre O.
Quel est le projeté orthogonal :
a) du point A sur (CD) ?
b) du point C sur (BD) ?
c) du point B sur (AC) ?

6 ABC est un triangle rectangle en A ; [AH] est une hauteur. Quel est le projeté orthogonal :
a) du point B sur (AC) ?
b) du point C sur (AB) ?
c) du point C sur (AH) ?

7 ABC est un triangle ; M est le milieu de [BC]. D est le symétrique de A par rapport à M. Quel est le projeté de D sur (BC) parallèlement à (AB) ?

8 On donne un triangle ABC rectangle en A. Construis le point H projeté orthogonal de A sur (BC).
Construis les points M et N projetés orthogonaux de H sur (AB) et (AC).
Quelle est la nature du quadrilatère AMHN ?

9 On donne un triangle ABC.
Construis le point D tel que B soit l'image de A par la projection sur (BD) parallèlement à (CD) et que C soit l'image de A par la projection sur (CD) parallèlement à (BD).

10 On donne un triangle RST et un point O à l'intérieur de ce triangle.
a) Construis les points A, B et C projetés orthogonaux de O sur les droites (RS), (ST) et (TR).
b) Place le point O pour qu'on ait les égalités : OA = OB = OC.

11 (D) et (L) sont deux droites sécantes en O. A et B sont deux points n'appartenant ni à (D) ni à (L) ; H et H' sont les projetés respectifs de A et B sur (D) parallèlement à (L) ; K et K' sont les projetés respectifs de A et B sur (L) parallèlement à (D).
a) Démontre que : $\vec{OA} = \vec{OH} + \vec{OK}$.
b) Démontre que : $\vec{AB} = \vec{HH'} + \vec{KK'}$.

12 HIJK est un trapèze de bases [HI] et [KJ]. A est le milieu de [HK] et B le projeté de A sur (I J) parallèlement à (HI).
Que représente le point B pour [IJ] ?

13 L'unité de longueur est le mm.
Reproduis la figure ci-dessous.

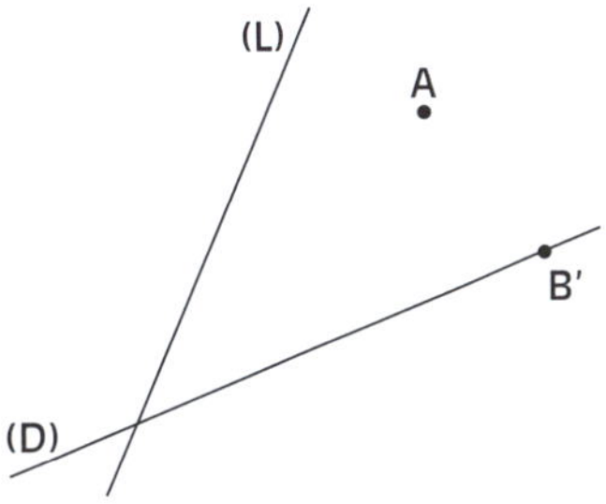

Construis le point A', projeté de A sur (D) parallèlement à (L).
Construis un point B dont B' est le projeté sur (D) parallèlement à (L) et tel que : AB = 25.

EXERCICES

14 (D) est une droite. Place sur (D) des points O, R, S et T tels que R soit le milieu de [OS] et T soit le symétrique de O par rapport à S.
($\mathscr{C}$) est le cercle de diamètre [OT] et (L) la médiatrice de [OS]. La droite (L) coupe le cercle ($\mathscr{C}$) en I et J. On désigne par p la projection orthogonale sur (OI).
a) Quelles sont les images par p des points O, I et T ?
b) Les points S' et R' sont les images respectives par p des points S et R.
Démontre que : OI = 2OS' = 4OR'.

15 (D_1), (D_2) et (D_3) sont trois droites concourantes en un point I.
E et F sont deux points de (D_1) symétriques par rapport à I.
Les points G et H sont les projetés respectifs de E et F sur (D_2) parallèlement à (D_3).
Les points A et B sont les projetés respectifs de G et H sur (D_3) parallèlement à (D_1).
a) Quelle est le nature des quadrilatères EGAI et BIFH ?
b) Démontre que les quadrilatères EGFH, EAFB et GAHB sont des parallélogrammes.
c) Démontre que les quadrilatères AIHF et EIHB sont des parallélogrammes.

16 Sur la figure ci-dessous, ABCD est un parallélogramme de centre O.
(L) et (L') sont deux droites sécantes.
Reproduis la figure et construis les projetés respectifs A', B', C', D' et O' des points A, B, C, D et O sur (L) parallèlement à (L').
Démontre que : $\overrightarrow{A'B'} = \overrightarrow{D'C'}$.

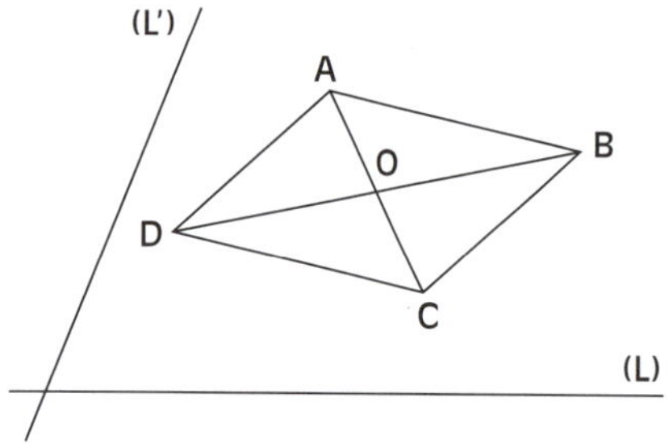

17 ABCD est un parallélogramme de centre O. Les points H et K sont les projetés orthogonaux respectifs de A et C sur (BD).
Démontre que O est le milieu de [HK].

18 ABC est un triangle et M est le milieu de [BC].
Le point N est l'image de M par la symétrie de centre C. Les points R et S sont les projetés respectifs de M et C sur la droite (AN) parallèlement à la droite (AB).
Démontre que : AR = RS = SN.

19 Trace un segment [AB] de longueur 10 cm et un segment [AC] de longueur 6,3 cm, les points A, B et C n'étant pas alignés.
Construis le point O appartenant à [AB] tel que :

$$AO = \frac{2}{7} AB.$$

Construis le point O' projeté de O sur (AC) parallèlement à (BC).
Quelle est la distance des points A et O' ?

20 On donne une droite graduée (D) de repère (O, I).
Construis les points M, N et P de la droite (D), d'abscisses respectives :

$$\frac{2}{7}, \frac{5}{3} \text{ et } \frac{4}{3}.$$

2 REPÉRAGE DANS LE PLAN

21 (O, I, J) est un repère orthogonal.
Place les points A, B, C, A', B' et C' de coordonnées respectives :
(1 ; 1), (3 ; 2), (6 ; – 1), (1 ; – 1), (3 ; – 2) et (6 ; 1).

22 (O, I, J) est un repère orthogonal.
Place les points :
A (2 ; – 1), B (2 ; 3), C (– 2 ; 4) et D (– 3 ; – 2).
Quelles sont les coordonnées des projetés orthogonaux de ces points sur (OI) ?
Quelles sont les coordonnées des projetés orthogonaux de ces points sur (OJ) ?

23 ABCD est un carré de centre O.

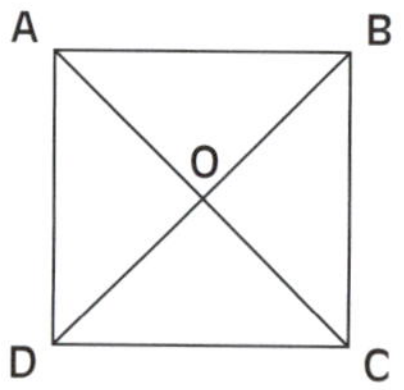

Quel est le couple de coordonnées de chacun des points A, B, C, D et O dans le repère (D, C, A) ?

24 Dans un repère orthogonal (O, I, J), 1 cm représente une unité sur (OI) et vingt unités sur (OJ). Place les points A (2 ; 50), B (– 1 ; 80), C (– 3 ; – 40) et D (– 5 ; – 30).

25 (O, I, J) est un repère orthogonal et M le point de coordonnées (3 ; – 2).
Quelles sont les coordonnées des points N, P et Q, symétriques respectifs de M par rapport à O, (OI) et (OJ) ?

26 ABCD est un parallélogramme de centre I. M, N, P et Q sont les milieux respectifs de [AB], [BC], [CD] et [DA].

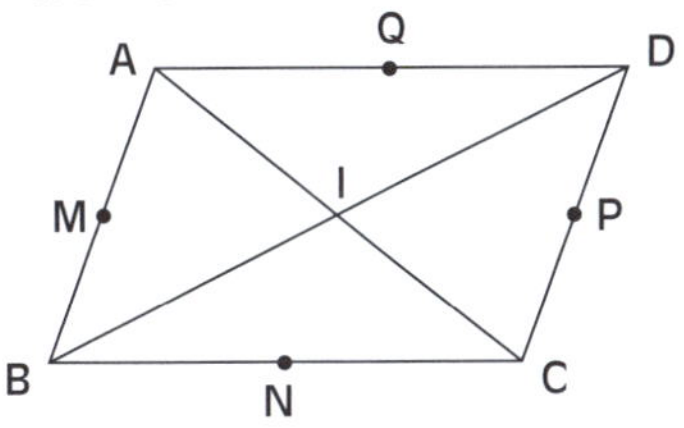

Quel est le couple de coordonnées de chacun des points A, B, C, D, I, M, N, P et Q dans :
a) le repère (B, C, A) ?
b) le repère (B, N, M) ?
c) le repère (I, P, Q) ?

APPROFONDISSEMENT

27 On donne un triangle ABC non rectangle. Construis, en utilisant seulement la règle graduée et le compas, le projeté orthogonal du point A sur (BC) ; donne deux méthodes.

28 RSTU est un trapèze rectangle tel que (RS) // (UT) et (RU) ⊥ (RS).
I est le milieu de [ST] et J le projeté orthogonal de I sur (RU).
Quelle est la nature du triangle RIU ?

Les exercices 29 et 30 sont liés.

29 ABC est un triangle. La médiane passant par A coupe [BC] en I. Le point J est le milieu de [AI]. La droite (BJ) coupe (AC) en H. Le point K est le projeté de I sur (AC) parallèlement à (BJ).
Démontre que : $AH = \frac{1}{3} AC$.

30 ABC est un triangle, A' le symétrique de A par rapport à B, B' le symétrique de B par rapport à C et C' le symétrique de C par rapport à A. La médiane du triangle A'B'C' passant par C' coupe (AB) en H et (A'B') en K. La droite (AA') coupe (C'B') en G. Le point K' est le projeté de K sur (C'B') parallèlement à (A'A).
a) Démontre que H est le milieu de [C'K].
b) Démontre que : C'G = GK' = K'B'.

31 Sur la figure ci-dessous, la droite (D_2) est l'axe médian des droites parallèles (D_1) et (D_3).

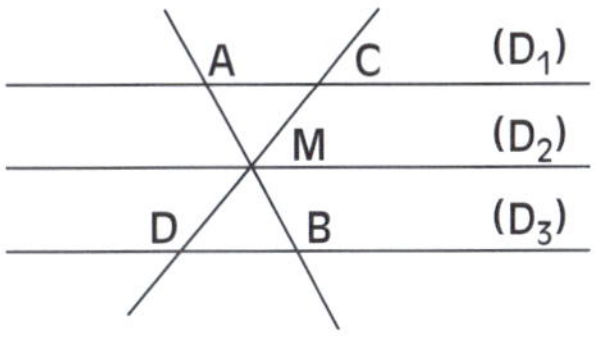

Démontre que le quadrilatère ACBD est un parallélogramme.

32 (O, I, J) est un repère du plan. A et B sont deux points.
a) Démontre que, si A et B ont même abscisse, alors la droite (AB) est parallèle à (OJ).
b) Démontre que, si A et B ont même ordonnée, alors la droite (AB) est parallèle à (OI).

33 ABC est un triangle. Q est un point de la droite (AB), R est le projeté de Q sur (AC) parallèlement à (BC) et S est le projeté de R sur (BC) parallèlement à (AB).
On désigne par p la projection sur (AB) parallèlement à (AC).
a) On suppose que Q est le milieu de [AB].
Démontre que p (S) = Q.
b) On suppose que p (S) = Q.
Démontre que Q est le milieu de [AB].

34 ABC est un triangle, A' est le milieu de [BC] et O le milieu de [AA']. (BO) coupe (AC) en K ; (CO) coupe (AB) en K' ; L est le projeté de A' sur (AC) parallèlement à (BO) et L' le projeté de A' sur (AB) parallèlement à (CO).
a) Démontre que : AK = KL = LC.
b) Démontre que les droites (KK'), (LL') et (BC) sont parallèles.

EXERCICES

35 On donne deux droites (D) et (L) perpendiculaires en O. M est un point n'appartenant ni à (D) ni à (L) ; H et K sont les projetés orthogonaux respectifs de M sur (D) et (L).

a) Construis le point M' tel que :

$$\overrightarrow{OM'} = \overrightarrow{OH} + \overrightarrow{KO}.$$

b) Construis le point M'' tel que :

$$\overrightarrow{OM''} = \overrightarrow{HO} + \overrightarrow{KO}.$$

c) Démontre que :

– M et M' sont symétriques par rapport à (D) ;

– M et M'' sont symétriques par rapport à O.

36 Sur la figure ci-dessous, ABCDEF est un hexagone régulier de centre O.

Trouve le couple de coordonnées de chacun des points O, A, B, C, D, E et F dans le repère

a) (O, A, B) ;

b) (D, O, C) ;

c) (O, A, C).

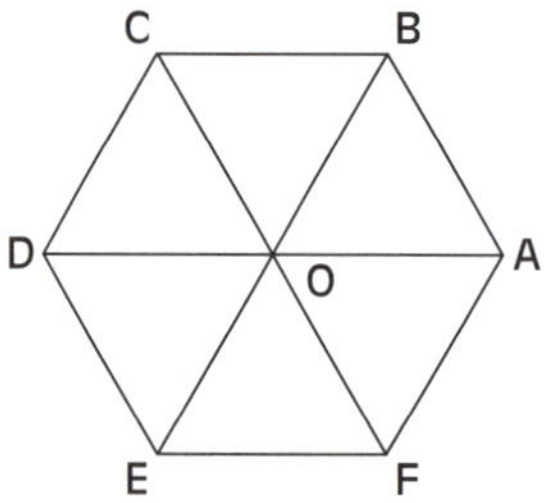

37 ABCD est un parallélogramme de centre O. M est le projeté du point A sur (CD) parallèlement à (BD). N est le projeté de B sur (CD) parallèlement à (AC). Les droites (AM) et (BN) se coupent en P.

a) Démontre que : MD = DC = CN.

b) Démontre que la droite (OP) coupe le segment [CD] en son milieu.

38 Reproduis la figure codée ci-dessous,

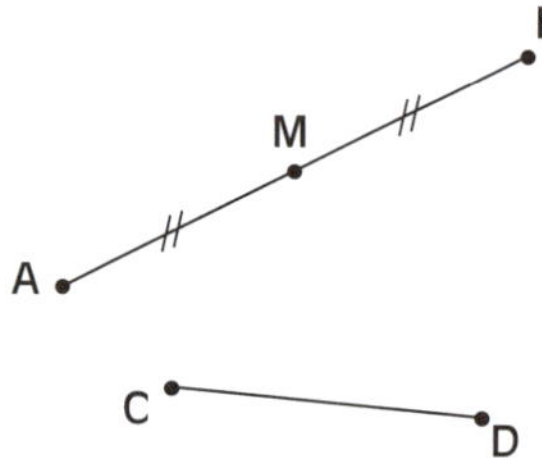

Construis le milieu N de [CD] en utilisant seulement la règle non graduée et l'équerre.

RECHERCHE

39 A, B, C, D et E sont cinq points alignés tels que : AB = BC = CD = DE.

Le point I n'appartient pas à la droite (AB) ; le point M est le milieu de [IB]. La droite (AM) coupe respectivement [IC], [ID] et [IE] en N, P et Q.

Démontre que : IC = 3 IN ;
ID = 4 IP ;
IE = 5 IQ.

7

Angle au centre – Polygones réguliers

Pavages semi-réguliers

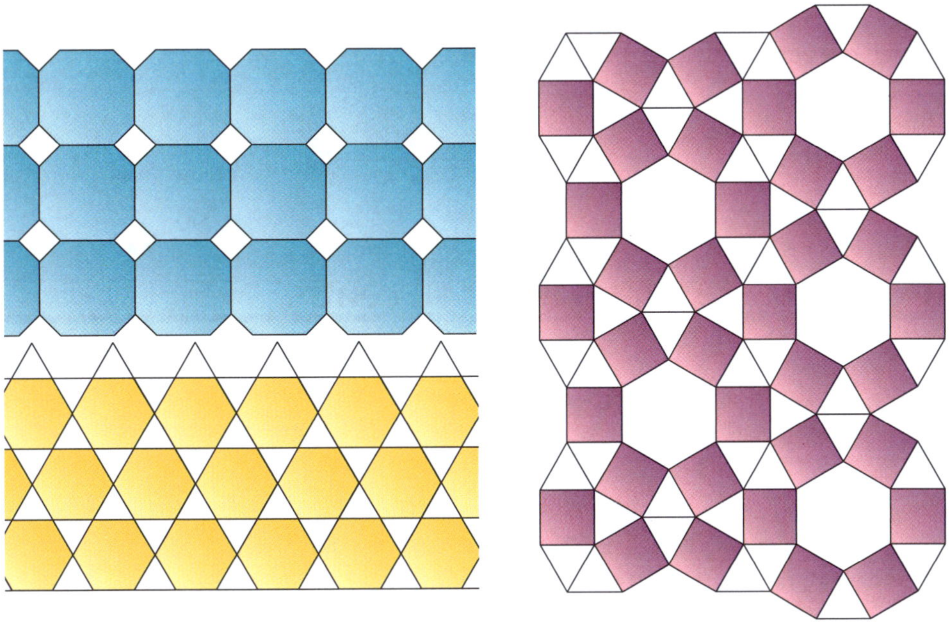

D'après « Jeux de formes, formes de jeux »,
B. Bettinelli, I.R.E.M de Besançon.

SOMMAIRE

1 Angle au centre

1.1 ANGLE AU CENTRE ET ARC DE CERCLE

DÉFINITION

On appelle angle au centre d'un cercle un angle qui a pour sommet le centre de ce cercle.

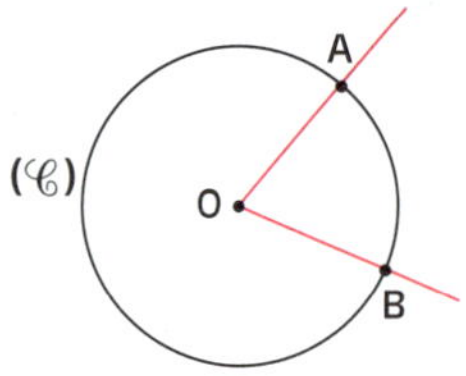

$\widehat{AOB}$ est un angle au centre du cercle (𝒞).

Reconnaître un angle au centre

Dans chacun des cas suivants, dis si l'angle tracé en rouge est ou n'est pas un angle au centre du cercle (𝒞).

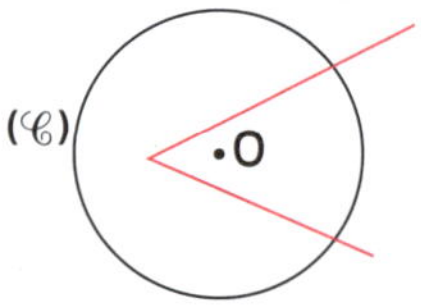

figure 1

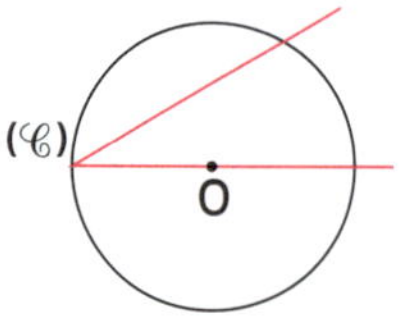

figure 2

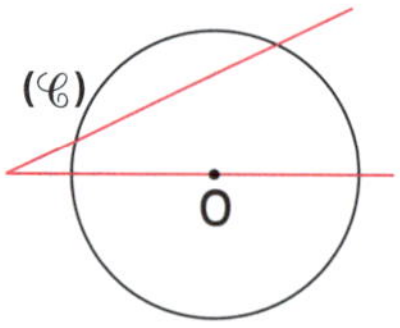

figure 3

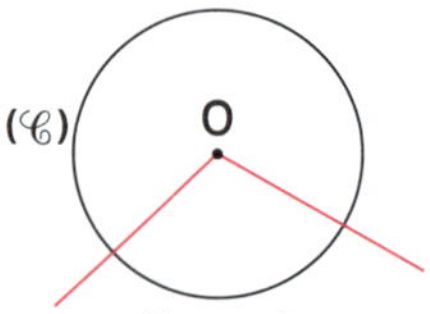

figure 4

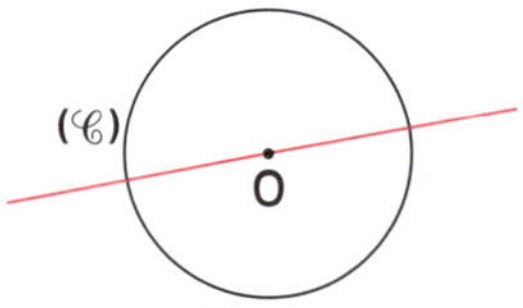

figure 5

Arc intercepté par un angle au centre

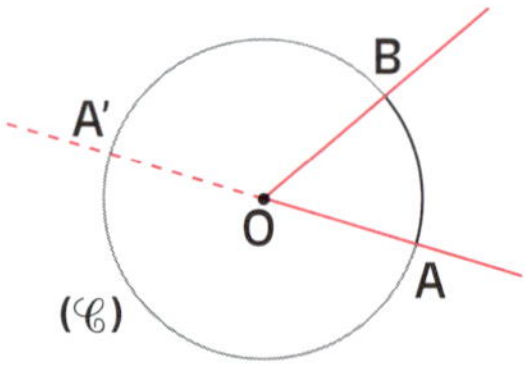

$\widehat{AOB}$ est un angle au centre du cercle (𝒞) qui n'est ni plat ni nul.
A' est le point de (𝒞) diamétralement opposé à A.
([AA'] est un diamètre du cercle (𝒞)).

Les points A et B déterminent sur le cercle (𝒞) deux arcs :

- l'arc d'extrémités A et B ne contenant pas A' ; on le note $\overset{\frown}{\mathbf{AB}}$;
- l'arc d'extrémités A et B contenant A' ; on le note $\underset{\smile}{\mathbf{AB}}$.

On dit que l'angle au centre $\widehat{AOB}$ **intercepte** l'arc $\overset{\frown}{AB}$.

L'arc $\overset{\frown}{AB}$ est contenu dans un demi-cercle de (𝒞) ; l'arc $\underset{\smile}{AB}$ contient un demi-cercle de (𝒞).

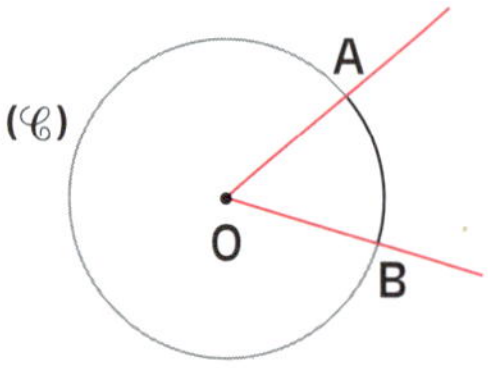

L'arc $\overset{\frown}{AB}$ est **intercepté** par l'angle au centre $\widehat{AOB}$.

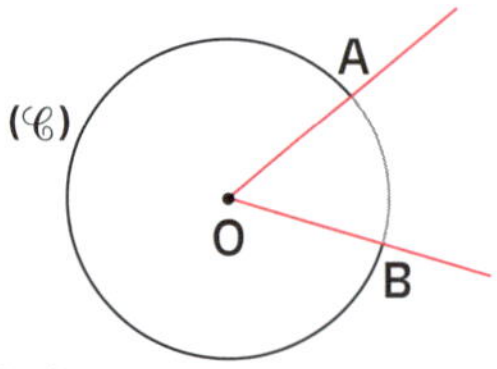

L'arc $\underset{\smile}{AB}$ **n'est pas intercepté** par l'angle au centre $\widehat{AOB}$.

Longueur d'un arc de cercle

L'unité de longueur est le cm. ($\mathscr{C}$) est un cercle de centre O et de rayon r.

• Recopie et complète le tableau ci-dessous en utilisant les éléments de symétrie d'un cercle pour justifier tes réponses.

• Montre que ce tableau est un tableau de proportionnalité.

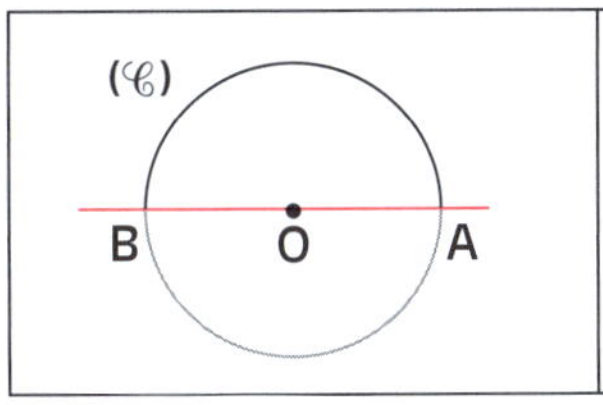

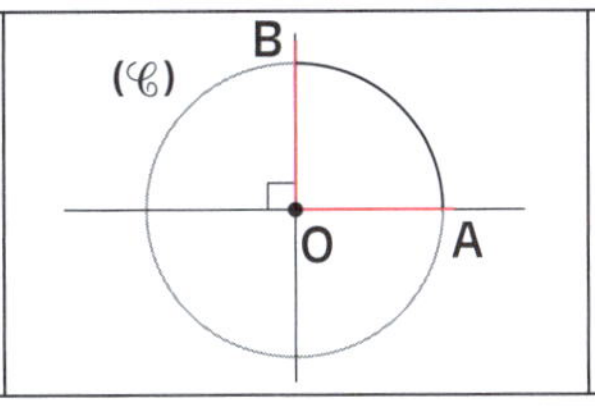

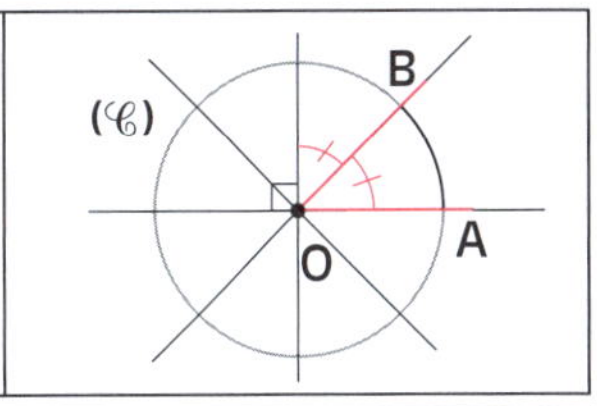

Mesure en degré de l'angle tracé en rouge	180		
Longueur en cm de l'arc intercepté	πr		

On admet la propriété suivante :

PROPRIÉTÉ

La longueur d'un arc de cercle est proportionnelle à la mesure de l'angle au centre qui l'intercepte.

On en déduit la propriété suivante et sa réciproque :

PROPRIÉTÉS

Dans un cercle, si deux angles au centre ont la même mesure, alors ils interceptent deux arcs de même longueur.

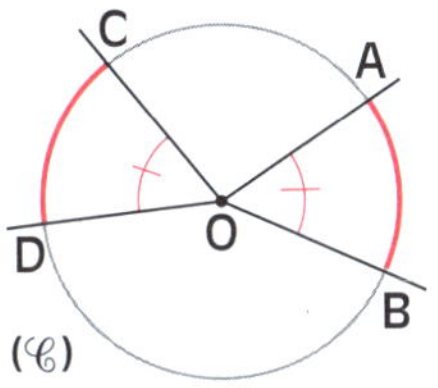

mes $\widehat{AOB}$ = mes $\widehat{COD}$

longueur de $\overset{\frown}{AB}$ = longueur de $\overset{\frown}{CD}$

Dans un cercle, si deux arcs ont la même longueur, alors ils sont interceptés par deux angles au centre de même mesure.

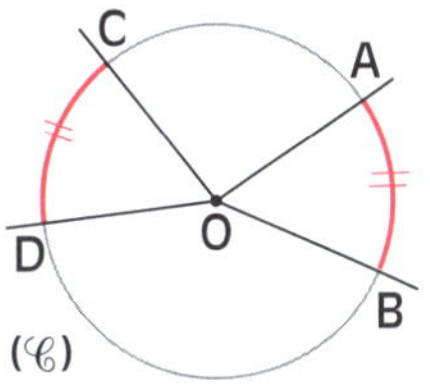

longueur de $\overset{\frown}{AB}$ = longueur de $\overset{\frown}{CD}$

mes $\widehat{AOB}$ = mes $\widehat{COD}$

On peut justifier la formule suivante :

FORMULE

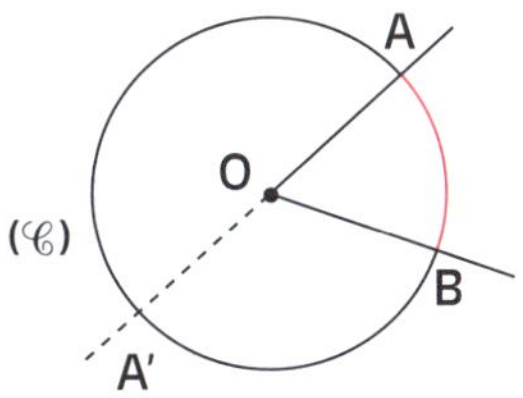

($\mathscr{C}$) est un cercle de rayon r.

longueur de $\overset{\smile}{AB}$ = $2\pi r$ – longueur de $\overset{\frown}{AB}$

EXERCICES

1.a ($\mathscr{C}$) est un cercle de centre O et de rayon 2 cm.
Calcule en cm la longueur de chacun des arcs interceptés respectivement par un angle au centre de : 30°, 45°, 60°, 90°, 120°, 135°, 150° et 180°.

1.b ABCDEF est un hexagone régulier inscrit dans un cercle ($\mathscr{C}$) de centre O et de rayon 1,5 cm.
Justifie que les angles au centre $\widehat{AOB}$, $\widehat{BOC}$, $\widehat{COD}$, $\widehat{DOE}$, $\widehat{EOF}$ et $\widehat{FOA}$ ont la même mesure. Calcule cette mesure.
Justifie que les arcs $\overset{\frown}{AB}$, $\overset{\frown}{BC}$, $\overset{\frown}{CD}$, $\overset{\frown}{DE}$, $\overset{\frown}{EF}$ et $\overset{\frown}{FA}$ ont la même longueur. Calcule cette longueur.
Calcule la longueur des arcs suivants : $\overset{\frown}{AB}$, $\overset{\frown}{BC}$ et $\overset{\frown}{AC}$.

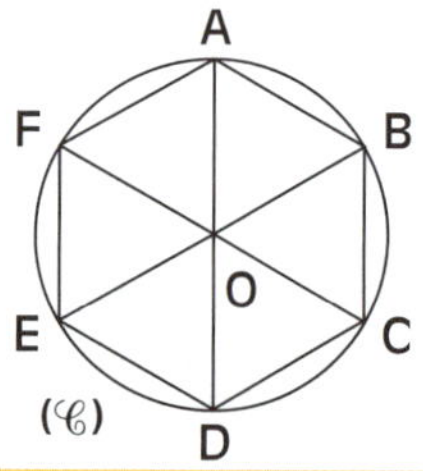

1.2 CORDES ET ARCS DE CERCLE

Présentation

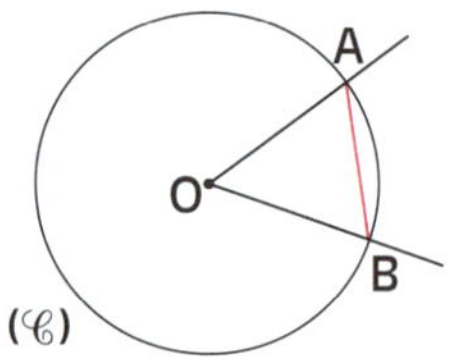

($\mathscr{C}$) est un cercle de centre O ;
A et B sont deux points de ce cercle.
Le segment [AB] est une **corde** du cercle ($\mathscr{C}$).

On dit que :
la corde [AB] **sous-tend** les deux arcs d'extrémités A et B.

Activité 1

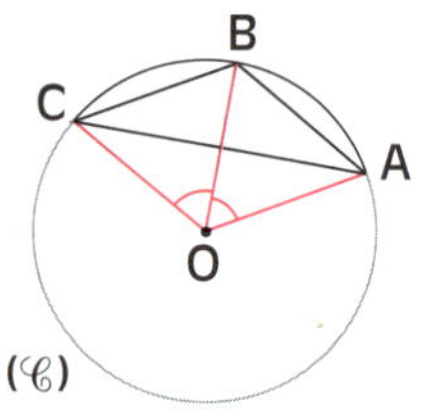

($\mathscr{C}$) est un cercle de centre O.
A, B et C sont trois points de ($\mathscr{C}$) tels que :

mes $\widehat{AOB}$ = mes $\widehat{BOC}$ = 60°.

- Démontre que : longueur $\overset{\frown}{AC}$ = 2 × longueur de $\overset{\frown}{AB}$.
- Compare AC et 2 × AB.
- Y a-t-il proportionnalité entre les longueurs des arcs d'un cercle et les longueurs des cordes qui les sous-tendent ?

Activité 2

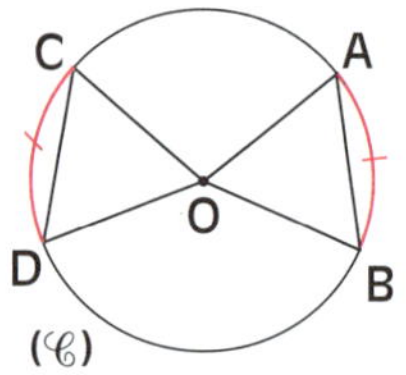

($\mathscr{C}$) est un cercle de centre O.
A, B, C et D sont quatre points de ($\mathscr{C}$) tels que les arcs $\overset{\frown}{AB}$ et $\overset{\frown}{CD}$ ont la même longueur.

- Démontre que : AB = CD.

(Tu pourras considérer les triangles AOB et COD.)

Activité 3

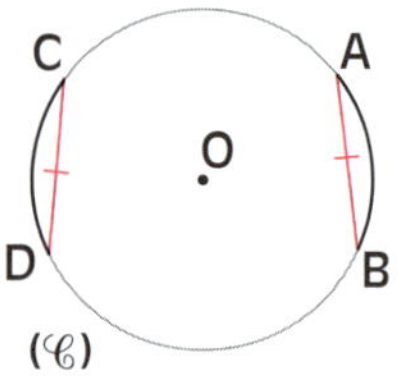

($\mathscr{C}$) est un cercle de centre O.
A, B, C et D sont quatre points de ($\mathscr{C}$) tel que : AB = CD.

- Démontre que les arcs $\overset{\frown}{AB}$ et $\overset{\frown}{CD}$ ont la même longueur.

PROPRIÉTÉS

Dans un cercle, si deux arcs ont la même longueur, alors les deux cordes qui les sous-tendent ont la même longueur.

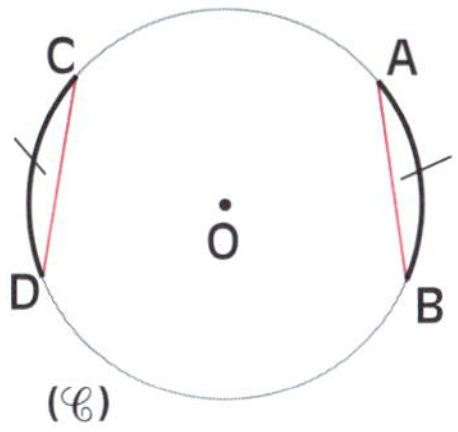

longueur de $\overset{\frown}{AB}$ = longueur de $\overset{\frown}{CD}$

AB = CD

Dans un cercle, si deux cordes ont la même longueur, alors elles sous-tendent deux arcs de même longueur.

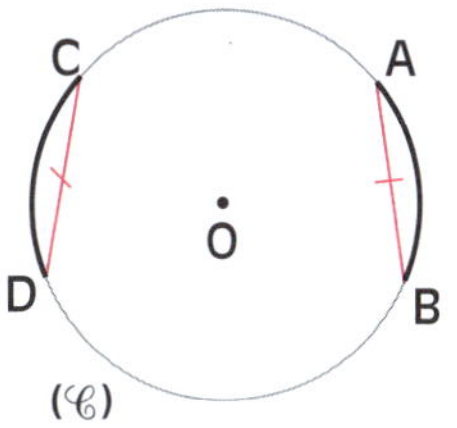

AB = CD

longueur de $\overset{\frown}{AB}$ = longueur de $\overset{\frown}{CD}$

EXERCICES

1.c (𝒞) est un cercle de centre O.
A, B, C, D, E, F, G et H sont huit points de (𝒞) tels que les arcs $\overset{\frown}{AB}$, $\overset{\frown}{BC}$, $\overset{\frown}{CD}$, $\overset{\frown}{DE}$, $\overset{\frown}{EF}$, $\overset{\frown}{FG}$, $\overset{\frown}{GH}$ et $\overset{\frown}{HA}$ ont la même longueur.

Justifie que le polygone ABCDEFGH est un octogone régulier.

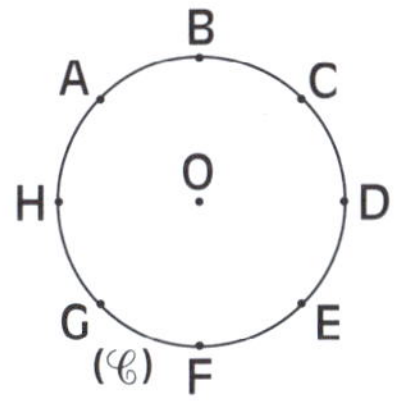

1.d (𝒞) est un cercle de centre O et de rayon 1 cm.
ABCD est un carré inscrit dans ce cercle.
Justifie que les arcs $\overset{\frown}{AB}$, $\overset{\frown}{BC}$, $\overset{\frown}{CD}$ et $\overset{\frown}{DA}$ ont la même longueur.
Calcule cette longueur.

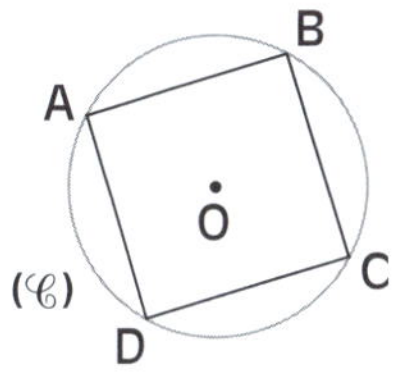

2 Polygones réguliers

2.1 PARTAGE D'UN CERCLE EN ARCS DE MÊME LONGUEUR

Somme des mesures d'angles au centre adjacents

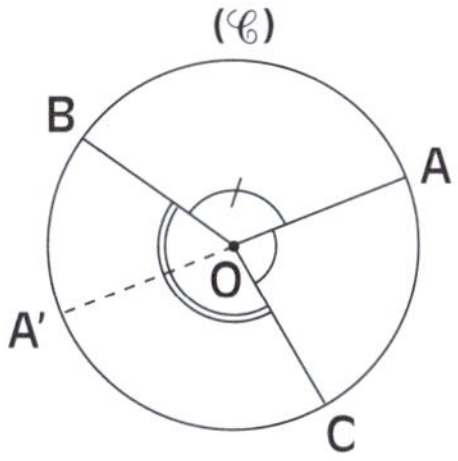

$\widehat{AOB}$, $\widehat{BOC}$ et $\widehat{COA}$ sont des angles au centre adjacents.

- Vérifie que :

mes $\widehat{AOB}$ + mes $\widehat{BOC}$ + mes $\widehat{COA}$ = 360°.

- Justifie cette égalité en utilisant A', le point diamétralement opposé à A.

Partage d'un cercle par des angles au centre de même mesure

Complète le tableau
de proportionnalité
ci-contre.

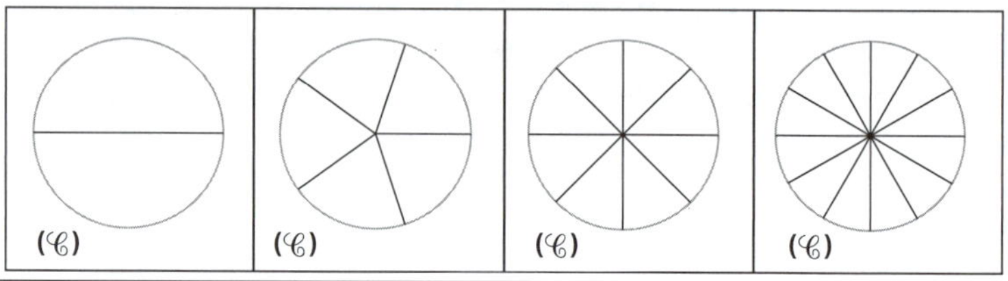

Nombre d'arcs de même longueur	2	5	8	12
Mesure en degrés d'un angle au centre interceptant un arc	$\frac{360}{2}$			

2.2 POLYGONES RÉGULIERS

DÉFINITION

On appelle polygone régulier tout polygone inscriptible dans un cercle et ayant ses côtés de même longueur.

Exemples de polygones réguliers

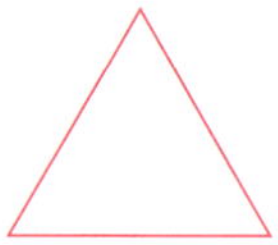 *3 côtés* Triangle équilatéral	 *4 côtés* Carré	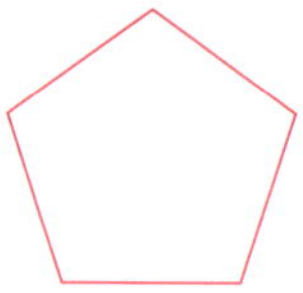 *5 côtés* Pentagone	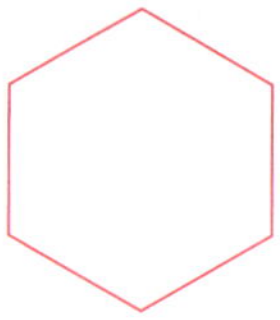 *6 côtés* Hexagone	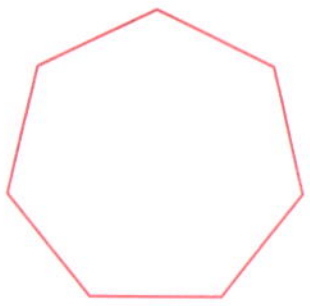 *7 côtés* Heptagone
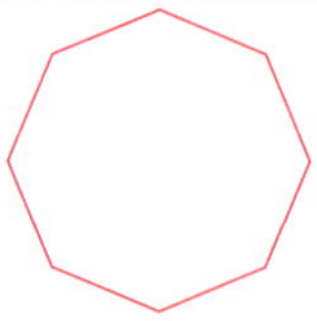 *8 côtés* Octogone	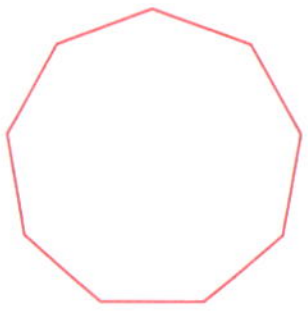 *9 côtés* Ennéagone	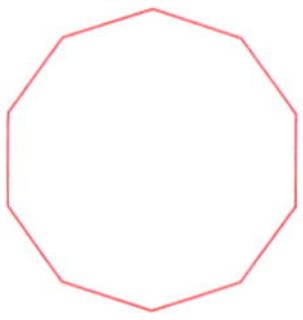 *10 côtés* Décagone	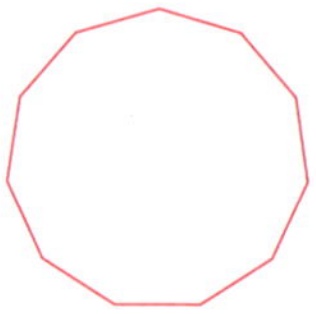 *11 côtés* Hendécagone	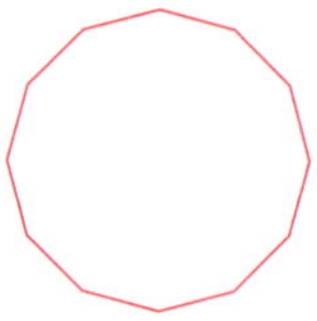 *12 côtés* Dodécagone

Construction d'un polygone régulier

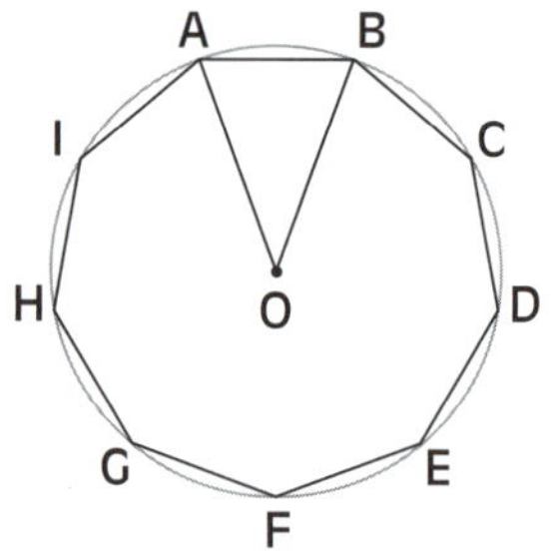

ABCDEFGHI est un polygone régulier à 9 côtés.

- Calcule la mesure de l'angle au centre $\widehat{AOB}$.
- Donne un programme de construction de ce polygone.

EXERCICES

ENTRAÎNEMENT

1 ANGLE AU CENTRE

1 Nomme tous les angles au centre de la figure ci-contre.

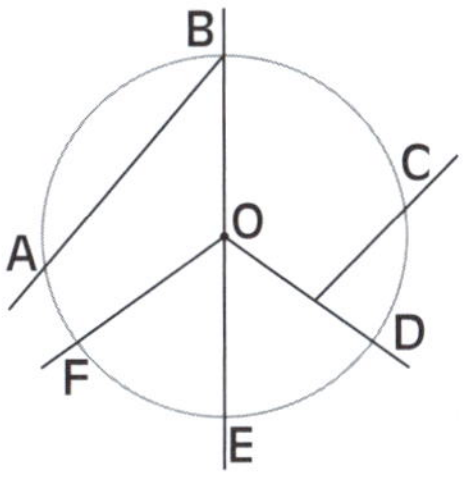

2 On donne le cercle $(\mathscr{C})$ de centre O et de rayon 3 cm.
a) Avec la règle et le rapporteur, construis un angle au centre $\widehat{AOB}$ de 12°.
b) Quelle est la longueur de l'arc de cercle intercepté par l'angle au centre $\widehat{AOB}$? ($\pi \approx 3{,}14$)
c) Calcule la longueur de l'arc de cercle intercepté par chacun des angles au centre de $(\mathscr{C})$ ayant pour mesure : 24° ; 36° ; 48° ; 60°.

Les exercices 3 et 4 peuvent être liés.

3 On donne le cercle $(\mathscr{C})$ de centre I et de rayon 4 cm.
Construis un angle au centre $\widehat{EIF}$ de 90°.
a) Quelle est la longueur de l'arc de cercle intercepté par l'angle au centre $\widehat{EIF}$? ($\pi \approx 3{,}14$)
b) Calcule la longueur de l'arc de cercle intercepté par chacun des angles au centre de $(\mathscr{C})$ ayant pour mesure : 45° ; 67,5° ; 90° et 135°.

4 Afin de délimiter un rond-point au carrefour de plusieurs routes, un géomètre doit tracer un cercle de rayon 20 m.
Calcule la longueur de l'arc de cercle intercepté par chacun des angles au centre de ce cercle, ayant pour mesure : 22,5° ; 45° ; 67,5° ; 90° et 135°. ($\pi \approx 3{,}14$)

5 $(\mathscr{C})$ est le cercle de centre O et de rayon 5 cm. Place deux points H et I sur ce cercle tels que : mes $\widehat{HOI} = 72°$.
Calcule la longueur de l'arc $\overset{\frown}{HI}$ ($\pi \approx 3{,}1416$).

6 $(\mathscr{C})$ est le cercle de centre O et de rayon 3 cm. $\frac{3\pi}{10}$ est la longueur de l'arc de cercle intercepté par un angle au centre.
Quelle est la mesure de l'angle au centre ?
Calcule la mesure de chacun des angles qui interceptent les arcs de longueur :
$\frac{9\pi}{10}$; $\frac{3\pi}{2}$; $\frac{21\pi}{10}$.

7 En utilisant uniquement le compas et la règle graduée, explique comment tu peux ranger (dans l'ordre croissant), les mesures des angles $\widehat{AOB}$, $\widehat{BOC}$, $\widehat{COF}$ et $\widehat{FOG}$ de la figure ci-dessous.

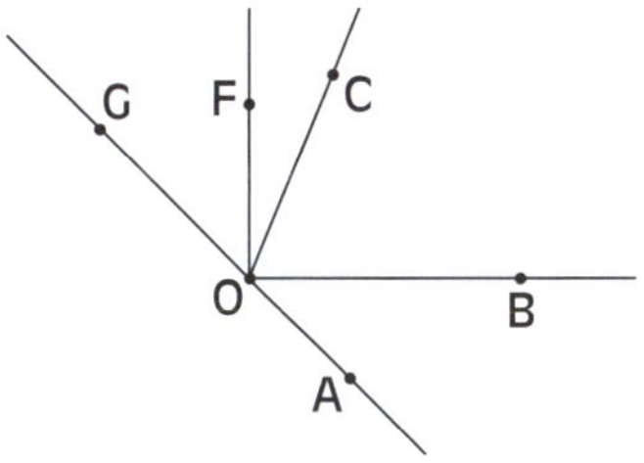

8 $(\mathscr{C})$ est un cercle de centre O.
A, B et H sont trois points du cercle $(\mathscr{C})$ tels que les arcs $\overset{\frown}{AB}$ et $\overset{\frown}{BH}$ ont la même longueur.
Quelle est la nature du triangle ABH ?

9 A, B et P sont trois points d'un cercle $(\mathscr{C})$ tels que les arcs $\overset{\frown}{AB}$, $\overset{\frown}{BP}$ et $\overset{\frown}{PA}$ ont la même longueur.
Quelle est la nature du triangle ABP ?

10 EFG est un triangle équilatéral inscrit dans un cercle $(\mathscr{C})$.
Justifie que les arcs $\overset{\frown}{EF}$, $\overset{\frown}{FG}$ et $\overset{\frown}{PA}$ ont la même longueur.

11 ABC est un triangle équilatéral inscrit dans un cercle $(\mathscr{C})$ de centre O et de rayon 5 cm.
Quelle est la longueur de chacun des arcs $\overset{\frown}{AB}$, $\overset{\frown}{BC}$ et $\overset{\frown}{CA}$?

2 POLYGONES RÉGULIERS

12 A, B, E, F et G sont cinq points d'un cercle $(\mathscr{C})$ tel que les arcs $\overset{\frown}{AB}$, $\overset{\frown}{BE}$, $\overset{\frown}{EF}$, $\overset{\frown}{FG}$ et $\overset{\frown}{GA}$ ont la même longueur.
Quelle est la nature du polygone ABEFG ?

13 ABCD est un carré inscrit dans un cercle de centre O.
Quelle est la mesure de l'angle au centre $\widehat{AOB}$?

EXERCICES

14 Construis un carré inscrit dans un cercle de rayon 3 cm.

15 Construis un pentagone régulier inscrit dans un cercle de rayon 3 cm.

16 Construis un hexagone régulier inscrit dans un cercle de rayon 3 cm.

17 Construis un octogone régulier inscrit dans un cercle de rayon 3 cm.

18 Construis un décagone régulier inscrit dans un cercle de rayon 3 cm.

19 Construis un dodécagone régulier inscrit dans un cercle de rayon 3 cm.

APPROFONDISSEMENT

20 $(\mathscr{C})$ est un cercle de centre O.
A et B sont deux points de $(\mathscr{C})$ tels que la longueur de l'arc $\overset{\frown}{AB}$ est 1,57 cm. Cette longueur est égale à $\frac{1}{16}$ du périmètre de $(\mathscr{C})$.
Calcule le rayon du cercle $(\mathscr{C})$ ($\pi \approx 3{,}14$).
Quelle est la mesure de l'angle au centre qui intercepte $\overset{\frown}{AB}$?

21 $(\mathscr{C})$ est un cercle de centre O.
A et B sont deux points de $(\mathscr{C})$ tels que la longueur de l'arc $\overset{\frown}{AB}$ est 3,14 cm. Cette longueur est égale à $\frac{1}{8}$ du périmètre de $(\mathscr{C})$.
Calcule le rayon du cercle $(\mathscr{C})$ ($\pi \approx 3{,}14$).
Quelle est la mesure de l'angle au centre qui intercepte $\overset{\frown}{AB}$?

22 $(\mathscr{C}_1)$ et $(\mathscr{C}_2)$ sont deux cercles de centre O tels que le rayon de $(\mathscr{C}_2)$ est le double du rayon de $(\mathscr{C}_1)$.
Un angle au centre de mesure 45° intercepte l'arc $\overset{\frown}{AB}$ sur le cercle $(\mathscr{C}_1)$ et l'arc $\overset{\frown}{EF}$ sur le cercle $(\mathscr{C}_2)$.
Compare les longueurs des arcs $\overset{\frown}{AB}$ et $\overset{\frown}{EF}$.

RECHERCHE

23 On donne un cercle de rayon 3 cm.
Colorie un arc de 6,28 cm de longueur sur ce cercle ($\pi \approx 3{,}14$).

24 On désigne par [AB] le bord de la scène d'un théâtre situé du côté des spectateurs.
La longueur de [AB] est 10 m.

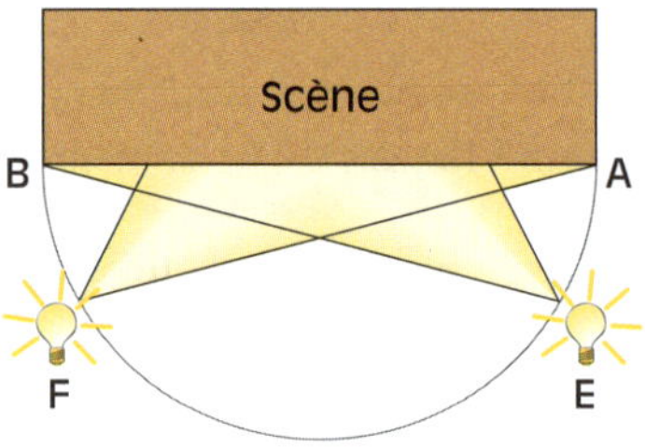

On veut éclairer la scène de ce théâtre par deux projecteurs positionnés en E et F sur un demi-cercle de diamètre [AB], de telle façon que les longueurs de chacun des arcs $\overset{\frown}{AE}$ et $\overset{\frown}{BF}$ soient égales à 3,14 m.
Calcule la longueur de l'arc $\overset{\frown}{EF}$, puis la mesure de l'angle au centre interceptant cet arc.

25 Pour retenir 7 boîtes cylindriques, on dispose d'une ficelle de 1,25 m. Chaque boîte a pour base un disque de 15 cm de diamètre.
Cette ficelle pourra-t-elle entourer les boîtes comme l'indique la figure ci-dessous ?

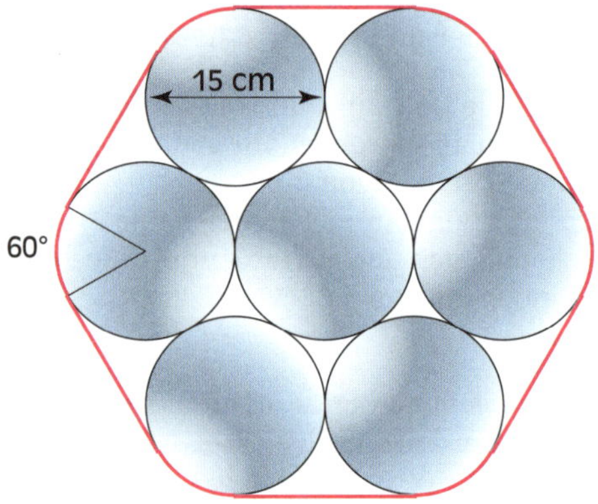

8 Solides de l'espace

Que de formes variées dans la nature !

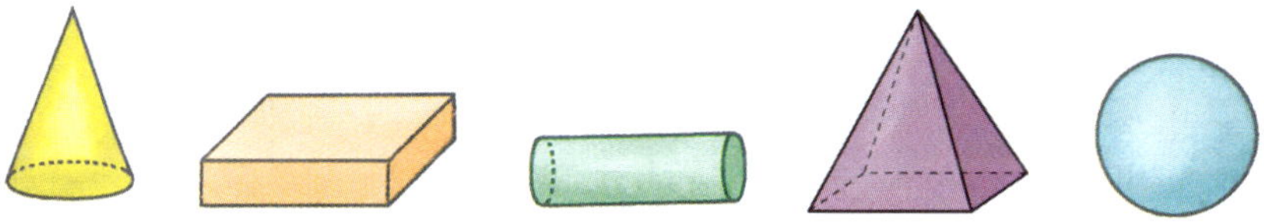

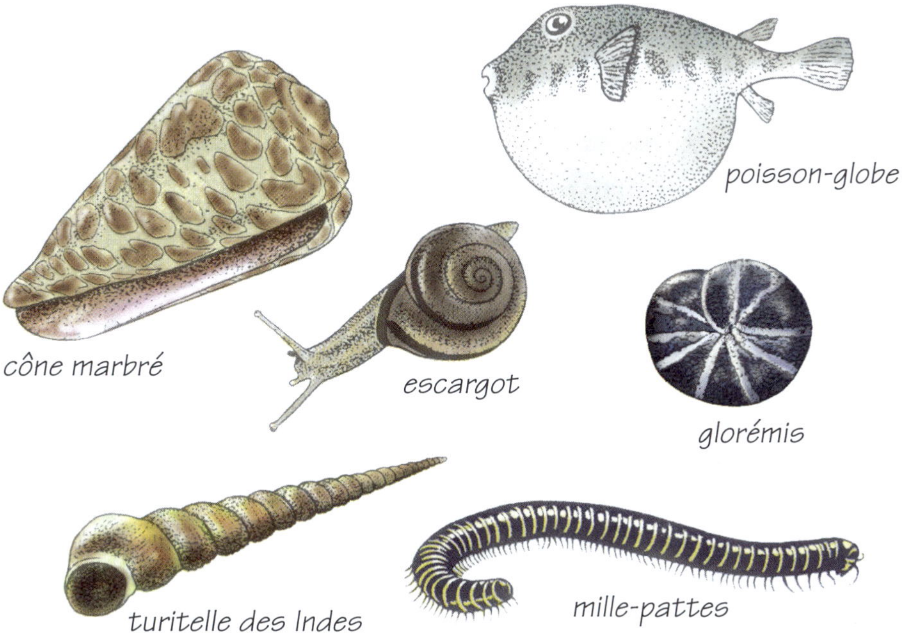

SOMMAIRE

1 Prismes et pyramides

1.1 PRÉSENTATION DE SOLIDES

Prismes droits posés sur une de leurs bases	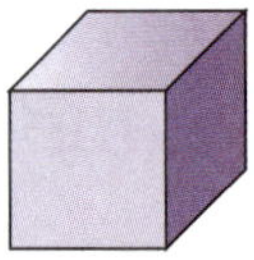	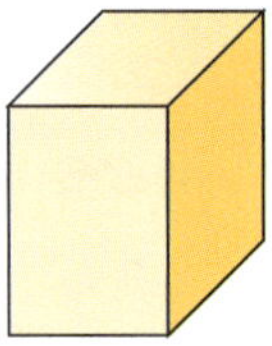	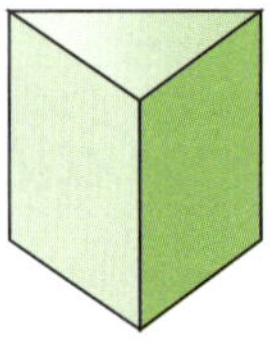	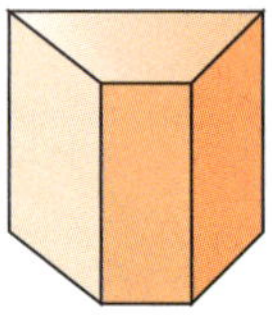
Pyramides posées sur leur base	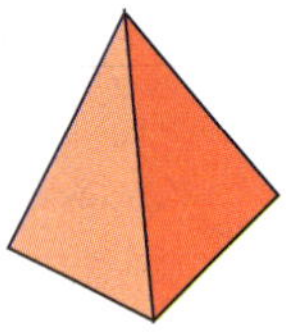	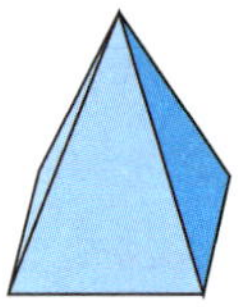	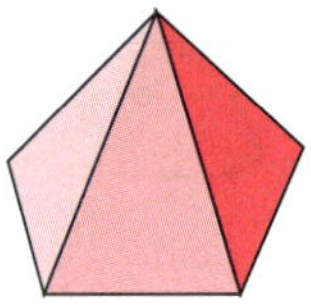	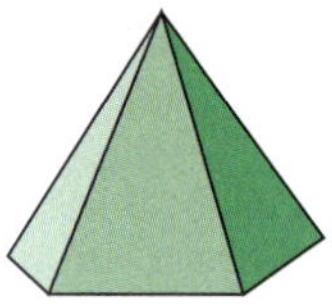

1.2 RÉALISATION DE SOLIDES

L'unité de longueur est le centimètre.

Réalisation d'un cube

Solide

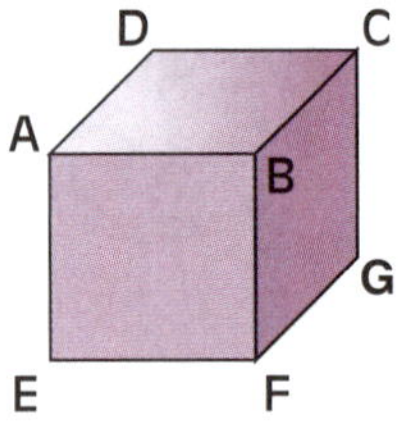

ABCDEFGH est un cube de 5 cm d'arête.

Dessin d'un patron

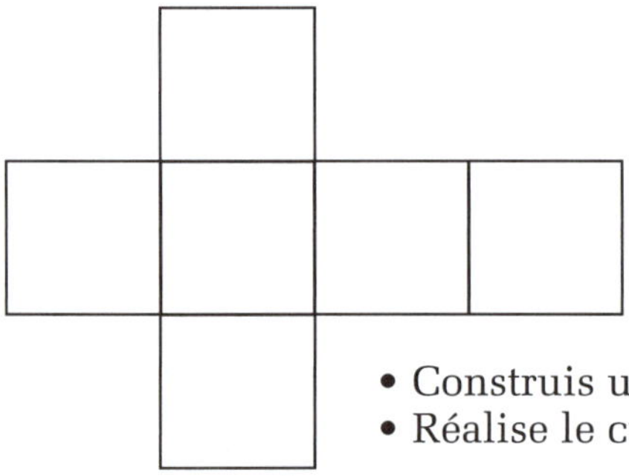

- Construis un patron.
- Réalise le cube.

Réalisation d'un prisme droit

Solide

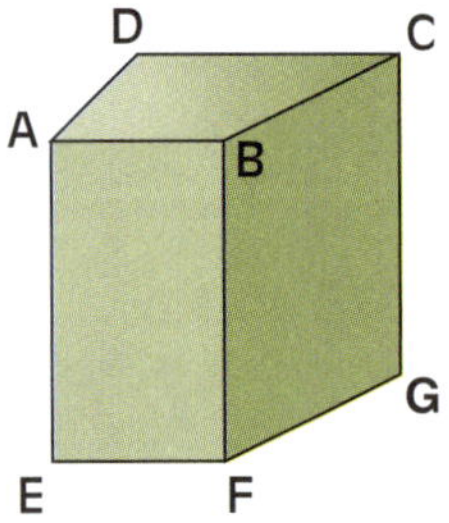

ABCDEFGH est un prisme droit de hauteur 8 cm dont une base est le trapèze rectangle dessiné à droite.

Dessin d'une base

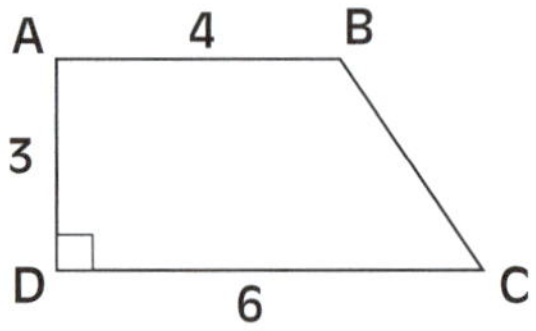

- Construis un patron.
- Réalise le prisme.

Réalisation d'une pyramide à base triangulaire

Solide

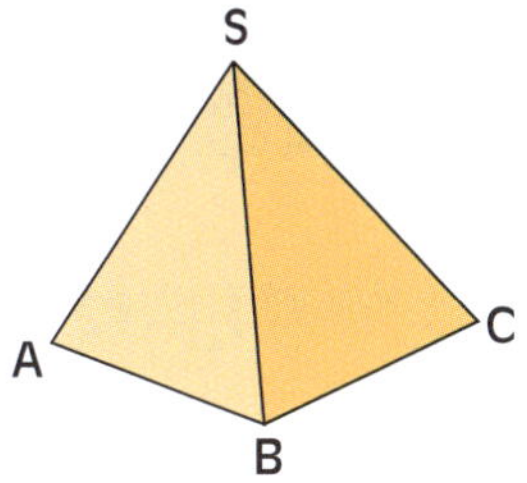

SABC est une pyramide de sommet S, de base triangulaire ABC, telle que :

SA = 5,2	AB = 2
SB = 4,8	BC = 3
SC = 5,5	CA = 3,4

Dessin d'un patron

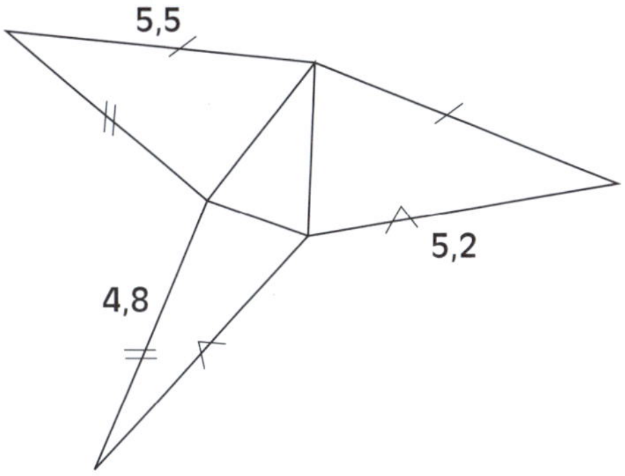

- Construis un patron.
- Réalise cette pyramide.

EXERCICES

1.a Un pavé droit a pour dimensions 3 cm, 4 cm, 6 cm.
Construis un patron et réalise le solide.

1.b Un prisme droit a pour hauteur 6 cm et pour bases des triangles de côtés : 2,5 cm ; 3,5 cm et 4 cm.
Construis un patron et réalise le solide.

1.c L'unité de longueur est le cm. SABCD est une pyramide de sommet S, dont la base est un parallélogramme ABCD et telle que :
SA = 3,4 ; SB = 3 ; SC = 2,5 ; SD = 3 ; AB = 3 ; BC = 1,8.

Code cette esquisse.

Reporte les dimensions du solide sur l'esquisse du patron.

Construis un patron et réalise cette pyramide.

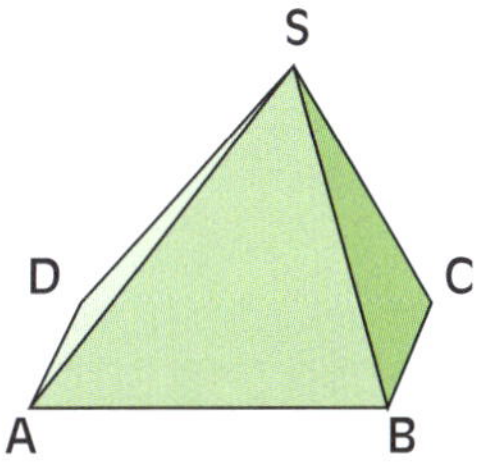

Solide

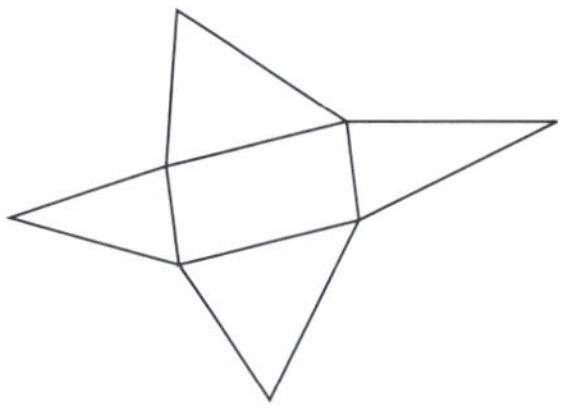

Dessin d'un patron

2 Représentation d'un objet de l'espace

2.1 COMMENT REPRÉSENTER DANS LE PLAN UN OBJET DE L'ESPACE

Observation d'une salle de classe

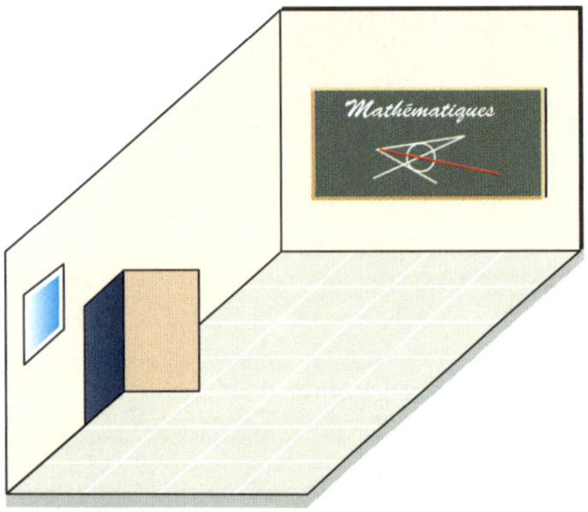

Ce dessin est celui d'un coin d'une salle de classe, effectué par l'architecte qui a conçu les plans de ton collège.

Les maçons, qui l'ont construit, ont respecté les règles suivantes :

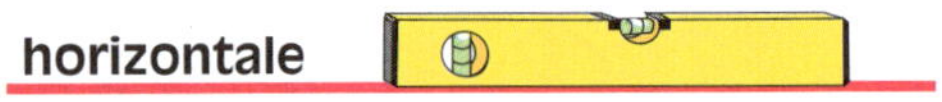

– le sol et le plafond sont horizontaux, grâce à l'utilisation du niveau à bulle ;

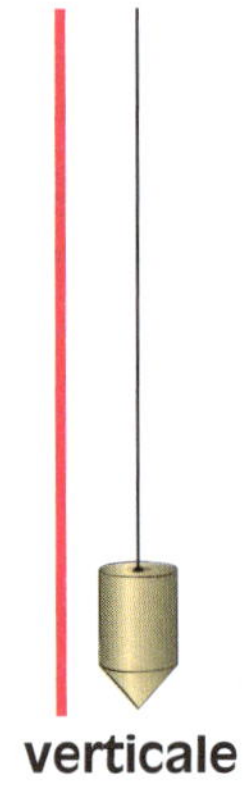

– les murs sont verticaux, grâce à l'utilisation du fil à plomb ;

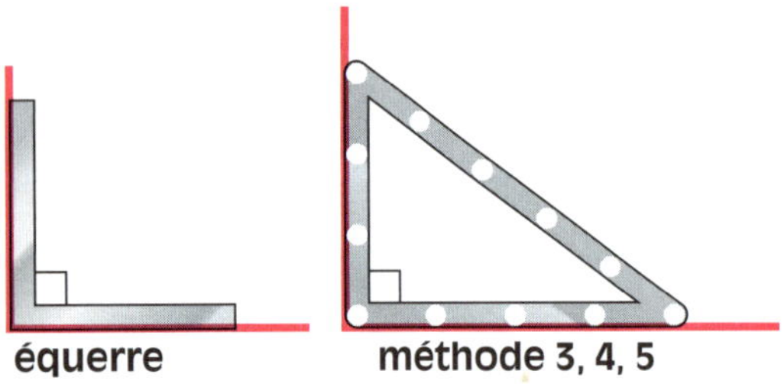

– la porte, le tableau, le plafond, le sol et les murs sont rectangulaires, grâce à l'utilisation d'équerres ou de procédés tels que la méthode « 3, 4, 5 ».
(Réciproque de la propriété de Pythagore)

Tu peux constater, sur le dessin de ta salle de classe, que :

– le mur de face est représenté par un rectangle ; cite d'autres objets représentés par des rectangles ;

– le mur de gauche est représenté par un parallélogramme ; cite d'autres objets représentés par des parallélogrammes.

• Pourquoi la porte est-elle représentée par un rectangle ?

Règles de représentation en perspective

La surface plane d'un mur, du plafond, du sol de la classe, du tableau ou de la feuille de papier, te donne une idée de ce que l'on appelle en mathématiques : **un plan**.

Il existe plusieurs méthodes pour représenter les objets de l'espace dans un plan. Nous allons aborder celle utilisée en dessin industriel. Dans un premier temps, nous nous limiterons à utiliser les trois règles suivantes :

RÈGLES DE LA PERSPECTIVE

R1 **Des arêtes à supports parallèles sur l'objet sont représentées par des segments de supports parallèles sur le dessin.**

R2 **Toute face de l'objet, située dans un plan vertical de face, est dessinée sans déformation.**

R3 **Des arêtes « cachées » sont représentées par des traits en pointillés.**

2.2 REPRÉSENTATION EN PERSPECTIVE D'UN SOLIDE

Représentation en perspective d'un cube

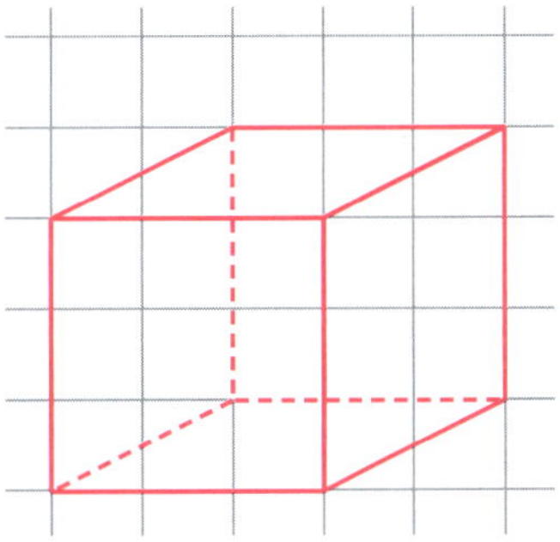

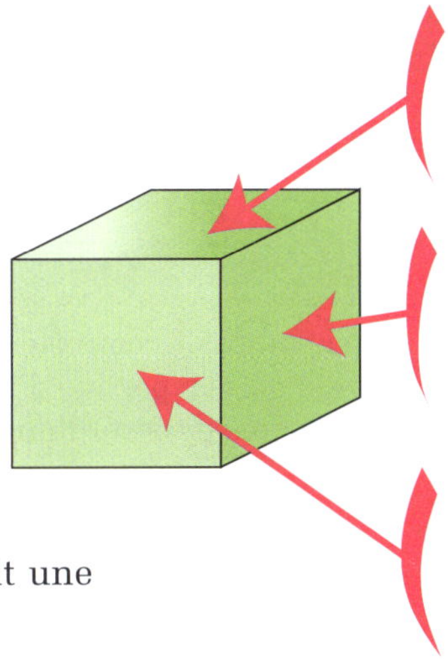

Pour faciliter sa représentation, on choisit une face du cube pour **plan vertical de face.**

EXERCICES

2.a Reproduis le dessin ci-contre et complète-le pour obtenir la représentation en perspective d'un cube.

2.b Représente en perspective un pavé droit.

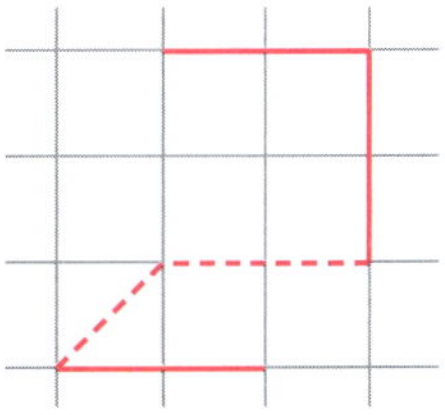

Représentation en perspective d'un prisme

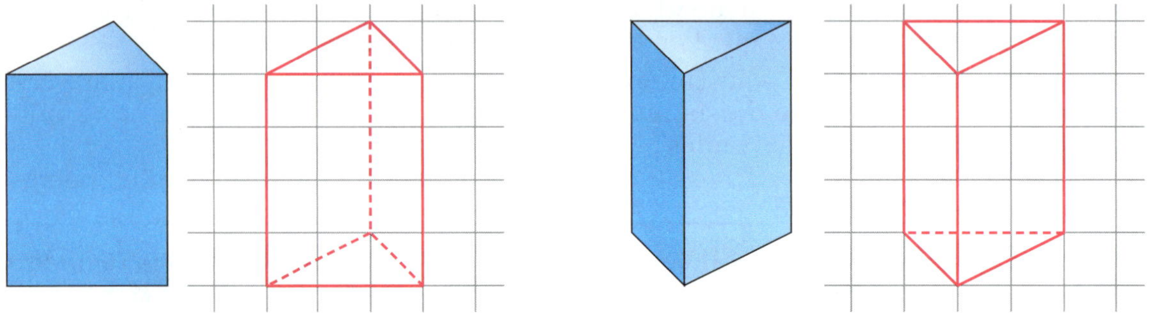

Représentation en perspective d'une pyramide

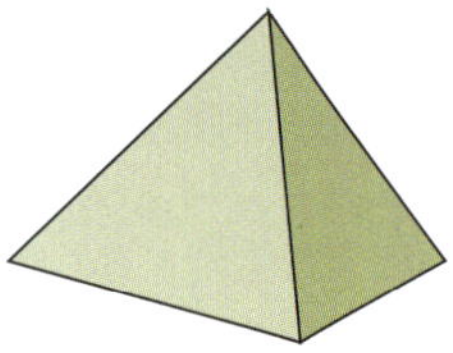

Pyramide
à base triangulaire

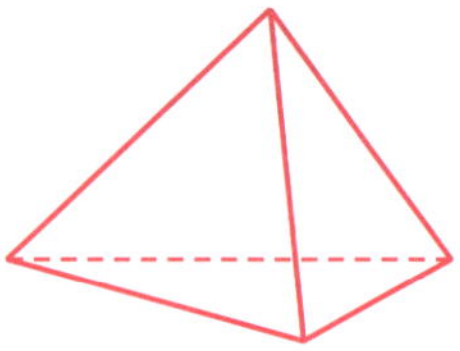

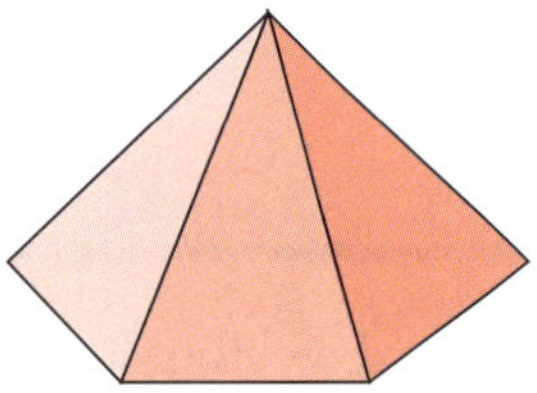

Pyramide
à base trapézoïdale

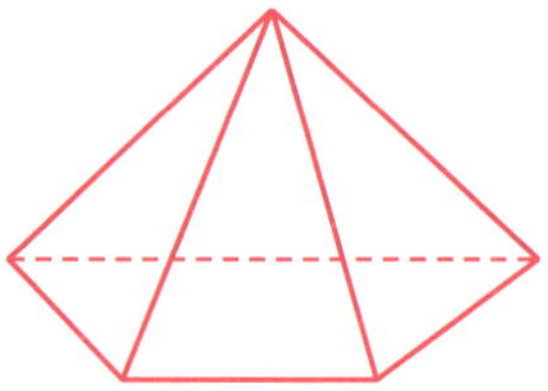

EXERCICES

2.c Reproduis le dessin ci-contre et complète-le pour obtenir la représentation en perspective d'un prisme droit à bases triangulaires posé sur l'une de ses faces latérales.

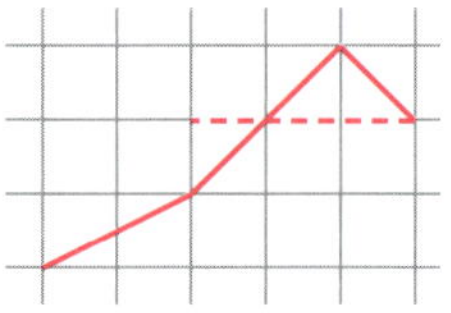

2.d Reproduis le dessin ci-contre et complète-le pour obtenir la représentation en perspective d'un prisme droit posé sur l'une de ses faces latérales et dont une base est représentée ci-contre.

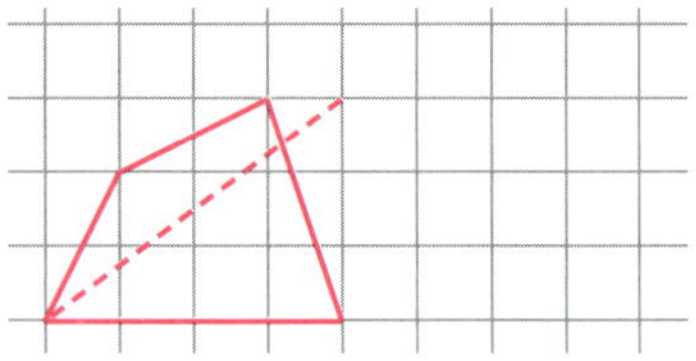

2.e Reproduis cette ébauche et complète-la pour obtenir la représentation en perspective d'une pyramide à base carrée posée sur sa base.

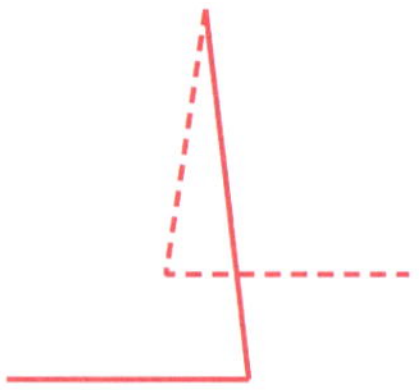

2.3 REPRÉSENTATION EN PERSPECTIVE CAVALIÈRE

Activité

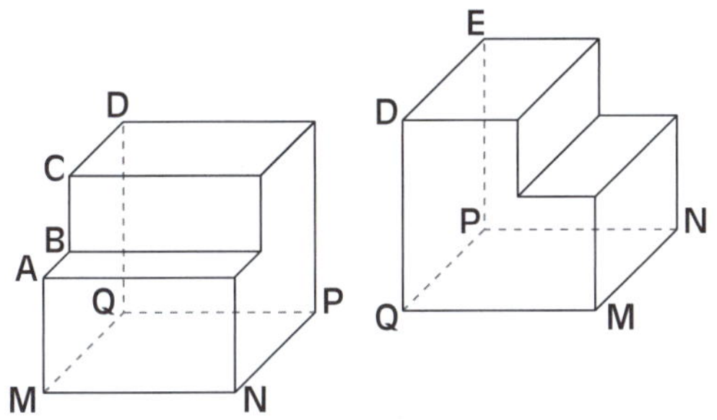

Voici deux dessins représentant en perspective, à l'échelle $\frac{1}{10}$, le même solide suivant deux plans verticaux de face différents.

- Détermine les longueurs réelles des arêtes [AB], [BC], [CD], [DE].
- Quelle est la nature du quadrilatère MNPQ ?

La perspective cavalière

Les règles de la **perspective cavalière** sont celles de la perspective complétées par deux règles supplémentaires. Ainsi la représentation en perspective cavalière permet de relever un maximum de dimensions du solide sur une seule représentation.

RÈGLES DE LA PERSPECTIVE CAVALIÈRE

R1 **R2** **R3**

R4 **Les arêtes de l'objet, à supports perpendiculaires au plan vertical de face, sont représentées par des segments à supports parallèles faisant un angle de mesure fixée *a* avec la représentation de l'horizontale sur le dessin.**

(*a* est appelé : **l'inclinaison des fuyantes sur l'horizontale.**)

R5 **Les longueurs des segments du dessin, représentant les arêtes de l'objet ayant des supports perpendiculaires au plan vertical de face, sont multipliées par un coefficient *c* plus petit que 1.**

(*c* est appelé : **coefficient de réduction.**)

Représentation en perspective cavalière d'un cube

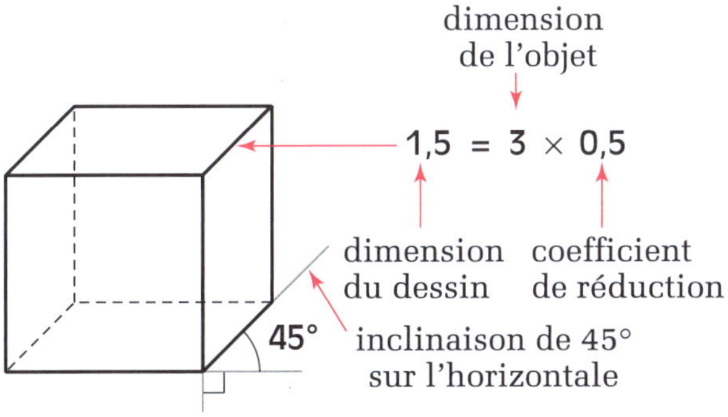

Représentation d'un cube d'arête 3 cm, avec les conventions suivantes pour la perspective cavalière :

$a = 45°$ et $c = 0,5$.

Représentation en perspective cavalière d'un pavé droit

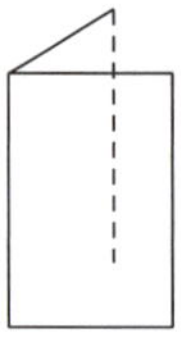

• Reproduis cette ébauche de représentation en perspective cavalière ($c = \frac{1}{2}$ et $a = 30°$) d'un pavé droit.
• Complète la représentation du solide.
• Détermine les trois dimensions du solide en mesurant sur le dessin.

EXERCICE

2.f Représente, en perspective cavalière ($c = \frac{1}{2}$ et $a = 45°$), un pavé droit de dimensions 2 cm, 4 cm, 5 cm.
Représente le même pavé droit, un autre plan vertical de face ayant été choisi.

3 Solides de révolution

3.1 LA BOULE, LE CYLINDRE, LE CÔNE

La boule

Fabrication d'un dispositif expérimental :

• Réalise dans une feuille cartonnée un disque de centre A et de rayon 3 cm.
• Colorie ce disque en bleu et trace un diamètre *(figure 1)*.
• Colle sur le disque, suivant le diamètre tracé, une brindille rigide et rectiligne *(figure 2)*.

figure 1

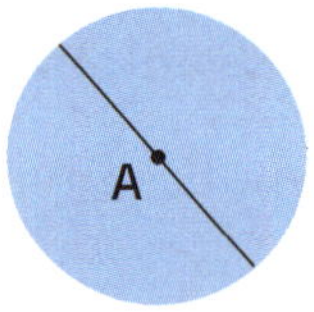

figure 2

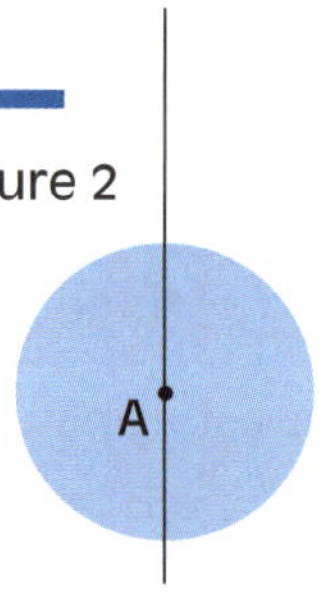

Utilisation du dispositif :

• Pose le dispositif verticalement sur la table *(figure 3)*.

• Fais tourner ce dispositif entre le pouce et l'index, comme une toupie, le plus vite possible.

Tu as l'impression de voir une boule bleue !

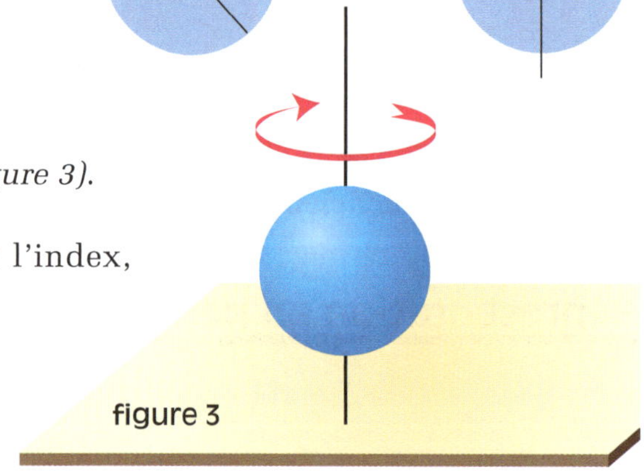

figure 3

DÉFINITIONS

On appelle sphère de centre A et de rayon r, l'ensemble des points M de l'espace tels que $AM = r$.

On appelle boule de centre A et de rayon r, l'ensemble des points M de l'espace tels que $AM < r$ ou $AM = r$.

Le cylindre

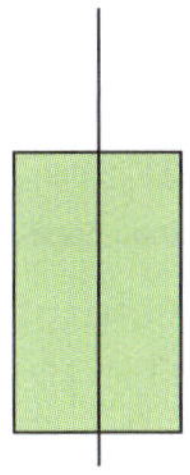

• Dans le dispositif de l'expérience précédente, remplace le disque par un rectangle et réalise la même manipulation.

Le solide que tu as l'impression de voir est un **cylindre**.

Le cône

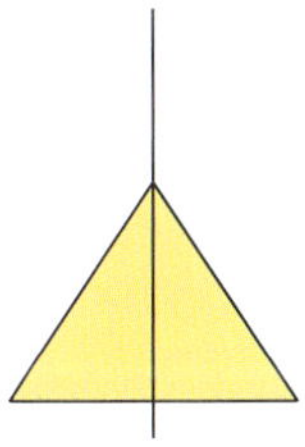

• Dans le dispositif de l'expérience précédente, remplace le rectangle par un triangle isocèle et réalise la même manipulation.

Le solide que tu as l'impression de voir est un **cône**.

REMARQUE

La boule, le cylindre droit, le cône sont des solides obtenus en faisant tourner autour d'un axe de symétrie respectivement un disque, un rectangle, un triangle isocèle.

Ce sont des solides de révolution.

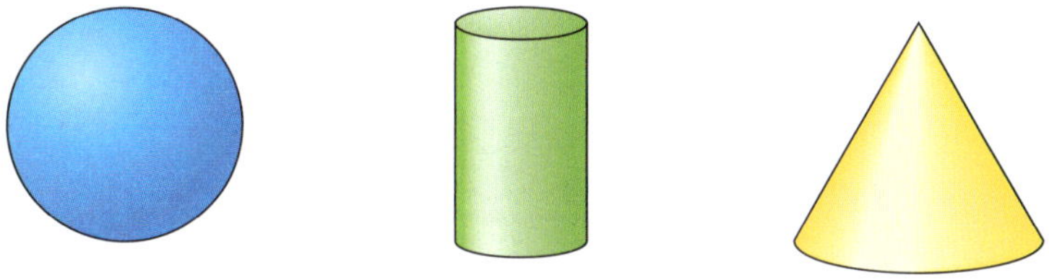

3.2 REPRÉSENTATIONS DANS LE PLAN

• De ces trois dessins, lequel te paraît le mieux représenter une sphère ?

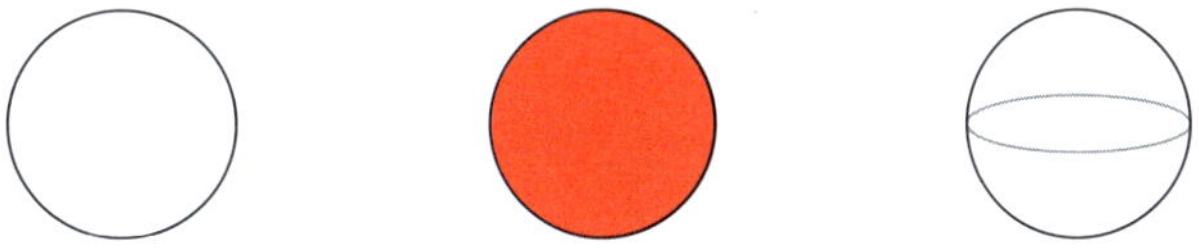

• De ces trois dessins, lequel te paraît le mieux représenter un cylindre droit ?

• De ces trois dessins, lequel te paraît le mieux représenter un cône ?

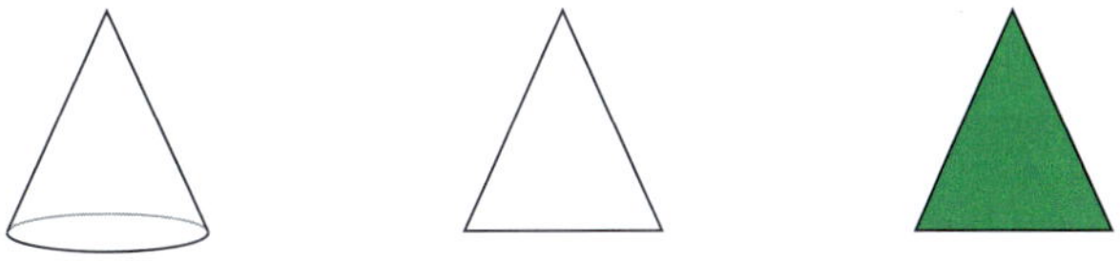

3.3 RÉALISATION D'UN CÔNE

Vocabulaire

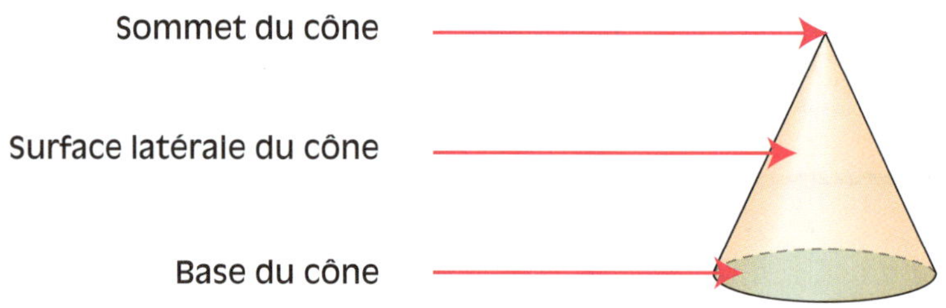

Activité : Réalisation d'un patron de cône

Sur une feuille :

- trace un cercle de centre S et deux rayons de ce cercle ;
- découpe le disque puis les deux parties (I) et (II) *(figure 1)* ;
- colle avec du ruban adhésif les rayons bord à bord *(figure 2)*.

Tu obtiens les surfaces latérales de deux cônes.

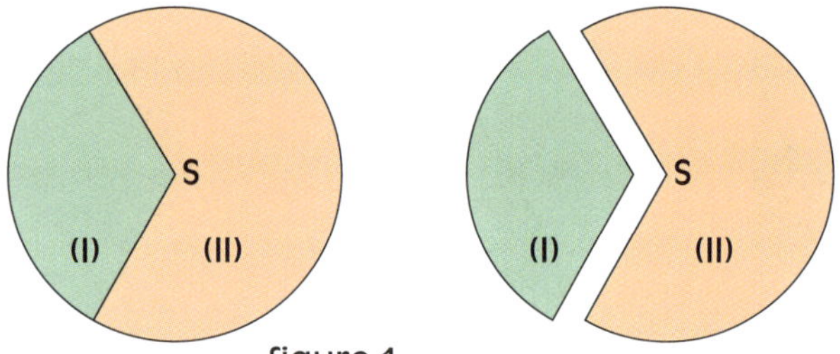

figure 1

figure 2

Pour obtenir des patrons de cônes, il reste à construire leurs bases. Sur une feuille :

- trace les cercles que matérialisent les bords inférieurs de tes deux cônes incomplets *(figure 3)* ;
- découpe les deux disques correspondants qui sont les bases des deux cônes dont tu as construit les patrons *(figure 4)*.

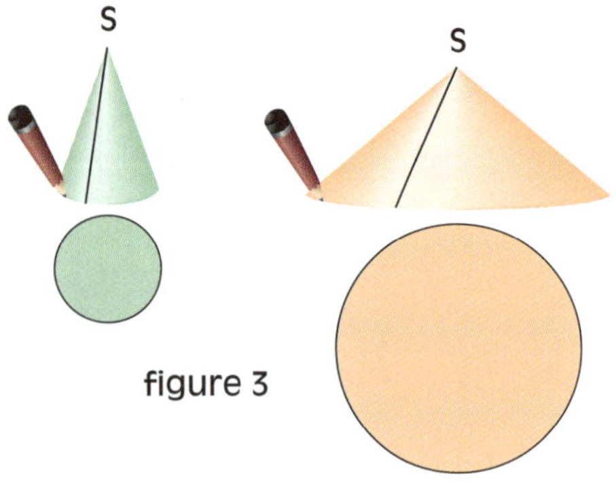

figure 3

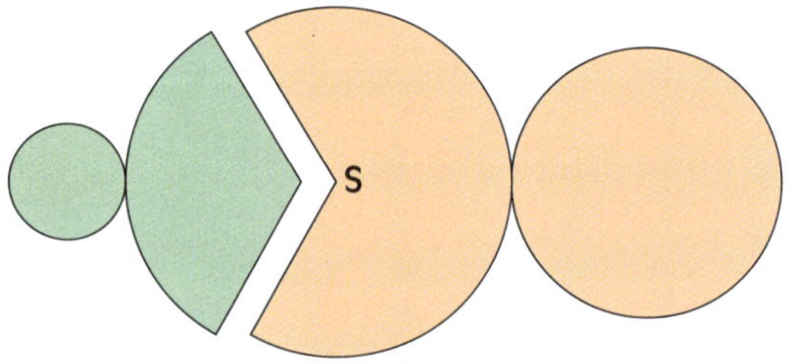

figure 4

Activité : réalisation d'un chapeau pointu

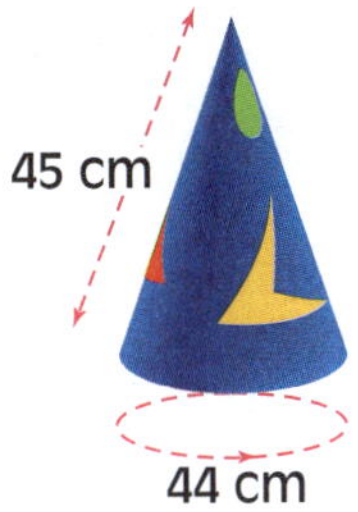

Pour le premier anniversaire de son bébé, Aminata veut lui confectionner un chapeau pointu de forme conique, le tour de tête de la fillette étant de 44 cm.

Sur une grande feuille rigide, Aminata trace un cercle de centre A et de rayon 45 cm et se pose la question :

« Quelle doit être la mesure de l'angle $\widehat{A}$ pour que l'arc $\overset{\frown}{BC}$ mesure 44 cm, tour de tête du bébé ? »

- Résous ce problème, puis réalise toi-même le chapeau ($\pi \approx \frac{22}{7}$).

Pour cela :

- découpe la portion de disque correspondant à l'angle $\widehat{A}$ trouvé ;
- colle avec un ruban adhésif [AB] et [AC], bord à bord.

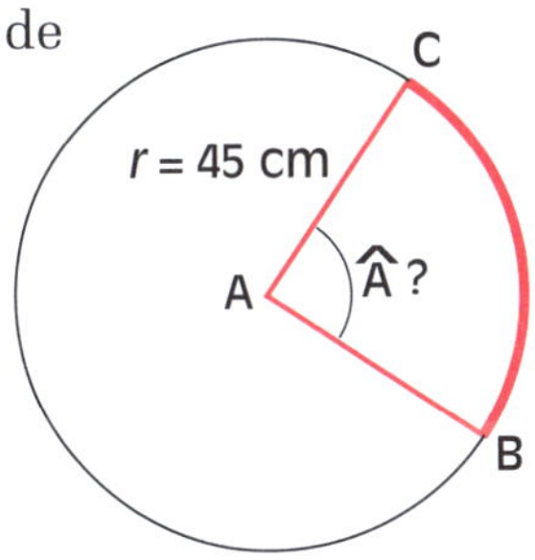

4 Volumes et aires

	Dessins de solides	Volumes	Aires
PRISMES et CYLINDRE	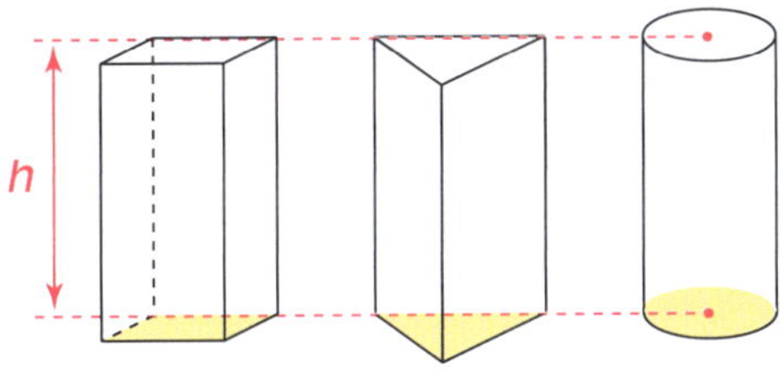	$\mathcal{V} = \mathcal{B}\, h$ $\mathcal{V}$: volume $\mathcal{B}$: aire d'une base h : hauteur	$\mathcal{A} = \mathcal{P}\, h$ $\mathcal{A}$: aire latérale $\mathcal{P}$: périmètre d'une base h : hauteur
SPHÈRE et BOULE	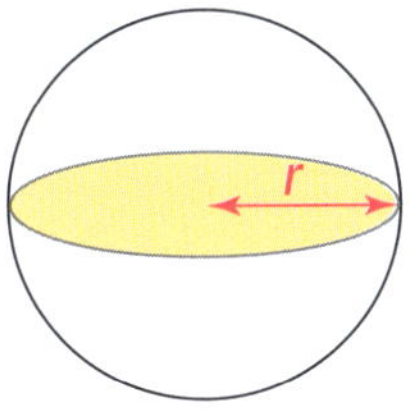	$\mathcal{V} = \dfrac{4\pi r^3}{3}$ $\mathcal{V}$: volume r : rayon	$\mathcal{A} = 4\pi r^2$ $\mathcal{A}$: aire r : rayon

EXERCICE

4.a Calcule l'aire d'une balle de diamètre 21 cm.
(On prendra comme valeur approchée de π : $\frac{22}{7}$.)

On immerge complètement cette balle dans un seau plein d'eau. Quel volume d'eau déborde du seau ?

EXERCICES

ENTRAÎNEMENT

1 PRISMES ET PYRAMIDES

1 a) Cite des objets de ton environnement qui n'admettent pas de face plane.
b) Cite des objets ayant au moins deux faces planes.

2 Voici une représentation d'un prisme droit. Dessine un patron de ce prisme.

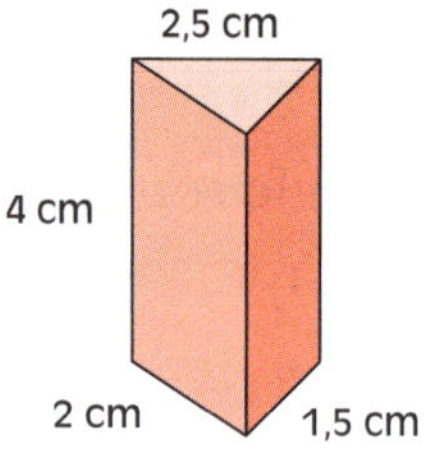

3 La figure ci-contre est une ébauche d'un patron d'une pyramide SABC à base triangulaire ABC (échelle : $\frac{1}{4}$).
a) À partir de cette ébauche, construis un patron de la pyramide SABC.
b) Réalise la pyramide.

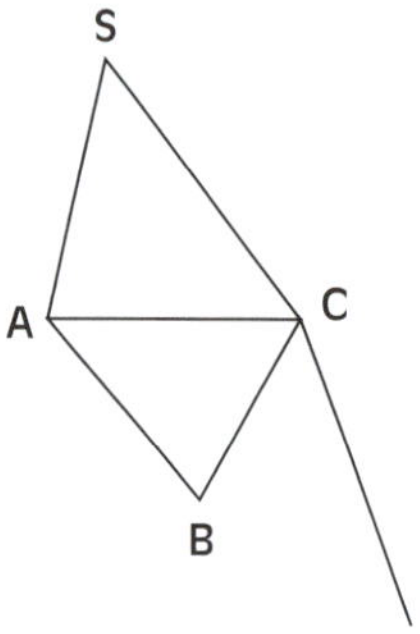

4 Dans le tableau suivant, c désigne le nombre de côtés de la base d'une pyramide, f le nombre de ses faces, s le nombre de ses sommets et a le nombre de ses arêtes.
Recopie et complète le tableau suivant :

c	3	4	5	n
f				
s				
a				

5 Réalise un patron d'une pyramide SABC telle que : ABC est rectangle en A,
BSC est rectangle en B,
BSA est rectangle en B.
D'après ta construction, que peux-tu dire du triangle ACS ?

6 Réalise avec 6 allumettes (de même longueur) un objet de l'espace constitué de 4 triangles équilatéraux. Qu'obtiens-tu ?

6 allumettes

un triangle équilatéral

2 REPRÉSENTATION D'UN OBJET DE L'ESPACE

7 Ce cube porte sur trois de ses faces un motif, comme l'indique la représentation ci-contre. Les trois autres faces ne portent aucun motif.

a) Parmi les dessins ci-dessous, quels sont ceux qui peuvent représenter ce cube ?

b) Vérifie tes réponses en dessinant ces motifs sur un cube que tu as réalisé.

8 On assemble trois cubes de mêmes dimensions, comme l'indique la figure ci-contre.

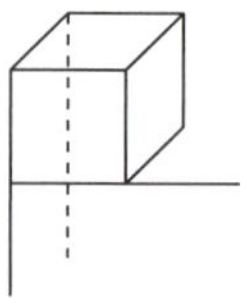

a) Reproduis et complète la représentation en perspective du solide.

On choisit un autre plan vertical de face.

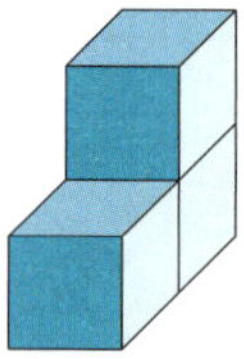

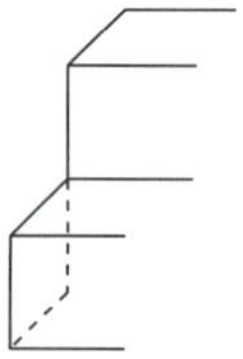

b) Reproduis et complète la représentation en perspective du solide.

EXERCICES

9 Pour décorer une boîte, on se propose de recouvrir sa face supérieure par le motif ci-dessous. Représente cette boîte décorée.

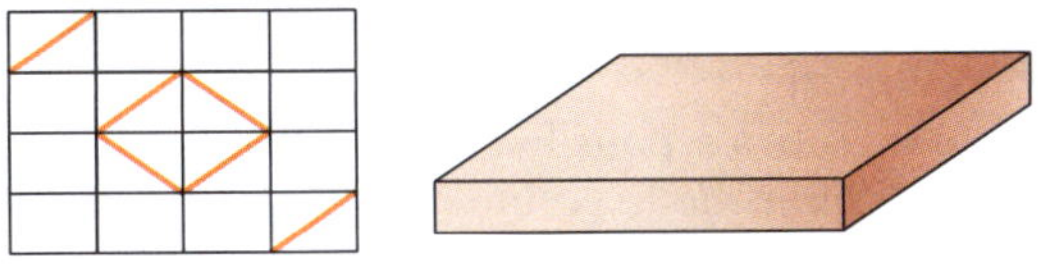

Motif — Boîte

10 Voici la représentation en perspective cavalière ($c = 1/2$, $a = 30°$) d'un prisme droit dont la base est un trapèze rectangle.

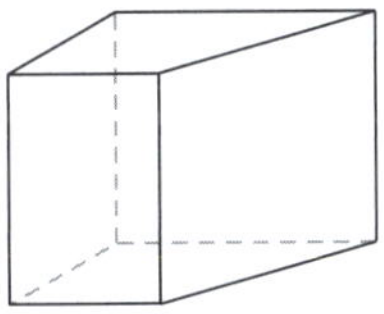

Représente le même solide en perspective cavalière ($c = 1/2$, $a = 45°$) en choisissant le même plan vertical de face.

11 L'unité de longueur est le cm.
Un pavé droit ABCDEFGH est tel que :

$AB = 2, \quad BC = 3, \quad AE = 4.$

a) Représente ce pavé en perspective cavalière (tu choisiras un coefficient de réduction et un angle pour les fuyantes).
b) Représente en vraie grandeur une diagonale du rectangle ABCD puis le segment [EC].

3 SOLIDES DE RÉVOLUTION

12 La figure suivante est-elle un patron de cône ?

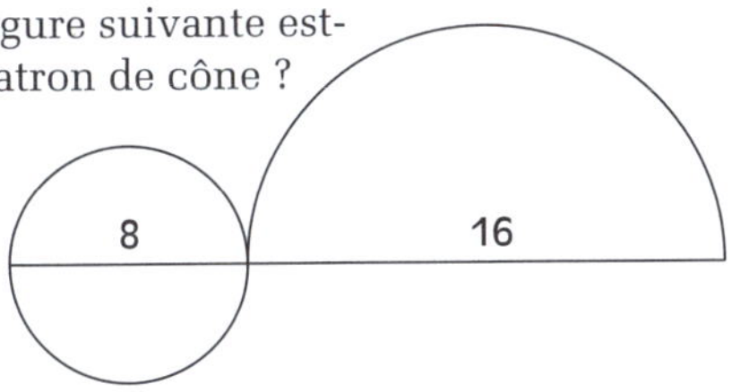

13 On découpe, comme l'indique la figure, un quart d'un disque de rayon 6 cm. On obtient ainsi deux patrons de cônes sans leurs bases.
Quel est le rayon de la base de chacun de ces cônes ?

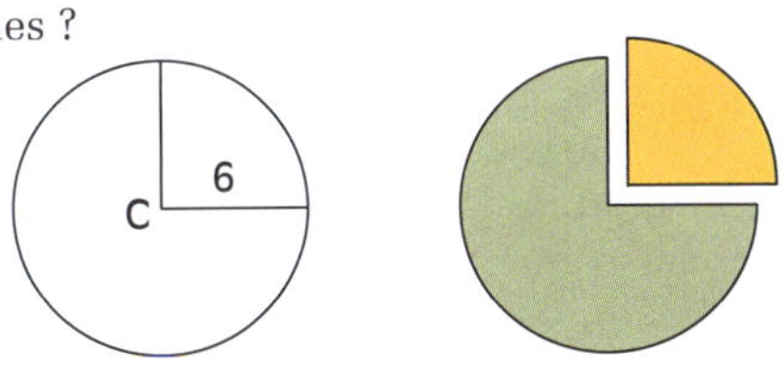

14 Réalise un cône que l'on obtiendrait en faisant tourner autour de (AB) le triangle ABC.

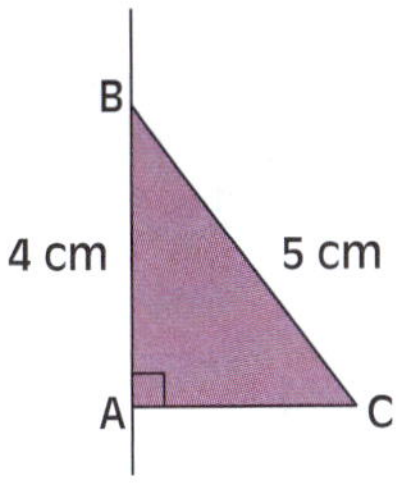

4 VOLUMES ET AIRES

15 Des trois solides ci-dessous, quel est celui qui a le plus grand volume ? la plus grande aire ?

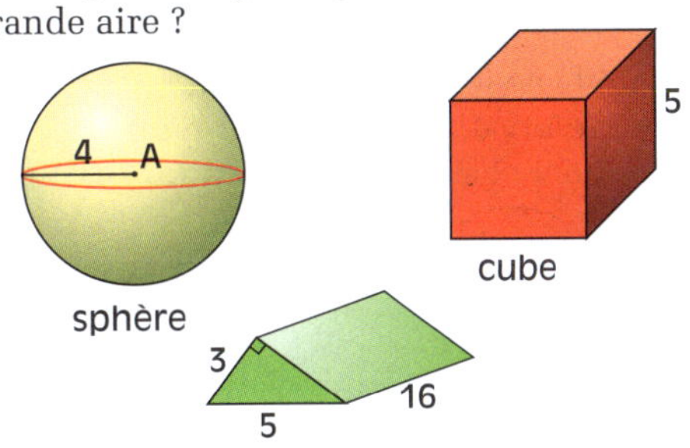

16 L'unité de longueur est le cm.
Le dessin 1 représente une demi-boule de rayon 2. Exprime l'aire du disque coloré et l'aire de la demi-sphère de même centre et de même rayon.
Le dessin 2 représente le quart de la même boule. Exprime l'aire de la surface colorée et l'aire de la partie sphérique correspondant au dessin. Que constates-tu ?

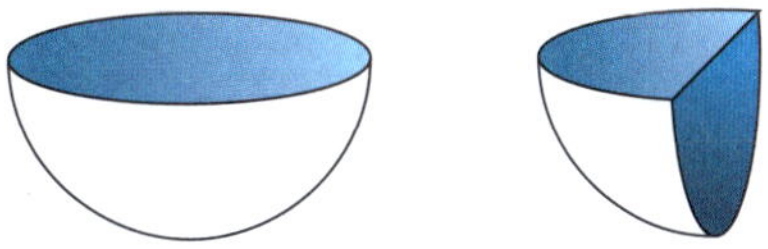

dessin 1 — dessin 2

17 ABCDEF est un prisme de même hauteur que le cylindre dans lequel il est plongé, comme le représente la figure incomplète ci-dessous. De plus, [CB] est un diamètre d'une base du cylindre.
Reproduis et complète la représentation du prisme dans le cylindre.
Quelle est la nature du triangle ABC ?

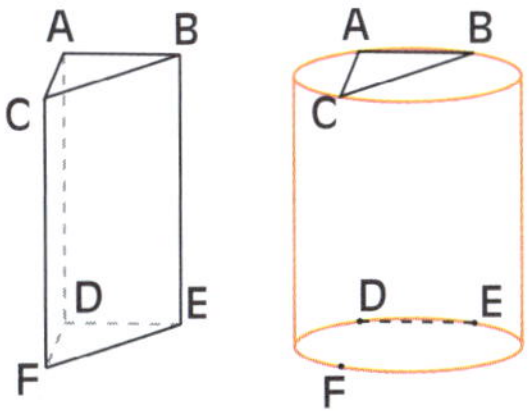

EXERCICES

L'arête [AB] est de 4 cm.
Sachant que le cylindre a pour hauteur 10 cm, pour base un cercle de diamètre 5 cm, calcule le volume du prisme.

18 Le solide ci-dessous est constitué par une demi-boule de diamètre 2 cm, collée sur un cylindre dont la base supérieure a le même centre et le même rayon que la demi-boule.
Exprime en fonction de π le volume de ce solide, sachant que la hauteur du cylindre est égale au rayon de la demi-boule.

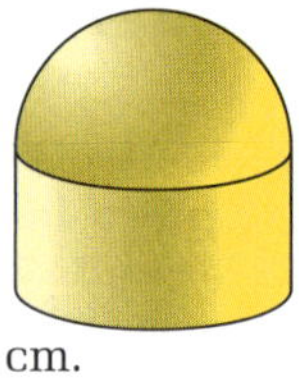

19 L'unité de longueur est le cm.
On considère une boule de rayon 3 et un cylindre dont chaque base a pour rayon 3.

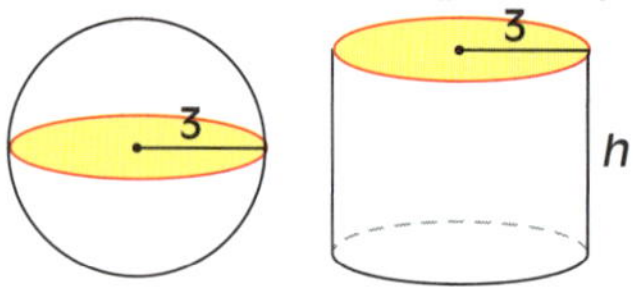

a) Quelle doit être la hauteur du cylindre pour que les deux solides aient le même volume ?
b) Quelle doit être la hauteur du cylindre, pour que l'on puisse peindre la boule avec la même quantité de peinture que celle utilisée pour peindre le cylindre ?

APPROFONDISSEMENT

20 Une sphère est telle que le nombre qui exprime son volume en cm^3 est égal au nombre qui exprime son aire en cm^2.
Quel est le rayon de cette sphère exprimé en cm ? Quel est le nombre exprimant le volume ou l'aire de cette sphère ?

21 On considère un cône et un cylindre de mêmes bases, tels que, si l'on place le cône dans le cylindre, le sommet du cône coïncide avec le centre du disque supérieur du cylindre (comme l'indique la figure (3)).

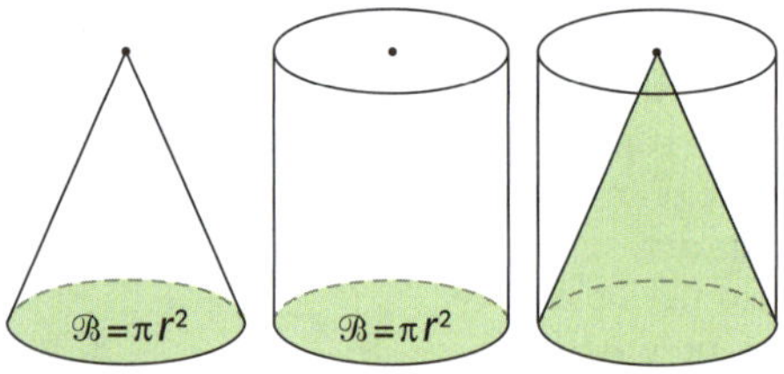

figure 1 figure 2 figure 3

À l'aide d'une éprouvette graduée, on mesure le volume d'eau nécessaire pour remplir la partie de l'espace comprise entre le cône et le cylindre. La mesure donne les $\frac{2}{3}$ du volume du cylindre.
Si le cylindre a pour hauteur h et pour aire de base $\mathcal{B}$, exprime le volume du cône.

22 a) Mamadou dit à Indi : « Ce ballon est trois fois plus gros que cette balle puisque le rayon de la balle est trois fois plus petit que celui du ballon ».
Indi sourit et dit à Mamadou : « C'est faux ! »
Indi a-t-elle raison de dire que c'est faux ?
b) Explique pourquoi.
Après que Indi ait donné ses explications, Mamadou s'exclame : « J'ai compris, le volume et l'aire de la balle sont 27 fois plus petits que ceux du ballon ! »
Indi tourne ses talons et dit : « Tu ne comprendras jamais rien aux mathématiques. »
Recopie et complète le tableau suivant :

	Balle : r	Ballon : $3r$
Aire		
Volume		

23 Deux boules sont fabriquées dans le même bloc de bois, la plus grosse des deux a une masse de 6,4 kg, la plus petite une masse de 2,7 kg. Il faut 240 grammes de peinture pour peindre la grosse boule. Combien en faut-il pour peindre la petite ?
(On considère que les masses des boules sont proportionnelles à leurs volumes, et que les masses de peinture utilisées sont proportionnelles aux aires des boules.)

24 L'unité de longueur est le cm ; l'unité de volume est le cm^3.
On considère le tube à essais représenté ci-contre.
Il est constitué d'un cylindre et d'une demi-sphère de rayon 1.
Quelle doit être la hauteur h du liquide dans le tube à essais pour que le volume de liquide soit π ?

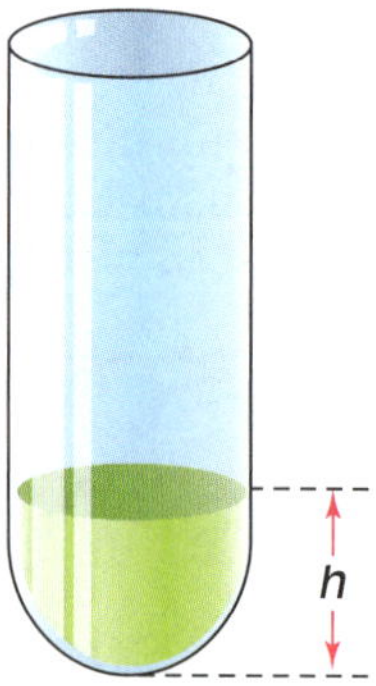

9

Droites et plans de l'espace

La grande mosquée de Djenné (Mali)

SOMMAIRE

1 Droites et plans

1.1 DÉTERMINATION D'UNE DROITE

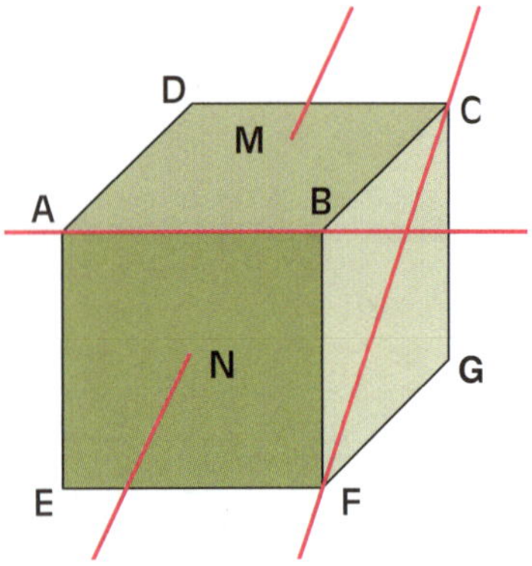

ABCDEFGH est un cube.
Une arête du cube matérialise un segment de l'espace.
Les deux points A et B déterminent dans l'espace la droite support du segment [AB] ; on note cette droite : (AB).

• Perce la face ABCD en un point M, la face ABFE en un point N.
• Vérifie à l'aide d'une brindille rigide et rectiligne, qui traverse le cube de M à N, que les deux points M et N déterminent une droite et une seule : la droite (MN).
Les deux points D et F déterminent la droite (DF).

• Cite d'autres droites déterminées par deux sommets du cube.

Dans l'espace, deux points déterminent une droite.

1.2 DÉTERMINATIONS D'UN PLAN

Représentation d'un plan

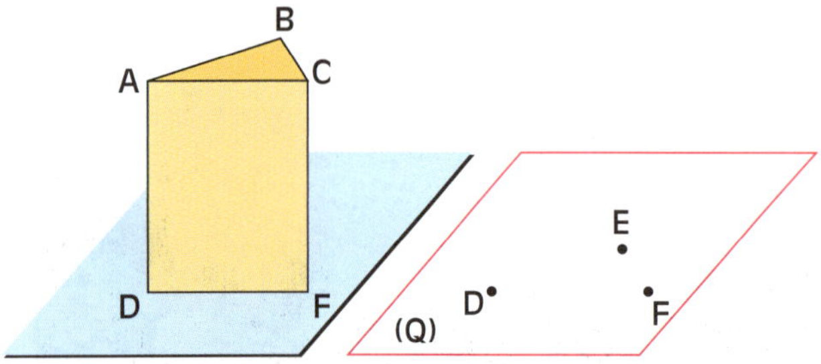

ABCDEF est un prisme à bases triangulaires.

La base, sur laquelle il est posé, matérialise le plan du triangle DEF.

On admet que les trois points non alignés D, E et F déterminent le plan de la base DEF.

On note ce plan : (DEF),
ou encore : (Q).

On convient de représenter un plan par un parallélogramme.

Droites contenues dans un plan

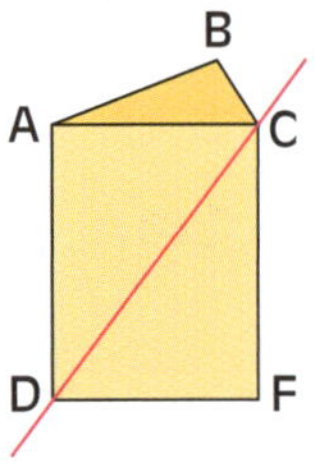

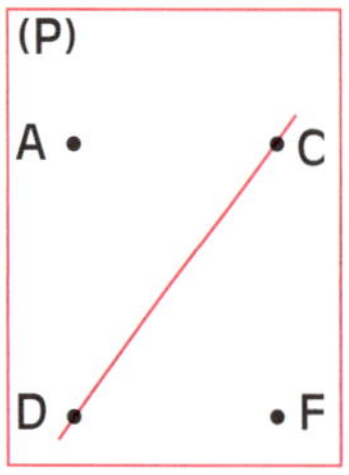

La droite qui passe par deux points d'un plan est contenue dans ce plan.

Les points C et D sont deux points du plan (P) que matérialise la face ACFD.
• Matérialise la droite (CD) à l'aide d'une règle.

Tu peux constater que chaque point de cette droite (CD) est dans le plan (P).

On dit que la droite (CD) est **contenue** dans le plan (P).

On note : (CD) ∈ (P).

La droite (DB) n'est pas contenue dans le plan (ADF) car le point B n'appartient pas à ce plan.

Droites parallèles

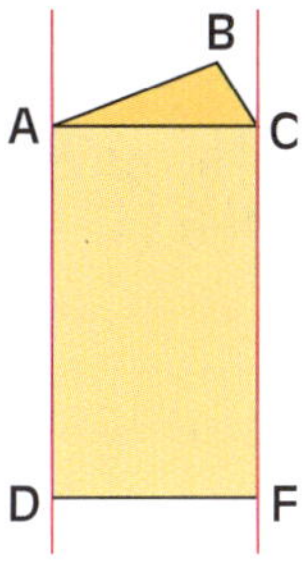

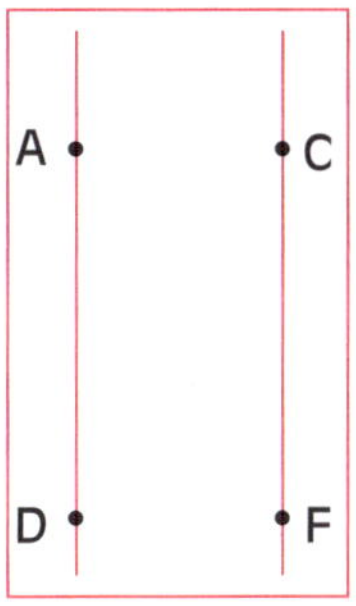

Les droites (AD) et (CF) sont deux droites parallèles dans le plan (ACD).

On dit, dans l'espace comme dans le plan, que les droites (AD) et (CF) sont **parallèles**.

On note : (AD) // (CF).

On admet que les droites parallèles (AD) et (CF) déterminent un plan et un seul : le plan (ACD).

Droites sécantes

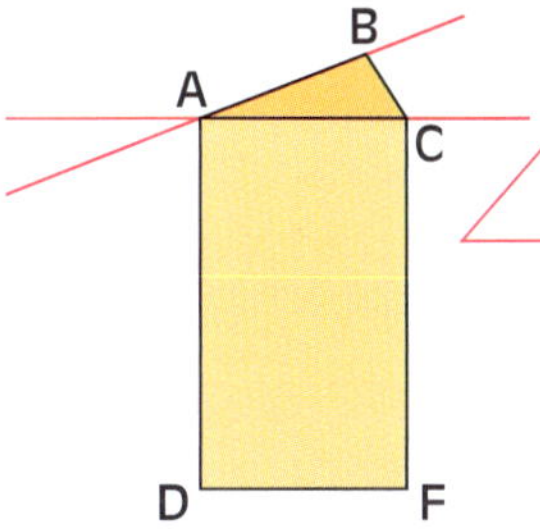

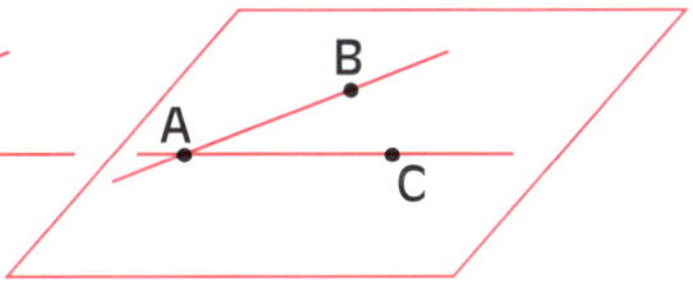

Les droites (AB) et (AC) sont deux droites sécantes en A dans le plan (ABC).

On dit, dans l'espace comme dans le plan, que les droites (AB) et (AC) sont **sécantes**.

On admet que les droites sécantes (AB) et (AC) déterminent un plan et un seul : le plan (ABC).

Plans contenant une droite

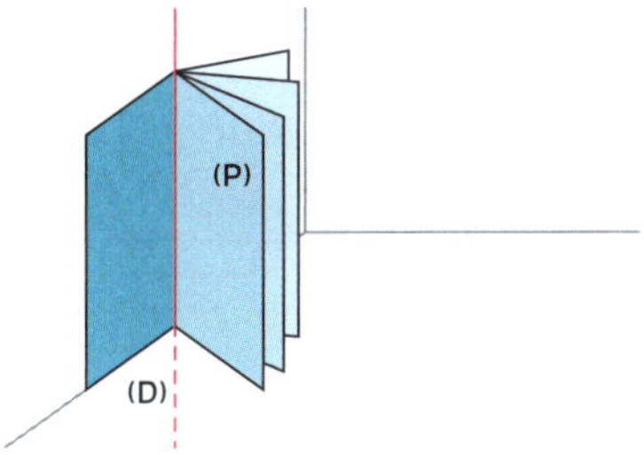

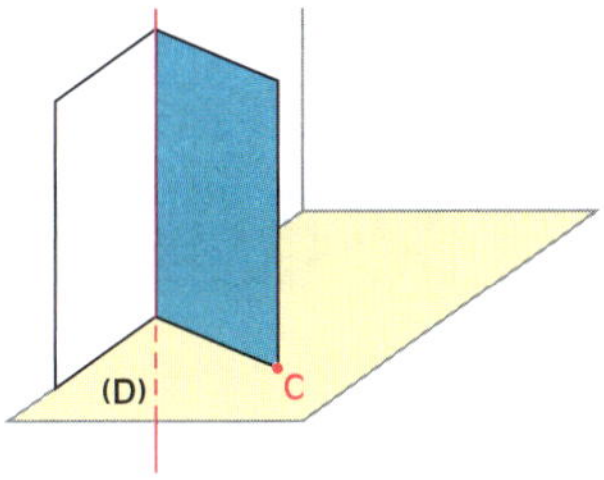

La porte de la classe, dans une position donnée, matérialise un plan (P) de l'espace.
Le bord fixé au mur par les gonds matérialise une droite (D). La droite (D) est contenue dans le plan (P).

(D) ∈ (P)

La porte tourne autour de son bord qui porte les gonds.
À chaque position de la porte, on peut associer un plan.

> On peut trouver autant de plans que l'on veut contenant une droite donnée.

Si l'on choisit sur le sol un point extérieur à la droite (D), le point C par exemple, une seule position de la porte est déterminée par la droite (D) et le point C.

PROPRIÉTÉS

Dans l'espace, un plan peut-être déterminé par :

deux droites parallèles.	deux droites sécantes.	une droite et un point n'appartenant pas à cette droite.	trois points non alignés.

Droites perpendiculaires

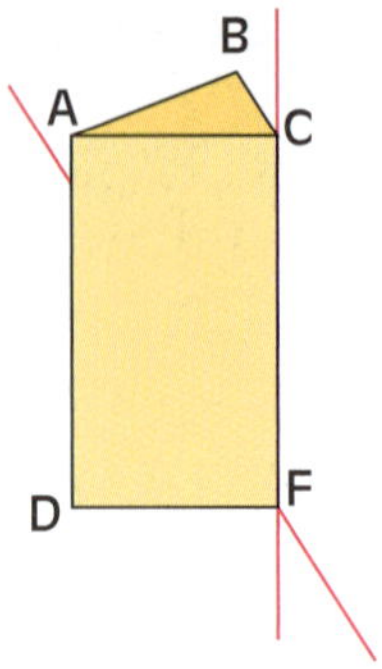

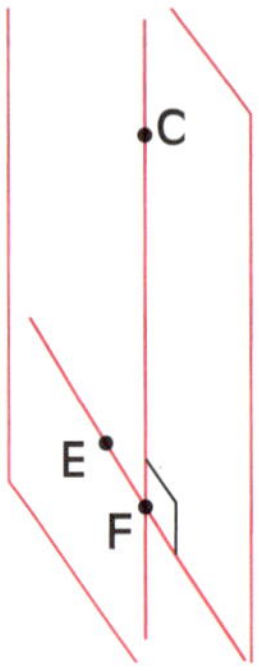

Les droites (CF) et (EF) sont deux droites perpendiculaires en F dans le plan (CFE).

On dit, dans l'espace comme dans le plan, que les droites (CF) et (EF) sont **perpendiculaires**.

On note : (CF) $\perp$ (EF).

- Cite une autre droite passant par F et perpendiculaire à la droite (CF).

Dans l'espace, par un point d'une droite (L), on peut faire passer plusieurs droites perpendiculaires à (L).

EXERCICE

1.a ABCDEFGH est un prisme droit dont les bases sont des trapèzes. Cite :
– deux droites contenues dans le plan (ABC) ;
– une droite qui n'est pas contenue dans le plan (ABC) ;
– deux droites parallèles et le plan dans lequel elles sont contenues ;
– deux droites sécantes et le plan dans lequel elles sont contenues ;
– deux droites perpendiculaires et le plan dans lequel elles sont contenues.

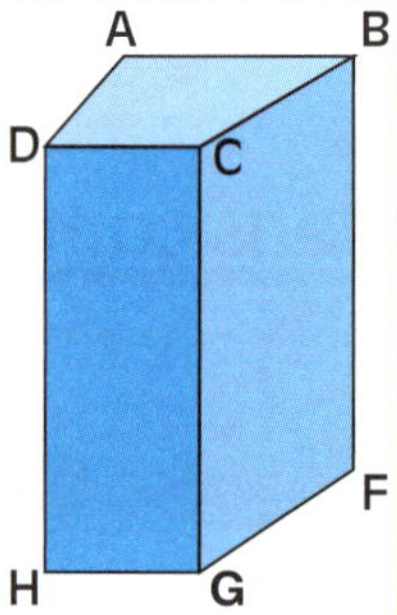

2 Positions relatives d'une droite et d'un plan

2.1 DROITE SÉCANTE À UN PLAN

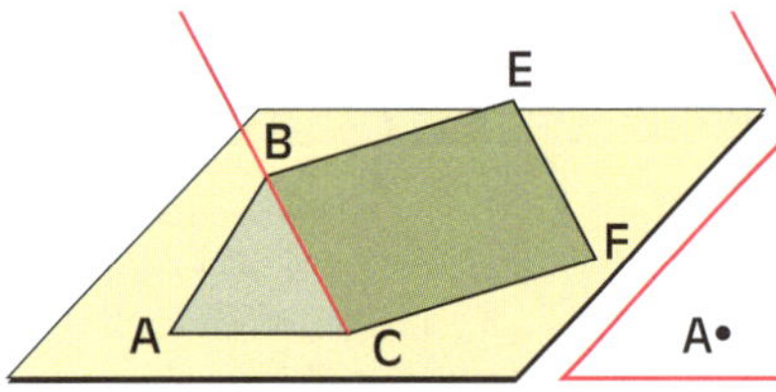

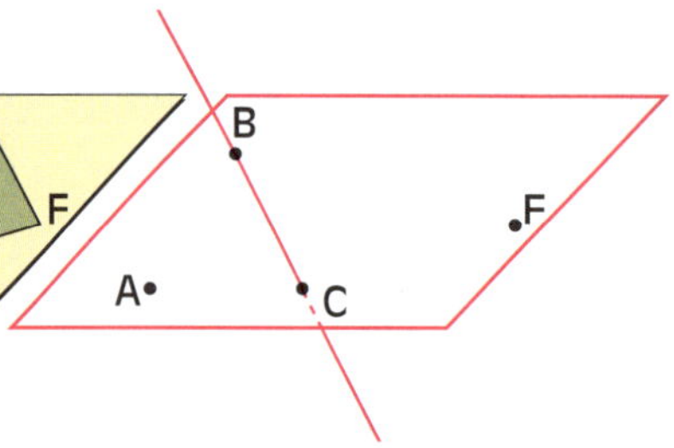

ABCDEF est un prisme droit ; il est posé sur l'une de ses faces latérales. La droite (BC) et le plan (ACF) ont un et un seul point commun : le point C.

On dit que la droite (BC) et le plan (ACF) sont **sécants** en C.

- Cite une droite sécante au plan (BCF) et précise en quel point cette droite est sécante au plan.

DÉFINITION

On dit qu'une droite et un plan sont sécants lorsqu'ils ont un point commun et un seul.

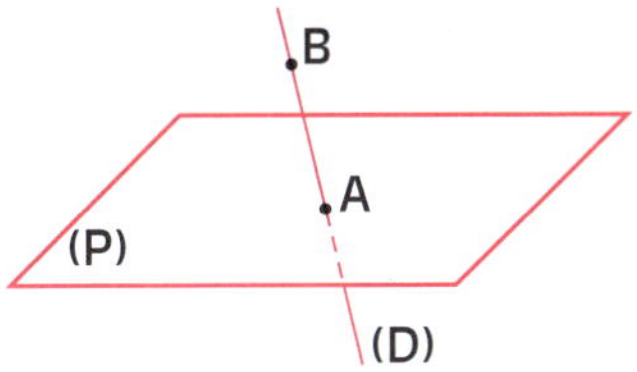

A ∈ (D) et A ∈ (P)

B ∈ (D) et B ∉ (P)

2.2 DROITE PERPENDICULAIRE À UN PLAN

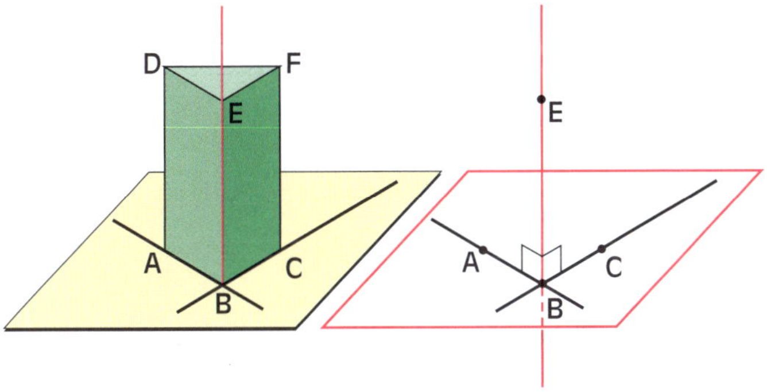

ABCDEF est un prisme droit ; il est posé sur une de ses bases.

La droite (BE) est perpendiculaire en B aux deux droites sécantes (BA) et (BC).

On dit que la droite (BE) est **perpendiculaire** en B au plan (ABC) (déterminé par les droites sécantes (BA) et (BC)).

On note : (BE) ⊥ (ABC).

DÉFINITION

On dit qu'une droite est perpendiculaire à un plan lorsqu'elle est perpendiculaire à deux droites sécantes de ce plan.

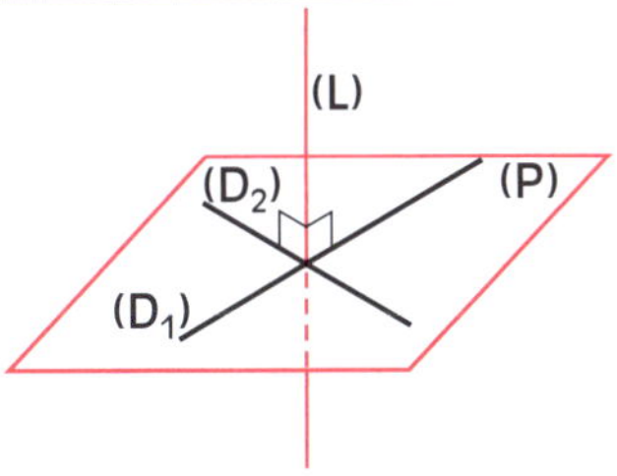

(D_1) ∈ (P) et (D_2) ∈ (P)
(D_1) et (D_2) sont sécantes.

(L) ⊥ (D_1) et (L) ⊥ (D_2)

(L) ⊥ (P)

Utilisation d'une double équerre

• Réalise une double équerre en pliant deux fois une feuille de papier.

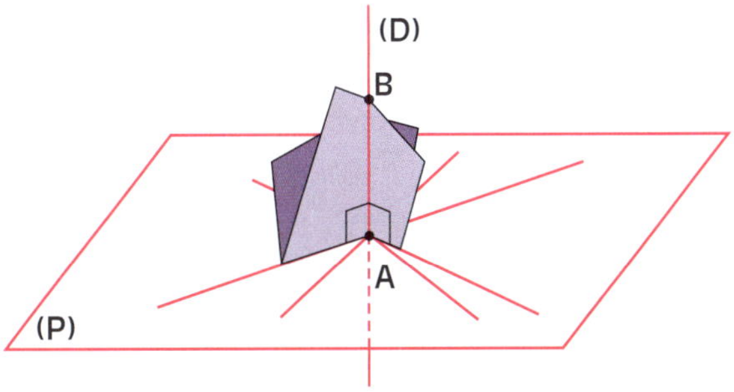

• Place la double équerre sur une feuille de papier matérialisant un plan (P), le sommet des angles droits en un point A.

L'arête [AB] matérialise une droite (D).

• Pourquoi la droite (D) est-elle perpendiculaire au plan (P) ?

• Trace sur la feuille des droites passant par le point A ; vérifie que la droite (D) est perpendiculaire en A à toutes les droites que tu as tracées.

On admet la propriété suivante :

PROPRIÉTÉ

Si une droite est perpendiculaire en un point A à un plan, alors elle est perpendiculaire à toutes les droites de ce plan passant par A.

EXERCICE

2.a ABCDEFGH est un cube.

– Démontre que (AD) ⊥ (ABF).
– Cite des droites perpendiculaires au plan (BFG).
– Démontre que (AD) ⊥ (AF).

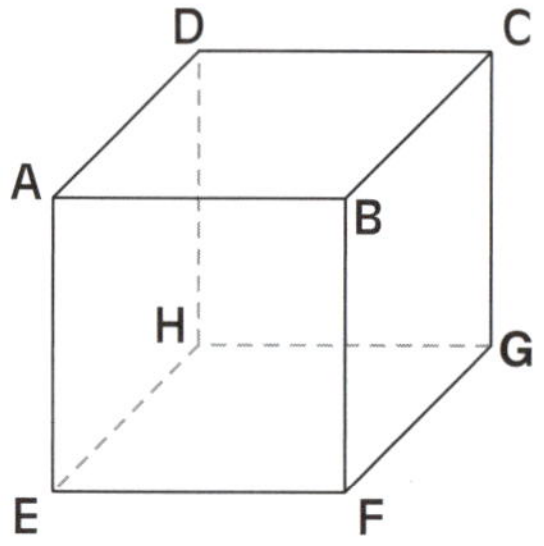

2.3 DROITE PARALLÈLE À UN PLAN

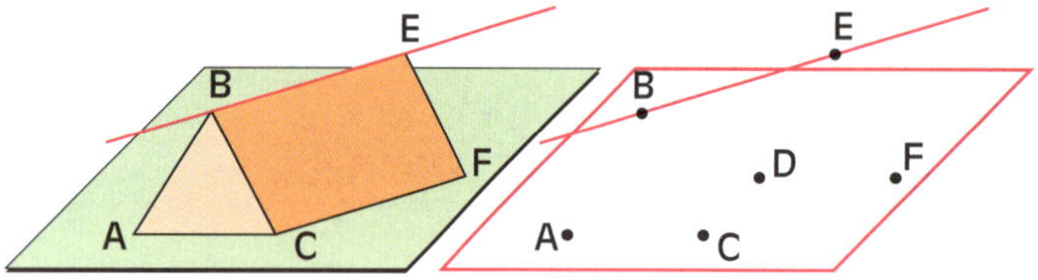

ABCDEF est un prisme droit ; il est posé sur l'une de ses faces latérales.

• Explique pourquoi la droite (BE) et le plan (ACF) ne sont pas sécants.

On dit que la droite (BE) est **parallèle** au plan (ACF).

• Dans le prisme ABCDEF, cite trois droites parallèles au plan (ABC).

DÉFINITION

On dit qu'une droite est parallèle à un plan lorsqu'elle est parallèle à une droite de ce plan.

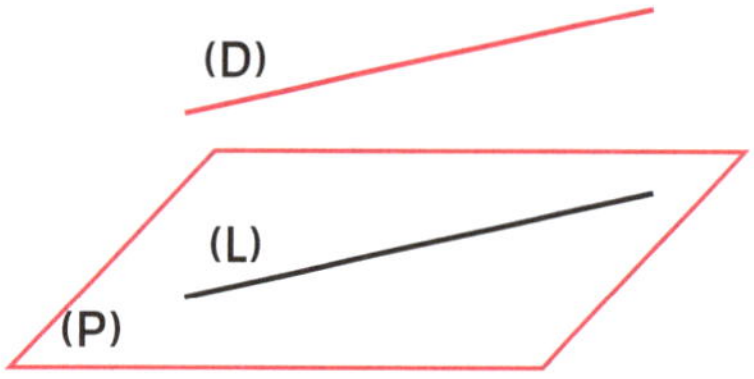

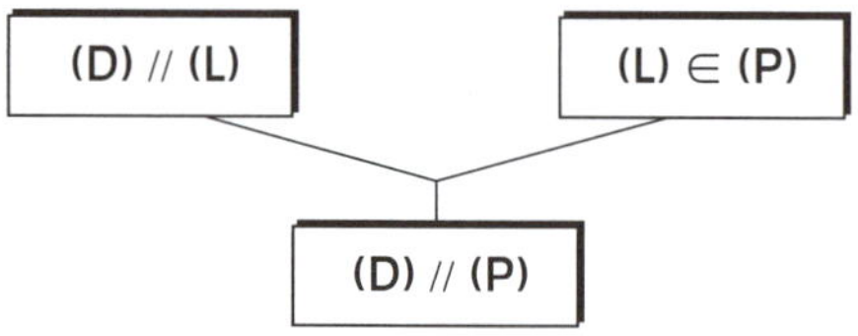

REMARQUE

Une droite qui n'est pas sécante à un plan est parallèle à ce plan.

3 Positions relatives de deux plans

3.1 PLANS PARALLÈLES

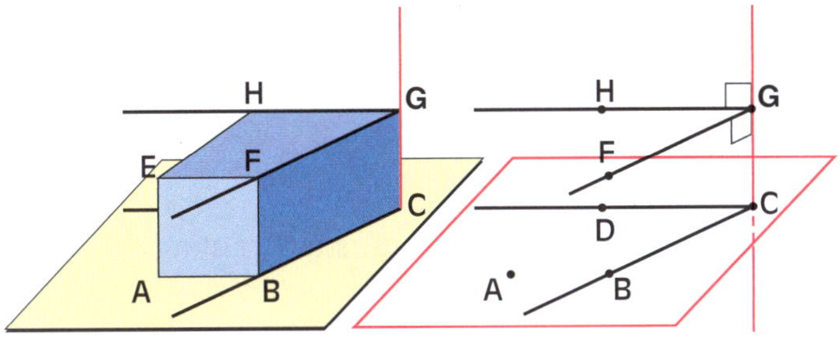

ABCDEFGH est un prisme droit dont les bases sont des trapèzes ; il est posé sur l'une de ses bases.

• Justifie que la droite (CG) est perpendiculaire aux deux plans (BCD) et (FGH).

On dit que les plans (BCD) et (FGH) sont **parallèles**.

On note : (BCD) // (FGH).

• Dans ce prisme, cite deux autres plans parallèles.
• Explique pourquoi toute droite du plan (FGH) est parallèle au plan (BCD).

DÉFINITION

On dit que deux plans sont parallèles lorsqu'ils admettent une droite perpendiculaire commune.

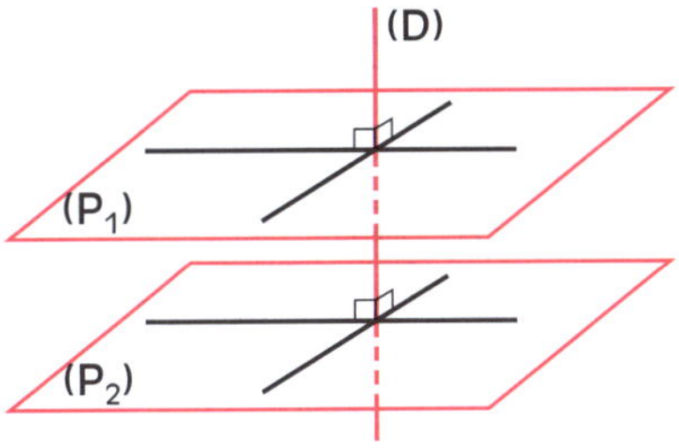

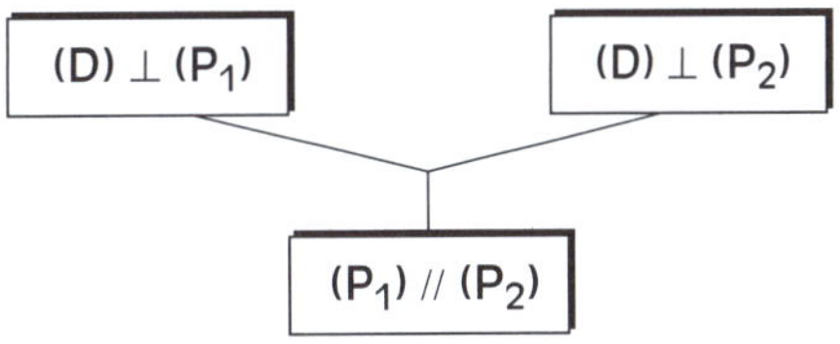

PROPRIÉTÉS

Lorsque deux plans sont parallèles,
– ils n'ont aucun point commun ;
– toute droite contenue dans l'un de ces plans est parallèle à l'autre plan.

3.2 PLANS SÉCANTS

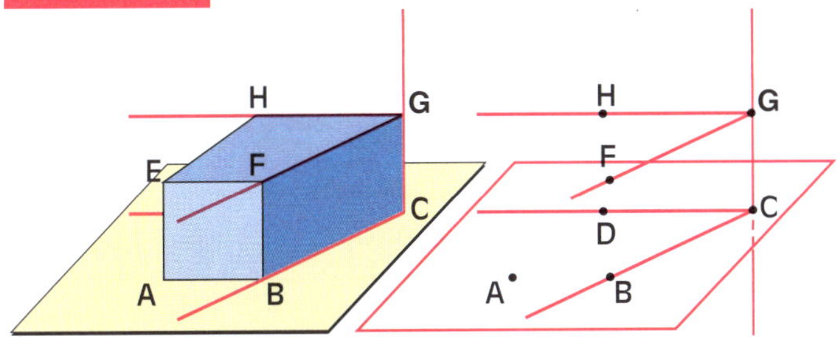

ABCDEFGH est un prisme dont les bases sont des trapèzes ; il est posé sur l'une de ses bases.

• Justifie que la droite (CG) est contenue dans les deux plans (BCG) et (CGH).

• Trouve un point du plan (BCG) qui ne soit pas un point du plan (CGH).

On dit que les plans (BCG) et (CGH) sont **sécants** ; (CG) est leur **droite d'intersection**.
• Cite des plans sécants au plan (FBC) ; précise leur droite d'intersection.
• Quelle est la droite d'intersection des plans (EFH) et (ABF) ?

REMARQUE

Lorsque deux plans ont au moins un point commun, ils ont une droite commune qui passe par ce point.

DÉFINITION

On dit que deux plans sont sécants lorsqu'ils ont une droite commune.

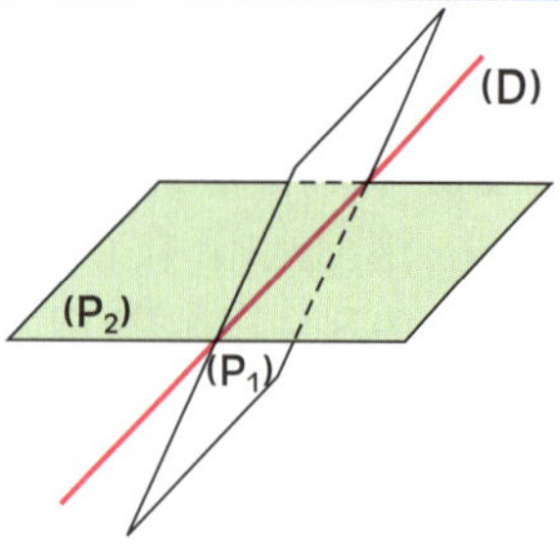

(D) ∈ (P_1) ; (D) ∈ (P_2) ; $(P_1) \neq (P_2)$.

(D) est la droite d'intersection des plans (P_1) et (P_2).

(D) est l'ensemble des points communs à (P_1) et à (P_2).

3.3 PLANS PERPENDICULAIRES

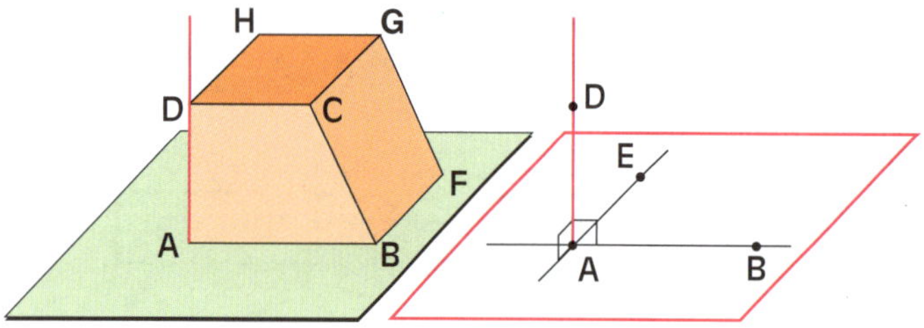

ABCDEFGH est un prisme dont les bases sont des trapèzes rectangles. Il est posé sur une de ses faces latérales.

• Justifie que la droite (DA) est perpendiculaire au plan (ABF).

• Justifie que le plan (ADH) contient la droite (DA).

On dit que les plans (ABF) et (ADH) sont **perpendiculaires**.

• Cite d'autres plans perpendiculaires au plan (ABE).

DÉFINITION

On dit que deux plans sont perpendiculaires lorsque l'un contient une droite perpendiculaire à l'autre.

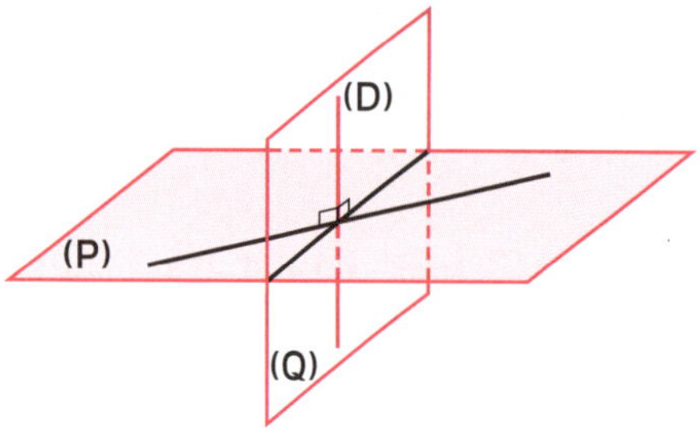

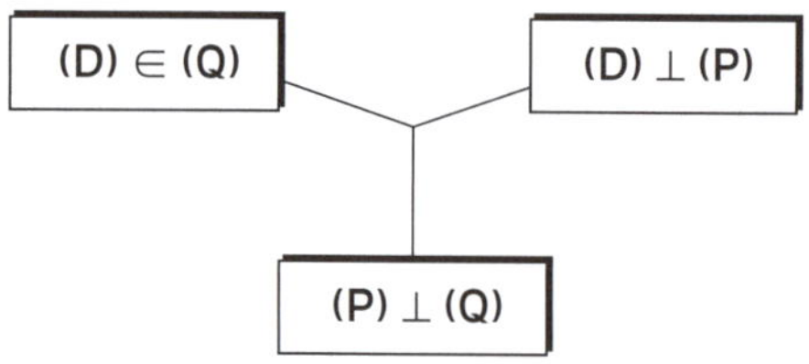

EXERCICE

3.a ABCDEF est un prisme droit à bases triangulaires ABC et DEF.
Cite les trois plans perpendiculaires au plan (ABC). Justifie ta réponse.

4 Positions relatives de deux droites

4.1 PROPRIÉTÉS DES DROITES DE L'ESPACE

Droites parallèles à une droite

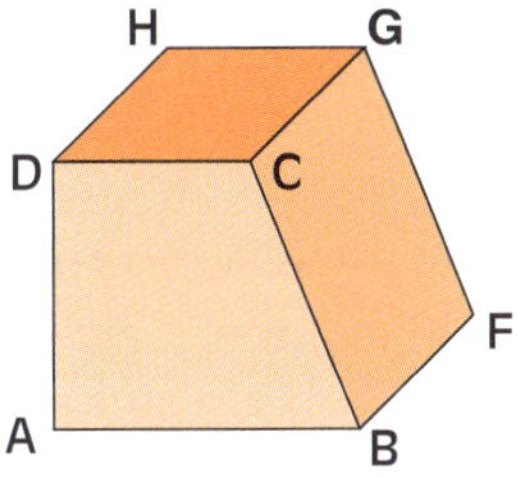

ABCDEFGH est un prisme droit dont les bases sont des trapèzes rectangles.

- Cite :
  - – deux droites parallèles à la droite (AE) ;
  - – deux droites parallèles à (DH) et à (BF).

Quelle est la position relative des droites (AE) et (CG) ?

On admet la propriété suivante :

PROPRIÉTÉ

Si deux droites sont parallèles à une troisième droite, alors elles sont parallèles entre elles.

Des propriétés du plan qui ne s'étendent pas à l'espace

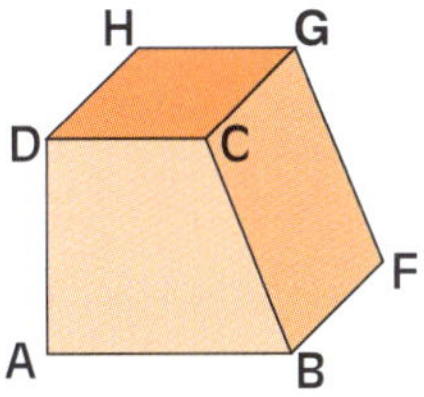

ABCDEFGH est un prisme droit.

- Constate que :
  - – (AB) et (HG) sont parallèles ;
  - – (BC) est sécante à (AB) ;
  - – (BC) n'est pas sécante à (HG) ;
  - – (HD) et (BC) ne sont ni sécantes ni parallèles.

- Constate que, par le point D, il passe plusieurs droites perpendiculaires à (AD) : ce sont des droites du plan (DCG).
- Cite deux droites perpendiculaires à (AD) qui ne sont pas parallèles.

REMARQUE

Les propriétés de la géométrie plane s'appliquent dans chaque plan de l'espace.

Mais, dans l'espace,
– deux droites n'ayant aucun point commun peuvent ne pas être parallèles ;
– deux droites étant parallèles, on peut trouver des droites qui coupent l'une et ne coupent pas l'autre ;
– par un point d'une droite donnée, on peut tracer plusieurs droites perpendiculaires à cette droite ;
– on peut trouver deux droites perpendiculaires à une même droite et qui ne sont pas parallèles.

EXERCICE

4.a Tu peux te servir des solides fabriqués au chapitre 8 pour répondre aux questions :
– combien de plans peut-on déterminer avec trois droites parallèles deux à deux ?
– combien de plans peut-on déterminer avec quatre droites parallèles deux à deux ?

4.2 DROITES COPLANAIRES – DROITES NON COPLANAIRES

Vocabulaire

Deux droites sécantes ou parallèles sont contenues dans un même plan ; on dit qu'elles sont **coplanaires**.
Deux droites qui ne sont ni sécantes ni parallèles sont **non coplanaires**.
Deux droites non coplanaires ne sont ni sécantes ni parallèles.

Observation d'une pyramide

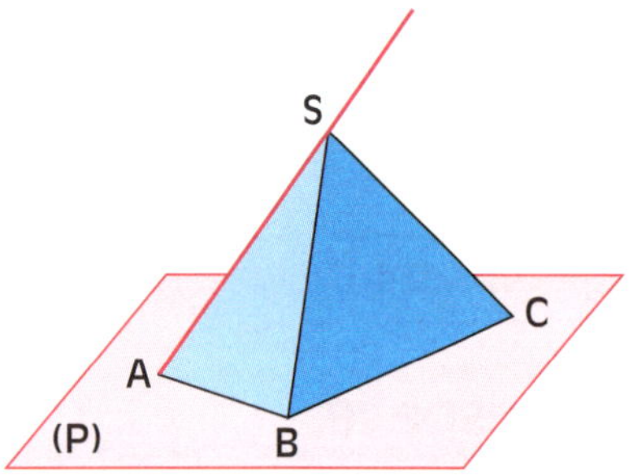

SABC est une pyramide de sommet S.
Une feuille de papier matérialise le plan (P) de la base ABC sur laquelle est posée la pyramide.
La droite (SA) est sécante en A au plan (P).

- Cite une droite du plan (P) coplanaire avec (SA).
Trace dans le plan (P) une droite (L_1) coplanaire avec (SA).

- Cite une droite du plan (P) non coplanaire avec (SA).
Trace dans le plan (P) une droite (L_2) non coplanaire avec (SA).

On peut constater que les seules droites du plan (P) coplanaires avec (SA) sont les droites de (P) sécantes en A à la droite (SA).

Observation d'un prisme droit

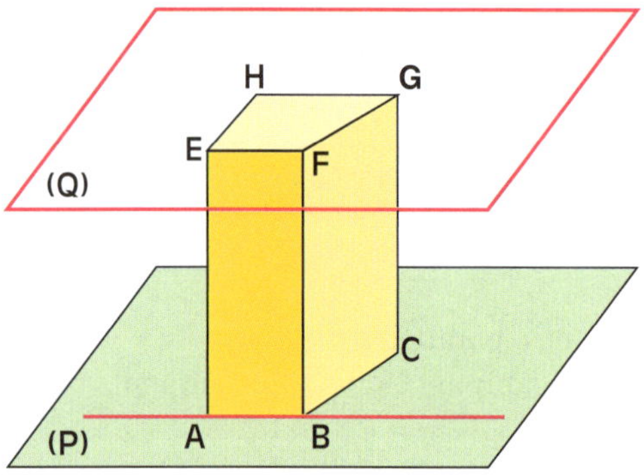

ABCDEFGH est un prisme droit dont les bases sont des trapèzes.
Une feuille de papier matérialise le plan (P) de la base ABCD et une autre feuille transparente matérialise le plan (Q) de la base EFGH.
La droite (AB) est contenue dans le plan (P).

- Cite une droite du plan (Q) coplanaire avec (AB).
Trace dans le plan (Q) une droite (L_1) coplanaire avec (AB).
- Cite une droite du plan (Q) non coplanaire avec (AB). Trace dans le plan (Q) une droite (L_2) non coplanaire avec (AB).

On peut constater que les seules droites du plan (Q) coplanaires avec (AB) sont les droites parallèles à (AB).

EXERCICES

ENTRAÎNEMENT

1 DROITES ET PLANS

1 ABCDEFGH est un cube de 2 cm d'arête.

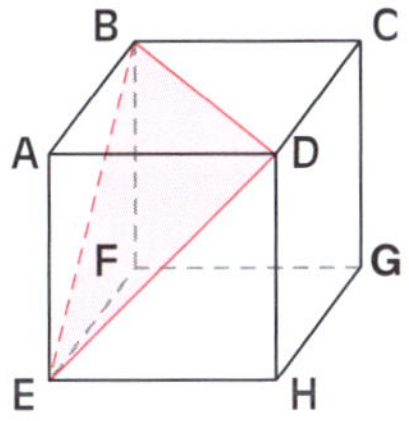

a) Quelle est la nature du triangle EBD ?
b) Construis le triangle EBD en dimensions réelles.

2 L'unité de longueur est le cm.
SABC est une pyramide ; M est le milieu de [SB].

AB = 2
BC = 2,5
CA = 3,5

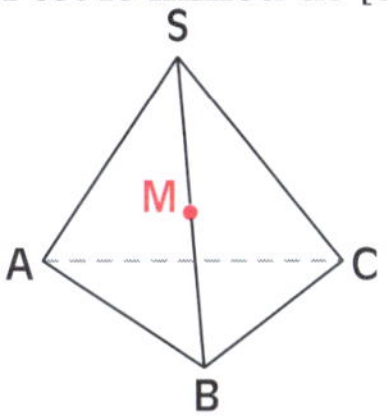

Reproduis la figure.
a) Construis la droite (D) passant par M et parallèle à (AB).
• Justifie que la droite (D) est contenue dans le plan (SAB).
Désigne par P le point d'intersection des droites (D) et (SA).
• Justifie que P est le milieu de [SA].
b) Construis la droite (L) passant par M et parallèle à (BC). Les droites (L) et (SC) sont sécantes en Q.
c) Démontre que les droites (PQ) et (AC) sont parallèles.
d) Calcule le périmètre du triangle MPQ.

3 ABCDEFGH est un pavé droit ; M est un point de [BF].

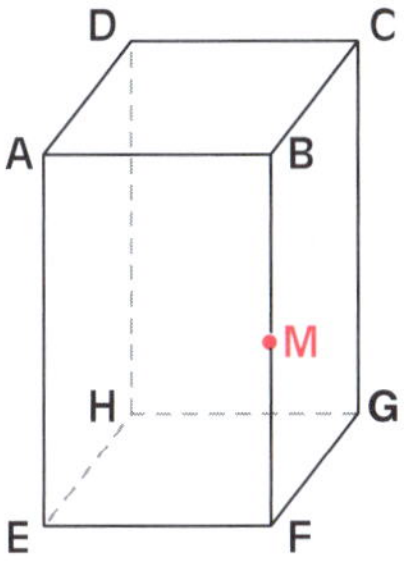

Reproduis la figure.
a) Trace la droite passant par M et parallèle à (AF).
b) Trace la droite passant par M, contenue dans le plan (BFG) et perpendiculaire à (BF).

2 POSITIONS RELATIVES D'UNE DROITE ET D'UN PLAN

4 ABCDEFGH est un cube d'arête 3 cm ; M est le point de [CG] situé à 1 cm de G.

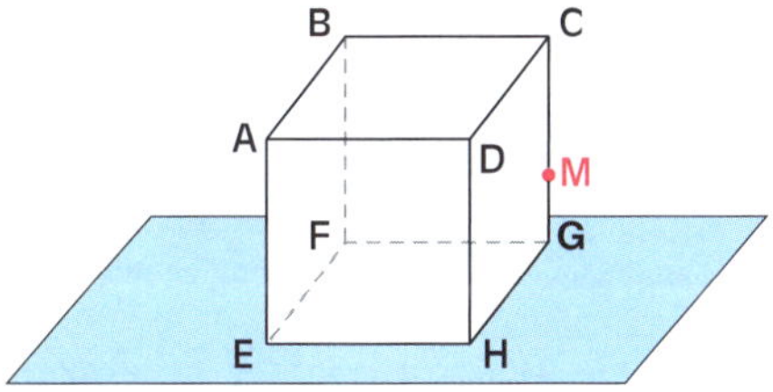

a) Justifie que les droites (BM) et (FG) sont contenues dans le plan (BCG).
Marque le point d'intersection N des droites (BM) et (FG).
Quel est le point d'intersection de la droite (BM) et du plan (EHG) ?
Construis en dimensions réelles la figure du plan (BCG).
b) Marque le point d'intersection R des droites (DM) et (HG).
Quel est le point d'intersection de la droite (DM) et du plan (EHG) ?
Construis en dimensions réelles la figure du plan (DHG).

5 ABCDEFGH est un cube d'arête 3 cm, M le point de la demi-droite [DH) situé à 5 cm du point D.

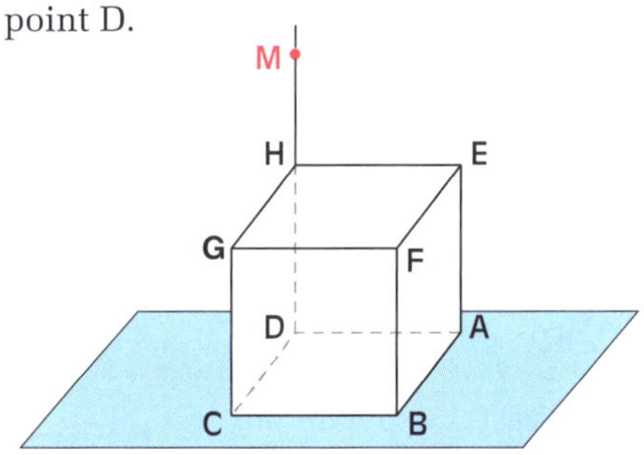

a) Justifie que les droites (MG) et (DC) sont contenues dans le plan (HGC).
Marque le point d'intersection N des droites (MG) et (DC).
Quel est le point d'intersection de la droite (MG) et du plan (ABC) ?
Construis en dimensions réelles la figure du plan (HGC).

EXERCICES

b) Marque le point d'intersection R des droites (ME) et (AD).
Quel est le point d'intersection de la droite (ME) et du plan (ABC) ?
Construis en dimensions réelles la figure du plan (HEA).

6 SABC est une pyramide.
A' ∈ [SA] ; B' ∈ [SB] ; C' ∈ [SC]
comme l'indique la représentation ci-dessous.

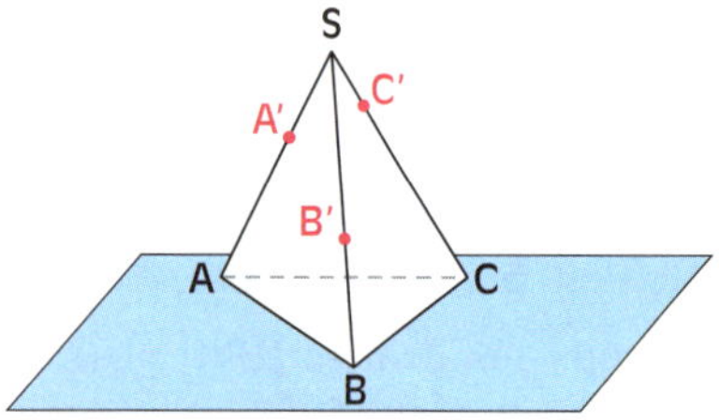

Reproduis la figure.
a) Marque le point d'intersection M des droites (C'A') et (CA).
Quel est le point d'intersection de la droite (C'A') et du plan (ABC) ?
b) Marque le point d'intersection N des droites (A'B') et (AB).
Quel est le point d'intersection de la droite (A'B') et du plan (ABC) ?

3 POSITIONS RELATIVES DE DEUX PLANS

7 SABC est une pyramide.
M est un point de [BC].
Reproduis la figure.
a) Trouve deux points communs aux plans (SAM) et (ABC).
b) Trace la droite d'intersection (D) du plan (SAM) et du plan (ABC).

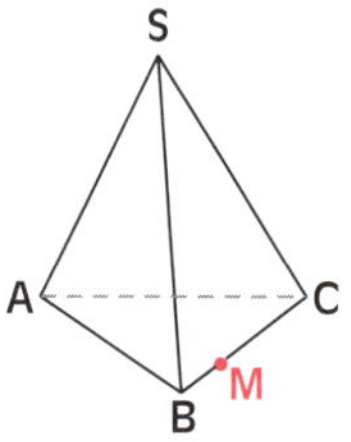

8 SABC est une pyramide.
A' ∈ [SA] ; B' ∈ [SB] ; C' ∈ [SC]
comme l'indique la représentation ci-dessous.

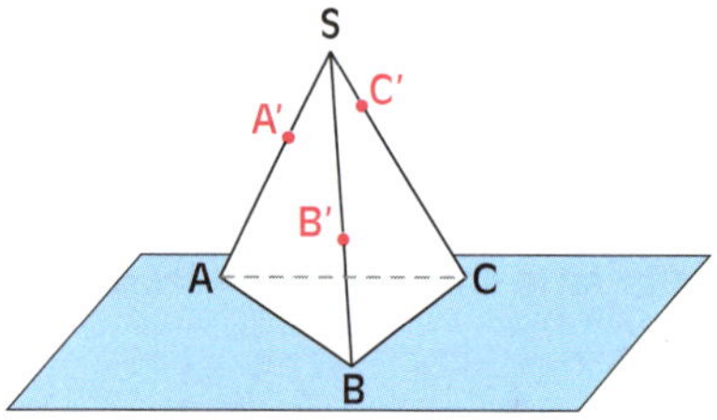

Reproduis la figure.
a) Quelle est la droite d'intersection :
– des plans (A'B'C') et (SAB) ?
– des plans (A'B'C') et (SBC) ?
– des plans (A'B'C') et (SCA) ?
b) Construis le point d'intersection M de la droite (C'A') et du plan (ABC).
Construis le point d'intersection N de la droite (A'B') et du plan (ABC).
c) Trouve deux points communs aux plans (A'B'C') et (ABC).
Trace la droite d'intersection des plans (A'B'C') et (ABC).

9 ABCDEFGH est un cube.

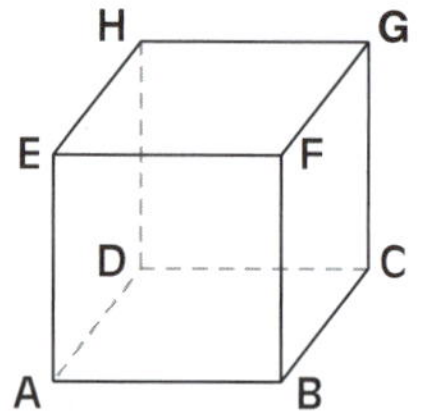

Reproduis la figure.
a) Construis une droite contenue dans (EFG) qui ne soit pas perpendiculaire à (BCG)
b) Justifie que : (EFG) ⊥ (BCG) ; (HFB) ⊥ (ABC) ; (EFG) // (ABC).

10 ABCDEFGH est un cube ; M est un point de [BC].

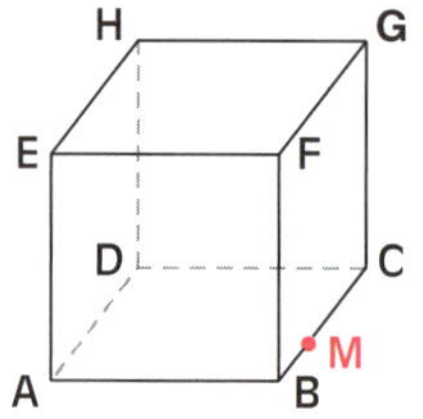

Reproduis la figure.
a) Justifie que le plan (HDM) est perpendiculaire au plan (ABC).
b) Trace la droite d'intersection des plans (HDM) et (ABC).
c) Place le point N sur [FG] tel que : (HN) // (DM).
d) Justifie que (HN) est contenue dans le plan (HDM).
e) Quelle est la droite d'intersection des plans (HDM) et (BFG) ?

11 ABCDEFGH est un prisme droit dont les bases ABCD et EFGH sont des trapèzes rectangles.

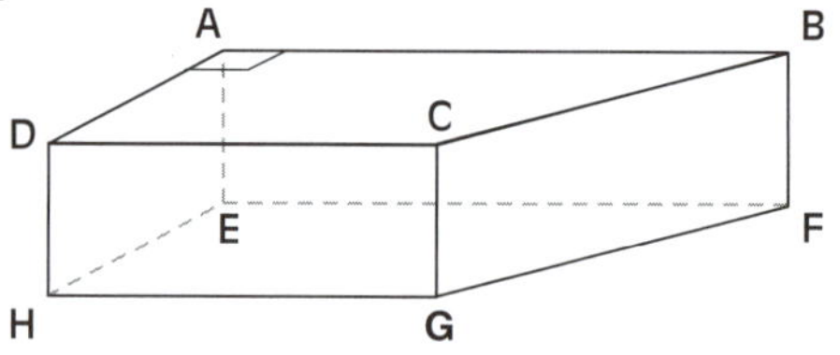

EXERCICES

Les affirmations suivantes sont-elles vraies ou fausses ? Justifie tes réponses.
– Les plans (ADE) et (HGF) sont sécants.
– Les plans (ADE) et (GFB) sont sécants.
– Les plans (AEG) et (ABC) sont sécants.
– Les plans (ABC) et (EHG) sont parallèles.
– Les plans (ABF) et (DHE) sont perpendiculaires.
– Les plans (ADE) et (CBF) sont parallèles
– Les plans (DCH) et (ABF) sont parallèles.

4 POSITIONS RELATIVES DE DEUX DROITES

12 SABC est une pyramide.

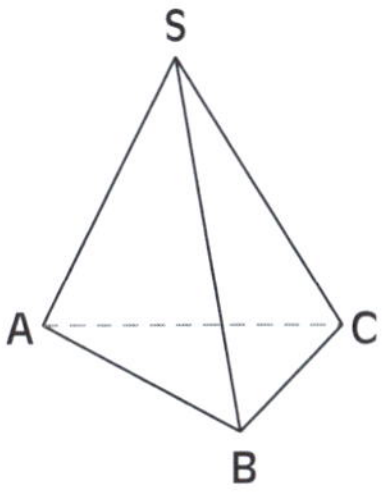

Parmi les droites ci-dessous, une seule n'est pas coplanaire avec la droite (SA). Trouve cette droite.

(SB) ; (SC) ; (AB) ; (BC) ; (CA).

13 Pour t'aider à répondre aux questions suivantes et à justifier tes réponses, observe les solides que tu as réalisés.
– Trois droites concourantes *(c'est-à-dire : ayant un point commun et un seul)*, sont-elles nécessairement dans un même plan ?
– Deux droites parallèles à un même plan sont-elles nécessairement parallèles ?
– Deux droites non sécantes sont-elles nécessairement parallèles ?
– Deux droites non parallèles sont-elles nécessairement sécantes ?

14 L'unité de longueur est le cm.
ABCDEFGH est un pavé droit de bases carrées ABCD et EFGH, tel que :
AE = 8 et EF = 6.

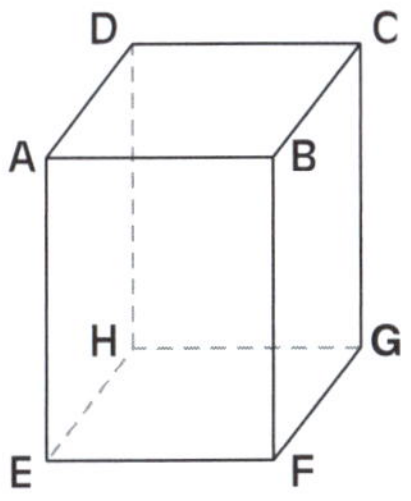

Reproduis la figure.
a) Trace les diagonales [AC] et [DB] du carré ABCD, elles sont sécantes en I.
b) Démontre que :
– ACF est un triangle isocèle ;
– (BD) ⊥ (AC) ;
– (IF) ⊥ (AC).
c) Construis, en dimensions réelles, le triangle ACF.

APPROFONDISSEMENT

15 Une feuille cartonnée rectangulaire est pliée par le milieu de sa longueur suivant un angle droit matérialisé par l'équerre. Une fourmi veut aller du sommet A au sommet B, en empruntant le plus court chemin dans son trajet horizontal puis vertical.

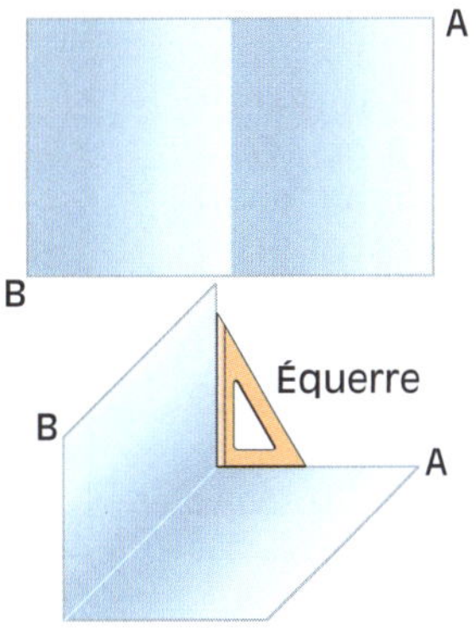

a) Trace plusieurs chemins possibles pour la fourmi.
b) Détermine le chemin le plus court pour la fourmi.

16 ABCDEFGH est un cube.
Démontre que les quatre points A, C, G et E appartiennent à un même plan perpendiculaire au plan (EHG).

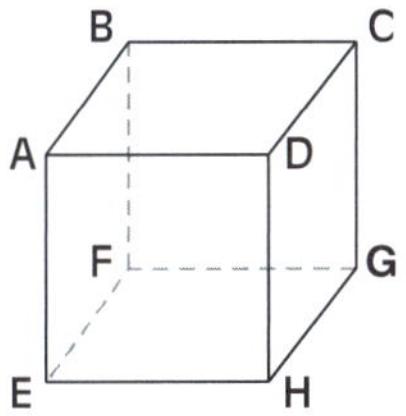

17 ABCDEFGH est un cube.

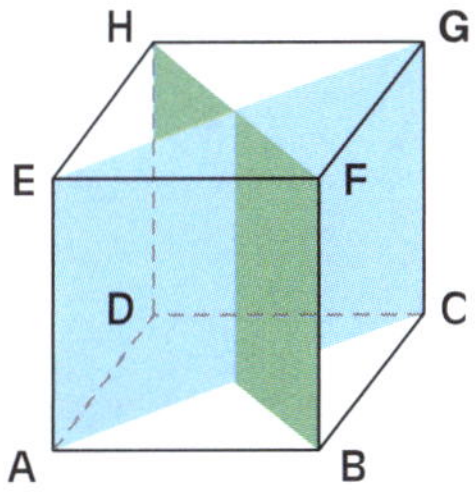

Justifie que les plans (BDH) et (ACG) sont perpendiculaires.

EXERCICES

18 ABCDEFGH est un cube d'arête 2 cm.

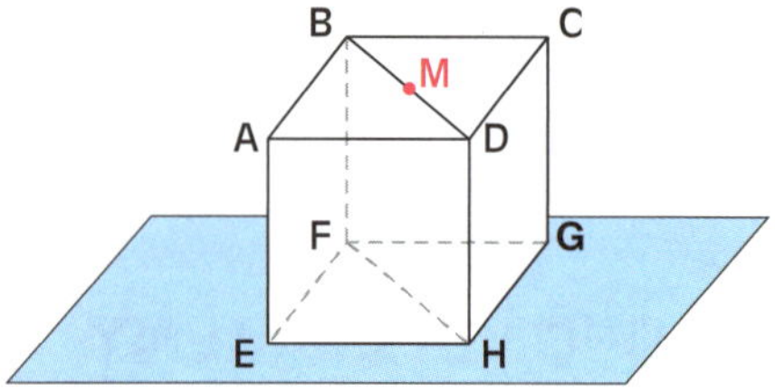

Reproduis la figure.

a) Quelle est la nature du quadrilatère BDHF ?

b) M est le centre du carré ABCD.

Quelle est la nature du triangle FMH ?

Construis la droite passant par M et perpendiculaire au plan (EHG).

c) Construis en dimensions réelles la figure du plan (BDH).

19 ABCDEFGH est un cube d'arête 3 cm, M un point de la demi-droite [DH) situé à 5 cm de D.

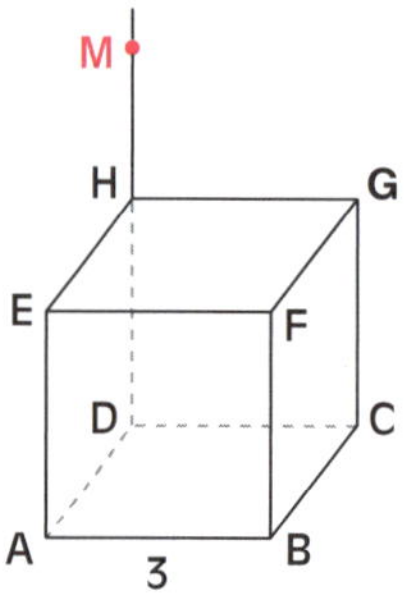

Reproduis la figure.

a) Trouve deux points communs aux plans (MDF) et (EFG).

Trace la droite d'intersection des plans (MDF) et (EFG).

b) Trace la droite d'intersection des plans :

– (MDF) et (CGF) ;

– (MDF) et (EAH) ;

– (MDF) et (ABC).

c) Construis en dimensions réelles la figure du plan (MDF).

20 ABCDEFGH est un cube de 3 cm d'arête ; M est un point de la demi-droite [AE) situé à 5 cm de A.

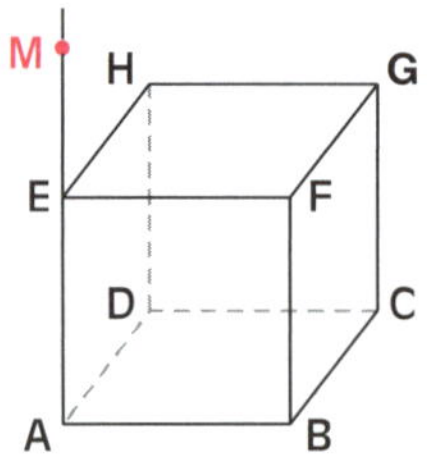

Reproduis la figure.

a) Construis le point d'intersection de la droite (MC) et du plan (EFG).

b) Construis en dimensions réelles la figure du plan (MAC).

21 ABCDEFGH est un prisme droit dont les bases ABCD et EFGH sont des trapèzes rectangles.

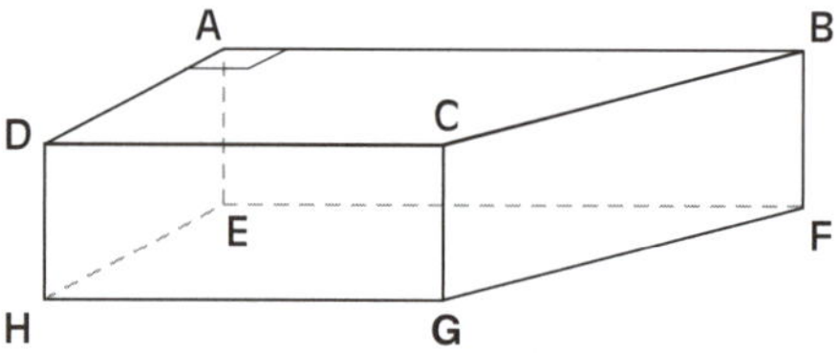

Les affirmations suivantes sont-elles vraies ou fausses ? Justifie tes réponses.

– (EC) ∈ (ACG).

– La droite (HG) est parallèle au plan (CBA).

– La droite (HG) est parallèle à toutes les droites du plan (CBA).

– (CB) et (EF) sont sécantes.

– (EF) et (DC) sont parallèles.

22 ABCDEFGH est un cube.

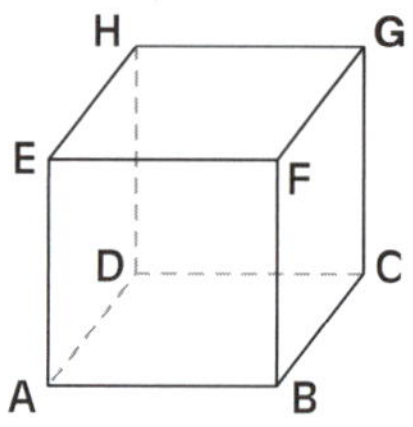

Reproduis la figure.

a) Construis une droite contenue dans le plan (EFG) qui ne soit pas parallèle à (AB).

b) Peux-tu trouver une droite contenue dans le plan (EFG) qui ne soit pas parallèle au plan (ABC) ?

23 ABCDEFGH est un pavé droit ; M est un point de [AE].

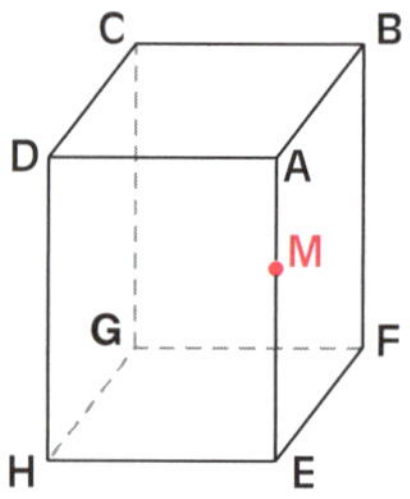

Trace la droite passant par M, perpendiculaire à (EA) et contenue dans le plan (CAE).

ACTIVITÉS NUMÉRIQUES

Tout a été créé par les nombres qui étaient le modèle exemplaire dans l'esprit du créateur.

Severinius BOECE (480-524, Rome)

10 Calcul littéral

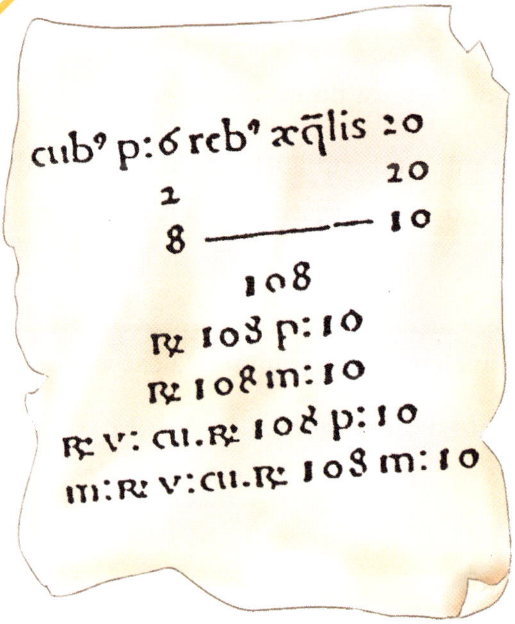

Extrait d'un manuscrit de Cardan (1545)

L'introduction des lettres dans les calculs s'est faite tardivement au cours de l'histoire des mathématiques.

Après une timide apparition au IIe siècle après J.-C. avec Diophante, il faut attendre le XVIe siècle avec Tartaglia, Cardan, Viète et Stevin pour que le symbolisme mathématique prenne son essor.

Ce n'est qu'au milieu du XVIIe siècle avec Descartes que l'algèbre devient presque entièrement symbolique.

Chuquet	10^0p4^1 egault 7^0	4^2p7^1 m 3^0
Tartaglia	10Np4R equale 7N	4 qp7R m 3N
Viète	10 + 4in A aequatur 7	4in A quad + 7in A – 3
Descartes	$10 + 4z \infty 7$	$4z^2 + 7z - 3$
moderne	$10 + 4x = 7$	$4x^2 + 7x - 3$

Évolution de l'écriture de deux expressions algébriques

SOMMAIRE

1 Expressions littérales

Les nombres relatifs

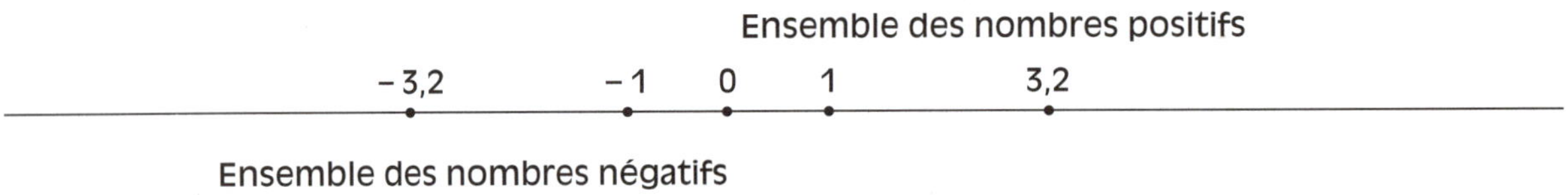

Chaque nombre plus grand que zéro est un **nombre positif** ; zéro est aussi un nombre positif.

Chaque nombre positif admet un opposé qui est un **nombre négatif**.

L'ensemble des nombres positifs et des nombres négatifs est l'ensemble des **nombres relatifs** ou tout simplement des nombres.

Organiser un calcul

On peut organiser un calcul par la donnée d'un **programme de calcul**, celui-ci pouvant être visualisé par un **schéma de calcul**.
En voici un exemple permettant le calcul d'un nombre $\mathscr{A}$.

Programme de calcul
– choisir un nombre ;
– ajouter 1 ;
– élever au carré.

Schéma de calcul

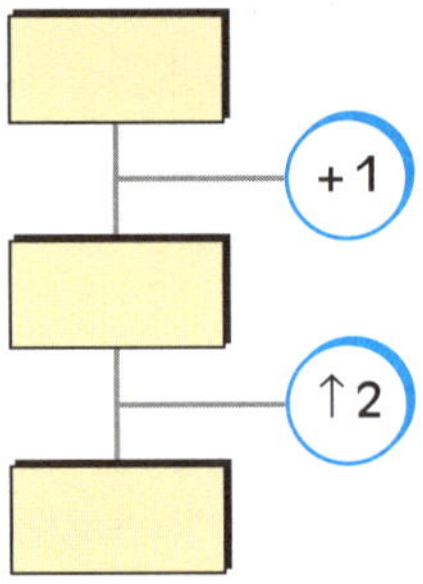

• Fais fonctionner ce programme avec chacun des nombres : 9 ; 0,5 ; – 7.
On désigne par a le nombre choisi.
• Fais fonctionner le programme avec ce nombre. Tu obtiens une **expression** de $\mathscr{A}$ en **fonction de** a : $(a + 1)^2$.
Cette expression contient une lettre : c'est une **expression littérale**.
En remplaçant a par – 2,8 dans $(a + 1)^2$, on obtient 3,24.
3,24 est **la valeur numérique** de l'expression littérale $(a + 1)^2$ pour $a = -2,8$.

Enfin, **la formule** ci-dessous permet aussi de décrire ce même calcul :

$$\mathscr{A} = (a + 1)^2$$

REMARQUE

• *Une expression qui contient des lettres est appelée expression littérale.*
• *Pour obtenir la valeur numérique d'une expression littérale, on remplace ses lettres par les nombres donnés.*

Utiliser une formule pour calculer

Figure	*Formule*	*Schéma de calcul*

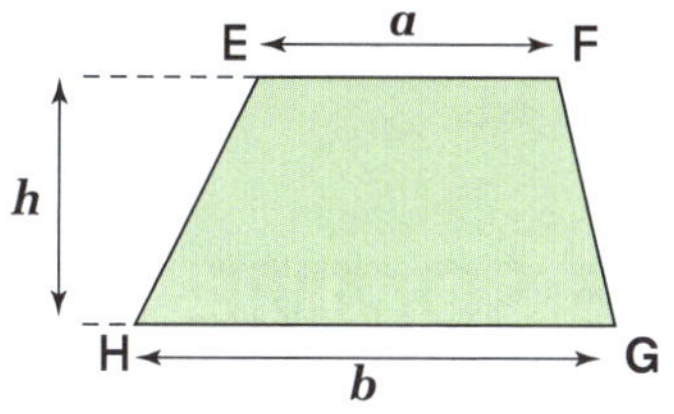

Dans le trapèze EFGH,
a et b sont les bases ;
h est la hauteur ;
$\mathcal{A}$ est l'aire.

$$\mathcal{A} = \frac{(a + b) \times h}{2}$$

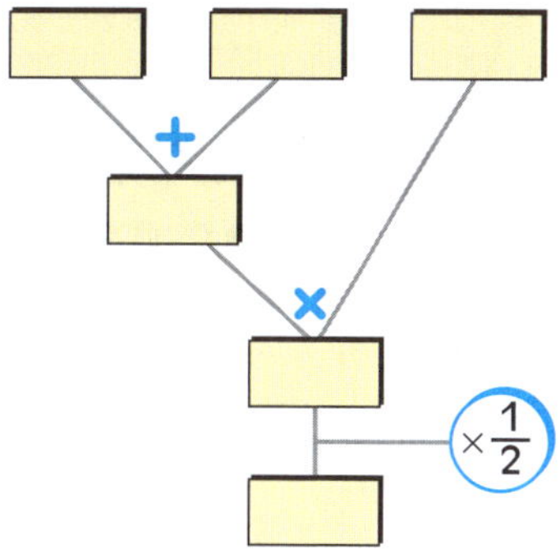

a	2	3,2	2
b	3,2	2	1
h	1	1	3,2
$\mathcal{A}$			

Dans le tableau ci-contre sont données des valeurs pour a, b et h.
Calcule dans chaque cas la valeur numérique de $\mathcal{A}$ et complète ce tableau.

- On pose $b = x$; $a = 3$ et $h = 5{,}28$. Donne une expression de $\mathcal{A}$ en fonction de x.
- On pose $h = y$; $a = 3{,}5$ et $b = 1{,}1$. Donne une expression de $\mathcal{A}$ en fonction de y.

Traduire un calcul par une phrase

> La masse volumique d'un corps est égale au quotient de la masse d'une certaine quantité de ce corps par le volume occupé par cette quantité.

- Quelle est la formule permettant de calculer la masse volumique m d'un corps donné dont une masse M occupe un volume $\mathcal{V}$?

- Une planche de masse volumique 0,85 g/cm^3 a un volume de 4,25 dm^3.
Quelle est sa masse en kg ?

REMARQUES

- *Pour décrire un calcul, on peut utiliser :*
– un programme de calcul ;
– une formule ;
– une phrase.

Ce programme de calcul, cette formule, cette phrase peuvent être visualisés par un schéma de calcul.

EXERCICES

1. a Donne un programme de calcul permettant de calculer :
– le double du carré d'un nombre ;
– le carré du double d'un nombre.

1. b Donne une expression littérale de :
– un nombre pair ; un nombre impair ;
– la somme de deux nombres entiers naturels consécutifs ;
– la somme des carrés de deux nombres entiers naturels consécutifs ;
– la somme de trois nombres entiers naturels consécutifs.
(On pourra désigner un nombre entier naturel par n.)

2 Sommes algébriques

2.1 CALCULS NUMÉRIQUES : ORGANISER LE CALCUL D'UNE SOMME

On donne à calculer la somme : $(-2{,}3) + (+41{,}5) + (-0{,}7) + (-1{,}5)$.
Voici les calculs de deux élèves ayant trouvé le bon résultat :

Calcul de Mila

$S = (-2{,}3) + (+41{,}5) + (-0{,}7) + (-1{,}5)$
$S = ((-2{,}3) + (-0{,}7) + (-1{,}5)) + 41{,}5$
$S = (-4{,}5) + 41{,}5$
$S = 37$

Calcul de Bintou

$S = (-2{,}3) + (+41{,}5) + (-0{,}7) + (-1{,}5)$
$S = -2{,}3 + 41{,}5 - 0{,}7 - 1{,}5$
$S = -2{,}3 - 0{,}7 + 41{,}5 - 1{,}5$
$S = -3 + 40$
$S = 37$

- Explique ces différentes méthodes.
- Quelle est la méthode qui te semble la plus performante ?

RÈGLE

Pour calculer une somme, on peut déplacer ou regrouper certains termes de cette somme.

2.2 CALCUL LITTÉRAL : RÉDUIRE UNE SOMME

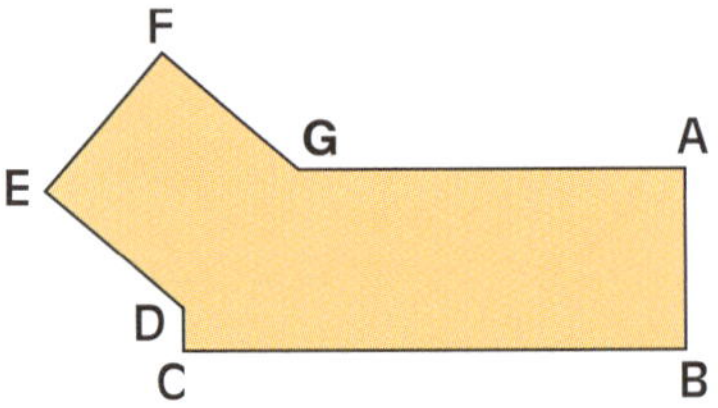

L'unité de longueur est le cm.
ABCDEFG est un polygone tel que :
BC = 5,6 ; CD = 0,6 ; GA = 3,8 ;
AB = DE = EF = FG.

On désigne par x la longueur du côté [AB] et par $\mathcal{P}$ le périmètre de ce polygone.

En remplaçant les longueurs AB, BC,... par leurs valeurs, on obtient une expression de $\mathcal{P}$ qui est une somme de sept termes. Quelle est cette expression ?
- Réduis cette expression en une somme de deux termes.

Notation : Le produit $a \times x$ est noté : ax.

Réduire une somme, c'est la transformer en une somme ayant moins de termes.

Pour réduire une somme, on utilise souvent la propriété suivante de suppression des parenthèses, que nous admettons :

PROPRIÉTÉ

***a*, *b* et *c* sont des nombres relatifs ; on a :**

$$a + (b - c) = a + b - c$$
$$a - (b + c) = a - b - c$$
$$a - (b - c) = a - b + c$$

Exemples de suppression des parenthèses :
a, b, c et d sont des nombres relatifs,

$(a + b) - (c + d) = a + b - c - d$

$a - (b - c - d) = a - b + c + d$

Exemples de réduction de sommes :
a et b sont des nombres relatifs,

$a + a - a + a = (a + a) + (- a + a)$
$= 2\,a$

$5{,}2 - (a - 3{,}2) = 5{,}2 - a + 3{,}2$
$= (5{,}2 + 3{,}2) - a$
$= 8{,}4 - a$

$(a - 2{,}5) - (b - 0{,}5) = a - 2{,}5 - b + 0{,}5$
$= a - b - 2$

$a + (2b - a) = a + 2b - a$
$= 2b + (a - a)$
$= 2b$

$(5 - a) - (2 - a) = 5 - a - 2 + a$
$= (5 - 2) - (a - a)$
$= 3$

$a - (b - 3{,}2) + 4{,}5 = a - b + 3{,}2 + 4{,}5$
$= a - b + 7{,}7$

EXERCICES

2.a Calcule les sommes algébriques suivantes :
$(+ 7{,}1) - (- 4{,}9) + (- 0{,}1)$; $(- 9{,}2) + (+ 3{,}4) - (+ 4{,}2)$; $(- 0{,}7) - (- 2{,}3) + (- 9{,}9)$.
$4{,}9 - 7{,}8 + 12{,}1$; $- 1{,}75 + 9{,}91 - 2{,}25 + 10{,}09$; $71{,}5 - 21 - 5{,}6 + 14{,}02 - 3{,}5$.

2.b La longueur d'un rectangle est égale au double de sa largeur. Quelle est l'expression de son périmètre en fonction de sa largeur ?

2.c Réduis les sommes algébriques suivantes :
$4{,}5 - (x - 3{,}7)$; $2 + x - (5 - x)$; $x + (6{,}81 - x)$; $3{,}9 + (- 8 + x)$.

2.d Sachant que $b - a = 11{,}2$ calcule $5 + a - b$.

3 Produits et puissances

3.1 CALCULS NUMÉRIQUES : ORGANISER LE CALCUL D'UN PRODUIT

On donne le produit : $25 \times (- 1{,}75) \times 2 \times (- 4)$.
• Quel est son signe ? Calcule ce produit de manière performante.

Dans le tableau ci-contre, a, b, c et d sont des nombres relatifs et P leur produit.
• Calcule dans chaque cas la valeur numérique de P et complète le tableau.

a	b	c	d	P
1,5	– 0,47	– 20	– 11,3	
– 6,07	35,79	0	– 98,7	
0,25	– 1,6	– 0,5	0,8	

RÈGLE

Pour calculer un produit,
- **on détermine son signe ;**
- **on peut déplacer ou regrouper certains facteurs avant de calculer le produit de leurs distances à zéro.**

EXERCICE

3.a Calcule les produits suivants :

$-2{,}5 \times (-4)$; $-2{,}5 \times (-7) \times (-4)$; $-0{,}5 \times 0{,}5 \times (-2) \times 2$;

$25 \times (-5) \times (-0{,}4) \times (-0{,}2)$; $-0{,}5 \times 5 \times (-50) \times 0{,}02 \times (-0{,}2) \times 2$.

3.2 CALCUL LITTÉRAL : RÉDUIRE ET DÉVELOPPER UN PRODUIT

Réduire un produit

a et b sont des nombres relatifs.

$(-a)\,b = -a\,b$

$a\,(-b) = -a\,b$

$(-a)\,(-b) = a\,b$

$-(-a)\,b = a\,b$

$(-2\,a)\,(7\,b) = -(2 \times 7)\,(a\,b) = -14\,a\,b$

$(-3\,a)\,(-2\,b) = (3 \times 2)\,(a\,b) = 6\,a\,b$

Dans l'expression $-a\,b$, le signe $-$ ne signifie pas que ce nombre est négatif ; en effet, pour $a = 2$ et $b = -1$, la valeur numérique de $-a\,b$ est le nombre positif 2.

EXERCICE

3.b a et b sont des nombres relatifs.
Calcule les produits suivants sachant que $a\,b = 23$:

$a\,(-b)$; $(-a)\,(-b)$; $a\,(-2b)$; $(-3a)\,(2b)$.

Développer le produit $a\,(x + y)$

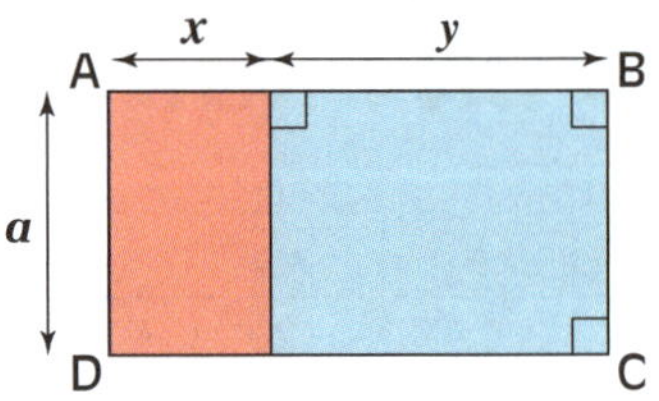

• Établis une égalité en calculant de deux façons différentes l'aire du rectangle ABCD ci-contre.

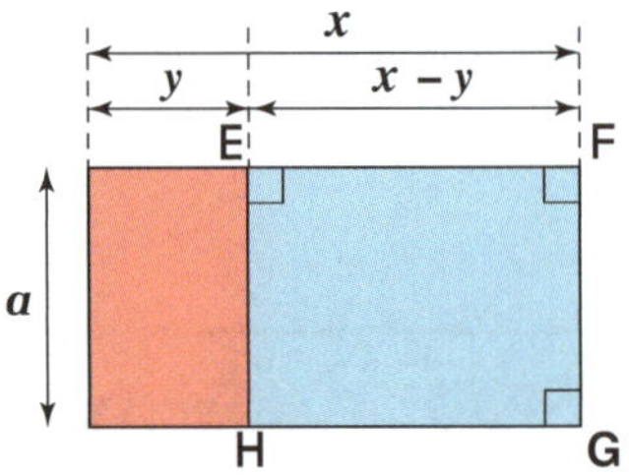

• Établis une égalité en calculant de deux façons différentes l'aire du rectangle EFGH ci-contre.

Notation : $a \times (x + y)$ est noté : $a\,(x + y)$.

Développer un produit, c'est l'écrire sous forme d'une somme.

On admet la propriété suivante :

PROPRIÉTÉ

a, x et y sont des nombres relatifs ;
on a : $a(x + y) = ax + ay$; $a(x - y) = ax - ay$.

$$a\,(x + y) = ax + ay \qquad\qquad a\,(x - y) = ax - ay$$

Exemples :
x et y sont des nombres relatifs.

$2\,(x + 3) = 2x + 6$

$x\,(2 - y) = 2x - xy$

$-5x\,(1 - 2y) = -5x \times 1 - (-5x)\,(2y)$
$= -5x + 10xy$

On écrit : $2x$ au lieu de $2 \times x$ ou $x \times 2$ et non $x2$
$2\,(x + 3)$ au lieu de $2 \times (x + 3)$ ou $(x + 3) \times 2$ et non $(x + 3)\,2$
2×7 et non 2.7
$2 \times (-9)$ et non 2×-9

Développer le produit $(a + b)\,(x + y)$

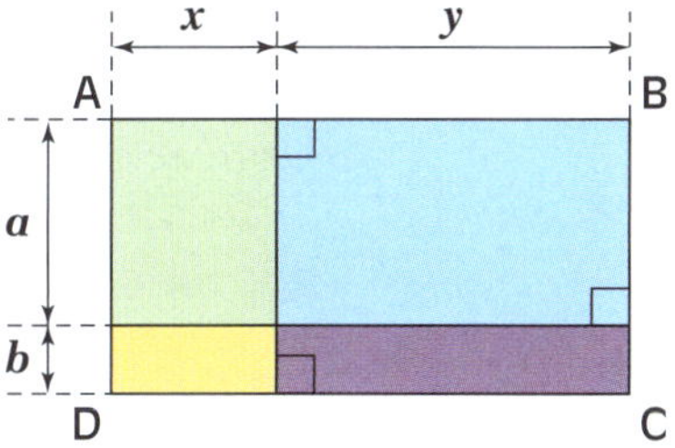

• Établis une égalité en calculant de deux façons différentes l'aire du rectangle ABCD ci–contre.

Notation :
$(a + b) \times (x + y)$ est noté : $(a + b)\,(x + y)$.

PROPRIÉTÉ

a, x et y sont des nombres relatifs ;
on a : $(a + b)\,(x + y) = ax + ay + bx + by$.

$$(a + b)(x + y) = ax + ay + bx + by$$

Exemples :
a et b sont des nombres relatifs.

$(a + 4)\,(b + 3) = ab + 3a + 4b + 12$
$(a + 2)\,(b - 1) = ab - a + 2b - 2$
$(a + 4)\,(2b + 3) = 2ab + 3a + 8b + 12$

$(a - 2)\,(b - 5) = ab - 5a - 2b + 10$
$(-a + 4)\,(b - 3) = -ab + 3a + 4b - 12$
$(-4a + 1)\,(2b - 5) = -8ab + 20a + 2b - 5$

EXERCICES

3.c a, b, x et y sont des nombres relatifs.
En utilisant l'égalité : $a\,(x + y) = ax + ay$ de la propriété précédente, retrouve les égalités :
$a\,(x - y) = ax - ay$ et $(a + b)\,(x + y) = ax + ay + bx + by$.

3.d a, b, x et y sont des nombres relatifs.
Développe les produits suivants :
$2\,(x + 3y)$; $-3\,(2x + 5y)$; $3\,(2x - y)$; $-2\,(5x - 4y)$;
$a\,(2 + b)$; $-3{,}5\,(a - 2)$; $(-2 + a)\,(-b + 2)$.

3.3 PROPRIÉTÉS DES PUISSANCES

DÉFINITION

a est un nombre relatif, n est un nombre entier naturel plus grand que 1 ;
a^n désigne le produit de n facteurs égaux au nombre a.

$$a^n = \underbrace{a \times a \times \ldots\ldots\ldots\ldots \times a}_{n \text{ facteurs égaux à } a}$$

a^n se lit : a **exposant** n.

En utilisant la définition de la puissance d'un nombre relatif, justifie les égalités suivantes :

- a et b sont des nombres relatifs.
  $(a\,b)^3 = a^3 \times b^3$ | $(a^2)^3 = a^6$ | $a^3 \times a^2 = a^5$
  $(-a)^3 = -a^3$ | $(-a)^4 = a^4$
- a est un nombre relatif non nul.
  $\dfrac{a^7}{a^4} = a^3$ | $\dfrac{a^3}{a^5} = \dfrac{1}{a^2}$ | $\dfrac{a^2}{a^2} = 1$

On admet les propriétés suivantes :

PROPRIÉTÉS

a et b sont des nombres relatifs ; n et m deux entiers naturels plus grands que 1 ;

on a :

- $(a \times b)^n = a^n \times b^n$
- $a^m \times a^n = a^{m+n}$
- $(a^m)^n = a^{m \times n}$
- **Si $m > n$, alors** $\dfrac{a^m}{a^n} = a^{m-n}$ **(a non nul)**
- **Si $m < n$, alors** $\dfrac{a^m}{a^n} = \dfrac{1}{a^{n-m}}$ **(a non nul)**
- **Si $m = n$, alors** $\dfrac{a^m}{a^n} = 1$ **(a non nul)**
- **Si n est pair, alors** $(-a)^n = a^n$
- **Si n est impair, alors** $(-a)^n = -a^n$

REMARQUES

- *Pour tout nombre relatif a, on pose $a^1 = a$.*
- *Pour tout nombre relatif a non nul, on pose $a^0 = 1$.*

Exemples :

$(-7a)^2 = 49a^2$

$(-0{,}2)^3 \times (-0{,}2)^2 = (-0{,}2)^5 = -(0{,}2)^5$

$((-3a)^2)^3 = 729\,a^6$

$(-2)^6 = 2^6 = 64$

$\dfrac{(0{,}1)^5}{(0{,}1)^3} = (0{,}1)^2 = 0{,}01$

$\dfrac{(-0{,}1)^3}{(-0{,}1)^5} = \dfrac{1}{(-0{,}1)^2} = \dfrac{1}{0{,}01} = 100$

$\dfrac{(-2)^3}{2^3} = \dfrac{-2^3}{2^3} = -1$

EXERCICES

3.e Calcule : -1^{15} ; $(-1)^{15}$; -1^0 ; $(-1)^0$ $(3^7)^3$; $(5^2)^4 \times 5$; $(-2)^3 \times (-5)^2$;
$(\frac{1}{2})^4 \times (\frac{4}{3})^4$; $2^8 \times 0{,}5^8$; $(-2)^8 \times (-0{,}5)^6$.

3.f Recopie et complète le tableau suivant :

a	a^2	a^3	$(-a)^2$	$(-a)^3$	$-a^2$	$-a^3$
2						
– 2						

3.g a et b sont des nombres relatifs. Réduis chacun des produits suivants :
$(2a)^3\,(3b)^2$; $(\frac{1}{2}\,a)^2\,(-2a)^3$; $(-3a)^2\,(-b)^3$.

4 Calcul littéral

4.1 DÉVELOPPEMENTS ET RÉDUCTIONS

Appliquer les règles de priorité

Rappelons les règles de priorité qui permettent de ne pas écrire toutes les parenthèses qu'exigeraient certains calculs.

RÈGLES DE PRIORITÉ

En l'absence de parenthèses,
- **la multiplication est prioritaire sur l'addition et la soustraction ;**
- **le calcul de puissance est prioritaire sur la multiplication.**

• Pour $a = -1$; $b = 2$; $c = -2$ et $d = 0{,}5$ calcule les valeurs numériques de A, B, C, D, E et F.

$A = ab + cd$	$C = (a + b)(c + d)$	$E = ab^2$
$B = a(b + c)d$	$D = a + bc + d$	$F = (ab)^2$

• Compare les valeurs numériques de A et B, de C et D, de E et F.

Développer et réduire

x est un nombre entier relatif.

• Réduisons les expressions suivantes :

$2x - 5x + 9x = (2 - 5 + 9)\,x = 6x$

$-2{,}5x + 3{,}2x = (-2{,}5 + 3{,}2)\,x = 0{,}7x$

$x - 5{,}2x = (1 - 5{,}2)\,x = -4{,}2x$

$4\,x + 2\,x^2 - 5\,x^2 = (2 - 5)\,x^2 + 4x = -3x^2 + 4x$

• Développons et réduisons les expressions suivantes :

$(x - 1)(x + 2) = x^2 + 2x - x - 2 = x^2 + (2 - 1)\,x - 2 = x^2 + x - 2$

$(2x - 1)(3x + 5) = 6x^2 + 10x - 3x - 5 = 6x^2 + (10 - 3)x - 5 = 6x^2 + 7x - 5$

EXERCICES

4.a Dans la formule $\mathscr{A} = 3a - 2b + 2a$, les parenthèses ont été oubliées ; place-les afin que 49 soit la valeur numérique de $\mathscr{A}$ pour $a = 3$ et $b = 1$.

4.b x est un nombre relatif ; développe et réduis les expressions suivantes :
$5(1{,}2 - x) - 3x$; $-2(0{,}5x - 7{,}12) + 3(x + 1{,}25)$; $3{,}5(2x - 1) - 2{,}1(x + 4{,}7)$;
$(x + 4)(x - 1)$; $(2x - 3)(5x - 2)$.

4.2 PRODUITS REMARQUABLES

x est un nombre relatif.

• En utilisant la définition du carré d'un nombre, développe et réduis les expressions :
$(x + 3)^2$; $(x - 4)^2$; $(3 - x)^2$.

• Développe et réduis les expressions : $(x + 5)(x - 5)$; $(1 + x)(1 - x)$.

• Plus généralement, a et b étant des nombres relatifs, développe et réduis les expressions :
$(a + b)^2$; $(a - b)^2$; $(a + b)(a - b)$.

PROPRIÉTÉS

a et b sont des nombres relatifs ; on a :

$$(a + b)^2 = a^2 + 2ab + b^2.$$
$$(a - b)^2 = a^2 - 2ab + b^2.$$
$$(a + b)(a - b) = a^2 - b^2.$$

Exemples :

$(x + 5)^2 = x^2 + 2 \times 5 \times x + 5^2 = x^2 + 10x + 25$

$(x - 3)(x + 3) = x^2 - 3^2 = x^2 - 9$

$(7 - x)^2 = 7^2 - 2 \times 7 \times x + x^2 = 49 - 14x + x^2$

$(-2 - x)(-2 + x) = (-2)^2 - x^2 = 4 - x^2$

EXERCICE

4.c y est un nombre relatif. Développe les produits suivants :
$(y + 4)^2$; $(y + 1,1)^2$; $(y - 1)^2$; $(3 - y)^2$; $(y + 1)(y - 1)$; $(3 - y)(3 + y)$.

4.3 FACTORISATIONS

Reconnaître une somme, un produit

x est un nombre relatif.

$x + 1$ est une somme ; les termes sont x et 1.	**$x(x - 0,5)$** est un produit ; les facteurs sont x et $(x - 0,5)$.
$5x - 3$ est une somme ; les termes sont $5x$ et (-3).	**$(2x + 0,07)(3,5 - x)$** est un produit ; les facteurs sont $(2x + 0,07)$ et $(3,5 - x)$.

• Les expressions suivantes sont-elles des sommes ou bien des produits ?

$4,5 + 2x$; $3(1 - x)$; $x^2 + 0,7x + 1$; $21 - \frac{2}{3}x$; $(x + 6)(2x - 9)$;
$x + 0,5(4 - x)$; $-8(3 - x)(2x + 1)$; $x^2(x - 4)$; $(x + 1)(2 - x) + 3x(x + 5)$.

• Lorsqu'une expression est une somme, précise ses termes ; lorsqu'elle est un produit, précise ses facteurs.

Factoriser une somme par mise en évidence d'un facteur commun

a, x et y sont des nombres relatifs, $ax + ay$ est la somme de deux termes : ax et ay.
On se propose de transformer cette somme en un produit.
a est un facteur commun à ces deux termes.
On peut donc écrire : $ax + ay = a(x + y)$.
Nous avons ainsi transformé la somme $ax + ay$ en un produit de facteurs : $a(x + y)$; cette transformation est une **factorisation**.

Factoriser une somme, c'est l'écrire sous la forme d'un produit de facteurs.

Exemple :
On veut factoriser : $12x^2 - 18x$.
$12x^2 - 18x$ est la somme de deux termes : $12x^2$ et $-18x$;
$6x$ est un facteur commun à ces deux termes ;
$$12x^2 - 18x = 6x \times 2x - 6x \times 3$$
$$= 6x(2x - 3)$$

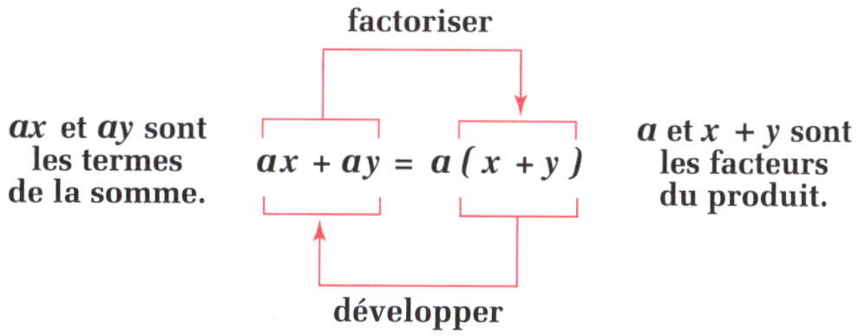

Utiliser des produits remarquables pour factoriser

Exemples de factorisations :		***Produits remarquables utilisés :***
$x^2 - 25$	$= x^2 - 5^2$	
	$= (x + 5)(x - 5)$	car $a^2 - b^2 = (a + b)(a - b)$
$x^2 + 6x + 9$	$= x^2 + 2 \times 3x + 3^2$	
	$= (x + 3)^2$	car $a^2 + 2ab + b^2 = (a + b)^2$
$x^2 - 12x + 36$	$= x^2 - 2 \times 6x + 6^2$	
	$= (x - 6)^2$	car $a^2 - 2ab + b^2 = (a - b)^2$

EXERCICES

4.d a étant un nombre relatif, factorise les sommes suivantes :

$5a^2 - a$; $4a^2 + 18a$; $a^2 - 49$; $16 - 25a^2$; $a^2 - \frac{1}{49}$; $a^2 + 18a + 81$;

$a^2 + 2a + 1$; $a^2 - 4a + 4$; $9a^2 - 24a + 16$; $a^3 - a$.

4.e Construis un rectangle qui a la même aire que la partie colorée de la figure ci-contre ; justifie ta construction.

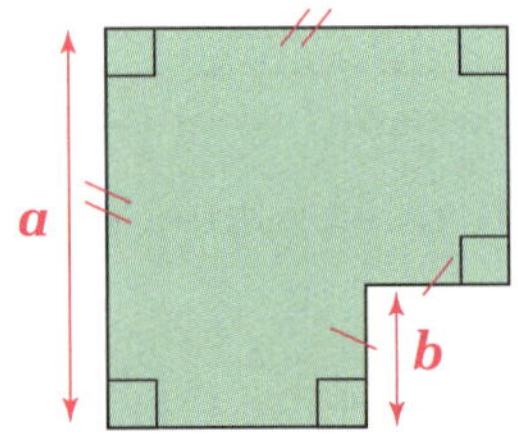

Calcul rapide

On peut utiliser les égalités précédentes dans certains calculs.

- **Pour calculer de manière performante 51^2**

on peut remarquer que : $51^2 = (50 + 1)^2$
$= 50^2 + 2 \times 50 \times 1 + 1$
$= 2\,500 + 100 + 1$
$= 2\,601$

- **Pour calculer de manière performante 39^2**

on peut remarquer que : $39^2 = (40 - 1)^2$
$= 40^2 - 2 \times 40 \times 1 + 1$
$= 1\,600 - 80 + 1$
$= 1\,521$

- **Pour calculer de manière performante 31×29**

on peut remarquer que : $31 \times 29 = (30 + 1)(30 - 1)$
$= 30^2 - 1^2$
$= 900 - 1$
$= 899$

- Calcule : 29^2 ; 61^2 ; 69×71 ; 98×102 ; $48^2 - 47^2$.

EXERCICES

ENTRAÎNEMENT

1 EXPRESSIONS LITTÉRALES

Les exercices 1 et 2 sont liés.

1 Les formules ci-dessous sont celles du périmètre du triangle, du trapèze, du carré, du rectangle et du cercle.

1) $P = 4 \times m$ 2) $P = 2 \times (k + i)$

3) $P = 2 \times \pi \times r$ 4) $P = a + b + c$

1) $P = m + p + t + w$

Pour chaque formule :

– précise la figure dont elle permet le calcul du périmètre ;
– donne le programme de calcul correspondant ;
– donne la traduction par une phrase.

2 Reprends l'exercice 1.
L'unité de longueur est le mètre ($\pi \approx 3{,}14$).
Calcule la valeur numérique de P dans chaque cas :

1) pour $m = 2{,}5$;
2) pour $k = 1{,}3$ et $i = 3{,}2$;
3) pour $r = 1{,}5$;
4) pour $a = 2{,}3$; $b = 3{,}5$ et $c = 0{,}7$;
5) pour $m = 0{,}9$; $p = 3{,}4$; $t = 2{,}1$ et $w = 1{,}6$.

Les exercices 3 et 4 sont liés.

3 Les formules ci-dessous sont celles de l'aire du triangle, du trapèze, du carré, du rectangle et du cercle.

1) $\mathcal{A} = m \times p$ 2) $\mathcal{A} = \dfrac{a \times b}{2}$ 3) $\mathcal{A} = b^2$

4) $\mathcal{A} = \dfrac{(a + f) \times p}{2}$ 5) $\mathcal{A} = \pi \times r^2$

Pour chaque formule :

– précise la figure dont elle permet le calcul de l'aire ;
– donne le programme de calcul correspondant ;
– donne la traduction par une phrase.

4 Reprends l'exercice 3.
L'unité de longueur est le mètre ($\pi \approx 3{,}14$).
Calcule la valeur numérique de A dans chaque cas :

1) pour $m = 1{,}1$ et $p = 0{,}5$;
2) pour $a = 3{,}4$ et $b = 0{,}9$;
3) pour $b = 2{,}5$;
4) pour $a = 5{,}4$; $f = 1{,}6$ et $p = 12$;
5) pour $r = 7$.

5 Le débit moyen d d'un robinet est le quotient du volume v de liquide écoulé par la durée t.

• Quelle est la formule qui permet de calculer ce débit moyen ?
• Un robinet remplit un seau de 15 litres en 2 min 30 s.

Quel est, en L/s, le débit moyen de ce robinet ?

6 Pendant la semaine commerciale, un magasin diminue les prix des marchandises de 15 %. Si on désigne par p le prix d'une marchandise avant la semaine commerciale et par q le prix de cette marchandise pendant la semaine commerciale, exprime q en fonction de p.

7 L'unité de longueur est le cm.

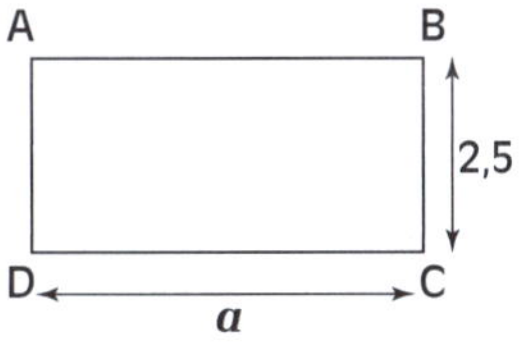

Exprime en fonction de a :

– le périmètre $\mathcal{P}$ du rectangle ABCD ;
– l'aire $\mathcal{A}$ de ce même rectangle.

2 SOMMES ALGÉBRIQUES

8 Calcule de manière performante chacune des sommes algébriques suivantes :

$a = 0{,}7 - 2{,}9 + 4 + 1{,}9 - 0{,}7$
$b = 3{,}53 - 1{,}23 + 0{,}7 - 1{,}1 + 5 - 0{,}9$
$c = 1{,}234 + 1{,}9 - 5 - 1{,}234 + 0{,}1 + 3$
$d = 1{,}27 + 3{,}61 - 5{,}5 + 3{,}5 - 0{,}61 + 0{,}73$
$e = 1{,}25 - 5{,}75 + 1{,}5 - 0{,}25 + 2{,}5 + 0{,}75$
$f = 1{,}3 + 7{,}5 - 0{,}3 + 0{,}5 - 2{,}2 + 0{,}2$
$g = -0{,}255 + 3 + 4{,}5 - 0{,}645 - 2 - 0{,}1$

9 Calcule de manière performante chacune des sommes algébriques suivantes :

$A = 2{,}5 + (1{,}5 - 4{,}3)$ $C = -2{,}5 + (1{,}5 - 7{,}3)$
$B = 2{,}5 - (1{,}5 - 8{,}2)$ $D = -2{,}5 - (1{,}5 - 4{,}1)$

10 Vérifie que : $227{,}2 - 193{,}7 = 33{,}5$.
Utilise ce résultat pour calculer :
$66{,}5 + (227{,}2 - 193{,}7)$; $66{,}5 - (193{,}7 - 227{,}2)$;
$66{,}5 + (193{,}7 - 227{,}2)$; $(227{,}2 - 193{,}7) - 66{,}5$;
$66{,}5 - (227{,}2 - 193{,}7)$; $(193{,}7 - 227{,}2) - 66{,}5$.

EXERCICES

11 m est un nombre relatif. Réduis les sommes algébriques suivantes :

$A = m - 7 + (2{,}5 - m)$
$B = m - 7 + (-2{,}5 - m)$
$C = m - 7 - (2{,}5 - m)$
$D = m - 7 - (-2{,}5 - m)$
$E = -m + 7 + (2{,}5 - m)$
$F = -m + 7 + (-2{,}5 - m)$
$G = -m + 7 - (2{,}5 - m)$
$H = -m + 7 - (-2{,}5 - m)$

3 PRODUITS ET PUISSANCES

12 Calcule de manière performante chacun des produits suivants :

$a = 2 \times 14 \times 5$ | $b = 0{,}1 \times 1{,}7 \times 3 \times 10$
$c = 0{,}5 \times 2{,}5 \times 5$ | $d = 2 \times 9 \times (-1{,}5)$
$e = 1{,}2 \times 7 \times 5$ | $f = 2{,}5 \times (-3{,}7) \times (-4)$
$g = 2 \times (-0{,}1) \times 1{,}725 \times (-10)$
$h = 4 \times (-17) \times (-0{,}1) \times 5 \times (-25)$
$i = (-0{,}2) \times (-3{,}2) \times (-5) \times 2 \times (-5)$

13 Les lettres minuscules désignent des nombres relatifs. Développe chacun des produits suivants :

$A = 3\,(a - 4{,}2)$ | $B = -3\,(8{,}9 - a)$
$C = -3\,(2a - 4{,}2)$ | $D = -3\,(-4a - 2b)$
$E = (2{,}5 - a)\,(2 + b)$ | $F = (2{,}5 - 2a)\,(b - 2)$
$G = (-2{,}5 + 8a)\,(2b + 1)$
$H = (-2{,}5 - 8a)\,(-3b - 2)$

14 Les lettres minuscules désignent des nombres relatifs. Réduis chacun des produits définis suivants :

$A = 2a \times 3a^2$ | $C = (-3a^2\,b) \times (-2ab^2)$
$B = (-2bc) \times 5b^2$ | $D = (-1{,}2a^2\,b)^2 \times (-5a)$
$E = (-0{,}1a^2\,b^2)^3 \times (-10a)^2$
$F = (0{,}1a^3\,b^5)^2 \times (-0{,}3ab^2)^3$

15 Les lettres minuscules désignent des nombres relatifs. Applique les propriétés des puissances pour transformer les expressions suivantes :

$A = (2a)^2$ | $H = (-c)^2 \times (-c)^3$
$B = (3b)^3$ | $I = (2a)^2 \times (3a)^3$
$C = (-4c)^2$ | $J = (-a)^3 \times (-4a)^2$
$D = (-0{,}7a)^3$ | $K = (4a^2b)^2$
$E = (3ab)^2$ | $L = (5a^3b^2)^2$
$F = a^2 \times a$ | $M = (-2ab^2)^3$
$G = b \times b^3$ | $N = (-3a^3b^2)^2$

16 Les lettres minuscules désignent des nombres relatifs. Développe les produits suivants :

$A = 5b\,(2 + 3b)$ | $B = 5b\,(2 - 3b)$
$C = -5b\,(2 + 3b)$ | $D = -5b\,(2 - 3b)$
$E = -5b\,(-2 + 3b)$ | $F = -5b\,(-2 - 3b)$

17 a est un nombre relatif différent de 0. Donne une écriture simplifiée de chacune des expressions suivantes :

$A = \dfrac{a^5}{a^3}$ | $B = \dfrac{a^3}{a}$ | $C = \dfrac{(a^2)^5}{a^5}$
$D = \dfrac{a^2}{a^4}$ | $E = \dfrac{a}{a^3}$ | $F = \dfrac{a^2}{(a^3)^2}$

4 CALCUL LITTÉRAL

18 Les lettres minuscules désignent des nombres relatifs.
– Pour chacune des expressions ci-dessous, indique si c'est une somme algébrique ou un produit.
– Lorsqu'une expression est une somme, précise ses termes ; lorsqu'elle est un produit, précise ses facteurs.

$A = 5x - 9$ | $I = (3m + 7)\,a$
$B = 7 - 4y$ | $J = -y\,(2x - 1) + 4$
$C = 3\,(t - 4a)$ | $K = t^2 + 2t + 1$
$D = (p + 1)\,(p - 4)$ | $L = p^2\,(2p + 1)$
$F = -y\,(2x + 9)$ | $M = -4\,(x + 2)\,(2x - 1)$
$G = 3m + 7a$ | $N = -4 + 2\,(2y - 1)$
$H = 3m + (7 + a)$ | $P = 4t^2 - 9$

19 Les lettres minuscules désignent des nombres relatifs. Réduis les sommes algébriques suivantes :

$A = a + 2a - a + 3a$
$B = a + b - 2a + 3b$
$C = xy - 7 + 3xy - 2xy + 3$
$D = 5a^2 + 6a^2 + 7a^2 - 2$
$E = ab^2 + 2ab^2 - 3ab^2 - 5$
$F = 6x^3y + 4x^3y - 3x^3y + 7$
$G = 2a + 3x^4t - 4a + x^4t$
$H = 2ab + a^2 + 5ab + 3a^2$

EXERCICES

20 Réduis les sommes ci-dessous.

$A = 1{,}5b - 3{,}7b + 2{,}5b$
$B = 7{,}2m - 4{,}3m - 0{,}7m + 0{,}8m$
$C = 3{,}4x - 2{,}7x + 0{,}6x - 1{,}3x + 0{,}5x$
$D = 3a - 1{,}5b + 0{,}5a - 0{,}3b + 7$
$E = 1{,}4zt - 3{,}2zt - 0{,}8zt + 0{,}6zt + 9$
$F = 11a^2 - 9a + 15a - 2a^2 + 1$
$G = -\,4{,}5a^2 + 3{,}9b^2 - 4{,}9b^2 + 5{,}5a^2$
$H = 5{,}4x^2 - 2{,}7 + 3{,}6x^2 - 0{,}3 - 5x^2$

21 Les lettres minuscules désignent des nombres relatifs. Développe et réduis chacune des expressions suivantes :

$A = 2\,(3x - 4) - 2x$
$B = -\,2\,(3x + 4) + 2x$
$C = 3\,(-\,2y - 5) + 2\,(y - 7)$
$D = -\,3\,(-\,2t - 5) - 2\,(t + 7)$
$E = -\,1{,}2\,(-\,5x + 10) - 2{,}5\,(-\,x - 4)$
$F = -\,2\,(1{,}5x - 2{,}4) - 3\,(-\,0{,}5x + 0{,}6)$
$G = 2x\,(5x - 1) - x^2 + 3x - 7$

22 Les lettres minuscules désignent des nombres relatifs.
Développe les produits suivants :

$Q = (x + 4)\,(x + 1)$ $\quad U = (2x - 1)\,(3x + 2)$
$R = (x + 4)\,(x - 1)$ $\quad V = (2x - 1)\,(3x - 2)$
$S = (x - 4)\,(x + 1)$ $\quad W = (-\,2x + 1)\,(-\,3x + 2)$
$T = (x - 4)\,(x - 1)$ $\quad Z = (-\,2x - 1)\,(-\,3x - 2)$

23 Les lettres minuscules désignent des nombres relatifs. Développe chacune des expressions suivantes :

$A = (x + 1)^2$ $\quad D = (4 - p)^2$ $\quad G = (2t + 3)^2$
$B = (y - 1)^2$ $\quad E = (2x + 1)^2$ $\quad H = (5 - 2p)^2$
$C = (t + 3)^2$ $\quad F = (3y - 1)^2$

24 Les lettres minuscules désignent des nombres relatifs. Développe chacune des expressions suivantes :

$I = (x + 2)\,(x - 2)$ $\quad K = (2t - 4)\,(2t + 4)$
$J = (y + 3)\,(y - 3)$ $\quad L = (5 - 4p)\,(5 + 4p)$

25 Les lettres minuscules désignent des nombres relatifs. Développe les expressions suivantes :

$A = 6a\,(7a^2 - 6a + 2)$
$B = 8b\,(5 - 2b - 3b^2)$
$C = -\,3c^3\,(-\,c^4 + 2c^2 + 1)$
$D = (5d^2 + 0{,}25d - 2)\,(-\,3d)$

26 Les lettres minuscules désignent des nombres relatifs. Factorise les sommes algébriques suivantes :

$A = 3a + 3$ $\quad I = 3b^2 - 12b$
$B = 3b + 6$ $\quad J = 4c^3 + 3c$
$C = 6c + 9$ $\quad K = 6d^2 - \mathrm{d}$
$D = 12d + 18$ $\quad L = f^2 - 64$
$E = 4f - 4$ $\quad M = g^2 - 81$
$F = 6g - 18$ $\quad N = 4h^2 - 100$
$G = 16h - 18$ $\quad O = 121 - 9a^2$
$H = 5a^2 + 12a$

27 Calcule de manière performante :
11^2 ; 31^2 ; 51^2 ; 29^2 ; 49^2 ; 59^2 ;
19×21 ; 29×31 ; 39×41 ; 49×51 ;
$12^2 - 11^2$; $14^2 - 13^2$; $16^2 - 15^2$; $18^2 - 17^2$;
$20^2 - 19^2$; $35^2 - 34^2$; $43^2 - 42^2$; $51^2 - 50^2$.

APPROFONDISSEMENT

28 Les lettres minuscules désignent des nombres relatifs. Développe et réduis les expressions suivantes :

$A = (a - b)\,(a - b)\,(a + b)$
$B = 2c\,(1 - 5c) - 3 + (4c - 2)\,c$
$C = (b - 1)\,(b^2 - 2b + 1)$
$D = 3\,(b^2 + 3b - 5) - 7\,(-\,3b^2 + 2b - 1)$
$E = 4c^2\,(3c - 2) - 3c\,(2 + 3c^2) - 5\,(-\,c^2 + 2c^3)$
$F = m^2 + m\,(3 - m) - 3\,(4 + 2m + m^2)$
$G = -\,pt^2 - p^2\,(p + t) + t\,(t^2 + pt + p^2)$

29 Les lettres minuscules désignent des nombres relatifs. Factorise les expressions suivantes :

$A = a - 7a^3$ $\quad B = 4b^3 - 16a^2$
$C = 12cd^2 - 3c^2d$ $\quad D = 3\,(m + 2) + m\,(m + 2)$
$E = (t - 3)\,(2t - 1) + (t - 3)\,(3t + 1)$
$F = 3\,(a - 1) + (a + 2)\,(a - 1) + 3a\,(a - 1)$

30 Les lettres minuscules désignent des nombres relatifs. Factorise les expressions suivantes :

$A = b^2 + 2b + 1$ $\quad B = 4c^2 - 4c + 1$
$C = 9a^2 - 12a + 4$ $\quad D = 25b^2 + 20b + 4$
$E = 121c^2 - 44c + 4$ $\quad F = a^2b^2 - 8ab + 16$
$G = 4m^2 - 12mp + 9p^2$ $\quad H = 9t^2 - 4a^2$
$I = 25 - 64b^2$ $\quad J = (m - 2p)^2 - (m + p)^2$

31 a est un nombre relatif.
Établis l'égalité suivante :
$(10a + 5)^2 = 100a\,(a + 1) + 25$.
Utilise cette égalité pour calculer de manière performante : 35^2 ; 65^2 ; 85^2.

EXERCICES

32 L'unité de longueur est le cm.

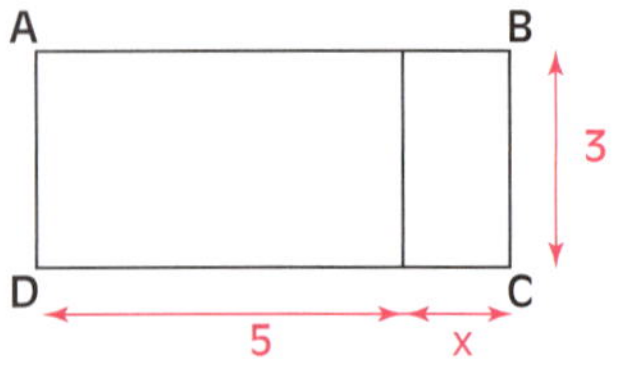

Exprime en fonction de x :
– le périmètre $\mathcal{P}$ du rectangle ABCD ;
– l'aire $\mathcal{A}$ de ce même rectangle.

33 L'unité de longueur est le cm. Exprime en fonction de x l'aire $\mathcal{A}$ du trapèze rectangle ABCD.

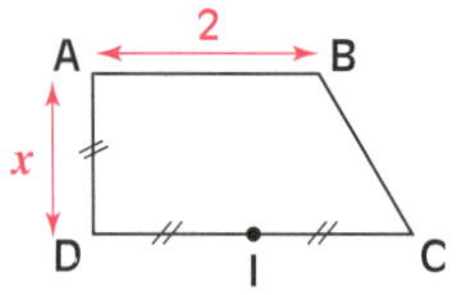

34 L'unité de longueur est le cm.
La figure ci-dessous est formée d'un rectangle et d'un demi-cercle.
Exprime en fonction de a et b :
– le périmètre $\mathcal{P}$ de la figure ci-contre ;
– l'aire $\mathcal{A}$ de cette même figure.

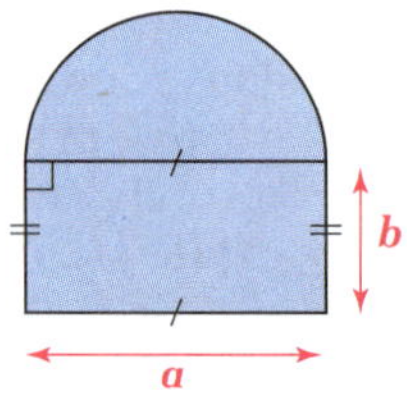

35 L'unité de longueur est le cm.
ABCD est un carré, ($\mathcal{C}$) un demi-cercle de diamètre [CD].

Exprime en fonction de x l'aire $\mathcal{A}$ de la partie hachurée de la figure ci-contre.

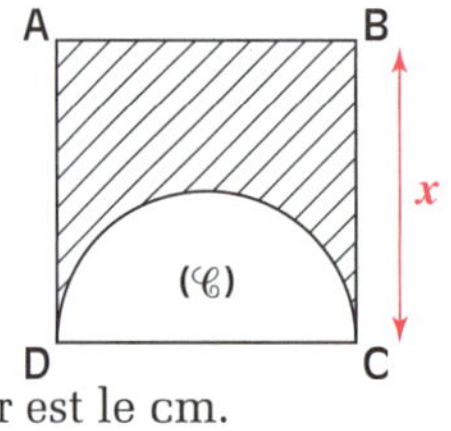

36 L'unité de longueur est le cm.
ABEH, BCDE, EFGH sont des rectangles et ABFG un carré.

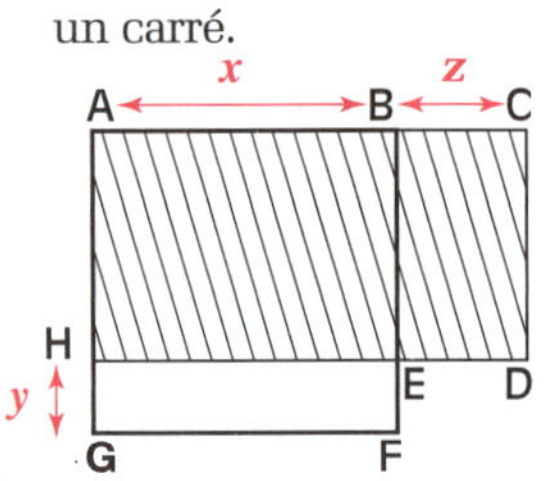

1) Exprime en fonction de x, y et z le périmètre $\mathcal{P}$ et l'aire $\mathcal{A}$ de la partie hachurée de la figure ci-contre.
2) Calcule $\mathcal{P}$ et $\mathcal{A}$ pour $x = 5$, $y = 1{,}5$ et $z = 2$.

37 L'unité de longueur est le cm.
La figure codée est formée par juxtaposition d'un carré C, d'un rectangle R, d'un trapèze T_1 et d'un triangle équilatéral T_2.

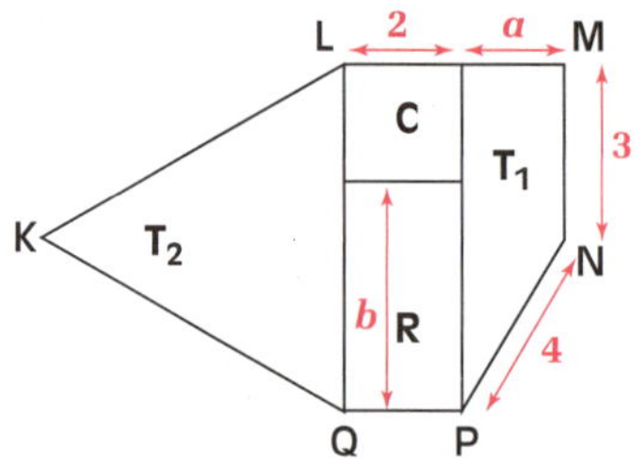

Exprime en fonction de b :
– le périmètre et l'aire du rectangle R ;
– le périmètre du triangle T_2.
Exprime en fonction de a et b :
– le périmètre et l'aire du trapèze T_1 ;
– le périmètre du polygone KLMNPQ.

38 L'unité de longueur est le cm.
Exprime en fonction de x, l'aire totale $\mathcal{A}$ et le volume $\mathcal{V}$ du pavé droit représenté ci-contre.

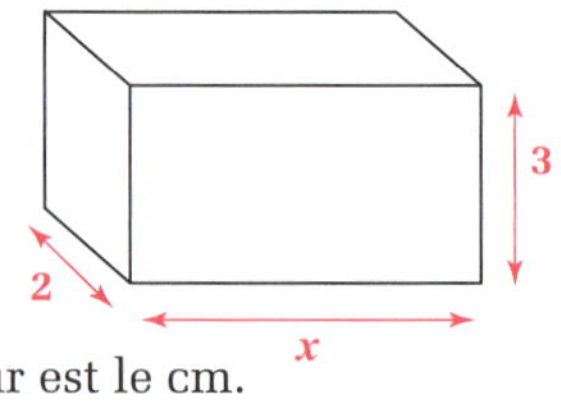

39 L'unité de longueur est le cm.

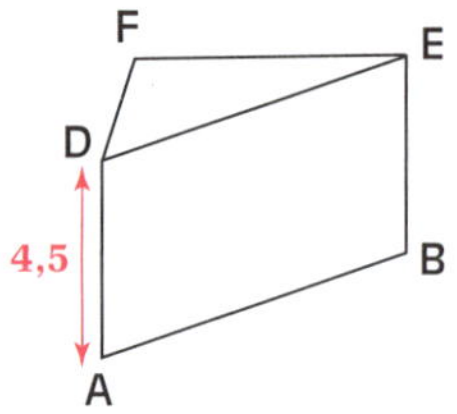

ABCDEF est un prisme droit dont les bases sont les triangles DFE et ACB, rectangles respectivement en F et en C, tels que ED = a ; DF = b et FE = c.

1) Exprime en fonction de a, b et c l'aire totale $\mathcal{A}$ de ce prisme droit.
2) Exprime en fonction de b et c, le volume $\mathcal{V}$ de ce prisme droit.

40 L'unité de longueur est le m.

Le dessin ci-contre représente une poutrelle métallique en acier de 5 m de longueur.

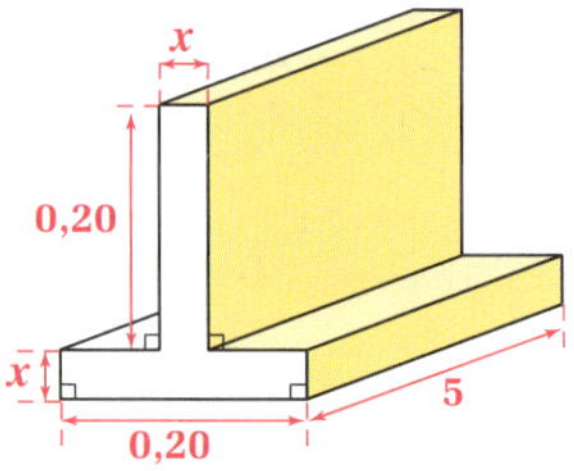

Calcule en fonction de x :
– l'aire totale $\mathcal{A}$ de cette poutrelle ;
– le volume $\mathcal{V}$ de cette poutrelle, puis sa masse sachant que la masse volumique de l'acier est 7,8 g/cm^3.

11 Nombres rationnels

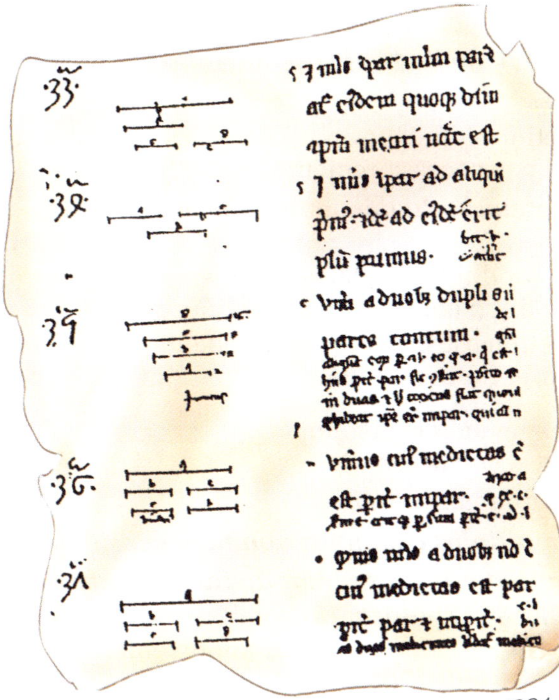

Extrait d'une traduction d'Euclide écrite en 1294

Euclide, Livre VIII

Proposition VIII. Si entre deux nombres tombent des nombres successivement proportionnels, il tombera autant de nombres moyens proportionnels entre deux autres nombres qui ont la même raison que les premiers, qu'il en tombe entre les deux premiers.

Exemple : 2 • 4 • 8 16
1 • 2 • 4 8

Si entre deux nombres tombent des nombres successivement proportionnels, entre 2 et 16 tombent deux nombres 4 et 8, successivement proportionnels :

$$\left(\frac{2}{4} = \frac{4}{8} = \frac{8}{16}\right).$$

Il tombera autant de nombres moyens proportionnels entre deux autres nombres qui ont la même raison que les premiers : entre 1 et 8, la raison est 8 ($1 \times 8 = 8$), de même qu'entre 2 et 16 la raison est 8 ($2 \times 8 = 16$) et entre 1 et 8 tombent deux nombres moyens proportionnels 2 et 4 :

$$\left(\frac{1}{2} = \frac{2}{4} = \frac{4}{8}\right).$$

SOMMAIRE

1 Fractions

MÉTHODE

Pour simplifier une fraction,
on peut utiliser l'une des méthodes suivantes :

1 ***Recherche de diviseurs communs du numérateur et du dénominateur***

• Lorsque l'un des termes de la fraction (numérateur ou dénominateur) est petit, on vérifie si chaque diviseur de ce terme est un diviseur de l'autre terme de la fraction. On simplifie par le plus grand commun diviseur de ces termes.

• Lorsque les deux termes de la fraction sont petits, on peut rechercher l'ensemble des diviseurs de chacun des termes, puis l'ensemble des diviseurs communs à ces termes. On simplifie par le plus grand commun diviseur de ces termes.

Dans les deux cas, la fraction simplifiée est irréductible.

2 ***Simplifications successives***

La simplification de la fraction s'effectue en utilisant les caractères de divisibilité. La fraction simplifiée n'est pas nécessairement irréductible.

3 ***Décomposition du numérateur et du dénominateur en produit de facteurs premiers***

Sur les décompositions en produit de facteurs premiers des termes d'une fraction, il est plus aisé de procéder directement à des simplifications.

Le nombre par lequel la fraction est simplifiée pour obtenir une fraction irréductible est le PGCD du numérateur et du dénominateur.

Pour réduire des fractions au même dénominateur,
on peut utiliser l'une des méthodes suivantes :

1 ***Utilisation du produit des dénominateurs***

2 ***Recherche des premiers multiples communs non nuls des dénominateurs***

3 ***Décomposition des dénominateurs en produit de facteurs premiers***

À partir des décompositions en produit de facteurs premiers des dénominateurs, il est plus aisé d'obtenir le plus petit dénominateur commun ; c'est-à-dire le PPCM des dénominateurs.

EXERCICES

1.a Simplifie chacune des fractions suivantes :

$\frac{42}{3\,920}$; $\frac{66}{17\,640}$; $\frac{30}{62}$; $\frac{12}{45}$; $\frac{600}{945}$; $\frac{720}{648}$; $\frac{1\,880}{5\,292}$; $\frac{2\,275}{2\,695}$.

1.b Justifie que chacune des fractions suivantes est irréductible :

$\frac{160}{189}$; $\frac{361}{391}$; $\frac{97}{59}$; $\frac{163}{223}$.

1.c Compare les fractions suivantes : $\frac{13}{126}$ et $\frac{13}{135}$; $\frac{89}{504}$ et $\frac{97}{540}$; $\frac{197}{2\,520}$ et $\frac{625}{8\,316}$.

1.d Réduis les fractions au même dénominateur, puis range-les par ordre croissant :

$\frac{3}{4}$; $\frac{11}{15}$; $\frac{13}{20}$; $\frac{4}{5}$ et $\frac{17}{36}$.

2 PGCD – PPCM

Activité

On se propose de calculer le PGCD et le PPCM des nombres entiers naturels 2 772 et 4 200.

Décomposition des deux nombres en produit de facteurs premiers :

$2\ 772 = 2^2 \times 3^2 \times 7 \times 11$; $4\ 200 = 2^3 \times 3 \times 5^2 \times 7$

Les facteurs de ces deux décompositions sont : 2 ; 3 ; 5 ; 7 ; 11.

Graphique représentant chacune des deux décompositions :

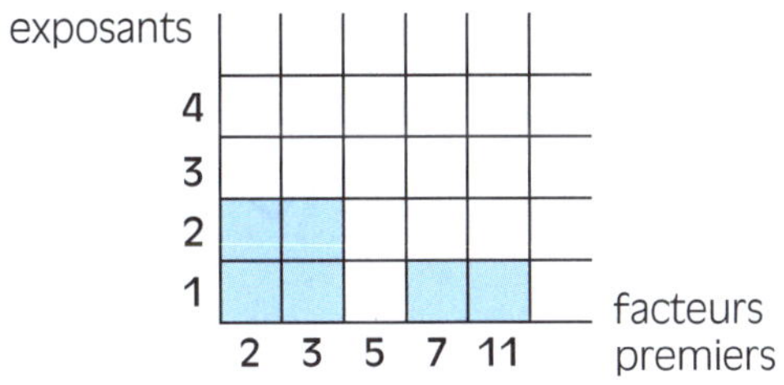

$2\ 772 = 2^2 \times 3^2 \times 7 \times 11$

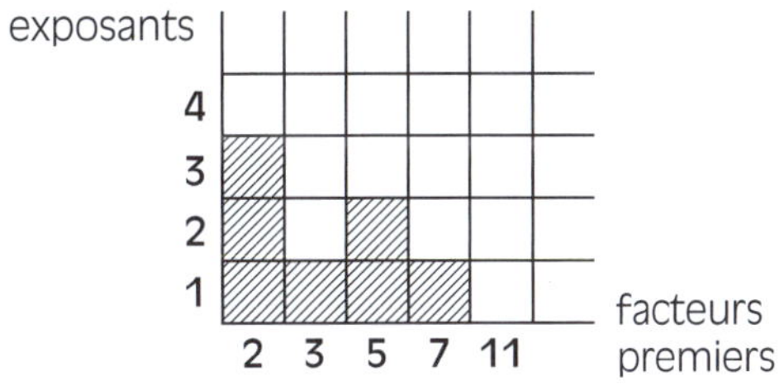

$4\ 200 = 2^3 \times 3 \times 5^2 \times 7$

- Cite des diviseurs de 2 772.
  2^3 est-il un diviseur de 2 772 ?
  3 est-il un diviseur de 2 772 ?
  5 est-il un diviseur de 2 772 ?

- Cite des diviseurs de 4 200.
  2^2 est-il un diviseur de 4 200 ?
  3^2 est-il un diviseur de 4 200 ?
  11 est-il un diviseur de 4 200 ?

- Cite des diviseurs communs à 2 772 et 4 200.
- En utilisant les facteurs 2, 3, 5, 7, 11, cite des multiples de 2 772, des multiples de 4 200, des multiples communs à 2 772 et 4 200.

Graphique représentant le PGCD

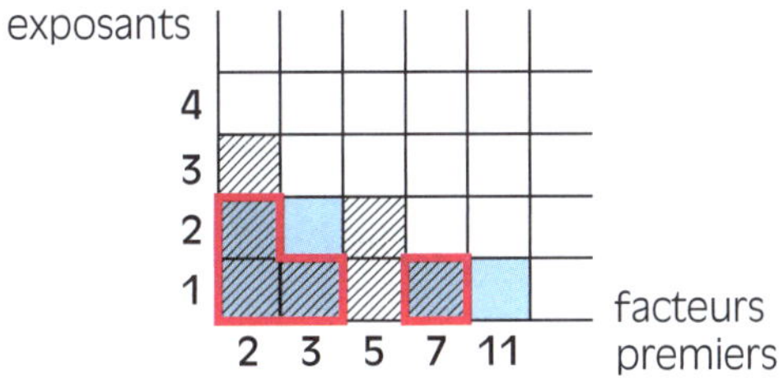

En utilisant le graphique représentant les deux décompositions, on détermine le PGCD en prenant les cases qui sont à la fois bleues et hachurées, d'où :

PGCD (2 772 ; 4 200) = $2^2 \times 3 \times 7$.

Graphique représentant le PPCM

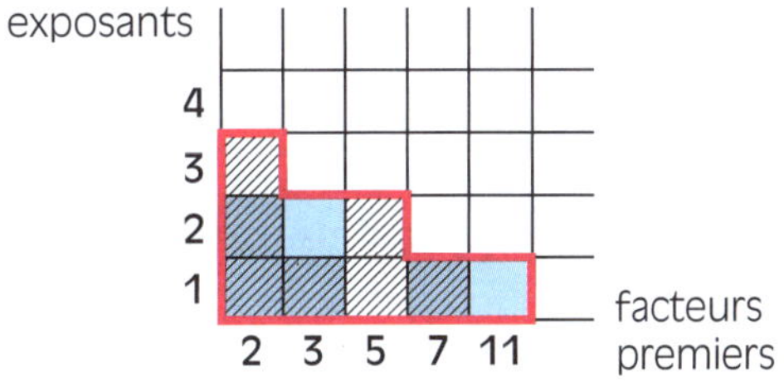

En utilisant le graphique représentant les deux décompositions, on détermine le PPCM en prenant les cases bleues ou hachurées, d'où :

PPCM (2 772 ; 4 200) = $2^3 \times 3^2 \times 5^2 \times 7 \times 11$.

Le PGCD est le produit des **facteurs communs** aux deux décompositions, chaque facteur étant affecté du **plus petit exposant** apparu dans les deux décompositions.

Le PPCM est le produit de **tous les facteurs** des deux décompositions, chaque facteur étant affecté du **plus grand exposant** apparu dans les deux décompositions.

EXERCICES

2.a Dans chacun des cas suivants, détermine PGCD $(a\ ;\ b)$ et PPCM $(a\ ;\ b)$:

$a = 2^3 \times 3^2 \times 5$ et $b = 2^2 \times 3^4 \times 5^2$ $\qquad$ $a = 2^2 \times 3^3 \times 7^2$ et $b = 2 \times 3^2 \times 5^3$

$a = 3^2 \times 7^2 \times 11$ et $b = 2^4 \times 3^3 \times 5 \times 7$ $\qquad$ $a = 3 \times 7^3$ et $b = 2^2 \times 5^2 \times 11$

2.b Dans chacun des cas suivants, détermine PGCD $(a\ ;\ b)$ et PPCM $(a\ ;\ b)$:

$a = 32$ et $b = 256$ $\qquad$ $a = 324$ et $b = 144$ $\qquad$ $a = 1\,120$ et $b = 1\,323$

3 Nombres rationnels

3.1 ENSEMBLE DES NOMBRES RATIONNELS

(D) est une droite graduée de repère (O, I).

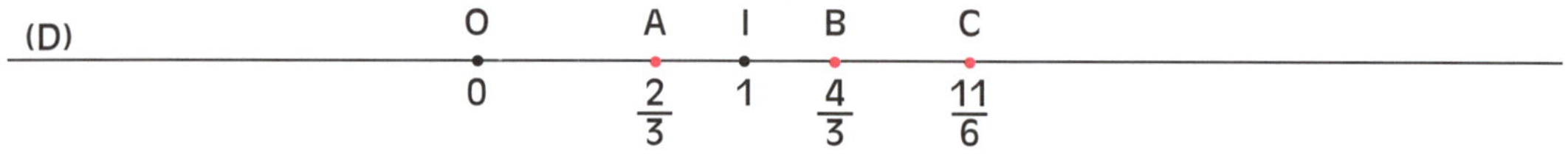

• Reproduis la droite (D) et place le mieux possible les points E , F et G d'abscisses respectives $\frac{1}{2}$, $\frac{9}{4}$ et $\frac{17}{5}$.

• Sur la droite (D), place les points A', B', C', E', F' et G' symétriques respectifs des points A, B, C, E, F et G par rapport au point O.

L'abscisse de A' est l'opposé de $\frac{2}{3}$; on la note $-\frac{2}{3}$.

• Quelle est l'abscisse de chacun des points B', C', E', F' et G' ?

Notation : l'opposé de la fraction $\frac{a}{b}$ est noté : $-\frac{a}{b}$.

DÉFINITION

Un nombre rationnel est un nombre égal à une fraction ou à l'opposé d'une fraction.

L'ensemble des nombres rationnels est noté : $\mathbb{Q}$.

Exemples : les nombres suivants sont des nombres rationnels : 0,75 ; 1,8 ; 12 ; 0,1 ; – 0,8 ; – 3 ; – 5,25. Justifie.

EXERCICES

3.a Sur une droite graduée de repère (O, I), marque les points A, B, C, E, F et G d'abscisses respectives : $-\frac{2}{3}$; $\frac{4}{3}$; $-\frac{7}{3}$; $\frac{8}{3}$; $-\frac{5}{6}$; $\frac{7}{6}$.

3.b Cite deux nombres rationnels positifs et deux nombres rationnels négatifs qui ne sont pas des nombres décimaux relatifs.

3.2 ÉCRITURES DES NOMBRES RATIONNELS

Quotient de deux nombres entiers relatifs

• Le nombre x tel que $2 \times x = -9$ est appelé le quotient de (– 9) par 2 ; on écrit : $x = \frac{-9}{2}$.

Or le nombre x tel que $2 \times x = -9$ est le nombre décimal négatif (– 4,5) égal à $-\frac{9}{2}$.

• Le nombre y tel que $(-2) \times y = 9$ est appelé le quotient de 9 par (– 2) ; on écrit $y = \frac{9}{-2}$.

Or le nombre y tel que $(-2) \times y = 9$ est le nombre décimal négatif – 4,5 égal à $-\frac{9}{2}$.

Nous avons montré que : $\frac{-9}{2} = \frac{9}{-2} = -\frac{9}{2}$.

• Le nombre x tel que : $(-3) \times x = 8$ ou $3 \times x = (-8)$ n'est pas un nombre décimal : c'est le nombre rationnel $-\frac{8}{3}$.

Nous pouvons donc écrire comme précédemment : $\frac{-8}{3} = \frac{8}{-3} = -\frac{8}{3}$.

On admet les propriétés suivantes :

PROPRIÉTÉS

• **a et b étant des nombres entiers naturels et b non nul : $\frac{-a}{b} = \frac{a}{-b} = -\frac{a}{b}$.**

• **Un nombre rationnel peut s'écrire sous la forme $\frac{c}{d}$ où c et d sont des nombres entiers relatifs et d non nul.**

DÉFINITION

a et b sont des nombres entiers relatifs et b n'est pas nul.
On appelle quotient de a par b le nombre rationnel q tel que $a = bq$.

On note : $q = \frac{a}{b}$.

• L'ensemble $\mathbb{D}$ des nombres décimaux relatifs est **une partie de l'ensemble** $\mathbb{Q}$ des nombres rationnels.

On note : $\mathbb{D} \in \mathbb{Q}$.

On lit : l'ensemble $\mathbb{D}$ est **inclus** dans l'ensemble $\mathbb{Q}$.

• Chaque nombre décimal relatif est un nombre rationnel.

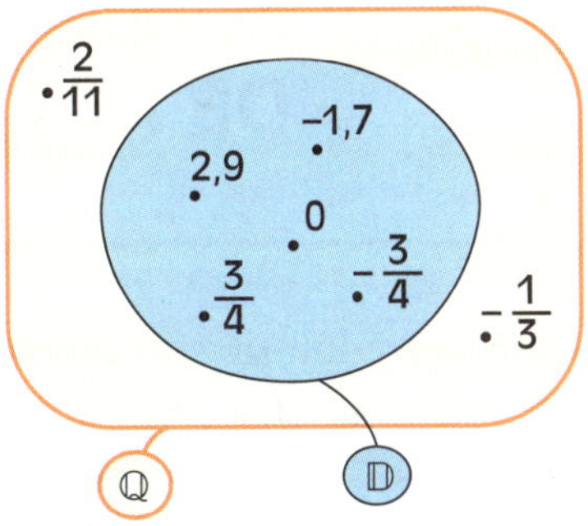

Comparaison de nombres rationnels

Pour comparer deux nombres rationnels, on se ramène à comparer des nombres décimaux relatifs, des fractions et des opposés de fractions.

EXERCICES

3.c Recopie, puis complète par $\in$ ou $\notin$:

$-12{,}7 \ldots\ldots \mathbb{N}$; $-12{,}7 \ldots\ldots \mathbb{Z}$; $-12{,}7 \ldots\ldots \mathbb{D}$; $-12{,}7 \ldots\ldots \mathbb{Q}$; $-\frac{4}{5} \ldots\ldots \mathbb{N}$;

$-\frac{4}{5} \ldots\ldots \mathbb{Z}$; $-\frac{4}{5} \ldots\ldots \mathbb{D}$; $-\frac{4}{5} \ldots\ldots \mathbb{Q}$; $\frac{7}{3} \ldots\ldots \mathbb{D}$; $\frac{-7}{10} \ldots\ldots \mathbb{Q}$; $\frac{7}{-10} \ldots\ldots \mathbb{D}$.

3.d Simplifie l'écriture de chacun des nombres rationnels suivants :

$\frac{36}{150}$; $-\frac{18}{24}$; $-\frac{35}{56}$; $\frac{-28}{60}$; $\frac{120}{-160}$; $\frac{-16}{-48}$; $\frac{-210}{441}$.

3.e Dans chacun des cas suivants, donne une écriture du quotient x de deux nombres relatifs :

$2x = 3$; $(-3)x = 5$; $7x = -2$; $(-9)x = -6$; $(-3)x = 11$; $(-4)x = 5$.

3.f Compare les nombres rationnels suivants :

$\frac{5}{3}$ et $-\frac{2}{5}$; $-\frac{13}{7}$ et $-\frac{7}{5}$; $\frac{2}{7}$ et $\frac{3}{8}$; $-5{,}1$ et $-\frac{14}{3}$; $\frac{-11}{18}$ et $\frac{7}{-12}$.

4 Opérations sur les nombres rationnels

4.1 SOMME ET DIFFÉRENCE DE NOMBRES RATIONNELS

RÈGLE

Pour calculer la somme (ou la différence) de deux nombres rationnels écrits sous forme de fraction ou d'opposés de fractions :
- **on les réduit à un même dénominateur positif ;**
- **on calcule la somme (ou la différence) des numérateurs des quotients obtenus.**

Exemples :

$$\left(-\frac{3}{5}\right) + \left(-\frac{11}{5}\right) = \frac{-3}{5} + \frac{-11}{5} = \frac{(-3) + (-11)}{5} = \frac{-14}{5}$$

$$\left(-\frac{7}{11}\right) - \frac{15}{11} = \frac{-7}{11} - \frac{15}{11} = \frac{(-7) - 15}{11} = \frac{-22}{11} = -2$$

$$\left(-\frac{7}{3}\right) + \frac{4}{7} = \frac{-49}{21} + \frac{12}{21} = \frac{(-49) + 12}{21} = \frac{-37}{21}$$

$$\left(-\frac{4}{3}\right) - \frac{7}{5} = \frac{-20}{15} - \frac{21}{15} = \frac{(-20) - 21}{15} = \frac{-41}{15}$$

EXERCICES

4.a Calcule les sommes suivantes :

$\frac{3}{5} + (-\frac{5}{4})$; $(-\frac{2}{7}) + (-\frac{3}{2})$; $\frac{5}{7} + \frac{2}{-3}$; $\frac{-5}{12} + (-\frac{3}{4})$; $\frac{-7}{6} + \frac{5}{-9}$.

4.b Calcule les différences suivantes :

$\frac{5}{4} - \frac{2}{3}$; $\frac{2}{3} - \frac{7}{5}$; $\frac{7}{2} - (-\frac{2}{7})$; $(-\frac{3}{8}) - \frac{5}{4}$; $2 - (-\frac{7}{3})$; $(-3) - (-\frac{3}{4})$.

4.2 PRODUIT DE DEUX NOMBRES RATIONNELS

PROPRIÉTÉ

***a*, *b*, *c* et *d* sont des nombres entiers relatifs ; *b* et *d* sont non nuls.**

$$\frac{a}{b} \times \frac{c}{d} = \frac{a \times c}{b \times d}$$

Exemples :

$$\left(\frac{-3}{4}\right) \times \frac{3}{5} = \frac{(-3) \times 3}{4 \times 5} = -\frac{9}{20}$$

$$\left(\frac{-5}{7}\right) \times \left(\frac{-4}{11}\right) = \frac{(-4) \times (-5)}{7 \times 11} = \frac{20}{77}$$

$$\frac{8}{13} \times \left(\frac{-7}{9}\right) = \frac{8 \times (-7)}{13 \times 9} = -\frac{56}{117}$$

$$(-4) \times \left(-\frac{9}{14}\right) = \frac{(-4) \times (-9)}{14} = \frac{36}{14} = \frac{18}{7}$$

EXERCICES

4.c Calcule les produits suivants :

$\frac{3}{5} \times \frac{7}{6}$; $(-\frac{2}{7}) \times \frac{21}{8}$; $\frac{6}{25} \times (\frac{-15}{4})$; $(-\frac{7}{8}) \times (\frac{-2}{5})$; $(-2) \times (-\frac{7}{12})$.

4.d Calcule les produits suivants :

$\frac{3}{2} \times \frac{7}{5} \times (-\frac{20}{9})$; $(-\frac{3}{2}) \times \frac{7}{6} \times (-\frac{3}{14})$; $(-\frac{5}{6}) \times (-\frac{7}{5}) \times (-\frac{8}{75})$; $\frac{3}{11} \times (-\frac{11}{9}) \times (\frac{-3}{-28})$.

4.3 PUISSANCE ENTIÈRE D'UN NOMBRE RATIONNEL

Exemples :

$\left(\frac{4}{7}\right)^3 = \frac{4}{7} \times \frac{4}{7} \times \frac{4}{7} = \frac{64}{343}$

$\left(-\frac{2}{3}\right)^2 = (-\frac{2}{3}) \times (-\frac{2}{3}) = \frac{4}{9}$

$\left(-\frac{6}{5}\right)^3 = (-\frac{6}{5}) \times (-\frac{6}{5}) \times (-\frac{6}{5}) = -\frac{216}{125}$

$\left(-\frac{1}{7}\right)^3 = -\left(\frac{1}{7}\right)^3 = -\frac{1}{7^3} = -\frac{1}{343}$

EXERCICES

4.e Calcule de deux manières différentes les expressions suivantes :
$\left(\frac{2}{3} \times \frac{5}{7}\right)^3$; $\left((-\frac{1}{5}) \times \frac{3}{2}\right)^4$; $\left((-\frac{1}{2}) \times (-\frac{3}{5})\right)^5$; $\left((-\frac{2}{3}) \times (-\frac{1}{7})\right)^3$.

4.f r, s et t sont des nombres rationnels, écris les expressions suivantes sous forme d'une puissance entière de r, s ou t : $(r^2)^4$; $(r^3)^5$; $(s^3)^5$; $(t^2)^7$.

4.4 INVERSE D'UN NOMBRE RATIONNEL NON NUL

DÉFINITION

a et b sont des nombres entiers relatifs non nuls. On a : $\frac{a}{b} \times \frac{b}{a} = 1$.
On dit que $\frac{a}{b}$ et $\frac{b}{a}$ sont des nombres rationnels inverses l'un de l'autre.

Exemples :

$\frac{1}{3}$ est l'inverse de 3.

-2 est l'inverse de $-\frac{1}{2}$.

-1 est l'inverse de -1.

$\frac{2}{5}$ est l'inverse de $\frac{5}{2}$.

$-\frac{3}{7}$ est l'inverse de $-\frac{7}{3}$.

1 est l'inverse de 1.

EXERCICE

4.g Donne les inverses des nombres rationnels suivants :
$\frac{7}{12}$; $-\frac{11}{5}$; 0,7 ; $-2,5$; $\frac{5}{-11}$; $\frac{-13}{7}$; $-3,7$.

4.5 QUOTIENT DE DEUX NOMBRES RATIONNELS

DÉFINITION

***r* et *s* sont des nombres rationnels et *s* est non nul, on appelle quotient de *r* par *s* le nombre rationnel *q* tel que *r* = *sq*.**

On note : $q = \frac{r}{s}$ ou $q = r : s$.

r est le **numérateur** et s le **dénominateur** du quotient.

Le quotient $\frac{r}{s}$ est le produit de r par l'inverse de s : $\frac{r}{s} = r \times \frac{1}{s}$.

Exemples :

$\frac{10}{7} : 2 = \frac{10}{7} \times \frac{1}{2} = \frac{10}{14} = \frac{5}{7}$

$(-\frac{3}{5}) : \frac{9}{10} = (-\frac{3}{5}) \times \frac{10}{9} = -\frac{30}{45} = -\frac{2}{3}$

$3 : \frac{6}{11} = 3 \times \frac{11}{6} = \frac{11}{2}$

$\frac{2}{7} : (-\frac{3}{2}) = \frac{2}{7} \times (-\frac{2}{3}) = -\frac{4}{21}$

EXERCICE

4.h Calcule les quotients suivants :

$\frac{3}{7} : (-\frac{5}{4})$; $(-\frac{5}{3}) : (-\frac{4}{3})$; $(-3) : (-\frac{9}{16})$; $(-\frac{3}{25}) : (-6)$.

$\dfrac{\frac{9}{8}}{\frac{3}{5}}$; $\dfrac{-\frac{7}{2}}{\frac{-3}{4}}$; $-\dfrac{\frac{5}{6}}{-8}$; $\dfrac{2}{\frac{-3}{7}}$; $\dfrac{2{,}25}{3{,}75}$; $-\dfrac{0{,}24}{3{,}6}$; $\dfrac{1{,}75}{\frac{2}{5}}$; $\dfrac{-\frac{4}{7}}{0{,}25}$.

EXERCICES

ENTRAÎNEMENT

1 FRACTIONS

1 Simplifie les fractions suivantes :
$\frac{56}{720}$; $\frac{45}{75}$; $\frac{360}{300}$; $\frac{42}{1\,050}$; $\frac{126}{270}$; $\frac{378}{440}$.

2 Simplifie les fractions suivantes :
$\frac{2^3}{2^4}$; $\frac{3^5}{3^4}$; $\frac{4^7}{4^{10}}$; $\frac{5^{11}}{5^8}$; $\frac{6^2}{4^2}$.

3 Parmi les fractions suivantes, simplifie celles qui ne sont pas irréductibles :
$\frac{7}{6}$; $\frac{15}{13}$; $\frac{36}{27}$; $\frac{63}{36}$; $\frac{1}{4}$; $\frac{18}{21}$; $\frac{106}{111}$.

4 Rends irréductibles les fractions suivantes :
$\frac{22}{36}$; $\frac{28}{52}$; $\frac{51}{34}$; $\frac{147}{234}$; $\frac{105}{75}$; $\frac{42}{91}$; $\frac{161}{77}$; $\frac{143}{363}$.

5 Rends irréductibles les fractions suivantes :
$\frac{1\,485}{1\,750}$; $\frac{3\,744}{3\,564}$; $\frac{60\,480}{95\,256}$; $\frac{10\,800}{349\,272}$; $\frac{41}{4\,961}$.

6 Réduis au même dénominateur les fractions suivantes :
$\frac{12}{25}$ et $\frac{8}{9}$; $\frac{7}{21}$ et $\frac{11}{24}$; $\frac{25}{42}$ et $\frac{13}{72}$.

7 Compare les fractions suivantes :
$\frac{1}{3}$ et $\frac{1}{4}$; $\frac{6}{7}$ et $\frac{7}{8}$; $\frac{9}{7}$ et $\frac{9}{8}$; $\frac{13}{5}$ et $\frac{13}{5}$;
$\frac{143}{142}$ et $\frac{156}{157}$; $\frac{5}{4}$ et $\frac{7}{8}$; $\frac{1\,944}{1\,945}$ et $\frac{1\,995}{1\,994}$.

8 Range les fractions suivantes dans l'ordre croissant :
$\frac{1}{6}$, $\frac{1}{5}$, $\frac{1}{4}$, $\frac{1}{3}$ et $\frac{1}{2}$; $\frac{5}{6}$, $\frac{4}{18}$, $\frac{4}{14}$ et $\frac{1}{12}$.

9 Trouve une fraction plus grande que $\frac{5}{3}$, plus petite que 2 et dont le dénominateur est 4.
Trouve trois fractions plus petites que $\frac{5}{3}$ et dont le dénominateur est 4.

2 PGCD – PPCM

10 Écris l'ensemble M des multiples non nuls de 6 et plus petits que 100 et l'ensemble N des multiples non nuls de 14 et plus petits que 100.
Déduis-en le PPCM de 6 et 14.

11 Écris l'ensemble A des diviseurs de 300 et l'ensemble B des diviseurs de 630.
Déduis-en le PGCD de 300 et 630.

12 Dans chacun des cas suivants, calcule PGCD $(a\,;\,b)$:
$a = 2^5 \times 3^2$ et $b = 2^3 \times 3 \times 5^2$;
$a = 2^2 \times 3 \times 5^3$ et $b = 2 \times 3^2 \times 5$;
$a = 2^4 \times 5^3$ et $b = 3 \times 7^2$.

13 Dans chacun des cas suivants, calcule PPCM $(a\,;\,b)$:
$a = 2 \times 32$ et $b = 23 \times 3 \times 5$;
$a = 24 \times 3 \times 5$ et $b = 22 \times 32 \times 7$;
$a = 23 \times 52$ et $b = 32 \times 7$.

14 Calcule le PGCD des nombres suivants :
28 et 36 ; 18 et 24 ; 21 et 100 ; 126 et 132.

15 Calcule le PPCM des nombres suivants :
36 et 50 ; 25 et 72 ; 16 et 36 ; 105 et 176.

16 Compare les fractions suivantes :
$\frac{2\,151}{3\,024}$ et $\frac{2\,345}{3\,240}$; $\frac{1\,225}{10\,368}$ et $\frac{2\,695}{23\,328}$.

3 NOMBRES RATIONNELS

17 (D) est une droite graduée de repère (O, I).
Recopie la droite (D) et marque les points M, N, P, Q, R et S d'abscisses respectives :
$-\frac{1}{5}$, $\frac{1}{2}$, $-\frac{7}{10}$, $\frac{9}{5}$, $-\frac{1}{4}$ et $-\frac{7}{8}$.

18 L'unité de longueur est le cm.
Trace une droite graduée (D) de repère (O, I) tel que OI = 6.

EXERCICES

Sur (D), place les points M, N, P, Q, R et S d'abscisses respectives :
$\frac{1}{6}$, $-\frac{4}{3}$, $-\frac{5}{12}$, $\frac{1}{2}$, $\frac{7}{6}$ et $-\frac{3}{4}$.

19 Donne une écriture sous la forme d'une fraction ou de l'opposé d'une fraction pour chacun des nombres décimaux relatifs suivants :
$-0,5$; $5,3$; $15,2$; $-7,4$; $-5,25$; $24,47$.

20 Parmi les nombres rationnels suivants :
$\frac{3}{4}$, $\frac{11}{6}$, $-\frac{7}{11}$, $-\frac{3}{10}$, $\frac{15}{7}$, $\frac{23}{25}$, $-\frac{25}{13}$ et $-\frac{27}{54}$
cite ceux qui ne sont pas des nombres décimaux relatifs.

21 Écris chacun des nombres suivants sous forme d'une fraction ou de l'opposé d'une fraction irréductibles :
$\frac{8}{12}$, $-\frac{30}{36}$, $\frac{-27}{18}$, $\frac{15}{-40}$, $\frac{32}{72}$, $-\frac{360}{108}$, $\frac{-91}{49}$.

22 a) Range par ordre croissant les nombres rationnels suivants :
$-0,2$; $-\frac{7}{5}$; $\frac{5}{4}$; $3,5$; $-\frac{2}{3}$; -1 et $-\frac{3}{7}$.
b) Range par ordre décroissant les nombres rationnels suivants :
$\frac{7}{11}$; $-2,7$; $-\frac{4}{5}$; $1,25$; $\frac{7}{6}$; $\frac{-6}{14}$ et $\frac{13}{-8}$.

23 Sans réduire au même dénominateur et sans calculer le quotient, compare les nombres rationnels suivants :
$\frac{5}{4}$ et $\frac{4}{5}$; $-\frac{15}{16}$ et $-\frac{16}{15}$; $-\frac{13}{12}$ et $-\frac{121}{137}$;
$-\frac{1}{12}$ et $-\frac{4}{5}$; $\frac{-1}{7}$ et $\frac{1}{-9}$; $-\frac{1}{27}$ et $-0,2$.

4 OPÉRATIONS SUR LES NOMBRES RATIONNELS

24 Calcule les sommes algébriques suivantes :
$A = 1 + \frac{3}{4} + \frac{5}{7}$; $B = 3 + \frac{3}{4} - 2$; $C = 4 + \frac{5}{4} - 2$;
$D = \frac{3}{2} + 2,5$; $E = 0,2 + \frac{9}{5}$; $F = \frac{7}{4} + 0,25$;
$G = \frac{49}{50} + 0,02$; $H = 4,2 + \frac{4}{5}$.

25 Effectue les calculs suivants et donne le résultat sous forme d'une fraction ou de l'opposé d'une fraction irréductibles :

$A = (\frac{7}{3} + \frac{9}{4}) - (\frac{1}{2} + 1)$

$B = (3 - \frac{7}{5} + \frac{3}{10}) - (\frac{7}{12} - \frac{1}{3})$

$C = \frac{23}{7} - (\frac{7}{4} - \frac{2}{3}) - (2 + \frac{11}{6} - \frac{5}{7})$

$D = 3 - (2 + \frac{1}{7}) + (-\frac{1}{2} + 4 - \frac{5}{7})$

$E = -\frac{3}{4} - (\frac{6}{7} + \frac{13}{14}) - (-\frac{3}{4} - \frac{6}{7} + \frac{3}{2})$

$F = -\frac{147}{149} - (-\frac{2}{3} - \frac{147}{149}) - (\frac{4}{9} + 3 - \frac{5}{2})$.

26 Calcule les sommes suivantes :
$\frac{-2}{7} + \frac{5}{21}$; $\frac{8}{9} + (-\frac{3}{5})$; $\frac{13}{7} + \frac{6}{7}$; $2 + (-\frac{7}{2})$;
$\frac{1}{3} + \frac{13}{-9}$; $-1 + (-\frac{1}{2}) + \frac{4}{5}$; $(-\frac{5}{3}) + \frac{20}{27} + (-\frac{4}{9})$.

27 Calcule les sommes suivantes :
$\frac{2}{3} + \frac{1}{5} + \frac{3}{4}$; $(-\frac{1}{4}) + \frac{3}{5} + (-\frac{8}{3})$;
$2 + (-\frac{3}{4}) + \frac{7}{5}$; $\frac{3}{7} + (-\frac{5}{2}) + (-\frac{3}{5})$;
$(-\frac{4}{3}) + (-\frac{2}{5}) + (-\frac{3}{2})$.

28 Effectue les opérations suivantes :
$4 - \frac{2}{7} - \frac{3}{5}$; $\frac{5}{3} - \frac{1}{2} - \frac{7}{4}$; $\frac{4}{5} - (-\frac{2}{7}) - \frac{7}{10}$;
$\frac{11}{4} - (-\frac{7}{6}) - (-\frac{11}{12})$; $(-\frac{3}{7}) - (-\frac{2}{3}) - (-\frac{17}{12})$.

29 Calcule : $2 - (\frac{5}{2} - \frac{11}{6}) - (\frac{9}{24} - \frac{10}{5}) - \frac{6}{7}$;
$\frac{2}{3} - \left[(-\frac{7}{4}) - (\frac{1}{2} + \frac{3}{8})\right]$; $\frac{12}{5} - (\frac{2}{7} - \frac{3}{35})$.

30 Calcule les produits suivants :
$A = \frac{4}{9} \times \frac{5}{7}$; $B = \frac{12}{7} \times \frac{14}{6}$; $C = \frac{99}{98} \times \frac{98}{99}$;
$D = 5 \times \frac{2}{3}$; $E = \frac{4}{7} \times 7$; $F = \frac{5}{9} \times 1,2$;
$G = \frac{10}{3} \times 0,01 \times \frac{270}{6}$; $H = \frac{77}{65} \times \frac{13}{11} \times \frac{10}{14}$.

EXERCICES

31 Effectue les produits suivants :

$3 \times \frac{2}{7} \times \frac{21}{12}$; $\frac{3}{25} \times \frac{5}{12} \times \frac{8}{7}$; $\frac{7}{15} \times \frac{11}{21} \times \frac{3}{55}$;

$\frac{1}{7} \times \frac{8}{15} \times \frac{25}{24} \times \frac{21}{13}$; $\frac{5}{42} \times \frac{8}{7} \times \frac{14}{15} \times \frac{75}{81}$.

32 Effectue les produits suivants :

$\frac{19}{28} \times \frac{56}{57}$; $(-\frac{15}{7}) \times (-\frac{14}{25})$; $(\frac{-8}{3}) \times (\frac{5}{-6})$;

$\frac{56}{28} \times (\frac{-34}{18})$; $(\frac{-3}{4}) \times (\frac{12}{-5}) \times (-\frac{25}{6})$;

$\frac{3}{11} \times (\frac{-11}{9}) \times \frac{7}{8}$; $(-2) \times (\frac{-38}{21}) \times (\frac{-7}{4}) \times (-\frac{3}{8})$.

33 Calcule les produits suivants :

$\frac{8}{3} \times (-\frac{1}{4} + \frac{3}{2})$; $\frac{7}{23} \times \left[(-\frac{8}{6}) - \frac{45}{18}\right]$;

$(-6 + \frac{5}{-12}) \times (-3)$.

34 Effectue les calculs suivants :

$(-\frac{3}{5})^3$; $(-\frac{7}{4})^2 \times (-\frac{2}{3})^4$; $(\frac{3}{7})^5 \times (-\frac{14}{9})^3$;

$(\frac{3}{7} + \frac{1}{2})^2$; $(\frac{5}{6} - \frac{3}{4})^2$; $(-\frac{10}{3})^5 \times (-\frac{6}{5})^4$.

35 Sans effectuer de calculs, donne le signe de chacun des nombres suivants :

$(\frac{3}{5})^8$; $(-\frac{1}{4})^{15}$; $(-\frac{3}{1})^{24}$; $(-\frac{1}{2})^{59}$;

$(-1)^{257} \times (-\frac{7}{6})^{305}$; $(\frac{5}{3})^{1994} \times (-\frac{5}{7})^{1995}$;

$(-3)^{35} \times (-\frac{1}{3})^{42} \times (-\frac{5}{4})^{27} \times (\frac{2}{3})^{29} \times (-\frac{7}{8})$.

36 Dans les deux cas suivants, trouve les nombres entiers naturels n et m tels que :

$(\frac{1}{2})^n = \frac{1}{32}$; $\frac{343}{125} = (\frac{7}{5})^m$.

37 Donne les inverses des nombres suivants :

-3 ; $\frac{1}{5}$; $-\frac{7}{12}$; 0,3 ; $-1{,}7$; $\frac{-11}{8}$.

38 Complète les égalités suivantes :

$(-3) \times .... = 1$; $\frac{5}{11} \times .... = 1$; $(-\frac{8}{2}) \times .... = -1$;

$\frac{5}{7} \times .... = -1$; $(-\frac{7}{4}) \times .... = -1$.

39 Écris les quotients suivants sous la forme d'une fraction ou de l'opposé d'une fraction :

$\frac{13}{15} : \frac{39}{25}$; $\frac{2}{9} : \frac{27}{4}$; $(-\frac{85}{54}) : (\frac{17}{63})$;

$(-\frac{3}{4} : (-\frac{33}{8})$; $(-\frac{7}{8}) : (-3)$; $(-1) : \frac{11}{5}$.

40 Calcule les quotients suivants et donne chaque résultat sous forme d'une fraction ou de l'opposé d'une fraction irréductible :

$2 : 0{,}3$; $\frac{5}{1{,}2}$; $(-3{,}5) : 2{,}7$; $\frac{2{,}7}{3{,}8}$; $\frac{-3{,}1}{-2{,}2}$;

$(-12{,}25) : (-7{,}5)$; $(-2) : 0{,}2$; $7{,}86 : (-3)$.

41 Complète les égalités suivantes et donne chaque résultat sous forme d'une fraction ou de l'opposé d'une fraction irréductible :

$\dfrac{\frac{3}{8}}{\frac{7}{6}} = \; ... \times ... = ...$; $\dfrac{-\frac{17}{25}}{\frac{34}{27}} = ... \times ... = ...$;

$\dfrac{-\frac{9}{14}}{-\frac{3}{28}} = \; ... \times ... = ...$; $\dfrac{\frac{-1}{2}}{3} = ... \times ... = ...$;

$\dfrac{1}{-\frac{3}{7}} = \; ... \times ... = ...$.

42 Effectue les opérations suivantes et simplifie la fraction obtenue :

$\frac{3}{7} : 5$; $\frac{5}{7} : \frac{3}{8}$; $7 : \frac{21}{8}$; $\frac{12}{25} : \frac{16}{15}$;

$(\frac{3}{4} : \frac{2}{3}) : \frac{3}{5}$; $\frac{3}{4} : (\frac{2}{3} : \frac{3}{5})$; $(2 : \frac{2}{3}) : \frac{3}{7}$.

43 Effectue les opérations suivantes et simplifie la fraction obtenue :

$(\frac{11}{12} : \frac{33}{16}) \times \frac{3}{5}$; $(\frac{5}{12} \times \frac{21}{15}) : \frac{1}{4}$;

$(\frac{2}{7} : \frac{5}{4}) \times (\frac{5}{8} : 2)$; $(\frac{11}{15} \times \frac{35}{44}) : (\frac{1}{7} \times \frac{4}{13})$.

EXERCICES

APPROFONDISSEMENT

44 Dans chacun ces cas suivants,
calcule PGCD $(a ; b)$ et PPCM $(a ; b)$;
compare $a \times b$ et PGCD $(a ; b) \times$ PPCM $(a ; b)$.
Que constates-tu ?
$a = 12$ et $b = 52$; $a = 18$ et $b = 32$;
$a = 40$ et $b = 105$; $a = 11$ et $b = 23$.

45 Dans chacun des cas suivants,
a) calcule le PGCD de a et b ;
b) calcule les quotients respectifs de a et b par leur PGCD.
Quel est le PGCD de ces deux quotients ?
Que constates-tu ?
$a = 180$ et $b = 200$; $a = 520$ et $b = 700$;
$a = 40$ et $b = 60$; $a = 121$ et $b = 253$.

46 Calcule le PPCM de 504 et 492.
Calcule les quotients respectifs de ce PPCM par 504 et 492.
Explique comment tu peux trouver ces quotients sans effectuer les divisions (tu utiliseras les décompositions en facteurs premiers de 504 et 492).

47 a et b sont des nombres entiers relatifs et b est non nul.
Dans les deux cas suivants, trouve un nombre rationnel de la forme $\frac{a}{b}$ égal à :
$\frac{55}{25}$ et dont le dénominateur est (-15) ;
$(-1{,}2)$ et dont le numérateur est 18.

48 a, b, c et d sont des nombres entiers relatifs tels que b et d ne sont pas nuls et $\frac{a}{b} = \frac{c}{d}$.
a) À l'aide d'un tableau de proportionnalité, justifie que : $\frac{a}{b} = \frac{c}{d} = \frac{a+c}{b+d}$.
b) En utilisant la propriété précédente, trouve deux nombres entiers naturels x et y tels que l'on ait à la fois : $\frac{x}{7} = \frac{y}{5}$ et $x + y = 72$.

49 Un réservoir de voiture est vide aux $\frac{2}{3}$;
il faut ajouter 20 litres pour qu'il soit plein aux $\frac{3}{4}$.
Quelle est la contenance du réservoir ?

50 Après le décès de leur père, Kade, Madion et Ngaba procèdent au partage des 75 bœufs de leur père défunt.
Kade reçoit les $\frac{7}{15}$ des bœufs, Madion reçoit les $\frac{4}{5}$ de la part de Kade et Ngaba reçoit le reste.
Quelle est la part de chaque enfant ?

51 « J'ai dépensé la moitié des trois quarts du tiers de ce que tu as dépensé », dit Gondo à Kacou.
Gondo a, quant à lui, dépensé 480 F.
Combien Kacou a-t-il dépensé ?

52 Une pièce rectangulaire a une longueur de 9 m et une largeur de 6 m. On veut carreler cette pièce avec des dalles carrées sans devoir en découper.
La longueur du côté d'une dalle est comprise entre 9 cm et 31 cm.
Quelles sont les longueurs possibles pour le côté d'une dalle ? (On ne tiendra pas compte des joints.)
Dans chaque cas, calcule le nombre de dalles qu'il faut.

53 En musique, on a les équivalences suivantes :
– 1 noire équivaut à 2 croches ;
– 1 blanche équivaut à 2 noires ;
– 1 ronde équivaut à 2 blanches.

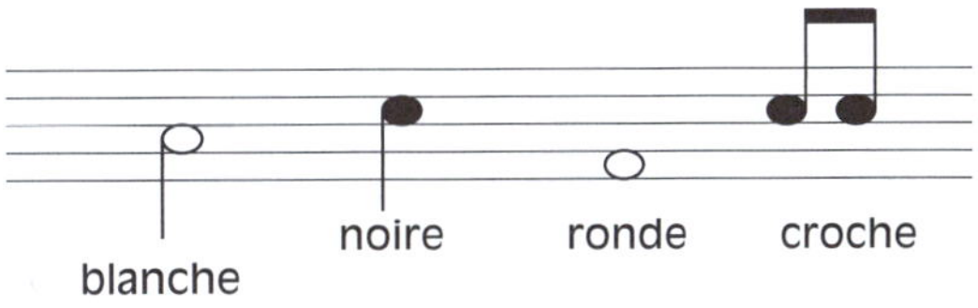

Quelle fraction de ronde représente une blanche ? une noire ? une croche ?

54 Un engrenage comprend trois roues dentées qui ont respectivement 24, 36 et 54 dents.
La première roue fait 30 tours en une minute.
Combien de temps faudra-t-il pour que les trois roues reviennent à leur position de départ ?

55 Les principales unités de longueur anglaises sont la ligne *(line)*, le pouce *(inch)*, le pied *(foot)*, le yard et le mille *(mile)*.

EXERCICES

Les correspondances sont les suivantes :
1 pouce = 12 lignes ; 1 pied = 12 pouces
1 yard = 3 pieds ; 1 mille = 1 760 yards.
a) Exprime successivement :
1 ligne en fraction de pouce ; 1 pouce en fraction de pied ; 1 ligne en fraction de pied et 1 pied en fraction de yard.
b) Exprime : 3 yards 2 pieds 5 pouces en fraction de yards ; 1 yard 7 pieds 6 pouces 4 lignes en fraction de pouces et 1 mille 232 yards 1 100 pieds en fraction de mille.

56 Dans une classe de 4e, en fin d'année scolaire, $\frac{2}{3}$ des élèves sont admis en 3e, $\frac{1}{10}$ redouble, $\frac{1}{6}$ doit subir un examen de passage et 4 sont exclus.
Quel est le nombre d'élèves de cette classe ?

57 Un avion effectue la ligne Niamey – Bamako – Ouagadougou – Ndjamena.
À l'embarquement à Niamey, les $\frac{3}{4}$ des sièges passagers sont occupés. À l'escale de Bamako, 45 passagers descendent et 27 montent ; l'avion est alors plein aux $\frac{2}{3}$. À l'escale de Ouagadougou, la moitié des passagers descendent et 25 montent.
Quel est le nombre de sièges dans l'avion ?
Quel est le nombre de passagers débarquant à Ndjamena ?

58 Lors d'un devoir de mathématiques, le professeur donne 4 questions à 1 point chacune, 5 questions à $\frac{3}{4}$ de point chacune, 20 questions à $\frac{1}{2}$ point chacune et 9 questions à $\frac{1}{4}$ de point chacune.
a) Sur combien de points est noté ce devoir ?
b) Ali a répondu correctement à 2 questions à 1 point, 3 questions à $\frac{3}{4}$ de point, 11 questions à $\frac{1}{2}$ point et 3 questions à $\frac{1}{4}$ de point.
Quelle est sa note ?
c) Mamadou, le cancre de la classe, a obtenu 1,5 à ce devoir. Quelles sont les questions auxquelles il a pu répondre ? (Énumère tous les cas possibles.)
d) Aïcha, quant à elle, a obtenu 18,75 à ce devoir.
Quelles sont les questions auxquelles elle n'a pas pu répondre ? (Énumère tous les cas possibles.)

59 Lors d'une élection municipale, 3 listes sont en compétition. La commune a 6 155 électeurs inscrits sur ses listes électorales.
Il y a eu, lors du scrutin, 20 % d'abstention et le dépouillement du vote fait apparaître les résultats suivants :
– 1e liste : 42 % des suffrages exprimés ;
– 2e liste : 35 % des suffrages exprimés ;
– 3e liste : 23 % des suffrages exprimés ;
– bulletins nuls : 124.
a) Quel est le nombre des électeurs qui ont voté ?
b) Quel est le nombre de suffrages exprimés (un suffrage exprimé est un suffrage pour une des 3 listes à l'exception d'un bulletin nul) ?
c) Quel est le nombre de voix obtenues respectivement par chacune des trois listes ?

60 Adou étant malade, il va voir son guérisseur habituel qui lui prépare une potion composée de quatre éléments liquides A, B, C et D dans les proportions suivantes :
$\frac{1}{2}$ litre de A, $\frac{1}{8}$ de litre de B,
$\frac{1}{20}$ de litre de C et $\frac{1}{10}$ de litre de D.
a) Adou a amené avec lui un flacon de 750 cm^3.
Son flacon est-il suffisant pour contenir la potion ?
b) Son guérisseur lui prescrit les doses suivantes :
les $\frac{2}{5}$ de la potion le 1er jour, le $\frac{1}{4}$ le 2e jour, le $\frac{1}{5}$ le 3e jour, le $\frac{1}{10}$ les 4e et 5e jours.
Adou réfléchit et dit à son guérisseur qu'il n'aura pas assez de potion. Explique pourquoi.
Le guérisseur lui répond : « Débrouille-toi avec la quantité que je t'ai donnée, mais en aucun cas tu ne dois changer les doses des quatre premiers jours ».
Quelle dose devra prendre Adou le 5e jour pour finir sa potion ?

EXERCICES

61 La composition de l'air que l'on inspire comprend en volume 79,2 % d'azote, 20,7 % d'oxygène, 0,03 % de gaz carbonique et d'autres gaz.
a) Quel est le pourcentage des autres gaz dans la composition de l'air ?
Par litre d'air inspiré, quel est en mL la quantité de gaz carbonique inspiré ?
b) Un individu normal inspire en moyenne et par minute les quantités d'air suivantes :
au lit 6 L, assis 7 L, debout 8 L, en marchant à 3 km/h 14 L et en courant 43 L. (Source QUID, 1994).
Sachant qu'un individu donné reste 8 h au lit, 7 h assis, 5 h debout, fait 2 h 30 min de marche et 1 h 30 min de sport (de la course) par jour, calcule :
– le volume (en m^3) d'air inspiré en une journée ;
– le volume (en L) de gaz carbonique inspiré par jour.

62 L'unité de longueur est le cm.
En photographie, les formats de développement sont habituellement les formats suivants :
le format F_1 9×13 ; le format F_2 13×18 ;
le format F_3 18×24 ; le format F_4 30×40
et le format F_5 40×50.
a) Quelle fraction du format F_5 représentent successivement les formats F_1, F_2, F_3 et F_4 ?
b) Quelle fraction du format F_4 représentent successivement les formats F_1, F_2 et F_3 ?

63 Un agrandisseur photo possède uniquement les trois rapports d'agrandissement suivants :

$$\frac{5}{4}, \frac{4}{3} \text{ et } 2.$$

Peut-on obtenir, par agrandissements successifs, un rapport d'agrandissement égal aux valeurs suivantes :

$$\frac{8}{3}, \frac{5}{3}, \frac{5}{2}, 3\ ?$$

Les exercices 64 et 65 sont liés.

64 De nombreuses photocopieuses peuvent réduire ou agrandir des documents et possèdent en général plusieurs rapports de réduction ou d'agrandissement.
Par exemple, le rapports de réduction $\frac{1}{2}$ signifie que l'aire du document photocopié aura une aire égale à la moitié de l'aire du document original.
1) Dans le cas d'un rapport de réduction $\frac{1}{2}$, la largeur et la longueur du document photocopié seront-elles deux fois plus petites que celles de l'original ?
Si la largeur et la longueur du document photocopié sont deux fois plus petites que celles de l'original, quel est le rapport de réduction ?
2) L'unité de longueur est le mm.
Le papier pour photocopieuse est vendu sous forme de feuilles rectangulaires de différents formats.
Le plus grand format, appelé format A_0, est un rectangle de $841 \times 1\,189$; le format A_1 est obtenu en pliant en deux une feuille de format A_0, le format A_2 est obtenu en pliant en deux une feuille de format A_1 et ainsi de suite jusqu'au format A_6.

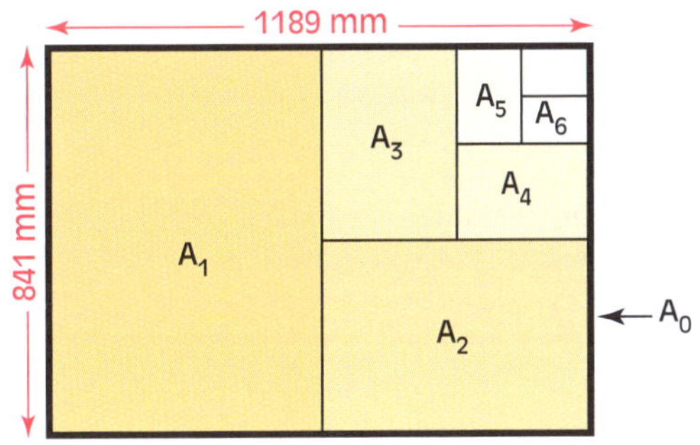

a) Quelles sont au mm près les dimensions d'une feuille de format A_3 et d'une feuille de format A_4 ?
b) Quelle fraction du format A_0 représente le format A_1 ? le format A_2 ? le format A_3 ? Quelle fraction du format A_2 représentent les formats A_4, A_5 et A_6 ?
c) Quel est le rapport de réduction du format A_3 au format A_5 ? Quel est le rapport d'agrandissement du format A_3 au format A_2 ? (On exprimera ces deux rapports en pourcentage.)

65 Un document écrit sur une feuille de format A_4 a les dimensions suivantes : 19,3 cm sur 25,7 cm. On veut le réduire de façon à ce qu'il soit le plus grand possible sur une feuille de format A_5.
Quel rapport de réduction, exprimé en pourcentage, devra-t-on employer ?

RECHERCHE

66 L'unité de longueur est le cm. Les dimensions d'une caisse en forme de pavé droit sont 150 ; 165 et 105.
On veut fabriquer des boîtes cubiques aussi grandes que possible dont l'arête est mesurée par un nombre entier et avec lesquelles on se propose de remplir entièrement la caisse.
Calcule la longueur de l'arête de ces boîtes et le nombre de boîtes nécessaires pour remplir la caisse.

67 Le phare d'un port de pêche émet trois signaux lumineux différents : un 1er signal, toutes les 16 s ; un 2e signal, toutes les 45 s et un 3e signal, toutes les 2 min 20 s. Ces trois signaux sont émis simultanément à minuit pour la 1ère fois.
a) Indique à quelle heure, le phare émettra en même temps pour la 1e fois :
– le 1er et le 2e signal ;
– le 1er et le 3e signal ;
– le 2e et le 3e signal.
b) À quelle heure le phare émettra-t-il en même temps les trois signaux pour la 2e fois ?

68 Une balle de ping-pong est considérée comme « bonne » pour une compétition, si elle rebondit entre les $\frac{2}{3}$ et les $\frac{3}{4}$ de la hauteur de laquelle elle tombe.
Lors d'un tournoi, l'un des joueurs conteste la validité d'un point en disant que la balle n'est pas « bonne ». L'arbitre teste alors la balle en la lâchant à 1 m au-dessus de la table : au 4e rebond, il mesure 30 cm.
Le joueur avait-il raison de contester la qualité de la balle ?

69 a) Calcule successivement les différences suivantes :
$1-\frac{1}{2}$, $\frac{1}{2}-\frac{1}{3}$, $\frac{1}{3}-\frac{1}{4}$, $\frac{1}{4}-\frac{1}{5}$, $\frac{1}{5}-\frac{1}{6}$.
b) n étant un nombre entier naturel non nul, vérifie que : $\frac{1}{n}-\frac{1}{n+1}=\frac{1}{n(n+1)}$.
c) Utilise le résultat précédent pour trouver la somme définie par :
$S=\frac{1}{2}+\frac{1}{6}+\frac{1}{12}+\frac{1}{20}+\frac{1}{30}+\frac{1}{42}+\frac{1}{56}+\frac{1}{72}+\frac{1}{90}$.

12 Équations – Inéquations

Mohammed ibn Musa al-Kwàrizmi
(vers 783 - 850)

Le mot « **Algèbre** » nous vient des mathématiciens arabes par l'intermédiaire d'un livre, écrit en 830 par l'astronome **Mohammed ibn Musa al-Kwàrizmi**, intitulé « **Hisab al-jabr w'al-mugabalah** ».

Le mot « **al-jabr** » signifie « restauration, complément ou remplissage » : cette opération consiste à éliminer les termes à soustraire dans un membre d'une équation.

Le mot « **al-w'al-mugabalah** » signifie « confrontation, mise en opposition, balancement » : cette opération consiste à réduire des termes égaux dans les deux membres d'une équation.

SOMMAIRE

1 Équations

1.1 ÉGALITÉS ET OPÉRATIONS

Égalité et addition

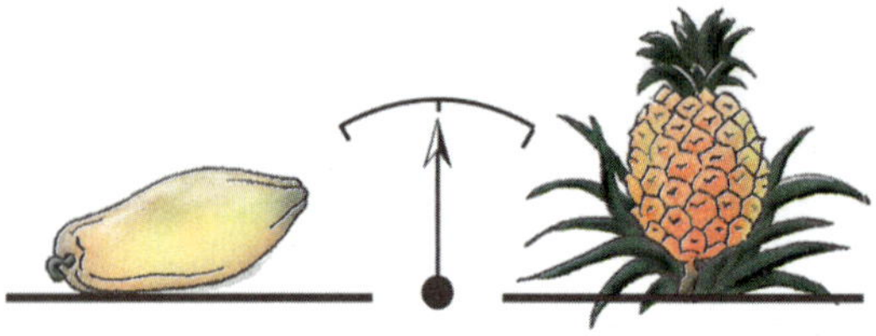

La masse de la papaye est m, celle de l'ananas est a.
La balance est en équilibre ; donc ces masses sont égales.

$$m = a$$

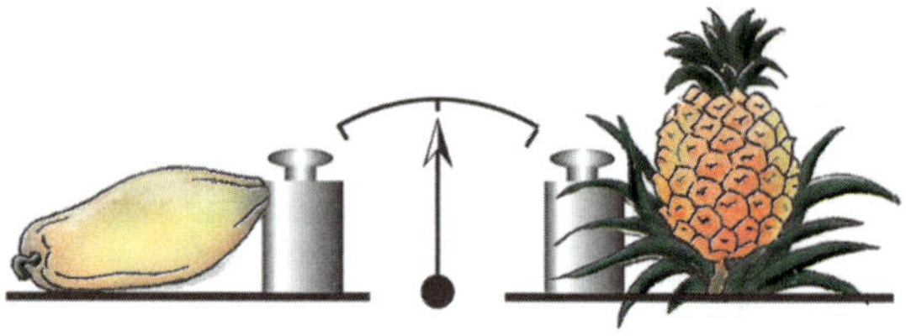

Sur chaque plateau, on a ajouté une masse marquée c.

La balance reste en équilibre.

$$m + c = a + c$$

Égalité et multiplication

$$a = b$$

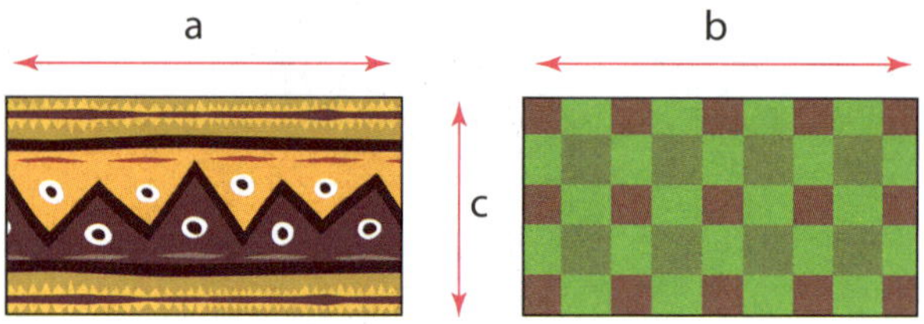

$$ac = bc$$

Ces deux pagnes tissés de même largeur ont des longueurs égales. Ils ont la même aire.

On admet les propriétés suivantes :

PROPRIÉTÉS

Lorsqu'on ajoute un même nombre à chaque membre d'une égalité, on obtient une nouvelle égalité.

a, b et c sont des nombres.
Si $a = b$, alors $a + c = b + c$.

Lorsqu'on multiplie par un même nombre chaque membre d'une égalité, on obtient une nouvelle égalité.

a, b et c sont des nombres.
Si $a = b$, alors $ac = bc$.

1.2 NOTION D'ÉQUATION

On se propose de traduire la situation décrite par la phrase suivante :

Le triple d'un nombre, augmenté de 1	est égal au	double de ce nombre, diminué de 5.

L'analyse de la situation met deux programmes de calcul en évidence. En désignant par x le nombre concerné, ces deux programmes conduisent à deux expressions littérales.

Programme 1

- Multiplier x par 3
- Ajouter 1

Expression littérale associée : $3x + 1$

Programme 2

- Multiplier x par 2
- Ajouter (-5)

Expression littérale associée : $2x - 5$

Ainsi : x étant un nombre, $3x + 1 = 2x - 5$

On a traduit la situation par une **équation** (E), d'**inconnue** x :

(E) : $3x + 1 \quad = \quad 2x - 5$

1er membre : $3x + 1$; 2e membre : $2x - 5$

Dans l'équation (E) :

– si on donne à x la valeur 1 ; 0 ou 6 ; alors (E) devient une phrase fausse ;

– si on donne à x la valeur (-6), alors (E) devient une phrase vraie, qui est une égalité.

On dit que (-6) **vérifie l'équation** (E), ou que (-6) est une **solution** de l'équation (E).

Résoudre une équation, c'est trouver **toutes** ses solutions.

EXERCICE

1.a Traduis chacune des situations suivantes par une équation :
– le double d'un nombre est égal à 11 ;
– la somme d'un nombre entier naturel et du nombre entier qui le précède est égale à 119 ;
– la somme de trois nombres entiers naturels consécutifs est égale à 30.

1.3 TRANSFORMATIONS D'UNE ÉQUATION

On considère l'équation : (E) : $3x + 1 = 2x - 5$.

En ajoutant 16 à chaque membre de (E), on obtient une nouvelle équation (E_1).

(E)	:	$3x + 1$	$=$	$2x - 5$
(E_1)	:	$(3x + 1) + 16$	$=$	$(2x - 5) + 16$
(E_1)	:	$3x + 17$	$=$	$2x + 11$

En multipliant par $\frac{1}{3}$ chaque membre de (E), on obtient une nouvelle équation (E_2).

(E)	:	$3x + 1$	$=$	$2x - 5$
(E_2)	:	$\frac{1}{3}(3x + 1)$	$=$	$\frac{1}{3}(2x - 5)$
(E_2)	:	$x + \frac{1}{3}$	$=$	$\frac{2}{3}x - \frac{5}{3}$

On sait que (– 6) est une solution de l'équation (E) ; pour cette valeur de x, (E) est une égalité.
• Vérifie que (– 6) est une solution des équations (E_1) et (E_2).

On sait que 0, (– 1) et 6 ne sont pas solutions de (E).
• Vérifie que 0, (– 1) et 6 ne sont solutions ni de (E_1), ni de (E_2).

On admet les propriétés suivantes :

PROPRIÉTÉS

Lorsqu'on ajoute un même nombre à chaque membre d'une équation, on obtient une équation qui a les mêmes solutions que l'équation de départ.

Lorsqu'on multiplie par un même nombre non nul chaque membre d'une équation, on obtient une équation qui a les mêmes solutions que l'équation de départ.

1.4 ÉQUATION DU TYPE $x + a = b$

PROPRIÉTÉ

Les équations du type $x = u$, d'inconnue x, ont une seule solution : le nombre u.

Exemple commenté

Résolvons l'équation (E) : $x + 6 = 21$.

(E) : $x + \boxed{6} = 21$

$x + 6 + (-6) = 21 + (-6)$

(E_1) : $x = 15$

15 est la solution de (E).

C'est une équation du type : $x + a = b$.

On la transforme pour la ramener au type :

$x = u$.

(E_1) et (E) ont la même solution.

MÉTHODE

Pour résoudre une équation du type $x + a = b$, d'inconnue x,
on ajoute à chacun de ses membres l'opposé de a pour la ramener à une équation du type : $x = u$.
Ces équations ont la même solution : le nombre u.

Exemples :

Résolvons l'équation (E) : $x - 52 = 11$.

$$x - 52 = 11$$
$$x - 52 + 52 = 11 + 52$$
$$x = 63$$

63 est la solution de l'équation (E).

Résolvons l'équation (F) : $x + 35 = 17$.

$$x + 35 = 17$$
$$x + 35 + (-35) = 17 + (-35)$$
$$x = -18$$

(– 18) est la solution de l'équation (F).

EXERCICE

1.b Résous les équations suivantes :

$x + 15 = 3$; $x + 8 = 8$; $x - 3 = 2\,014$;

$615 + x = 14$; $x - 70{,}5 = -204{,}86$.

1.5 ÉQUATION DU TYPE $ax = b$

Exemple commenté

Résolvons l'équation (E) : $5x = -9$.

(E) : $\boxed{5}\,x = -9$

$\left(\frac{1}{5}\right)(5x) = \left(\frac{1}{5}\right)(-9)$

(E_1) : $x = -\frac{9}{5}$

$-\frac{9}{5}$ est la solution de (E).

C'est une équation du type : $ax = b$.

On la transforme pour la ramener au type :

$$x = u.$$

(E) et (E_1) ont la même solution.

MÉTHODE

Pour résoudre une équation du type $ax = b$, d'inconnue x ($a \neq 0$),
on multiplie chacun de ses membres par $\frac{1}{a}$ (inverse de a) pour la ramener à une équation du type : $x = u$.
Ces équations ont la même solution : le nombre u.

Exemples :

Résolvons l'équation (G) : $-13\,x = 2$.

$$-13x = 2$$
$$\left(-\frac{1}{13}\right)(-13x) = \left(-\frac{1}{13}\right) \times 2$$
$$x = -\frac{2}{13}$$

$-\frac{2}{13}$ est la solution de l'équation (G).

Résolvons l'équation (H) : $\frac{8}{3}x = 256$.

$$\frac{8}{3}x = 256$$
$$\frac{3}{8} \times \frac{8}{3}x = \frac{3}{8} \times 256$$
$$x = \frac{3 \times 256}{8}$$
$$x = 96$$

96 est la solution de l'équation (H).

EXERCICE

1.c Résous les équations suivantes :

$8x = 3$; $-6x = 27$; $\frac{2}{3}x = -252$; $-\frac{3}{14}x = \frac{12}{7}$.

1.6 AUTRES ÉQUATIONS

Exemple commenté

Résolvons l'équation (E) : $7x - 51 = 194$.

(E) : $7x + \boxed{(-51)} = 194$	C'est une équation du type : $ax + b = c$.
$7x - 51 + 51 = 194 + 51$	On la transforme pour la ramener au type :
(E_1) : $\boxed{7}\,x = 245$	$ax = b$.
$\frac{1}{7} \times 7x = \frac{1}{7} \times 245$	On la transforme pour la ramener au type :
(E_2) : $x = \frac{245}{7}$	$x = u$.
$x = 35$	
35 est la solution de l'équation (E).	(E), (E_1) et (E_2) ont la même solution.

EXERCICE

1.d Résous les équations suivantes :

$12x - 11 = 10$; $-\frac{10}{3}x + 11 = 12$; $\frac{5}{16} + \frac{11x}{8} = -\frac{11}{16}$.

Activité

Achève la résolution de l'équation (E) : $9x + 5 = 3x + 2$.

(E) : $9x + 5 = 3x + 2$	C'est une équation du type : $ax + b = cx + d$.
$(-3x) + 9x + 5 = (-3x) + 3x + 2$	On la transforme pour la ramener au type :
(E_1) : $6x + 5 = 2$	$ax + b = c$.
	On la transforme pour la ramener au type :
(E_2) :	$ax = b$.
	On la transforme pour la ramener au type :
	$x = u$.
(E_3) :	(E), (E_1), (E_2) et (E_3) ont la même solution.

MÉTHODE

Pour résoudre une équation du type $ax + b = cx + d$, d'inconnue x ($a \neq c$), on peut transformer cette équation pour la ramener successivement à :
– une équation du type : $ax + b = c$;
– une équation du type : $ax = b$;
– une équation du type : $x = u$.

Ces équations ont toutes la même solution : le nombre u.

EXERCICE

1.e Résous les équations suivantes :
$17x + 153 = 15x + 173$; $0{,}7 - 1{,}56x = 5 - 3{,}4x$; $0{,}25x + 0{,}33x + 5 = x$.

2 Inéquations

2.1 INÉGALITÉS ET OPÉRATIONS

Inégalité et addition

Les champs A et B ont respectivement a et b pour aires.

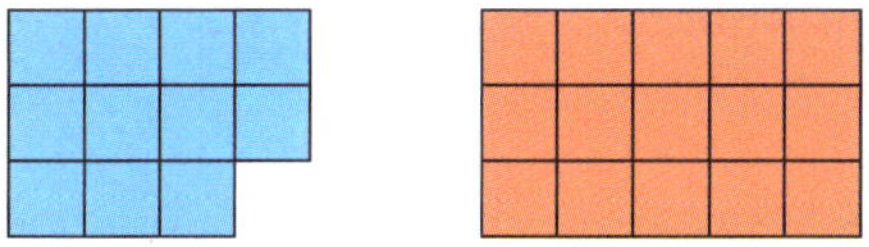

A $a < b$ B

À chacun de ces champs, on ajoute une parcelle de même aire c. On obtient deux nouveaux champs dont les aires sont $a + c$ et $b + c$.

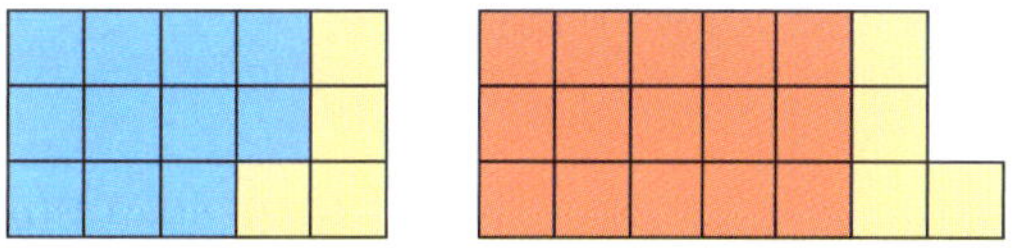

$a + c < b + c$

Inégalité et multiplication

On considère les nombres rangés dans l'ordre croissant : -3 ; $-1{,}2$; $-0{,}4$; $0{,}7$; 2 ; $5{,}1$.

• Multiplie chacun de ces nombres par 4 et range dans l'ordre croissant les produits obtenus. Reprends la première série de nombres et multiplie chacun d'eux par -4 ; range dans l'ordre croissant les produits obtenus. Que constates-tu ?

• Multiplions chaque membre de l'inégalité $-1{,}2 < 5{,}1$ d'une part par le nombre positif 4 et d'autre part par le nombre négatif (-4).

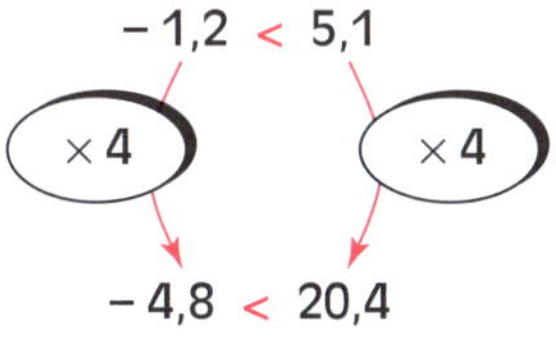

Les deux inégalités sont de **même sens**.

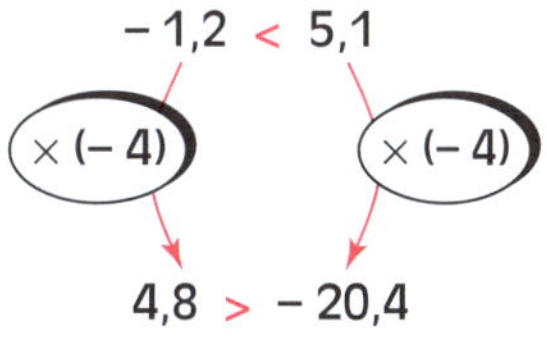

Les deux inégalités sont de **sens contraires**.

On admet les propriétés suivantes :

PROPRIÉTÉS

Lorsqu'on ajoute un même nombre à chaque membre d'une inégalité, on obtient une nouvelle inégalité de même sens.

a, b, et c sont des nombres. Si $a < b$, alors $a + c < b + c$.

Lorsqu'on multiplie par un même nombre positif non nul chaque membre d'une inégalité, on obtient une nouvelle inégalité de même sens.

a, b, et c sont des nombres, $c > 0$.

Si $a < b$, alors $ac < bc$.

Lorsqu'on multiplie par un même nombre négatif non nul chaque membre d'une inégalité, on obtient une nouvelle inégalité de sens contraire.

a, b, et c sont des nombres, $c < 0$.

Si $a < b$, alors $ac > bc$.

2.2 NOTION D'INÉQUATION

On se propose de traduire la situation décrite par la phrase suivante :

Le tiers d'un nombre, augmenté de 6 est plus petit que ce nombre augmenté de 3.

L'analyse de la situation met deux programmes de calcul en évidence. En désignant par x le nombre concerné, ces deux programmes conduisent à deux expressions littérales.

Programme 1

- Multiplier x par $\frac{1}{3}$
- Ajouter 6

Expression littérale associée : $\frac{1}{3}x + 6$

Programme 2

- Ajouter 3 à x

Expression littérale associée : $x + 3$

Ainsi : x étant un nombre, $\frac{1}{3}x + 6 < x + 3$

On a traduit la situation par une **inéquation** (I), d'**inconnue** x :

$$(\text{I}) : \underbrace{\frac{1}{3}x + 6}_{1^{\text{er}}\text{ membre}} < \underbrace{x + 3}_{2^{\text{e}}\text{ membre}}$$

Dans l'inéquation (I) :

– si on donne à x la valeur (– 1), 0 ou 4, alors (I) devient une phrase fausse ;

– si on donne à x une des valeurs 6 ; 10 ou 50 000, alors (I) devient une phrase vraie, qui est une inégalité.

On dit que 6 ; 10 et 50 000 **vérifient l'inéquation** (I),
ou que 6 ; 10 et 50 000 sont des **solutions** de l'inéquation (I).

Résoudre une inéquation, c'est trouver **toutes** ses solutions.

EXERCICE

2.a Traduis chacune des situations suivantes par une inéquation :
- la somme du tiers d'un nombre, du quart de ce nombre, et de 5 est plus grande que trois fois ce nombre ;
- le double de la somme de 5 et du triple d'un nombre est plus grande que 17 diminué du double de ce nombre.

2.3 TRANSFORMATION D'UNE INÉQUATION

On considère l'inéquation (I) : $\frac{1}{3}x + 6 < x + 3$.

(I) : $\frac{1}{3}x + 6 < x + 3$

On ajoute (– 12) à chaque membre de (I) :
on obtient une nouvelle inéquation de même sens que (I) :

$\frac{1}{3}x + 6 + (-12) < x + 3 + (-12)$

(I_1) : $\frac{1}{3}x - 6 < x - 9$

(I) : $\frac{1}{3}x + 6 < x + 3$

On multiplie par le nombre positif 6 chaque membre de (I) ; on obtient une nouvelle inéquation de même sens que (I) :

$6\left(\frac{1}{3}x + 6\right) < 6(x + 3)$

(I_2) : $2x + 36 < 6x + 18$

(I) : $\frac{1}{3}x + 6 < x + 3$

On multiplie par le nombre négatif $-\frac{1}{2}$ chaque membre de (I) ; on obtient une nouvelle inéquation de sens contraire de (I) :

$-\frac{1}{2} \times \left(\frac{1}{3}x + 6\right) > -\frac{1}{2} \times (x + 3)$

(I_3) : $-\frac{x}{6} - 3 > -\frac{x}{2} - \frac{3}{2}$

On sait que 6 ; 10 et 50 000 sont des solutions de l'inéquation (I).
Vérifie que 6 ; 10 et 50 000 sont des solutions des inéquations (I_1), (I_2) et (I_3).

On sait que (– 1), 0 et 4 ne sont pas solutions de l'inéquation (I).
Vérifie que (– 1), 0 et 4 ne sont pas solutions des inéquations (I_1), (I_2) et (I_3).

On admet les propriétés suivantes :

PROPRIÉTÉS

Lorsqu'on ajoute un même nombre à chaque membre d'une inéquation, on obtient une nouvelle inéquation qui a les mêmes solutions que l'inéquation de départ.

Lorsqu'on multiplie par un même nombre positif non nul chaque membre d'une inéquation, on obtient une nouvelle inéquation qui est de même sens et qui a les mêmes solutions que l'inéquation de départ.

Lorsqu'on multiplie par un même nombre négatif non nul chaque membre d'une inéquation, on obtient une nouvelle inéquation qui est de sens contraire et qui a les mêmes solutions que l'inéquation de départ.

2.4 INÉQUATIONS DU TYPE $x < u$

Activité

On considère l'inéquation : $x < -\dfrac{5}{2}$.

• Parmi les nombres suivants, indique ceux qui sont solutions de cette inéquation :

$\dfrac{-1}{3}$; $\dfrac{5}{8}$; $\dfrac{-4}{5}$; $\dfrac{6}{19}$; $\dfrac{-24}{13}$; $-2{,}65$; 2 ; -3 ; -2 ; 17 ; 0.

• Sur une droite graduée, place le mieux possible ces nombres, en marquant en rouge ceux qui sont solutions de l'inéquation.

> Les solutions de l'inéquation $x < u$, d'inconnue x, sont les nombres plus petits que u.

EXERCICES

2.b Parmi les nombres suivants, indique ceux qui sont solutions de l'inéquation $x > -5$:

$1{,}2$; $-1{,}2$; 8 ; -8 ; $\dfrac{56}{272}$; $-\dfrac{52}{276}$; $-\dfrac{14}{71}$; $-\dfrac{315}{1573}$; $-\dfrac{91}{454}$.

Sur une droite graduée, place le mieux possible ces nombres, en marquant en rouge ceux qui sont solutions de l'inéquation.

Place deux autres nombres qui sont aussi solutions de cette inéquation.

2.c Parmi les nombres entiers compris entre $-6{,}2$ et $6{,}7$ indique ceux qui sont solutions des inéquations suivantes :

$x > -2{,}35$; $\dfrac{17}{4} < x$; $x < -\dfrac{23}{6}$; $x < 0$.

2.5 INÉQUATIONS DU TYPE $x + a < b$

Exemple commenté

On veut trouver des solutions de l'inéquation (I) : $x + 7 > -8$.

(I) : $x + \boxed{7} > -8$	C'est une inéquation du type : $x + a > b$.
$x + 7 + (-7) > -8 + (-7)$	On la transforme pour la ramener au type :
(I_1) : $x > -15$	$x < u$ ou $x > u$.
Chaque nombre plus grand que -15 est solution de (I).	(I) et (I_1) ont les mêmes solutions.

EXERCICE

2.d Pour chacune des inéquations suivantes, trouve trois nombres solutions et trois nombres qui ne sont pas solutions :

$x - 8 > 7$; $x - 12 > -19$; $x + 101 < 109$;
$x + 11 < -8$; $x + 18 < 18$; $1 + x > 1\,005$;
$23 + x < 54$; $23 < 54 + x$.

2.6 INÉQUATIONS DU TYPE $ax < b$

Exemple commenté

On veut trouver des solutions de l'inéquation (I) : $3\,x < 5$.

$$\begin{array}{lrcl} (I) : & \boxed{3}\,x & < & 5 \\ & \dfrac{1}{3} \times (3x) & < & \dfrac{1}{3} \times 5 \\ (I_1) : & x & < & \dfrac{5}{3} \end{array}$$

C'est une inéquation du type : $ax < b$.

On la transforme pour la ramener au type :

$x < u$ ou $x > u$.

(I) et (I_1) ont les mêmes solutions.

(I) et (I_1) sont de même sens car $\dfrac{1}{3}$ est un nombre positif.

Chaque nombre plus petit que $\dfrac{5}{3}$ est solution de (I).

EXERCICE

2.e Pour chacune des inéquations suivantes, trouve trois nombres solutions et trois nombres qui ne sont pas solutions :

$2x < 5$; $\dfrac{5}{18}x > 25$; $3x > -18$;

$\dfrac{24}{21}x < \dfrac{64}{49}$; $11x < 14\,641$; $\dfrac{125}{55}x > -625$.

Exemple commenté

On veut trouver des solutions de l'inéquation (I) : $-6x < 11$.

$$\begin{array}{lrcl} (I) : & \boxed{-6}\,x & < & 11 \\ & -\dfrac{1}{6} \times (-6x) & > & -\dfrac{1}{6} \times 11 \\ (I_1) : & x & > & -\dfrac{11}{6} \end{array}$$

C'est une inéquation du type : $ax < b$.

On la transforme pour la ramener au type :

$x < u$ ou $x > u$.

(I) et (I_1) ont les mêmes solutions.

(I) et (I_1) sont de sens contraire car $-\dfrac{1}{6}$ est un nombre négatif.

Chaque nombre plus grand que $-\dfrac{11}{6}$ est solution de (I).

EXERCICE

2.f Pour chacune des inéquations suivantes, trouve trois nombres solutions et trois nombres qui ne sont pas solutions :

$-2x < 15$; $-\dfrac{5}{18}x > 255$; $-3x > -18$;

$-\dfrac{204}{21}x < \dfrac{64}{49}$; $-11x < 484$; $-\dfrac{125}{55}x > -65$.

2.7 AUTRES INÉQUATIONS

Exemple commenté

On veut trouver des solutions de l'inéquation (I) : $6x - 51 < 1\,914$.

(I) : $6x + \boxed{(-51)} < 1\,914$	C'est une inéquation du type : $ax + b < c$.
$6x - 51 + 51 < 1\,914 + 51$	On la transforme pour la ramener au type :
(I_1) : $\boxed{6}\,x < 1\,965$	$ax < b$.
$\frac{1}{6} \times 6x < \frac{1}{6} \times 1\,965$	On la transforme pour la ramener au type :
(I_2) : $x < \frac{1\,965}{6}$	$x < u$ ou $x > u$.
(I_2) : $x < \frac{655}{2}$	(I), (I_1) et (I_2) ont les mêmes solutions.

Chaque nombre plus petit que $\frac{655}{2}$ est solution de (I).

EXERCICE

2.g Pour chacune des inéquations suivantes, trouve trois nombres solutions et trois nombres qui ne sont pas solutions :

$3x - 5 < 6$; $-15x + 25 > 565$; $1\,245x + 45 > -141$;

$\frac{1}{24}x < 541$; $-23x - 23 < 23$; $17x + 93 > 1\,100$.

Activité

Trouve des solutions de l'inéquation (I) : $-7x + 5 < 3x + 11$.

(I) : $-7x + 5 > 3x + 11$	C'est une inéquation du type :
$-7x + 5 + (-3x) > 3x + 11 + (-3x)$	$ax + b > cx + d$.
(I_1) : $-10x + 5 > 11$	On la transforme pour la ramener au type : $ax + b > c$.
(I_2) :	On la transforme pour la ramener au type : $ax > b$.
(I_3) :	On la transforme pour la ramener au type : $x < u$ ou $x > u$.
	(I), (I_1), (I_2) et (I_3) ont les mêmes solutions.

EXERCICE

2.h Pour chacune des inéquations suivantes, trouve trois nombres solutions et trois nombres qui ne sont pas solutions :

$3x + 5 < 5x - 8$; $125x + 257 > 256x - 32$; $2x + 5 > 5x + 16$;

$\frac{3x}{25} + \frac{2}{5} > 3{,}375 - \frac{9x}{5}$; $-\frac{6}{5}x < 3x + 8$; $-\frac{6x}{7} + \frac{5}{4} < \frac{22}{7}x + \frac{15}{4}$.

EXERCICES

ENTRAÎNEMENT

1 ÉQUATIONS

1 On désigne par x le prix d'un grand cahier. Le prix d'un petit cahier est de 350 francs.
Exprime en fonction de x la somme S à payer au libraire pour l'achat de trois petits cahiers et de deux grands.
Calcule x sachant que S est égal à 2 000 F.

2 y est le prix d'un kg d'oranges. Un kg de papaye coûte 150 francs de plus.
Exprime en fonction de y le prix d'un kg de papaye, puis le prix P à payer pour acquérir 3 kg d'oranges et 2 kg de papayes.
Calcule y sachant que P est égal à 800 F.

3 Un père a 27 ans de plus que son fils.
Exprime l'âge p du père en fonction de l'âge f du fils.
Exprime l'âge f du fils en fonction de l'âge p du père.
Calcule f et p sachant que leur somme est 35.

4 On désigne par n un nombre entier naturel.
Exprime en fonction de n :
– le nombre entier naturel qui suit n ;
– le double de n ;
– le produit du nombre entier qui précède n par le nombre entier qui suit n.

5 On désigne par z un nombre entier relatif.
Exprime en fonction de z le nombre entier relatif qui suit z.
Exprime en fonction de z le nombre entier relatif qui précède z.

6 Assane possède 1 750 francs de plus que son frère Ousseynou.
On désigne par x la somme d'argent que possède Ousseynou.
Exprime en fonction de x la somme d'argent possédée par Assane.
Exprime en fonction de x la somme d'argent qu'ils possèdent ensemble.

7 Marie et André possèdent ensemble 12 500 francs.
On désigne par m l'avoir de Marie.
Exprime en fonction de m l'avoir d'André.
Calcule m sachant que Marie a 3 fois plus d'argent qu'André.

8 Pour P francs, le marchand a vendu 35 m de tissu et réalisé un bénéfice de 35 000 F.
x désigne le prix d'achat d'un mètre de tissu.
Exprime le prix de vente P en fonction de x.
Calcule x si P = 175 000 F.

9 x est le prix d'un carnet ; un cahier coûte 3 fois plus cher.
Exprime en fonction de x le prix du cahier.
Calcule x si deux cahiers coûtent 900 F.

10 L'âge A d'Amy est le double de l'âge B de Binta.
Exprime B en fonction de A.
Calcule A si Binta est née le 1/1/1985.

11 Calcule x dans chacun des cas suivants :
$\frac{x}{5} = \frac{3}{2}$; $\frac{-1}{6} = \frac{x}{15}$; $\frac{-x}{5} = \frac{3}{2,5}$;
$\frac{5}{x} = \frac{27}{-45}$; $\frac{24}{55} = \frac{-18}{5x}$; $\frac{825}{77} = \frac{5}{-2x}$.

12 L'unité de longueur est le mètre.

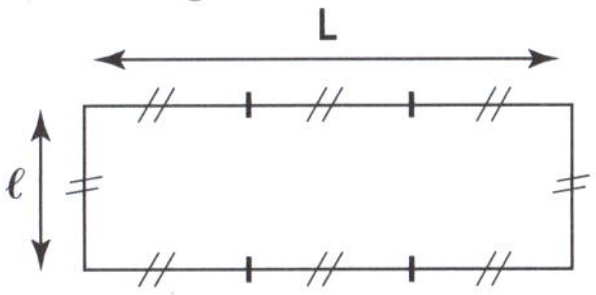

ℓ désigne la largeur du rectangle ci-dessus.
Exprime la longueur L et le périmètre $\mathcal{P}$ de ce rectangle en fonction de ℓ.
Calcule ℓ si $\mathcal{P} = 7{,}2$.

13 Exprime AC^2 en fonction de x.
Exprime l'aire de ABC en fonction de x.
Calcule x si l'aire est égale à 6 m^2.
Calcule alors AC.

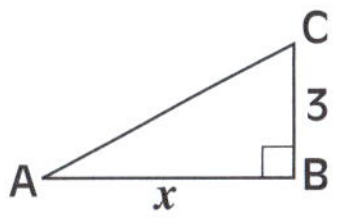

14 L'unité de longueur est le mètre.

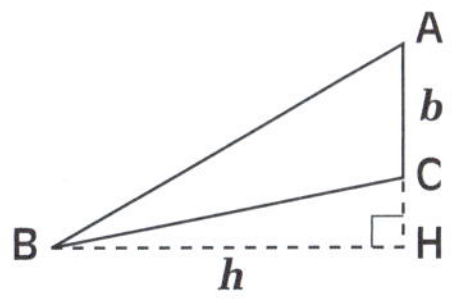

On désigne par b la longueur du côté [AC].
Sachant que :
BH = b + 2, exprime l'aire du triangle ABC en fonction de b.

EXERCICES

15 x, y et a sont des nombres tels que :
$x = a + 7$; $y = 2a$
Complète les écritures suivantes :
$x + 2 = a + \ldots$; $y - 7 = \ldots$
$x - 7 = \ldots$; $y + 2 = \ldots$

16

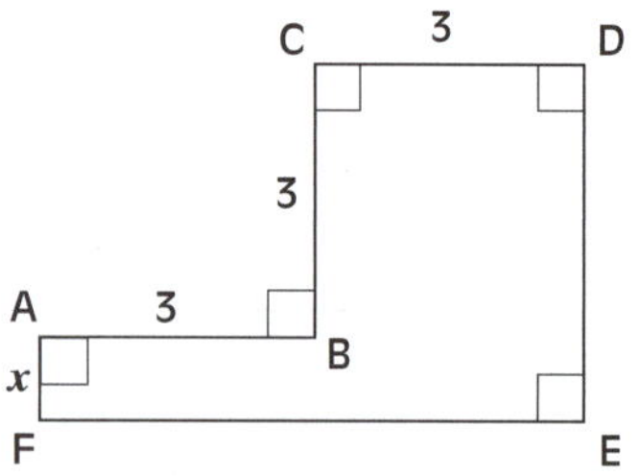

Exprime l'aire de ABCDEF en fonction de x.
Calcule x si cette aire est égale à 15 m^2.

17 Traduis chacune des phrases suivantes par une équation :
a) La somme d'un nombre et de 7 est égale à 5.
b) La différence entre le premier terme et le deuxième terme 4 est égale à (– 2).
c) Le triple d'un nombre est égal à 11.
d) Les $\frac{2}{3}$ d'un nombre égalent 13.
e) Le double d'un nombre, diminué de 5, est égal à 3.
f) Les $\frac{3}{4}$ d'un nombre, augmentés de 2, égalent 9.
g) Le double d'un nombre, diminué de 3, est égal au quintuple de ce nombre, augmenté de 9.

18 Résous les équations suivantes :
$x + 3{,}7 = 4{,}5$; $y - 2{,}5 = 5{,}2$;
$-x - \frac{2}{3} = -\frac{6}{7}$; $x - \frac{2}{5} = \frac{5}{7}$;
$x + \frac{1}{3} = \frac{3}{4}$; $-y + 3{,}2 = 5{,}7$.

19 Résous les équations suivantes :
$3x = 4{,}8$; $2y = -5{,}24$;
$4x = \frac{12}{7}$; $-3x = -\frac{7}{3}$;
$\frac{2}{7}y = -\frac{9}{28}$; $-\frac{3}{5}x = -21$;
$-\frac{2}{3}y = -\frac{9}{4}$.

20 Résous les équations suivantes :
$3x + 2 = 7$; $4 - 3x = 2$;
$2y - 5 = 11$; $-4 - 3x = 2$
$-4x + 3 = 5$; $-5y - 3 = -7$
$2x - 1 = 1$; $3y - 1 = -1$
$-\frac{7}{8}x + 3 = 4$; $\frac{6}{5}y - \frac{1}{3} = 5$
$\frac{5}{6}z + 2 = 1$; $-\frac{8}{7}z - \frac{1}{9} = \frac{1}{63}$

21 Résous les équations suivantes :
$2x + 3 = 4x + 5$;
$2x - 3 = -4x + 5$;
$-2x + 3 = 4x - 5$;
$-2x - 3 = -4x - 5$.

22 Résous les équations suivantes :
$3 - 4x = 5 - 6x$
$-3 - 4x = -5 - 6x$
$-\frac{1}{3} + \frac{5y}{4} = -\frac{3}{4} + \frac{2}{3}y$
$\frac{1}{3} + \frac{5}{4}y = \frac{3}{4} + \frac{2}{3}y$
$2 - 7x = 5x + 1$
$-2 - 7x = -5x - 1$
$\frac{1}{3} - \frac{5}{4}y = \frac{3}{4} - \frac{2}{3}y$
$-\frac{1}{3} - \frac{5}{4}y = -\frac{3}{4} - \frac{2}{3}y$

23 GA, CE, et BF ont la même longueur : 2 mètres.

On désigne par x le rayon du cercle de centre O.

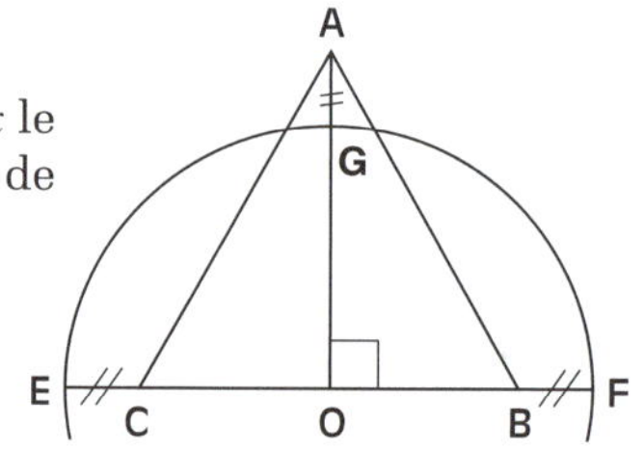

Exprime l'aire de ABC en fonction de x.
Calcule x si l'aire de ABC est 60 m^2.

2 INÉQUATIONS

24 Tu as acheté un stylo à bille à 60 F et un stylo à plume. x désigne le prix en francs du stylo à plume.
Exprime le coût total en fonction de x.
Tu te rappelles avoir dépensé moins de 1 800 F. Écris l'inéquation correspondant à cette situation.

EXERCICES

25 x est un nombre entier naturel tel que : $x < 5$. Trouve toutes les valeurs possibles du nombre x.

26 y est un nombre entier naturel tel que : $2 < y < 5$. Trouve toutes les valeurs possibles du nombre y.

27 z est un nombre entier relatif tel que : $-5 < z < 2$. Trouve toutes les valeurs possibles du nombre z.

28 x, y et a sont des nombres tels que : $x > a + 6$ et $y < 2a$.
Complète les écritures suivantes :
$x + 2 > a + \dots$; $x - 7 > \dots$;
$y - 7 < \dots$; $y + 2 < \dots$.

29 Traduis chacune des phrases suivantes par une inéquation :
a) La somme d'un nombre et de 7 est plus grande que 5.
b) La différence entre le premier terme et le deuxième terme 4 est plus petite que (– 2).
c) Le triple d'un nombre est plus grand que 11.
d) Le produit des $\frac{2}{3}$ et d'un nombre est plus petit que 13.
e) La somme du double d'un nombre et de (– 5) est plus grande que 3.
f) La somme des $\frac{3}{4}$ d'un nombre et de 2 est plus petite que 9.
g) La différence du double d'un nombre et de 3 est plus grande que la somme du quintuple de ce nombre et de 9.

30 a) Parmi les nombres de la liste ci-dessous, trouve ceux qui sont solutions de l'inéquation $x < -3{,}2$:
$-2{,}5$; $-0{,}3$; $1{,}7$; -4 ; $3{,}2$; $-3{,}7$; -5 ; $\frac{3}{4}$.
b) Sur une droite graduée, marque le mieux possible les nombres trouvés.
c) Marque deux autres nombres qui sont solutions de cette inéquation.

31 a) Parmi les nombres de la liste ci-dessous, trouve ceux qui sont solutions de l'inéquation $x < -2{,}7$:
$-2{,}5$; $-0{,}3$; $1{,}7$; -4 ; $3{,}2$; $-3{,}7$; -5 ; $\frac{3}{4}$.
b) Sur une droite graduée, marque le mieux possible les nombres trouvés.
c) Marque deux autres nombres qui sont solutions de cette inéquation.

32 Pour chacune des inéquations ci-dessous, trouve les nombres entiers compris entre – 4,5 et 4,5 qui sont solutions :
a) $x > -5$; b) $z > -3$;
c) $y < \frac{2}{3}$; d) $t < \frac{48}{7}$.

33 Pour chacune des inéquations ci-dessous, trouve trois nombres qui sont solutions et deux nombres qui ne sont pas solutions :
a) $x + 3{,}7 < 4{,}5$; b) $x - \frac{2}{5} > \frac{5}{7}$;
c) $y - 2{,}5 > 5{,}2$; d) $-y + 3{,}2 < 5{,}7$;
e) $x + \frac{1}{3} < \frac{3}{4}$; f) $-x - \frac{2}{3} > -\frac{6}{7}$.

34 Pour chacune des inéquations ci-dessous, trouve trois nombres qui sont solutions et deux nombres qui ne sont pas solutions :
a) $3x < 4{,}8$; b) $2y > -5{,}24$;
c) $-\frac{2}{3}y < -\frac{9}{4}$; d) $\frac{2}{7}y < -\frac{9}{28}$;
e) $4x < \frac{12}{7}$; f) $-\frac{3}{5}x > -21$.

35 Pour chacune des inéquations ci-dessous, trouve trois nombres qui sont solutions et deux nombres qui ne sont pas solutions :
a) $3x + 2 < 7$; b) $4 - 3x > 2$;
c) $2y - 5 > 11$; d) $-4 - 3x > 2$;
e) $-4x + 3 < 5$; f) $-5y - 3 > -7$;
g) $3y - 1 < -1$; h) $2x - 1 > 1$;
i) $\frac{5}{6}z + 2 < 1$; j) $\frac{6}{5}y - \frac{1}{3} < 5$;
k) $-\frac{7}{8}x + 3 > 4$; l) $-\frac{8}{7}z - \frac{1}{9} > \frac{1}{63}$.

36 Pour chacune des inéquations ci-dessous, trouve trois nombres qui sont solutions et deux nombres qui ne sont pas solutions :
a) $2x + 3 < 4x + 5$
b) $2x - 3 < -4x + 5$
c) $-2x + 3 > 4x - 5$
d) $-2x - 3 > -4x + 5$
e) $-2x - 3 > -4x - 5$

37 Pour chacune des inéquations ci-dessous, trouve trois nombres qui sont solutions et deux nombres qui ne sont pas solutions :

a) $3 - 4x > 5 - 6x$; b) $-2 - 7x > -5x - 1$;

c) $-3 - 4x > -5 - 6x$; d) $2 - 7x > 5x + 1$;

e) $\frac{1}{3} + \frac{5}{4}y < \frac{3}{4} + \frac{2}{3}y$; f) $\frac{1}{3} - \frac{5}{4}y < \frac{3}{4} - \frac{2}{3}y$;

g) $-\frac{1}{3} + \frac{5y}{4} < -\frac{3}{4} + \frac{2y}{3}$;

h) $-\frac{1}{3} - \frac{5}{4}y < -\frac{3}{4} - \frac{2}{3}y$.

38 Pour chacune des inéquations ci-dessous, trouve trois nombres qui sont solutions et deux nombres qui ne sont pas solutions :

a) $3{,}4x + 7 < 6{,}4x + 2{,}5$

b) $3{,}4y + 9 < 6{,}4y + 1$

c) $5{,}4z - 5{,}5 < 7{,}4z - 1{,}5$

d) $2{,}7x - 7{,}3 > -0{,}3x + 1{,}7$

e) $2{,}7y + 7{,}3 > -0{,}3y + 1{,}3$

f) $-4{,}3z + 7 > 5{,}7z + 21$

APPROFONDISSEMENT

39 Le papyrus Rhind est un texte égyptien qui date d'environ 6 000 ans. Il contient 87 problèmes avec leurs solutions.
Le problème 31 s'énonce ainsi :

« Une quantité, ses $\frac{2}{3}$, son $\frac{1}{2}$, son $\frac{1}{7}$ ajoutés, devient 33. »

Désigne par x le nombre cherché.
Écris une équation correspondante, puis résous-la. Exprime la solution sous la forme d'une fraction irréductible.

40 ABC, ABD et BCD sont des triangles isocèles. On désigne par x la mesure en degrés de l'angle $\widehat{A}$. Calcule x.

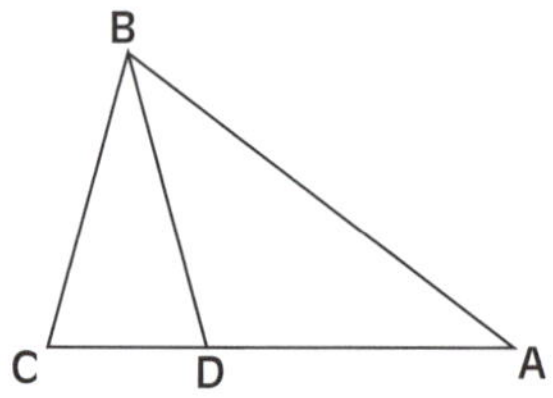

13 Approximations décimales

Les puissances de 10 et la théorie de l'Univers

À la Cité des Sciences et de l'Industrie de la Villette à Paris, se trouve un film intitulé : « Les Puissances de 10 ». Dans ce film, on représente la création de l'infiniment petit (ou microcosme) à l'infiniment grand (ou macrocosme) en utilisant la fonction 10^p (p est un nombre entier relatif).

Si $p > 20$, on obtient le macrocosme ; si $p < 0$, on obtient le microcosme.

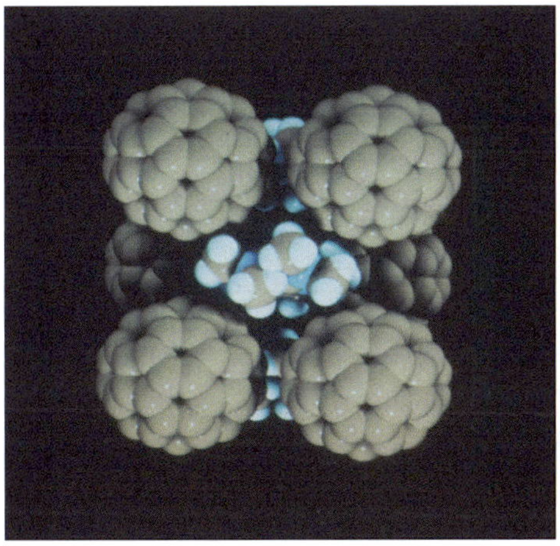

Cristaux au microscope (exemple de microcosme)

La nébuleuse du Cygne (exemple de macrocosme)

SOMMAIRE

1 Puissances de 10

1.1 PUISSANCES DE 10 D'EXPOSANT ENTIER RELATIF

Puissance de 10 d'exposant négatif

On sait que : m et n étant des nombres entiers naturels, si $m > n$ alors $\dfrac{10^m}{10^n} = 10^{m-n}$.

On voudrait pouvoir par exemple écrire : $\dfrac{10^2}{10^5} = 10^{2-5} = 10^{-3}$.

Or : $\dfrac{10^2}{10^5} = \dfrac{1}{10^3}$. On convient de dire que : 10^{-3} est l'inverse de 10^3.

DÉFINITION

n étant un nombre entier naturel, 10^{-n} est l'inverse de 10^n.

$$10^{-n} = \frac{1}{10^n} \qquad\qquad 10^{-n} \times 10^n = 1$$

Écriture décimale des puissances de 10

• Recopie et complète le tableau suivant :

Écriture décimale		0,001	0,01		1	10	100		10 000
Puissance de 10	10^{-4}			10^{-1}				10^3	10^4
L'exposant de la puissance de 10							2		

• Pour les nombres plus grands que 1, compare l'exposant de la puissance de 10 et le nombre de zéros dans l'écriture décimale.

• Pour les nombres plus petits que 1, compare l'exposant de la puissance de 10 et la position de 1 par rapport à la virgule, dans l'écriture décimale.

REMARQUES

Si n est un nombre entier naturel, alors $10^n = 1\underbrace{0......0}_{n \text{ zéros}}$.

Si n est un nombre entier naturel non nul, alors $\dfrac{1}{10^n} = 0,\underbrace{0............1}$.
n chiffres après la virgule : (n-1) zéros suivis du chiffre 1

EXERCICES

1.a Utilise les puissances de 10 pour convertir en mètre cube les volumes suivants :
1 mm³ ; 1 cm³ ; 1 dm³ ; 1 km³.

1.b Écris sous forme d'une puissance de 10 : $\dfrac{1}{1\,000}$; $\dfrac{1}{10^5}$; $\dfrac{1}{100^2}$; $\dfrac{1}{1\,000^3}$.

1.2 PROPRIÉTÉS

Activité

• Dans chacune des expressions suivantes, remplace les puissances de 10 d'exposant négatif par leurs expressions sous forme de fractions ; effectue les calculs puis écris le résultat sous forme d'une puissance de 10.

$10^{-4} \times 10^{7}$; $10^{-7} \times 10^{5}$; $10^{-3} \times 10^{-2}$; $(10^{-7})^{3}$; $(10^{4})^{-3}$;

$\dfrac{10^{-3}}{10^{5}}$; $\dfrac{10^{4}}{10^{-5}}$; $\dfrac{10^{-3}}{10^{-4}}$.

On admet les propriétés suivantes :

PROPRIÉTÉS

***n* et *p* sont des nombres entiers relatifs :**

$10^{n} \times 10^{p} = 10^{n+p}$; $(10^{n})^{p} = 10^{n \times p}$; $\dfrac{10^{n}}{10^{p}} = 10^{n-p}$.

EXERCICES

1.c Écris sous forme d'une puissance de 10 chacun des produits suivants :
$10^{-5} \times 10^{8}$; $10^{-7} \times 10^{12}$; $10^{4} \times 10^{-7}$; $10^{-3} \times 10^{-5}$; $10^{4} \times 10^{3}$.

1.d Écris sous forme d'une puissance de 10 : $(10^{-3})^{2}$; $(10^{5})^{-3}$; $(10^{2})^{-3}$; $(10^{-2})^{-3}$.

1.e Écris sous forme d'une puissance de 10 : $\dfrac{0{,}001}{10^{2}}$; $\dfrac{10^{-3}}{0{,}01}$; $\dfrac{0{,}001}{0{,}0001}$.

2 Nombres décimaux et puissances de 10

2.1 ÉCRITURE D'UN NOMBRE DÉCIMAL

Écritures d'un nombre décimal sous la forme $a \times 10^{p}$

• La superficie du continent africain est d'environ 30 500 000 km^{2}.
Écris le nombre 30 500 000 comme le produit de 305 et d'une puissance de 10.

• Un morceau de savon a une masse de 125 g. Convertis cette masse en kg ; exprime le résultat comme le produit de 125 et d'une puissance de 10.

REMARQUE

Chaque nombre décimal relatif peut s'écrire de diverses façons sous la forme $a \times 10^{p}$.

27,3 peut s'écrire indifféremment : 273×10^{-1} ; $2\,730 \times 10^{-2}$; $0{,}273 \times 10^{2}$; ...

Notation scientifique d'un nombre décimal

• La distance de la Terre au Soleil est de 149 600 000 km. Écris 149 600 000 comme produit d'un nombre compris entre 1 et 10, par une puissance de 10.

DÉFINITION

On appelle notation scientifique d'un nombre décimal x l'écriture de ce nombre sous la forme $a \times 10^p$, où a est un nombre décimal ayant un seul chiffre non nul avant la virgule et p est un nombre entier relatif.

Exemple :
La distance de la Terre à la Lune est de 384 400 km; il est souvent plus commode d'écrire cette distance en notation scientifique : $3{,}844 \times 10^5$ km.

EXERCICES

2.a Pour chacun des nombres suivants, donne deux écritures sous la forme $a \times 10^p$ ($a \in \mathbb{Z}$ et $p \in \mathbb{Z}$) : 32 000 ; 2,504 ; 32,4 ; 0,004 5 ; – 32,4.

2.b Écris chacun des nombres suivants sous la forme $a \times 10^p$ ($a \in \mathbb{Z}$ et $p \in \mathbb{Z}$, p ayant la plus grande valeur possible) : 32 000 ; 2,504 ; 32,4 ; 0,004 5 ; – 32,4.

2.c Donne l'écriture décimale de : 475×10^{-2} ; -504×10^4 ; $-5\,400 \times 10^{-3}$.

2.d Écris en notation scientifique : 643 000 000 ; 1 432 ; 0,000 005 4.

Utilisation de la calculatrice

Entrer un nombre de la forme $a \times 10^p$ dans une calculatrice scientifique

Avec sa calculatrice scientifique, la jeune Chidzoh veut entrer le nombre $7{,}35 \times 10^{23}$.

TOUCHES : [7] [,] [3] [5] [EE] [2] [3]

AFFICHAGE : 7.35 23

Dans certaines calculatrices, la touche [EE] est remplacée par [Exp]

Pour entrer le nombre 625×10^{-8}, on appuie sur les touches :

TOUCHES : [6] [2] [5] [EE] [8] [-]

AFFICHAGE : 625 -08

Si l'on appuie ensuite sur une touche d'opération (+, – , ×, :) ou sur la touche [=], on obtient à l'affichage la notation scientifique de ce nombre :

6.25 -06

• Quels sont les nombres qui ont été introduits dans la calculatrice lorsqu'on obtient à l'écran :

– l'affichage a) ? – l'affichage b) ?

a) 27 -12

b) 934.6 05

Tableau des préfixes précisant les multiples et sous-multiples d'une unité

La notation scientifique permet souvent de choisir les unités les mieux adaptées dans des problèmes de mesure.

Préfixe	péta	téra	giga	méga	kilo	hecto	déca	déci	centi	milli	micro	nano	pico	femto
Valeur	10^{15}	10^{12}	10^{9}	10^{6}	10^{3}	10^{2}	10^{1}	10^{-1}	10^{-2}	10^{-3}	10^{-6}	10^{-9}	10^{-12}	10^{-15}
Symbole	P	T	G	M	k	h	da	d	c	m	μ	n	p	f

EXERCICES

2.e Un ordinateur peut effectuer 10^9 opérations en une seconde. En combien de temps effectue-t-il une opération ? 1 000 opérations ? 1 000 000 opérations ?
À l'aide du tableau qui précède, choisis l'unité de temps la mieux adaptée pour répondre à ces questions.

2.f L'Angström, noté Å, est une unité de longueur utilisée en Physique Nucléaire et vaut 10^{-4} μm (μm = micromètre).
Convertis 1 Å : en m ; en mm ; convertis 1 μm en Å (donne chacune des réponses sous la forme d'une puissance de 10).

2.2 UTILISATION DES ÉCRITURES SOUS LA FORME $a \times 10^p$

Produit de nombres décimaux écrits sous la forme $a \times 10^p$

Exemples :

$(2{,}25 \times 10^{-3}) \times (3{,}5 \times 10^{-2}) = (2{,}25 \times 3{,}5) \times 10^{-5}$
$= 7{,}875 \times 10^{-5}$

$(225 \times 10^{-7}) \times (8 \times 10^{4}) = (225 \times 8) \times 10^{-3}$
$= 1\,800 \times 10^{-3}$
$= 1{,}8$

$(5{,}4 \times 10^{3}) \times (0{,}5 \times 10^{4}) = (5{,}4 \times 0{,}5) \times 10^{7}$
$= 2{,}7 \times 10^{7}$

$(35{,}3 \times 10^{-3}) \times (8{,}5 \times 10^{5}) = (35{,}3 \times 8{,}5) \times 10^{2}$
$= 300{,}05 \times 10^{2}$
$= 3{,}000\,5 \times 10^{4}$

REMARQUE

a et b sont des nombres relatifs non nuls, p et q sont des nombres entiers relatifs.
$(a \times 10^p) \times (b \times 10^q) = (a \times b) \times 10^{p+q}$

EXERCICE

2.g Dans chacun des cas suivants, donne la notation scientifique des nombres A, B et $A \times B$:

$A = 0{,}25$; $B = 140$.

$A = -300$; $B = -0{,}007$.

$A = \dfrac{2}{100}$; $B = 4{,}5$.

Utilisation de la calculatrice

Optimiser l'utilisation d'une calculatrice non scientifique

Avec sa calculatrice non scientifique, Moussa veut calculer le produit :

$$0{,}002\,318\,64 \times 0{,}003\,674\,7$$

TOUCHES	AFFICHAGE
0 , 0 0 2 3 1 8 6 4	0,00231864
×	0,00231864
0 , 0 0 3 6 7 4 7	0,0036747
=	0,00000852

On obtient un résultat approché avec peu de chiffres significatifs.

Après réflexion, Moussa obtient le résultat correct, avec la même calculatrice, en préparant le calcul comme suit :

$$0{,}002\,318\,64 \times 0{,}003\,674\,7 = (2{,}318\,64 \times 10^{-3}) \times (3{,}674\,7 \times 10^{-3})$$
$$= 2{,}318\,64 \times 3{,}674\,7 \times 10^{-6}.$$

Il utilise alors sa calculatrice pour effectuer le produit $2{,}318\,64 \times 3{,}674\,7$.

Il obtient à l'affichage : 8,520306408

Il écrit le résultat du produit : $8{,}520\,306\,408 \times 10^{-6}$.

Encadrement d'un nombre décimal écrit sous la forme $a \times 10^p$

On peut encadrer chacun des nombres décimaux $7{,}9 \times 10^7$ et $2{,}3 \times 10^{-5}$ par deux puissances de 10 d'exposants entiers consécutifs en appliquant les propriétés « inégalité et multiplication ».

On sait que : $1 < 7{,}9 < 10$.

On déduit : $1 \times 10^7 < 7{,}9 \times 10^7 < 10 \times 10^7$.

Donc : $10^7 < 7{,}9 \times 10^7 < 10^8$.

On sait que : $1 < 2{,}3 < 10$.

On déduit : $1 \times 10^{-5} < 2{,}3 \times 10^{-5} < 10 \times 10^{-5}$.

Donc : $10^{-5} < 2{,}3 \times 10^{-5} < 10^{-4}$.

EXERCICE

2.h Donne un encadrement de chacun des nombres suivants par deux puissances de 10 d'exposants entiers consécutifs :

$84{,}5 \times 10^{-4}$; $0{,}35 \times 10^{-3}$; 856×10^{5} ; $122{,}3 \times 10^{9}$.

Comparaison de nombres décimaux positifs écrits sous la forme $a \times 10^p$

Exemple 1 :

On veut comparer les nombres A et B tels que : $A = 479 \times 10^{-8}$ et $B = 51 \times 10^{-7}$.
Donnons la notation scientifique de chacun de ces nombres,

$A = (4{,}79 \times 10^2) \times 10^{-8} = 4{,}79 \times 10^{-6}$ et $B = (5{,}1 \times 10) \times 10^{-7} = 5{,}1 \times 10^{-6}$

On déduit que : $A < B$.

Exemple 2 :

On veut comparer les nombres C et D tels que : $C = 6\,230 \times 10^7$ et $D = 0{,}211\,7 \times 10^{10}$.
Donnons la notation scientifique de chacun de ces nombres,

$C = (6{,}23 \times 10^3) \times 10^7 = 6{,}23 \times 10^{10}$ et $D = (2{,}117 \times 10^{-1}) \times 10^{10} = 2{,}117 \times 10^9$

Donnons un encadrement de chacun de ces nombres par deux puissances de 10 d'exposants entiers consécutifs :

$10^{10} < 6{,}23 \times 10^{10} < 10^{11}$

et $10^9 < 2{,}117 \times 10^9 < 10^{10}$

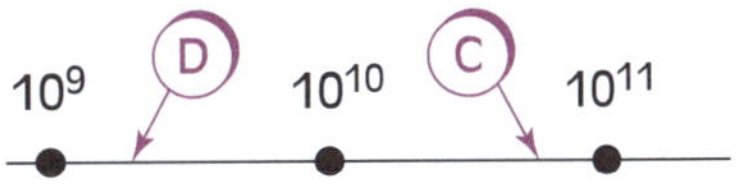

On déduit que : $D < C$.

Exemple 3 :

On veut comparer les nombres E et F tels que : $E = 935 \times 10^{-10}$ et $F = 25 \times 10^{-8}$.
Donnons la notation scientifique de chacun de ces nombres,

$E = (9{,}35 \times 10^2) \times 10^{-10} = 9{,}35 \times 10^{-8}$ et $F = (2{,}5 \times 10) \times 10^{-8} = 2{,}5 \times 10^{-7}$

Donnons un encadrement de chacun de ces nombres par deux puissances de 10 d'exposants entiers consécutifs :

$10^{-8} < 9{,}35 \times 10^{-8} < 10^{-7}$

$10^{-7} < 2{,}5 \times 10^{-7} < 10^{-6}$

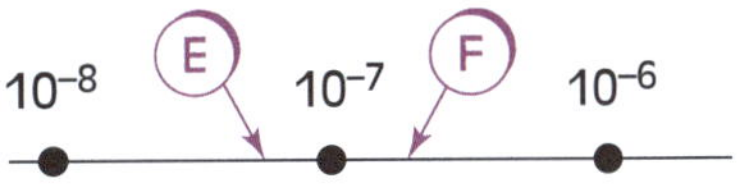

On déduit que : $E < F$.

MÉTHODE

Pour comparer des nombres décimaux positifs X et Y écrits sous la forme $a \times 10^p$, on peut procéder comme suit :
On écrit les notations scientifiques de chacun de ces nombres : $X = x \times 10^n$, $Y = y \times 10^m$.
Si $n \neq m$, alors X et Y sont rangés dans le même ordre que n et m.
Si $n = m$, alors X et Y sont rangés dans le même ordre que x et y.

EXERCICE

2.i Compare les nombres suivants :
$27{,}5 \times 10^{-4}$ et $7{,}3 \times 10^{-4}$ $7{,}5 \times 10^{5}$ et 34×10^{4}

2.3 NOMBRES DÉCIMAUX D'ORDRE n

Présentation

• Recopie et complète le tableau suivant :

Nombre	Écriture sous la forme $a \times 10^{-1}$ $(a \in \mathbb{Z})$	Écriture sous la forme $b \times 10^{-2}$ $(b \in \mathbb{Z})$	Écriture sous la forme $c \times 10^{-3}$ $(c \in \mathbb{Z})$
0,4			
0,145			
– 4			
18,512			
3,14			
	Les nombres qui ont pu être écrits sous la forme $a \times 10^{-1}$ sont des nombres décimaux d'ordre 1.	Les nombres qui ont pu être écrits sous la forme $b \times 10^{-2}$ sont des nombres décimaux d'ordre 2.	Les nombres qui ont pu être écrits sous la forme $c \times 10^{-3}$ sont des nombres décimaux d'ordre 3.

DÉFINITION

***n* est un nombre entier naturel.**
On appelle nombre décimal d'ordre *n* un nombre décimal qui peut être écrit sous la forme d'un produit d'un nombre entier relatif par 10^{-n}.

Un nombre décimal écrit avec n chiffres après la virgule est un nombre décimal d'ordre n.

Exemples :
– 1,5 est un nombre décimal d'ordre 1.
1,52 est un nombre décimal d'ordre 2.
– 1,524 est un nombre décimal d'ordre 3.
7,36 est un nombre décimal d'ordre 2.
7,36 est un nombre décimal d'ordre 3, car 7,36 peut s'écrire 7,360 ou $7\,360 \times 10^{-3}$.
7,36 est un nombre décimal d'ordre 4, car 7,36 peut s'écrire 7,360 0 ou $73\,600 \times 10^{-4}$.
7,36 est un nombre décimal d'ordre 5, car 7,36 peut s'écrire 7,360 00 ou $736\,000 \times 10^{-5}$.

3 Approximations décimales d'un nombre

3.1 TRONCATURE D'UN NOMBRE

Présentation

Avec une pièce de 13 m de tissu, un tailleur veut réaliser 7 nappes de même longueur. Pour trouver cette longueur à l'aide de sa calculatrice, il a effectué la division de 13 par 7.

Pour $\frac{13}{7}$ la calculatrice affiche : 1.8571428571

Dans la pratique, le tailleur n'utilisera pas le nombre que la calculatrice affiche ; il ne gardera généralement que les deux premiers chiffres après la virgule :

1,85 est la **troncature à deux décimales** de $\frac{13}{7}$.

DÉFINITION

On appelle troncature à n décimales du nombre x le nombre décimal d'ordre n obtenu en ne conservant que les n premiers chiffres après la virgule de l'écriture décimale de x.

Exemples :

– La troncature à une décimale de 3,428 571 est 3,4.
– La troncature à deux décimales de 3,428 571 est 3,42.
– La troncature à trois décimales de 3,428 571 est 3,428.

3.2 APPROXIMATIONS DÉCIMALES D'UN NOMBRE

Nombres décimaux consécutifs d'ordre n

• Recopie chacune des droites graduées suivantes :

• Complète la graduation représentée ci-contre par des nombres décimaux consécutifs d'ordre 1.
2,8 est le nombre décimal d'ordre 1 qui précède 2,9 ;
3 est le nombre décimal d'ordre 1 qui suit 2,9.

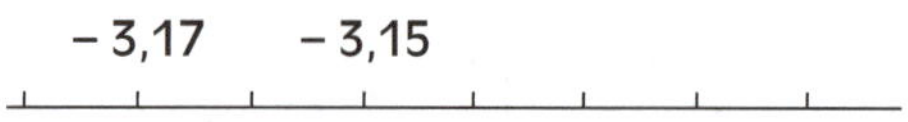

• Complète la graduation représentée ci-contre par des nombres décimaux consécutifs d'ordre 2. Quel est le nombre décimal d'ordre 2 qui précède – 3,12 ? qui suit – 3,12 ?

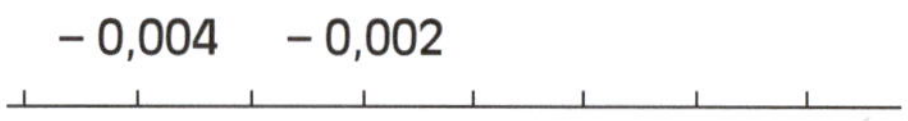

• Complète la graduation représentée ci-contre par des nombres décimaux consécutifs d'ordre 3.

a et b sont deux nombres décimaux consécutifs d'ordre 3 tels que $a < b$. Que vaut la différence $b - a$?

Encadrer un nombre rationnel

Avec une calculatrice, on a effectué la division de 22 par 7. La calculatrice affiche :

• Recopie et complète la graduation représentée ci-contre par des nombres décimaux consécutifs d'ordre 3.

• Marque le mieux possible le nombre $\frac{22}{7}$.

• Donne un encadrement de $\frac{22}{7}$ par deux nombres décimaux consécutifs d'ordre 3.

EXERCICE

3.a Six personnes se partagent équitablement une pièce de tissu de 20 m de longueur. On désigne par ℓ la longueur (exprimée en mètres) du coupon de tissu reçu par chacun. Donne un encadrement de ℓ par deux nombres décimaux consécutifs d'ordre 1. Donne un encadrement de ℓ par deux nombres décimaux consécutifs d'ordre 2.

Approximations décimales d'ordre *n*

• Vérifie que : $2{,}166 < \frac{13}{6} < 2{,}167$.

2,166 est l'**approximation décimale d'ordre 3 par défaut** de $\frac{13}{6}$.

2,167 est l'**approximation décimale d'ordre 3 par excès** de $\frac{13}{6}$.

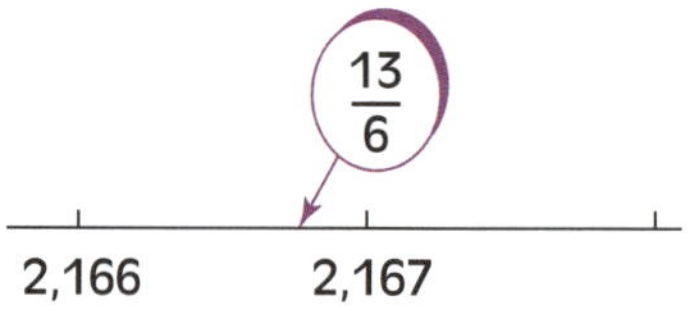

Plus généralement, pour trouver les approximations décimales d'ordre n d'un nombre rationnel x, on peut procéder comme suit :
– on cherche un encadrement de x par deux nombres décimaux consécutifs d'ordre n ;
– le plus petit de ces deux nombres est l'approximation décimale d'ordre n par défaut ;
– le plus grand est l'approximation décimale d'ordre n par excès.

MÉTHODE

Pour trouver les approximations décimales d'ordre n du nombre $\frac{a}{b}$,
on calcule le quotient q de la division de a par b avec n chiffres après la virgule.
q est l'approximation décimale d'ordre n par défaut de $\frac{a}{b}$;
le nombre décimal d'ordre n qui suit q est l'approximation décimale d'ordre n par excès de $\frac{a}{b}$.

Exemple :

35	11
− 33	3,18
20	
− 11	
90	
− 88	
2	

On veut trouver les approximations décimales d'ordre 2 de $\frac{35}{11}$.
On a effectué la division de 35 par 11.
3,18 est l'approximation décimale d'ordre 2 par défaut de $\frac{35}{11}$.
3,19 est le nombre décimal d'ordre 2 qui suit 3,18 ;
c'est l'approximation décimale d'ordre 2 par excès de $\frac{35}{11}$.

EXERCICES

3.b Trouve l'approximation décimale d'ordre 1 par défaut de $\frac{17}{8}$.

3.c Trouve l'encadrement par deux nombres décimaux d'ordre 2 consécutifs, pour chacun des nombres suivants :

41,732 et $\frac{8}{3}$.

Quelle est l'approximation décimale d'ordre 2 par excès de chacun de ces nombres ?

3.d Quelle est l'approximation décimale d'ordre 3 par excès du nombre : $2\,586 \times 10^{-4}$?

3.3 ARRONDI D'ORDRE n D'UN NOMBRE POSITIF

Meilleure approximation décimale d'un nombre

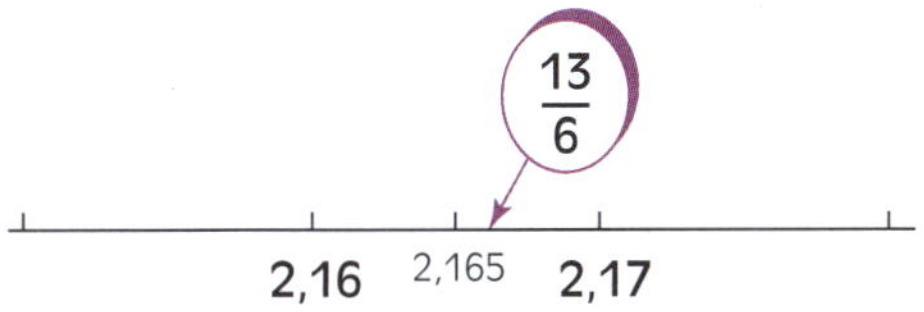

La fraction $\frac{13}{6}$ possède deux approximations décimales d'ordre 2 (celle par défaut et celle par excès). On veut trouver la meilleure approximation décimale d'ordre 2, c'est-à-dire celle qui est « la plus proche » de $\frac{13}{6}$.

La division de 13 par 6 au millième donne pour quotient 2,166 ; ce résultat permet de positionner $\frac{13}{6}$ par rapport à ses approximations décimales d'ordre 2 :

2,17 est l'approximation décimale d'ordre 2 « la plus proche » de $\frac{13}{6}$;

2,17 est la meilleure approximation décimale d'ordre 2 de $\frac{13}{6}$;

On dit que 2,17 est l'**arrondi** d'ordre 2 de $\frac{13}{6}$.

Plus généralement, l'**arrondi d'ordre *n*** d'un nombre rationnel x est l'approximation décimale d'ordre n « la plus proche » de x.

Exemples :

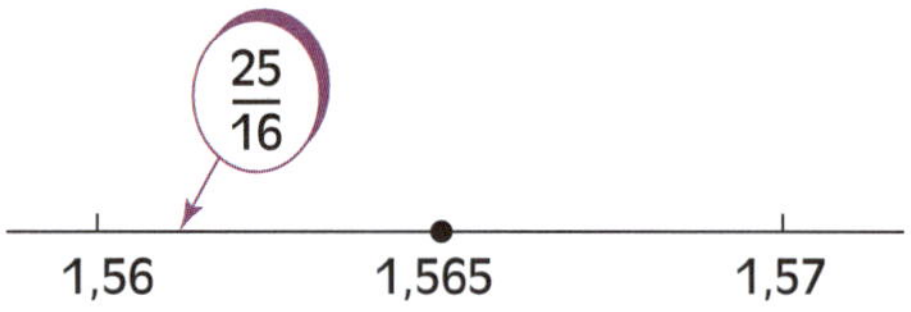

• La division de 25 par 16 au millième donne pour quotient 1,562 ;
1,56 est l'approximation décimale d'ordre 2 « la plus proche » de $\frac{25}{16}$;

1,56 est l'arrondi d'ordre 2 de $\frac{25}{16}$.

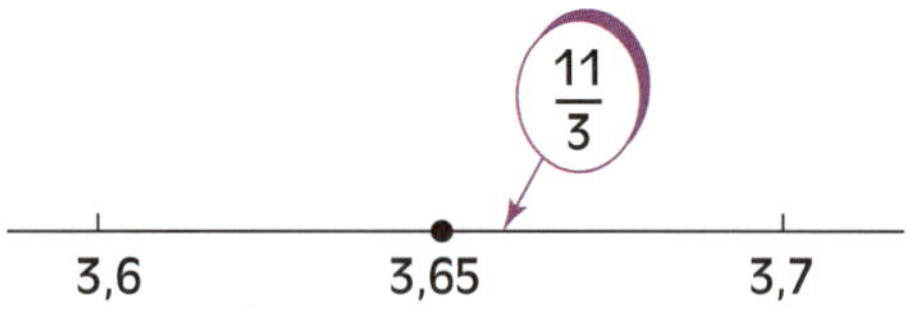

• La division de 11 par 3 au centième donne pour quotient 3,66 ;
3,7 est l'approximation décimale d'ordre 1 « la plus proche » de $\frac{11}{3}$;

3,7 est l'arrondi d'ordre 1 de $\frac{11}{3}$.

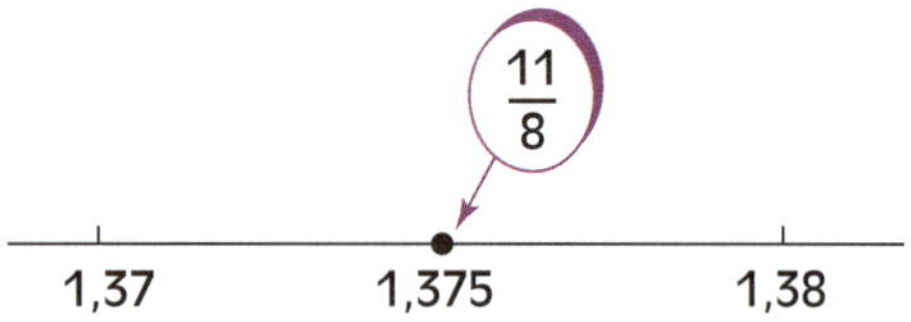

• La division de 11 par 8 au millième donne pour quotient 1,375 ;
$\frac{11}{8}$ est à égale distance de ses approximations décimales d'ordre 2 ;

Par convention 1,38 est l'arrondi d'ordre 2 de $\frac{11}{8}$.

MÉTHODE

Pour trouver l'arrondi d'ordre *n* de la fraction $\frac{a}{b}$,
on calcule le quotient q de la division de a par b avec $n + 1$ chiffres après la virgule.

• Si le $(n + 1)^e$ chiffre après la virgule est 0, 1, 2, 3 ou 4, l'arrondi d'ordre n de $\frac{a}{b}$ est l'approximation décimale d'ordre n par défaut.

• Si le $(n + 1)^e$ chiffre après la virgule est 5, 6, 7, 8 ou 9, l'arrondi d'ordre n de $\frac{a}{b}$ est l'approximation décimale d'ordre n par excès.

Exemple :
Avec une calculatrice, on a effectué la division de 22 par 7.

La calculatrice affiche : 3.142857142

- 3,14 est l'arrondi d'ordre 2 de $\frac{22}{7}$ car le 3e chiffre après la virgule est 2 ;
- 3,143 est l'arrondi d'ordre 3 de $\frac{22}{7}$ car le 4e chiffre après la virgule est 8.

L'arrondi dans le langage courant

À la fin de la facture d'électricité, on trouve la phrase suivante :
« Les montants en francs des consommations et le total à payer sont arrondis à 5 francs. »
Cela signifie que : – si le montant calculé est 22 314 F, le total à payer est 22 315 F ;
– si le montant calculé est 21 432 F, le total à payer est 21 430 F.
Ici, nous retrouvons le choix du plus proche entre deux nombres (deux multiples consécutifs de 5).

Attention, en classe, quand le professeur « **arrondit** » la note au demi-point supérieur, il n'utilise pas le mot « arrondi » dans le sens précisé ci-dessus.
Pour 9,1 le professeur « arrondit » à 9,5 ; pour 11,6 il « arrondit » à 12.

EXERCICE

3.e Trouve l'arrondi d'ordre 1 de chacun des nombres suivants : $\frac{13}{3}$; $\frac{17}{4}$; $\frac{5}{8}$.

Utilisation de la calculatrice

L'arrondi et la calculatrice
Avec une calculatrice, lorsqu'on effectue le quotient de 1 200 par 7, on obtient à l'affichage : 171,42857143

Tu sais que ce nombre n'est pas le quotient exact ; pourquoi ?
La plupart des calculatrices affichent un arrondi du résultat ;
171,428 571 43 est l'arrondi d'ordre 8 du quotient $\frac{1\,200}{7}$.

En réalité, ces calculatrices effectuent ce quotient avec deux décimales supplémentaires mais ne les affichent pas. On peut cependant les faire apparaître en soustrayant la partie entière (171) du résultat obtenu ; la calculatrice affiche alors :

0,4285714285

Le nombre qui apparaît à l'écran permet de retrouver les décimales cachées :

0,42857142|85

décimales cachées

Le quotient approché de 1 200 par 7 que la calculatrice a dans sa mémoire est donc : 171,428 571 428 5.

EXERCICES

ENTRAÎNEMENT

1 PUISSANCES DE 10

1 a) Écris les nombres suivants sous la forme d'une puissance de 10 :

100	1 000 000
0,01	0,000 001
1 000	10 000 000
0,000 01	0,000 1
10 000	100 000 000
0,000 000 1	0,1
100 000	1 000 000 000
0,001	0, 000 000 01

b) Écris ensuite chacun des nombres décimaux, dont la partie entière est 0, sous la forme d'une fraction décimale.

2 Range les nombres suivants dans l'ordre croissant : 10^5 ; 10^{-7} ; 10^{-2} ; 10^2 ; 10^{-1} ; 10^1 ; 1 000 ; 10^{-4} ; 10^{14}.

3 Range les nombres suivants dans l'ordre décroissant :
10^{-3} ; 10^{-1} ; $\frac{1}{100}$; $\frac{1}{100\ 000}$;
0,000 001 ; 0,000 1.

4 Convertis, puis écris chaque résultat sous la forme d'une puissance de 10 :
a) en m : 1 mm ; 1 000 km ; 10 cm.
b) en g : 1 tonne.
c) en kg : 0,1 g ; 1 000 tonnes ; 0,01 mg.
d) en cm^2 : 1 hm^2 ; 1 mm^2 ; 0,1 m^2.
e) en m^3 : 1 mm^3 ; 100 km^3 ; 10 cm^3.

5 Écris les nombres suivants sous la forme d'une puissance de 10 :

$10^3 \times 10^5$	$\frac{1}{100} \times \frac{1}{10}$
$10^{-4} \times 10^7$	$\frac{1}{100} \times \frac{1}{10\ 000}$
$10^{-9} \times 10^7$	$(10^3)^4$
$10^{-5} \times 10$	$(10^{-3})^4$
$10^{-3} \times 10^6 \times 10^{-4}$	$(10^3)^{-4}$
$100 \times 10\ 000$	$(10^{-3})^{-4}$
$0{,}01 \times 100\ 000$	$(0{,}01)^{-3}$
$0{,}000\ 001 \times 1\ 000$	$(1\ 000)^{-3}$

6 Écris les nombres suivants sous la forme d'une puissance de 10 :

$\frac{1}{10^{-3}}$	$\frac{10^{-2}}{10^{-3}}$
$\frac{1}{10^4}$	$\frac{0{,}1}{10^2}$
$\frac{1}{0{,}000\ 1}$	$\frac{1}{10^3} \times 10^4 \times 10^{-2}$
$\frac{10^2}{10^3}$	$\frac{10^{-3} \times 10^6}{10^3 \times 10^{-6}}$

7 Dans les aventures de Tintin, le capitaine Haddock s'écrie souvent : « Mille milliards de mille sabords ! ».
Exprime sous la forme d'une puissance de 10 le nombre de sabords que cela fait.

2 NOMBRES DÉCIMAUX ET PUISSANCES DE 10

8 a et p désignent des nombres entiers relatifs. Pour chacun des nombres ci-dessous, donne deux écritures sous la forme $a \times 10^p$:
14,52 ; 1,5 ; – 1 200 ; 0,035 ; – 8 000 ; 5.

9 a et p désignent des nombres entiers relatifs. Écris les nombres ci-dessous sous la forme $a \times 10^p$, p ayant la plus grande valeur possible.
0, 000 000 037 ; 300 000 ; $\frac{125}{10}$;
– 0,012 3 ; $-\frac{45}{10\ 000}$; 20 000 000 ;
245 000 ; 0,005 3 ; 100,4 ;
$75\ 000 \times 40$; $(11\ 000)^2$;
$0{,}4 \times 3{,}5$; $-9{,}2 \times (-1{,}45)$; $(2 \times 10^{-3})^2$.

10 Donne l'écriture décimale de chacun des nombres suivants :
$12{,}5 \times 10^{-1}$; 45×10^3 ; 627×10^{-6} ; $\frac{1}{4} \times 10^2$.

11 Le diamètre d'un globule rouge est d'environ 7 μm. Convertis ce diamètre en m, puis donne la notation scientifique du résultat.

12 Écris les nombres suivants en notation scientifique :
40 ; 47 ; 757 ; 1 250 ; 2 753 000 ;
13,45 ; – 64,3 ; 232,7 ; 0,001 2 ; 0,000 37 ;
0, 000 004 5 ; 40^2 ; 110^2 ; 250^2 ; 20^5.

EXERCICES

13 Combien y a-t-il de secondes dans une année de 365 jours ?
Écris ta réponse en notation scientifique.

14 Écris les nombres suivants en notation scientifique :

25×10^{-3} ; $12{,}4 \times 10^{5}$; $\dfrac{182 \times 10^{7}}{13 \times 10^{4}}$; $\dfrac{288 \times 10}{12}$

$145{,}65 \times 10^{-1}$; $\dfrac{412 \times 10^{-2}}{}$ $\dfrac{135 \times 10^{-2}}{15 \times 10^{-3}}$; $\dfrac{5{,}4 \times 10^{18}}{9 \times 10^{15}}$

15 Dans chacun des cas suivants, donne la notation scientifique de x, de y et du produit xy :
a) $x = 0{,}7$ et $y = 3{,}25$
b) $x = -0{,}53$ et $y = 120$
c) $x = \dfrac{3}{1\,000}$ et $y = 9{,}4$
d) $x = 2 \times 10^{-3}$ et $y = 2 \times 10^{-3}$

16 Écris chacun des nombres ci-dessous en notation scientifique :
$a = 3{,}4 \times 10^{-2} + 5{,}2 \times 10^{-3}$
$b = 4{,}8 \times 10^{4} + 6{,}7 \times 10^{3}$
$c = 524 \times 10^{8} - 4{,}7 \times 10^{7}$
$d = 13{,}7 \times 10^{-5} + 2{,}4 \times 10^{-7}$
$e = 1{,}45 \times 10^{3} \times 2{,}4 \times 10^{-2}$
$f = -8 \times 10^{2} \times 5{,}3 \times 10^{5}$
$g = 7 \times 10^{-5} \times \dfrac{3}{14} \times 10^{2}$
$h = 2{,}3 \times 10^{6} \times 0{,}17 \times 10^{7}$

17 Effectue les calculs définis ci-dessous et écris les résultats en notation scientifique :
$a = 43 \times 10^{-1} - 52 \times 10^{-2}$
$b = 14 \times 10^{1} + 10^{-1} + 60 \times 10^{-4} + 350 \times 10^{-3}$
$c = 32 \times 10^{-1} + 125 \times 10^{-4} - 12 \times 10^{-2}$
$d = 135 \times 10^{3} - 742 \times 10^{-2} - 345 \times 10^{-1}$

18 Recopie et complète le tableau suivant :

Écriture décimale	14,5		
Fraction décimale		$\dfrac{3}{1\,000}$	
Notation scientifique			$5{,}5 \times 10^{-2}$

19 Donne un encadrement de chacun des nombres suivants par deux puissances de 10 d'exposants entiers consécutifs :
$2{,}7 \times 10^{-3}$; $5{,}35 \times 10^{-4}$; 127×10^{4} ; $324{,}9 \times 10^{8}$.

20 Compare les nombres suivants :
a) 7×10^{6} et 83×10^{5}
b) $5\,400 \times 10^{-2}$ et $0{,}55 \times 10^{2}$
c) 120×10^{6} et $0{,}015 \times 10^{11}$
d) $\dfrac{1}{4} \times 10^{12}$ et $0{,}02 \times 10^{14}$

21 Range les nombres ci-dessous dans l'ordre croissant :
$150\,000\,000$; $0{,}149 \times 10^{9}$; $15{,}4 \times 10^{7}$; $1{,}45 \times 10^{8}$.

22 Range les nombres ci-dessous dans l'ordre décroissant :
$4{,}2 \times 10^{-3}$; 40×10^{-4} ; $0{,}45 \times 10^{-2}$; $0{,}004\,1$.

23 Parmi les nombres suivants, $-0{,}005$; $0{,}12$; $5{,}4$; $12{,}423$; 17 ; $1{,}4 \times 10^{-2}$; indique :
a) ceux qui sont des nombres décimaux d'ordre 1 ;
b) ceux qui sont des nombres décimaux d'ordre 3.

3 APPROXIMATIONS D'UN NOMBRE RATIONNEL

Les exercices 24 à 27 sont liés.

24 Donne la troncature à 2 décimales de chacun des nombres ci-dessous :
$\dfrac{2}{3}$; π ; $\dfrac{4}{9}$; $\dfrac{11}{13}$; $\dfrac{22}{7}$.

25 Donne un encadrement de chacun des nombres de l'exercice 24 par deux nombres décimaux d'ordre 2.

26 Donne l'approximation décimale d'ordre 2 par défaut, puis l'approximation décimale d'ordre 2 par excès de chacun des nombres de l'exercice 24.

27 Donne l'arrondi d'ordre 2 de chacun des nombres de l'exercice 24.

EXERCICES

28 3,141 592 653 589 793 238 462 643.
a) Donne l'encadrement par deux nombres décimaux consécutifs d'ordre 3 du nombre π.
b) Donne l'approximation décimale d'ordre 2 par défaut de π.
c) Donne l'approximation décimale d'ordre 4 par excès de π.
d) Donne les arrondis d'ordre 3, 4 et 5 du nombre π.

APPROFONDISSEMENT

29 L'unité de longueur est le km. On appelle « année-lumière » (a.l), la distance parcourue par la lumière en une année. La vitesse de la lumière est d'environ 300 000 km/s.
Calcule la distance correspondant à une année-lumière.

30 On appelle « unité astronomique » (u.a), la distance moyenne de la Terre au Soleil :

1 u.a = 149 600 000 km.

a) Exprime en u.a, la distance moyenne de la planète Mars au Soleil qui est de 228 000 000 km.
b) Exprime en km, la distance moyenne de la planète Pluton au Soleil qui est de 39,5 u.a.

31 Le physicien Avogadro a démontré que 18 g d'eau renfermaient environ $6{,}02 \times 10^{23}$ molécules d'eau.
Calcule le nombre de molécules d'eau contenues dans un litre d'eau, puis exprime ta réponse en notation scientifique. (La masse volumique de l'eau est 1 kg/dm^3.)

32 La vitesse de la lumière est égale à 3×10^5 km/s et la vitesse du son dans l'air est égale à $3{,}4 \times 10^2$ m/s.
Lors d'un orage, chaque éclair est suivi d'un coup de tonnerre.
a) Supposons que la foudre tombe à 10 km du lieu où tu te trouves.
– Après combien de temps verras-tu l'éclair ?
– Après combien de temps entendras-tu le coup de tonnerre ?
b) La tombée de la foudre et la vision de l'éclair peuvent être considérées comme instantanées, alors que le bruit du coup de tonnerre met plus de temps à te parvenir.
Sur la base de cette constatation, dis dans chacun des cas suivants, à quelle distance de toi est tombée la foudre (c'est-à-dire à quelle distance se trouve l'orage) si le temps écoulé entre l'instant où tu as vu l'éclair et l'instant où tu as entendu le tonnerre est de :
2 s ; 10 s ; 30 s ; 1 min ; 1 min 45 s.

33 La consommation annuelle de savon d'un pays de 55 000 000 d'habitants est de 109 000 tonnes.
Calcule la masse moyenne de savon utilisée en un an par chacun des habitants de ce pays.

34 a) Le volume des océans est estimé à 1 350 millions de milliards de m^3.
Calcule la masse de sel dissous dans les océans sachant que la concentration moyenne de sel est de 27 g par litre d'eau de mer.
b) On évalue à 0,004 mg la quantité d'or dans un m^3 d'eau de mer.
Quelle est la masse d'or ainsi éparpillée dans les océans ?

35 Les roues d'une voiture ont 50 cm de diamètre. Combien ces roues auront-elles fait de tours lorsque la voiture aura parcouru 400 km ? (Prends $\pi \approx 3{,}14$.)

36 Sachant que l'épaisseur d'un billet de 10 000 francs est de 0,012 cm, calcule la hauteur de la pile de billets de 10 000 francs correspondant à 500 milliards de francs.

Les exercices 37 et 38 sont liés.

37 a est un nombre entier naturel non nul.
Compare a et $a + 1$.
Compare $\dfrac{1}{a}$ et $\dfrac{1}{a+1}$.

38 $x = \dfrac{1 + 10^{1995}}{10^{1995}}$ et $y = \dfrac{10^{1995}}{1 + 10^{1995}}$.
Compare x et y.
Quel est de x ou de y, le nombre qui est le plus proche du nombre 1 ?

14 Résolution de problèmes

Un problème de Ben Ezra (XIe siècle)

« Et si on dit : un homme est entré dans un verger et il y a cueilli des fruits. Mais le verger avait trois entrées, gardées chacune par un gardien. Cet homme donc partagea équitablement les fruits avec le premier gardien et lui en donna 2 de plus, puis il partagea équitablement avec le deuxième et lui en donna 2 de plus, enfin il partagea avec le troisième, lui en donna 2 de plus, et il sortit en ayant seulement un fruit. Combien de fruits a-t-il cueillis ? »

SOMMAIRE

1 Problèmes de dénombrement

1.1 UTILISATION D'ARBRES DE CHOIX

Énoncé

Lors d'un cours de mathématiques, le professeur dit à ses élèves : « Vous découpez cinq petites cartes sur lesquelles vous inscrivez les cinq lettres majuscules A, D, E, M et S. En alignant trois de ces cartes, vous formez un mot de trois lettres. Trouvez le nombre de mots de trois lettres que vous pouvez former en utilisant trois de ces cinq cartes, le mot formé ayant un sens ou non ».

Pendant que ses camarades s'évertuent à écrire tous les mots en manipulant les cartes, Mamadou, qui considère cette méthode beaucoup trop longue et ennuyeuse, écrit un mot, trouve le mode de formation de ce mot, puis une méthode lui permettant de dénombrer tous les mots possibles.

• *Quelle méthode a pu employer Mamadou ?*

Solution

Lecture de l'énoncé

Le problème est de former un mot de trois lettres avec les cinq cartes sur lesquelles sont inscrites les lettres A, D, E, M et S.

Recherche d'une démarche

• Une démarche consiste à écrire tous les mots de trois lettres avec les lettres A, D, E, M et S. On peut organiser ce travail en remplissant le tableau qui suit.

ADE	AMD	DAE		EAD		MAD		SAD	
ADM	AME								
ADS	AMS								
AED	ASD								
AEM	ASE								
AES	ASM								
Première lettre : A		Première lettre : D		Première lettre : E		Première lettre : M		Première lettre : S	

Cette démarche, qui consiste en un comptage direct, est utilisable dans tous les problèmes de dénombrement, mais peut présenter des inconvénients :
– elle devient fastidieuse si le nombre de cas à considérer est grand ;
– il faut trouver une méthode rigoureuse de comptage de façon à ne pas oublier de cas.

• Une autre démarche, celle de Mamadou, consiste à écrire un mot et à trouver le mode de formation de ce mot de trois lettres avec les lettres A, D, E, M et S, puis de codifier cette formation de façon à pouvoir dénombrer tous les mots possibles.

***Exemple :* comment former le mot MDA**

Choix de la 1re lettre parmi 5

Choix de la 2e lettre parmi 4

Choix de la 3e lettre parmi 3

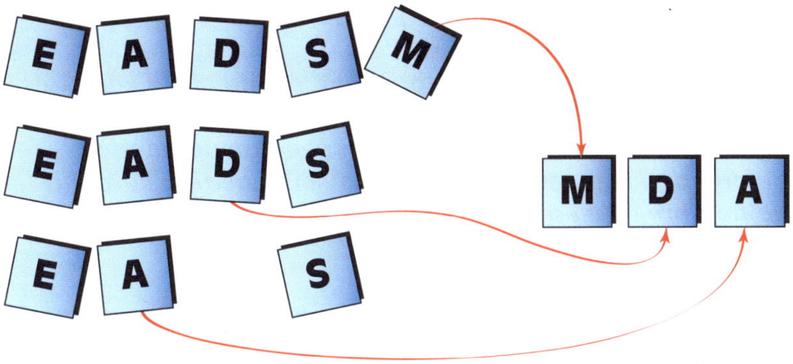

L'analyse de l'exemple de formation du mot MDA permet de voir que l'on peut utiliser un arbre de choix, cet arbre de choix comportant trois étapes :
choix de la 1re lettre, choix de la 2e lettre et choix de la 3e lettre.

Rédaction d'une solution

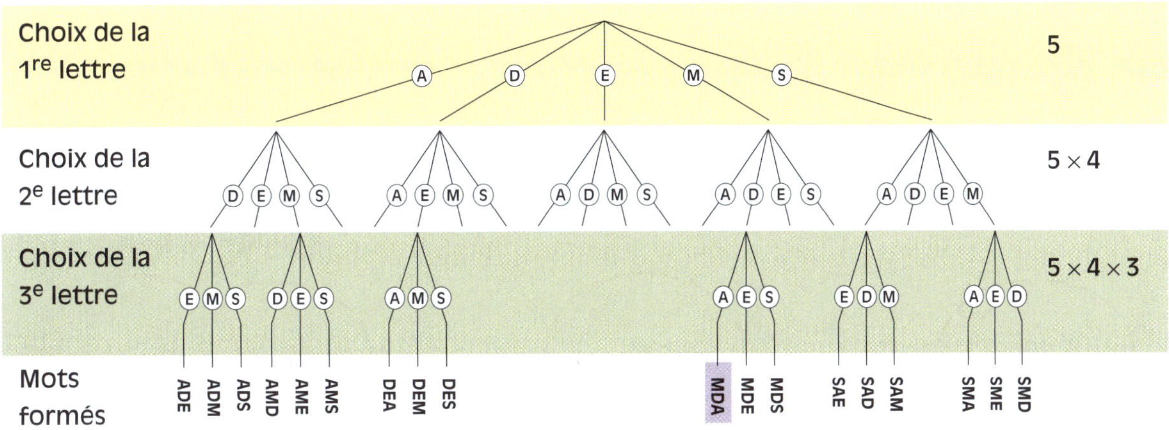

Nombre de mots de trois lettres formés avec les lettres A, D, E, M et S, chaque lettre étant utilisée une seule fois : $5 \times 4 \times 3 = 60$.

EXERCICE

1.a Pour fermer sa boutique, Garga a acheté un type de cadenas particulier, appelé cadenas à combinaisons, qui est constitué de quatre roulettes sur chacune desquelles sont inscrits les chiffres de 0 à 9.
Garga choisit sa propre combinaison parmi celles qui ne commencent pas par 0.
Quel est le nombre des combinaisons ne commençant pas par 0 ?

1.2 UTILISATION DE DIAGRAMMES

Énoncé

Le club Karado est un club de judo et de karaté dont tous les membres pratiquent une discipline ou les deux disciplines.

• Sachant que 25 membres pratiquent le judo, 36 le karaté et 7 pratiquent les deux disciplines, trouve :

– le nombre de membres pratiquant seulement le judo ;
– le nombre de membres pratiquant seulement le karaté ;
– le nombre de membres du club.

Solution

Lecture de l'énoncé

Ce que je connais	***Ce que je cherche***
– 25 membres pratiquent le judo ; – 36 membres pratiquent le karaté ; – 7 membres pratiquent à la fois le judo et le karaté.	Le nombre de membres : – pratiquant seulement le judo ; – pratiquant seulement le karaté ; – du club.

Recherche d'une démarche

Je peux traduire la situation décrite dans l'énoncé par des diagrammes qui serviront de support visuel à mon raisonnement.

25 membres pratiquent le judo.

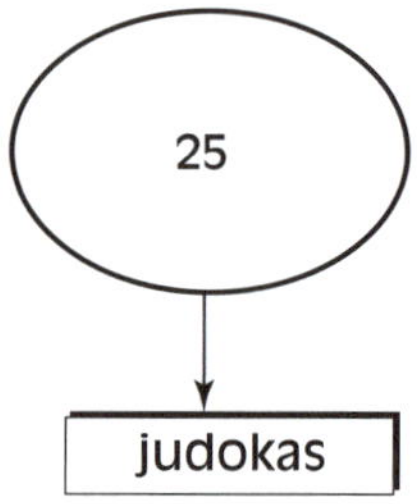

36 membres pratiquent le karaté.

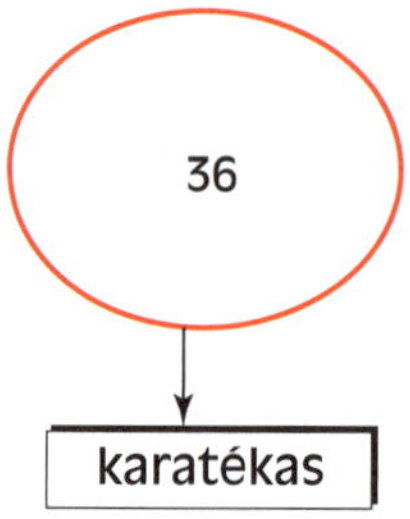

7 membres pratiquent à la fois le judo et le karaté.

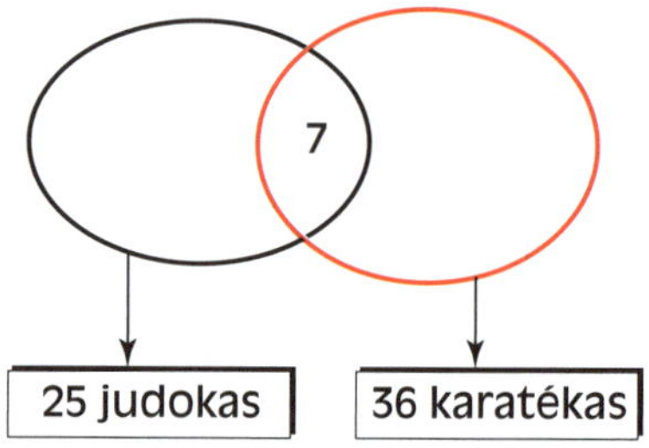

Rédaction d'une solution

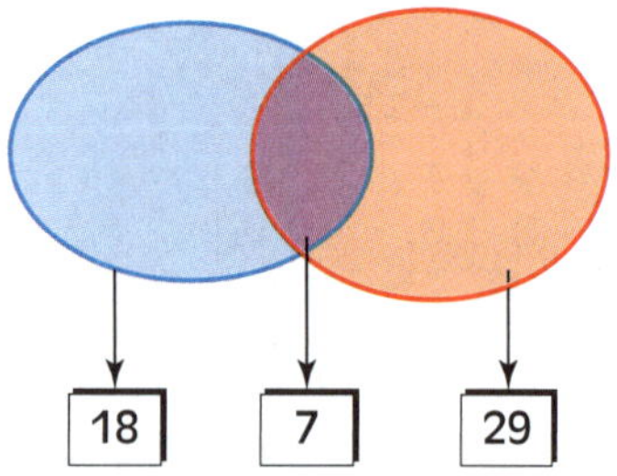

Nombre de membres pratiquant seulement le judo : 25 – 7 = 18

Nombre de membres pratiquant seulement le karaté : 36 – 7 = 29

Nombre de membres pratiquant les deux sports : 7

Nombre de membres du club : 18 + 29 + 7 = 54

Le club Karado compte 54 membres dont 18 pratiquent seulement le judo et 29 pratiquent seulement le karaté.

EXERCICE

1.b Au lycée de New-Bell à Douala, une enquête est menée sur l'apprentissage de l'anglais et de l'espagnol. Dans l'ensemble des élèves interrogés, l'équipe d'enquêteurs dégage les résultats suivants :

– 75 élèves n'apprennent ni l'espagnol, ni l'anglais ;
– 150 élèves apprennent à la fois l'espagnol et l'anglais ;
– 275 élèves apprennent l'espagnol ;
– 560 élèves apprennent l'anglais.

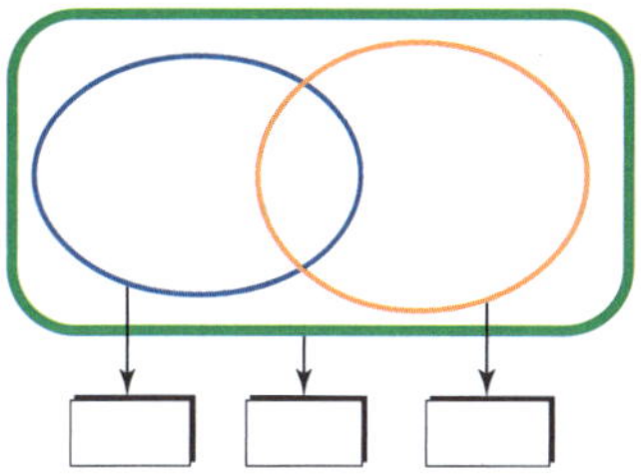

Quel est le nombre d'élèves apprenant seulement l'espagnol ? seulement l'anglais ?
Quel est le nombre d'élèves interrogés ?
(Tu pourras t'aider du diagramme ci-contre que tu compléteras.)

2 Problèmes de proportionnalité

2.1 PROBLÈME DE PARTAGE PROPORTIONNEL

Énoncé

Trois jeunes gens, Aliou, Sali et Fatim, se partagent un héritage de 3 000 000 F proportionnellement à leurs âges. Ils ont respectivement 22, 20 et 18 ans.
• Quelle est la part de chacun d'eux ?

Solution

Lecture de l'énoncé

Ce que je connais
– Le montant de l'héritage : 3 000 000 F.
– Les âges des trois jeunes gens : Aliou a 22 ans, Sali a 20 ans et Fatim a 18 ans.
– Les parts sont proportionnelles aux âges.

Ce que je cherche
La part d'héritage d'Aliou, de Sali et de Fatim.

Recherche d'une démarche

Le partage de l'héritage étant proportionnel aux âges des trois jeunes gens, j'utilise un tableau de proportionnalité pour calculer le coefficient de proportionnalité k qui permet de passer de la première ligne à la deuxième. Je calcule ensuite la part d'héritage de chacun des jeunes gens.

	Aliou	Sali	Fatim	
Âge	22	20	18	
Part d'héritage				3 000 000

$\times k$

Rédaction de la solution

Calcul du coefficient de proportionnalité k : $22 + 20 + 18 = 60$, d'où $k = \dfrac{3\ 000\ 000}{60} = 50\ 000$.

Calcul des parts : $22 \times 50\ 000 = 1\ 100\ 000$; $20 \times 50\ 000 = 1\ 000\ 000$; $18 \times 50\ 000 = 900\ 000$.

	Aliou	Sali	Fati	
Âge	22	20	18	**60**
Part d'héritage	**1 100 000**	**1 000 000**	**900 000**	3 000 000

$\times$ **50 000**

Vérification : 1 100 000 + 1 000 000 + 900 000 = 3 000 000.
Les parts d'héritage respectives d'Aliou, Sali et Fatim sont :
1 100 000 F, 1 000 000 F et 900 000 F.

EXERCICE

2.a Un triangle a pour périmètre 76 cm.
Calcule la longueur de chacun de ses trois côtés sachant qu'ils sont respectivement proportionnels à 3 ; 5 et 11.

2.2 PROBLÈME DE POURCENTAGE

Énoncé

Après la dévaluation du F CFA du 12 janvier 1994, un commerçant indélicat augmente ses prix de 80 %. Mais sa clientèle désertant son commerce, il diminue alors ses nouveaux prix de 30 %, en se disant qu'il a augmenté ses prix d'avant la dévaluation de 50 %.

- *P désignant le prix d'un produit, en F CFA avant la dévaluation et P' le prix de ce même produit après la diminution de 30 %, exprime P' en fonction de P.*
- *Le commerçant a-t-il raison de croire qu'il a augmenté ses prix d'avant la dévaluation de 50 % ?*

Solution

Lecture de l'énoncé

Ce que je connais

– Augmentation des prix de 80 % après la dévaluation.
– Diminution des prix de 30 % après l'augmentation.

Ce que je cherche

Le pourcentage final d'augmentation des prix après que les prix aient subi une 1re augmentation de 80 % suivie d'une diminution de 30 %.

Recherche d'une démarche

Je choisis un produit quelconque dont le prix en F CFA était P avant la dévaluation, puis je calcule successivement les expressions littérales donnant :
– le prix P_1, après l'augmentation de 80 % de P ;
– le prix P', après la diminution de 30 % de P_1 ;
– le pourcentage d'augmentation faisant passer de P à P'.

Rédaction d'une solution

• Le pourcentage d'augmentation de P étant de 80 %, le montant de l'augmentation est $\frac{80}{100}P$.

Calcul du prix P_1 : $P_1 = P + \frac{80}{100}P = P\left(1 + \frac{80}{100}\right) = P\left(\frac{100+80}{100}\right) = P \times \frac{180}{100}$.

• Le pourcentage de diminution de P_1 étant de 30 %, le montant de la diminution est $\frac{30}{100}P_1$.

Calcul du prix P' : $P' = P_1 - \frac{30}{100}P_1 = P_1\left(1 - \frac{30}{100}\right) = P_1\left(\frac{100-30}{100}\right) = P_1 \times \frac{70}{100}$.

$P' = P_1 \times \frac{70}{100} = P \times \frac{180}{100} \times \frac{70}{100} = P \times \frac{18 \times 7}{100} = P \times \frac{126}{100} = P\left(1 + \frac{26}{100}\right) = P + \frac{26}{100}P$.

Le commerçant n'a pas augmenté ses prix de 50 % comme il le pensait, mais de 26 %.

EXERCICE

2.b Après la dévaluation du 12-01-1994 en Côte d'Ivoire, le prix du litre d'essence « Super » est passé de 350 F à 405 F et le prix de la baguette de pain est passé de 70 F à 100 F.
Quel est le pourcentage d'augmentation de chacun de ces deux produits ?

2.3 PROBLÈME DE VITESSE

Énoncé

Un camion a quitté Antananarivo à 9 h 25 min. Il roule à une vitesse moyenne de 70 km/h pendant une demi-heure, puis un problème de circulation routière oblige ce camion à rouler plus lentement sur une distance de 20 km. Le chauffeur du camion décide alors de s'arrêter.
• À quelle distance de Antananarivo le camion se trouve-t-il à l'instant où il s'arrête ?
• Le camion a roulé à la vitesse moyenne de 50 km/h pour effectuer ces 20 derniers kilomètres. Quelle heure est-il lors de son arrêt ?

Solution

Lecture de l'énoncé

Ce que je connais

– L'heure de départ de Antananarivo : 9 h 25 min.
– Informations sur la 1re partie du trajet : 70 km/h durant une demi-heure.
– Informations sur la 2e partie du trajet : 50 km/h sur 20 km.

Ce que je cherche

– La distance entre le point de départ de Antananarivo et le point où le camion s'arrête.
– L'heure d'arrêt du camion.

Recherche d'une démarche

Graphique traduisant la situation

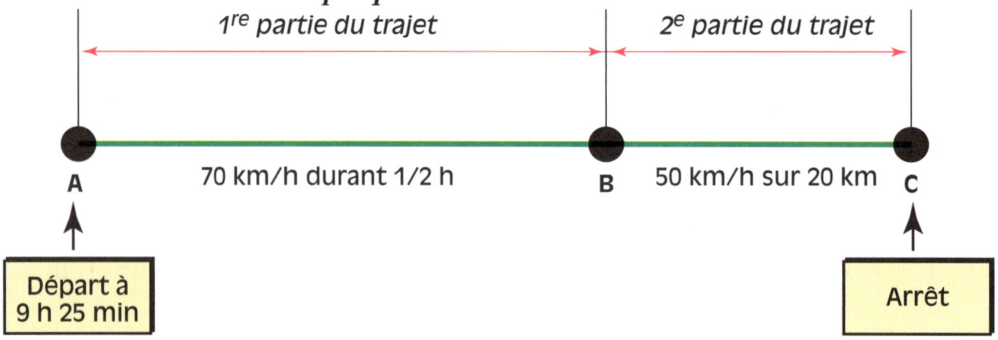

1) Je cherche à calculer la distance de A à C. Connaissant la distance de B à C (20 km), je calcule la distance de A à B. Pour cela j'utilise la formule :

$$d = v \times t \quad \begin{cases} d & : \text{distance parcourue en km,} \\ v & : \text{vitesse moyenne en km/h,} \\ t & : \text{durée du parcours en h.} \end{cases}$$

2) Pour calculer l'heure d'arrêt du camion, je dois calculer la durée du trajet [AC]. Connaissant la durée du trajet [AB], je calcule la durée du trajet [BC]. Pour cela j'utilise encore la formule $d = v \times t$.

Rédaction d'une solution

– Distance de A à B : AB = $70 \times \frac{1}{2} = 35$.

– Distance de A à C : AC = AB + BC = $35 + 20 = 55$.

– Durée du trajet [BC] : $t_{BC} = \frac{20}{50} = \frac{2}{5}$, or $\frac{2}{5}$ d'heure est égale à 24 min ($\frac{2}{5} \times 60 = 2 \times 12 = 24$).

– Durée du trajet [AC] : $t_{AC} = t_{AB} + t_{BC} = 30 + 24 = 54$.

– Heure d'arrêt du camion : 9 h 25 min + 54 min = 10 h 19 min.

Le camion s'arrête à 55 km de Antananarivo à 10 h 19 min.

EXERCICE

2.C La distance à vol d'oiseau Douala – Brazzaville est 1 100 km.
Un avion décolle à 17 h 30 de Douala et se dirige vers Brazzaville à la vitesse moyenne de 925 km/h en empruntant le chemin le plus court.
À quelle heure atterrira-t-il à Brazzaville ?

3 Équations et inéquations pour résoudre des problèmes

3.1 UTILISATIONS D'ÉQUATIONS

Énoncé 1

Le père de Rajakaly, pour l'encourager à étudier les mathématiques, lui donne 10 F pour chaque exercice résolu correctement, mais Rajakaly lui redonne 5 F dans le cas contraire. Après 30 exercices traités, Rajakaly fait ses comptes et est satisfait : il a reçu de son père le triple de ce qu'il lui a redonné.

• Combien d'exercices Rajakaly a-t-il résolus correctement ?

Solution

LANGAGE COURANT

Lecture de l'énoncé

Ce que je cherche

Le nombre d'exercices résolus par Rajakaly.

Ce que je connais

– Rajakaly reçoit 10 F pour un exercice résolu.
– Le nombre d'exercices traités : 30.
– Rajakaly redonne 5 F pour un exercice non résolu.

– Il a reçu le triple de ce qu'il a redonné.

LANGAGE MATHÉMATIQUE

Traduction mathématique

Choix de l'inconnue

Je désigne par x le nombre d'exercices résolus correctement par Rajakaly ; x est un nombre entier naturel plus petit ou égal à 30.

Mise en équation

– Gain en F : $10\,x$.

– Exercices non résolus correctement : $30 - x$.
– Perte en F : $5(30 - x)$.

– (E) : $10\,x = 3[5(30 - x)]$

Résolution de l'équation

$$
\begin{aligned}
10\,x &= 3[5(30 - x)]\\
10\,x &= 450 - 15\,x\\
10\,x + 15\,x &= 450\\
25\,x &= 450\\
x &= \frac{450}{25}\\
x &= 18
\end{aligned}
$$

Vérifications et solution du problème

Je montre que 18, solution de l'équation (E), est solution du problème :
Rajakaly a reçu 180 F (18×10) ;
il a redonné 60 F (12×5) ;
on a bien : $180 = 3 \times 60$.

Rajakaly a résolu correctement 18 exercices.

Énoncé 2

Hassanali possède un champ borné de forme rectangulaire dont les dimensions sont 70 m et 40 m.
Le chef du village lui propose de doubler le périmètre de son champ en ajoutant une même longueur aux deux dimensions de son champ.
• De combien de mètres, Hassanali devra-t-il déplacer ses bornes pour réaliser la proposition du chef de village ?

Solution

LANGAGE COURANT

Lecture de l'énoncé

Ce que je cherche

La longueur à ajouter aux deux dimensions du champ pour doubler son périmètre.

Ce que je connais

– Les dimensions du champ rectangulaire : 70 m et 40 m.
– J'ajoute une même longueur aux dimensions du champ.

– Le nouveau périmètre est le double de l'ancien périmètre.

LANGAGE MATHÉMATIQUE

Traduction mathématique

Choix de l'inconnue

Je désigne par ℓ la longueur à ajouter aux dimensions du champ.

Mise en équation

– Ancien périmètre du champ en m :
$(70 + 40) \times 2 = 220$.
– Nouvelles dimensions du champ en m :
$70 + \ell$ et $40 + \ell$.
Nouveau périmètre en m :
$[(70 + \ell) + (40 + \ell)] \times 2 = (110 + 2\ell) \times 2 = 220 + 4\ell$.

(E) : $220 + 4\ell = 2 \times 220$
$220 + 4\ell = 440$

Résolution de l'équation

$$220 + 4\ell = 440$$
$$4\ell = 440 - 220$$
$$4\ell = 220$$
$$\ell = \frac{220}{4}$$
$$\ell = 55$$

Vérifications et solution du problème

Je montre que 55, solution de l'équation (E), est solution du problème :
$70 + 55 = 125$ et $40 + 55 = 95$,
$(125 + 95) \times 2 = 220 \times 2 = 440$,
440 est le double de 220.

Hassanali devra augmenter de 55 mètres la longueur et la largeur de son champ.

EXERCICES

3.a Le professeur de mathématiques dit à ses élèves : « Je choisis un nombre, j'ajoute 5 à son double, le nombre obtenu est alors égal au triple du nombre choisi, diminué de 8. »
Quel est le nombre choisi par le professeur ?

3.b L'unité de longueur est le cm. Les côtés d'un triangle sont trois nombres entiers consécutifs et le périmètre de ce triangle est 27.
Quels sont les côtés respectifs de ce triangle ?

3.2 UTILISATIONS D'INÉQUATIONS

Énoncé

Un marchand a acheté 8 pièces de bazin pour la somme de 240 000 F.
Chacune des 8 pièces mesure 12,75 m.

• *Il revend ce tissu à 4 500 F le mètre. Quelle longueur de bazin (en nombre entier de mètres), doit-il avoir vendu pour réaliser un bénéfice de plus de 100 000 F ?*

• *Quel prix de vente au mètre (en nombre entier de francs) aurait assuré au marchand plus de 240 000 F de bénéfice, tout le stock ayant été vendu ?*

Solution (1RE QUESTION)

LANGAGE COURANT

Lecture de l'énoncé

Ce que je cherche
Le nombre de mètres de bazin à vendre pour réaliser plus de 100 000 F de bénéfice.

Ce que je connais
– Le marchand a acheté 8 pièces de bazin de 12,75 m chacune.
– Le prix de vente au m : 4 500 F.
– Le prix d'achat total : 240 000 F.
– Bénéfice = Prix de vente – Prix d'achat

– Le bénéfice est plus grand que 100 000 F.

LANGAGE MATHÉMATIQUE

Traduction mathématique

Choix de l'inconnue
Je désigne par x la longueur de bazin vendu (en m).

Mise en équation
(Longueur totale de bazin : 102 m)

– Prix de vente en F de x m : $4\,500\,x$

– Bénéfice en F : $4\,500\,x - 240\,000$

(I) : $4\,500\,x - 240\,000 > 100\,000$

Recherche de solutions de l'inéquation

$$4\,500\,x - 240\,000 > 100\,000$$
$$4\,500\,x > 340\,000$$
$$x > \frac{340\,000}{4\,500}$$
$$x > \frac{680}{9}$$

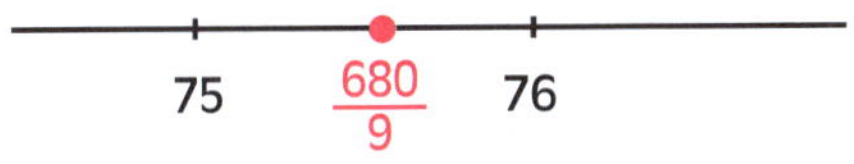

Vérifications et solution du problème

Lorsque la longueur de bazin vendu est un nombre entier plus grand ou égal à 76, le bénéfice du marchand est plus grand que 100 000 F.

Solution (2e question)

Langage courant

Lecture de l'énoncé

Ce que je cherche

Le prix de vente du bazin au mètre pour réaliser plus de 240 000 F de bénéfice.

Ce que je connais

– Le marchand a vendu les 102 m de bazin.
– Le prix d'achat total : 240 000 F.
– Bénéfice = Prix de vente – Prix d'achat

– Le bénéfice est plus grand que 240 000 F.

Langage mathématique

Traduction mathématique

Choix de l'inconnue

Je désigne par y un prix de vente au mètre ; y est un nombre entier naturel non nul.

Mise en équation

– Prix de vente en F des 102 m : $102\,y$.

– Bénéfice en F : $102\,y - 240\,000$.

(I) : $102\,y - 240\,000 > 240\,000$

Recherche de solutions de l'inéquation

$$102\,y - 240\,000 > 240\,000$$
$$102\,y > 480\,000$$
$$y > \frac{480\,000}{102}$$
$$y > \frac{80\,000}{17}$$

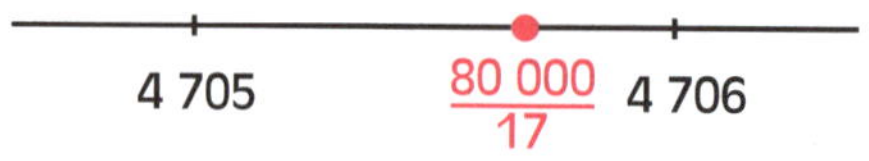

Vérifications et solution du problème

Lorsque le prix de vente au mètre de bazin est plus grand ou égal à 4 706 F, le bénéfice est plus grand que 240 000 F (tout le stock ayant été vendu).

EXERCICES

3.c À l'âge de 21 ans, Aïssatou a eu une fille Aminata qui est née en 1993. À partir de quelle année, l'âge d'Aïssatou sera-t-il plus petit que le double de l'âge de sa fille ?

3.d Pour la préparation d'une petite fête entre élèves, la somme de 1 350 F a été investie pour l'achat de 3 kg d'arachides grillées. Le prix de la portion d'arachides de 25 g est fixé à 25 F.
Combien devra-t-on vendre de portions d'arachides pour réaliser plus de 200 F de bénéfice ?

EXERCICES

ENTRAÎNEMENT

1 PROBLÈMES DE DÉNOMBREMENT

1 Dix arbres alignés sont distants de 20 m l'un de l'autre. Quelle distance sépare le premier arbre du dernier (on ne tient pas compte de l'épaisseur des arbres) ?

2 Le chapitre II d'un livre commence page 35 et finit page 63, le chapitre IV commence page 81 et se termine page 107. Quel est le nombre de pages de chacun des chapitres II, III et IV de ce livre ?
Plus généralement, peux-tu donner une méthode permettant de calculer le nombre de pages d'un chapitre quelconque commençant à la page a, se terminant à la page b (a et b sont des nombres entiers naturels non nuls tels que $a < b$) ?

3 Pour numéroter les pages d'un livre de 20 pages, on a besoin de 31 caractères ($9 \times 1 + 11 \times 2 = 31$), un caractère étant un des 10 chiffres de la numération décimale.
Combien faut-il de caractères pour numéroter les pages d'un livre de 192 pages ?
de 224 pages ?

4 a et b sont des nombres entiers naturels pouvant prendre les valeurs 2 ; 3 ; 5 ; 7 ; 11 et 13.
Combien de fractions $\frac{a}{b}$ peut-on former dans le cas où a est différent de b ?

5 Dans un certain nombre de pays africains, le drapeau est constitué de trois bandes verticales de trois couleurs différentes.
Combien de drapeaux différents peut-on ainsi constituer avec les couleurs : vert, jaune et rouge ?

2 PROBLÈMES DE PROPORTIONNALITÉ

6 Le fleuve Zaïre a un débit moyen de 41 000 m^3/s.
Quel est, en km^3, le volume d'eau déversé dans l'océan Atlantique par le Zaïre :
a) en un jour ? b) en un an ?

7 En 1994, les records du monde d'athlétisme du 100 m ; 400 m ; 1 500 m ; 10 000 m et du marathon (42,195 km) étaient respectivement de 9,85 s ; 43,29 s ; 3 min 28,86 s ; 26 min 52, 23 s et 2 h 6 min 50 s.
a) Calcule la vitesse moyenne horaire de chacun des détenteurs de ces records du monde.
b) En supposant que le recordman du monde du 100 m puisse maintenir sa vitesse moyenne sur la longueur du marathon, quel serait le record du monde du marathon ?

8 La lumière se propage dans le vide à la vitesse de 300 000 km/s.
Quel est le temps mis par la lumière pour nous parvenir :
a) de la Lune ?
b) du Soleil ?
(Distance Terre-Lune : 380 000 km ; distance Terre-Soleil : 150 000 000 km.)

9 Un commerçant accorde une remise de 30 % sur le prix d'une chemise, puis la semaine suivante une remise de 12 % sur le nouveau prix. Le prix d'une chemise avant les deux remises était de 12 000 F. Calcule le prix d'une chemise après les deux remises.
Quel est le pourcentage de la remise globale ?

10 Trouve la longueur et la largeur d'un champ rectangulaire de 2 600 m de périmètre, sachant que la longueur et la largeur sont respectivement proportionnelles à 17 et 9.

11 Monsieur Ndiaye place 550 000 F dans une banque à un taux d'intérêt de x %. À la fin de l'année, le total du capital et des intérêts perçus s'élèvent à 583 000 F.
Quelle est la valeur du taux x ?

12 Konan, Adou et Lamine vont à l'école. Konan va à pied, chacun de ses pas est compris entre 60 et 80 cm et il fait 2 500 pas ; Adou y va à bicyclette à la vitesse moyenne de 20 km/h et il met entre 9 et 10 minutes ; quant à Lamine, il y va en taxi à la vitesse moyenne de 50 km/h et met 5 minutes.
Qui habite le plus près ? le plus loin de l'école ?

13 Moussa a rempli de maïs son fût en bois. Ce fût cylindrique a pour dimensions intérieures : diamètre 80 cm, hauteur 1,30 m. La masse volumique du maïs vaut 1,16 g/cm^3.

La femme de Moussa distribue tous les jours 4 kg de maïs à chacune de ses deux grandes filles pour la préparation des repas de la famille.
Dans combien de temps le fût sera-t-il vide ($\pi \approx 3{,}14$) ?

14 Une feuille d'étain rectangulaire de 20 cm de long et 5 cm de large a une masse de 21,9 g. Calcule son épaisseur, sachant que la masse volumique de l'étain est 7,3 kg/dm^3.

3 ÉQUATIONS ET INÉQUATIONS POUR RÉSOUDRE DES PROBLÈMES

15 Quel est le nombre dont le triple diminué de 4 est égal à son double augmenté de 2 ?

16 ABC est un triangle isocèle en $\widehat{A}$ tel que mes $\widehat{A} = 50°$.
Quelle est la mesure de chacun des deux autres angles de ce triangle ?

17 Koffi veut calculer la moyenne de ses deux devoirs de mathématiques. Il a eu 10 au premier devoir, mais il ne se rappelle plus la note du second.
Si on ajoutait 4,5 à sa note du second devoir, il aurait alors 11 de moyenne.
Quelle est la note du second devoir de Koffi ?

18 Pour payer un livre, Yassi donne un billet de 10 000 F. Avec le quart de ce que lui rend le caissier, elle achète un cahier et il lui reste alors 4 500 F.
Quels sont les prix du livre et du cahier ?

19 Un père et son fils ont respectivement 42 ans et 16 ans.
Dans combien d'années, l'âge du père sera-t-il le double de l'âge de son fils ?

20 La longueur d'un terrain rectangulaire a 4 mètres de plus que sa largeur.
Calcule la longueur et la largeur de ce terrain sachant que son périmètre est de 24 m.

21 Aïcha a trois camarades : Kouyaté, Loukou et Faye. Désireuse de connaître l'âge de chacun d'eux, elle le leur demande :
– Loukou répond : « J'ai deux ans de plus que Kouyaté ».
– Faye répond : « Moi, j'ai un an de moins que Kouyaté ».
Sachant que la somme de leurs trois âges est égale à 40 ans, quel est l'âge de chacun d'entre eux ?

22 Un grand-père a 62 ans et ses trois petits-enfants ont respectivement 20 ans, 18 ans et 16 ans.
Dans combien d'années l'âge du grand-père sera-t-il égal aux $\frac{2}{3}$ de la somme des âges de ses petits-enfants ?

23 Sur un marché de village, le kilogramme de riz coûte deux fois plus cher que le kilogramme de haricots secs. Une ménagère achète 3 kg de riz et 2 kg de haricots secs. Elle paie le tout 1 200 F.
Calcule le prix du kg de haricots secs, puis celui du kg de riz.

24 Yaka et ses trois fils récoltent du café dans leurs plantations. Le premier, le deuxième et le troisième fils récoltent respectivement les $\frac{2}{3}$, $\frac{2}{5}$ et $\frac{4}{5}$ du tonnage de leur père.
La récolte totale des quatre personnes est de 43 tonnes.
Calcule les tonnages de café récoltés respectivement par Yaka et chacun de ses trois fils.

25 Une entreprise licencie le quart de son personnel.
Une semaine plus tard, elle embauche l'équivalent du tiers du personnel restant. Le Ministère de l'Emploi félicite cette entreprise.
Cette entreprise a-t-elle embauché plus qu'elle n'a licencié ? Pourquoi ?

26 L'unité de longueur est le cm.
ABCD est un trapèze rectangle de bases [AB] et [DC] tels que : AB = x, AD = 4 et DC = 14.

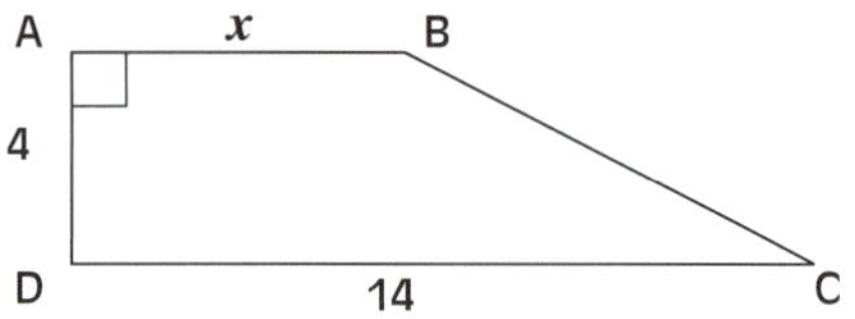

EXERCICES

Calcule x pour que l'aire de ce trapèze soit égale à 45 (en cm^2).

APPROFONDISSEMENT

27 Le premier jour d'un séminaire de rédaction de la CIAM, Djondimadji, Frondoh, Komo, Ngaimonazoui et Ranaivoarimiandry se serrent la main les uns les autres.
Combien y a-t-il eu de serrements de mains (deux personnes quelconques se serrant une seule fois la main) ?

28 Kadidiatou veut ranger verticalement ses livres de classe sur une étagère.
Combien de rangements différents peut-elle effectuer dans le cas où elle a :
a) 3 livres ? b) 5 livres ?

29 Les satellites de télécommunications ayant une orbite géostationnaire tournent autour de la Terre en 24 h, ce qui leur procure une immobilité apparente pour un observateur terrestre. Leur orbite est à 35 786 km au-dessus de la surface de la Terre.

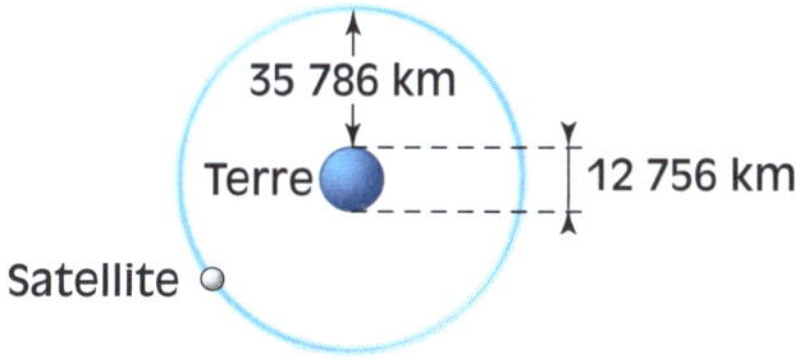

Calcule la vitesse moyenne en km/h d'un satellite géostationnaire tournant au-dessus de l'équateur sachant que le diamètre de la Terre est 12 756 km à l'équateur ($\pi \approx 3{,}14$).

30 L'unité de longueur est le m.
M. Ouéhi a une maison rectangulaire dont l'esquisse du plan est donnée ci-après. Il veut faire un plan exact de sa maison de façon que ce plan soit le plus grand possible sur une feuille de format 21 cm × 27 cm.
a) Quelle échelle $\frac{1}{n}$ (n étant un nombre entier naturel non nul) M. Ouéhi doit-il choisir ?
b) Pour l'échelle trouvée, calcule toutes les longueurs et fais le plan.

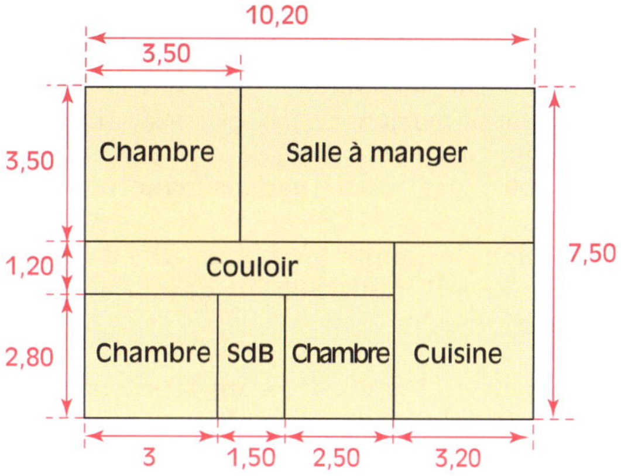

31 Un automobiliste affirme que pour effectuer un même trajet et en partant à la même heure, il arrivera :
– à 13 heures en roulant à 60 km/h de moyenne ;
– à 11 heures en roulant à 80 km/h de moyenne.
À quelle heure est-il parti et quelle distance a-t-il parcourue ?

32 Le lièvre dit à la tortue : « Nous allons faire une course de 100 m, mais ta lenteur étant notoire, je te laisse un quart d'heure d'avance avant de m'élancer à ta poursuite. »
La tortue répond : « Laisse-moi une minute de plus. » « Accordé », dit le lièvre.
Sachant que le lièvre court à 60 km/h de moyenne et que la tortue fait en moyenne 10 cm par seconde, à quelle distance de l'arrivée, le lièvre rejoindra-t-il la tortue ?

33 L'unité de longueur est le cm. ABCD est un rectangle tel que : AB = 3 et AD = x.
CED est un triangle équilatéral.
Pour quelles valeurs de x le périmètre du rectangle ABCD est-il plus grand que le périmètre du triangle équilatéral CED ?

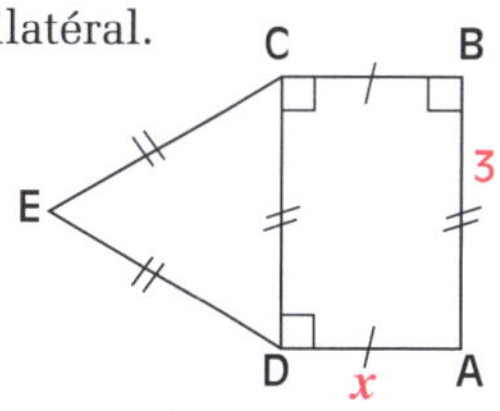

(D'après APMEP 1990)

34 Un triangle ABC a pour périmètre 96 cm. Sachant que la longueur de [AB] est égale à celle de [BC] augmentée de 1 cm et que la longueur de [AC] est égale à celle de [AB] augmentée de 1 cm, calcule la longueur de chacun des côtés du triangle ABC.

EXERCICES

35 Pour faire la promotion de son hôtel, un gérant décide de pratiquer les tarifs suivants :
– 10 000 F par jour et par personne pour les cinq premiers jours ;
– 7 000 F par jour et par personne pour les jours suivants.
Combien de temps Monsieur Alidou a-t-il séjourné à l'hôtel sachant que sa facture s'élève à 190 000 F ?

36 Salif achète un livre, un classeur et un sac avec un billet de 10 000 F. Le livre vaut la moitié du prix du sac et le classeur vaut la moitié du prix du livre. Calcule le prix de chaque article sachant que la caissière a rendu 655 F à Salif.

37 Akissi a vendu 100 morceaux de savon, les uns à 110 F, les autres à 80 F. La recette d'Akissi à la fin de la vente s'élève à 9 050 F.
Calcule le nombre de morceaux de savon de chaque sorte vendus par Akissi.

38 Pour aller voir son collègue Rakotosolofoarisoa à Antananarivo, Diop qui habite Dakar envisage d'effectuer en avion le trajet Dakar-Antananarivo avec escale à Abidjan, Douala, Brazzaville, Kigali et Nairobi.
Il veut savoir approximativement quelle sera la durée de son voyage en tenant compte des renseignements suivants :
– l'avion pris à Dakar l'emmène à Nairobi à la vitesse moyenne de 900 km/h avec 1 heure d'escale dans chacune des villes : Abidjan, Douala, Brazzaville et Kigali ; le vol Dakar – Abidjan durant 2 heures ;
– à Nairobi, après une escale de 15 heures, il prend un autre avion qui l'emmène à Antananarivo à la vitesse moyenne de 800 km/h.
Pour connaître les différentes distances à vol d'oiseau entre chaque ville, il prend une carte, malheureusement sans échelle, et il mesure sur la carte les distances suivantes :
Dakar-Abidjan (45 cm), Abidjan-Douala (38 cm), Douala-Brazzaville (27,5 cm), Brazzaville-Kigali (41,7 cm), Kigali-Nairobi (18,5 cm) et Nairobi-Antananarivo (58 cm).
Calcule la durée du voyage de Diop.

39 Au village de Nkoltom, Akomezoa gémit car il n'a pas pu traiter sa cacaoyère et c'est la catastrophe. Il dit à son voisin Afana : « Trois cacaoyers sur cinq sont atteints par la pourriture brune et un cacaoyer sur deux est attaqué par les chenilles. »
« Akomezoa ! Il y a plus de cacaoyers malades que de cacaoyers dans ta plantation », s'exclame ironiquement Afana qui se targue de connaître les fractions.
Akomezoa lui répond : « Pas du tout, car un cacaoyer sur six est atteint par la pourriture brune et est en même temps attaqué par les chenilles. Tu vois bien que j'ai douze cacaoyers en bon état. »
Explique la réaction d'Afana et calcule le nombre de cacaoyers d'Akomezoa.

40 Le vieux Kamel sentant sa mort prochaine veut partager ses 17 chameaux entre ses trois enfants. Il désire en donner la moitié à l'aîné, le tiers au second et le neuvième au benjamin, mais malgré toute sa bonne volonté il n'y arrive pas.
Il s'adresse alors au sage de son village qui en a vu d'autres et qui lui résout son partage de la façon suivante : il prête un chameau à Kamel, effectue le partage et reprend son chameau. Les enfants ne trouvent rien à redire à ce partage.
a) Justifie que Kamel ne peut effectuer son partage.
En utilisant l'astuce du sage, explique pourquoi le partage devient possible et effectue ce partage.
b) Chacun des enfants a-t-il eu la part exacte qui lui revenait ?
c) Dis pourquoi les enfants sont malgré tout satisfaits.

41 Pour des raisons professionnelles, M. Tsoumtsa doit effectuer en car plusieurs fois par an le trajet Yaoundé–Douala aller et retour. Une des sociétés de transport lui propose les deux tarifs suivants :
– tarif 1 : un aller-retour au tarif plein de 5 600 F.
– tarif 2 : prendre une carte d'abonnement annuel à 25 200 F lui donnant droit à 30 % de réduction sur le tarif plein à chaque voyage.
À partir de combien de voyages effectués dans l'année est-il plus avantageux pour M. Tsoumtsa de choisir le tarif 2 ?

15 Statistiques

Populations et superficies des pays francophones d'Afrique et de l'océan Indien

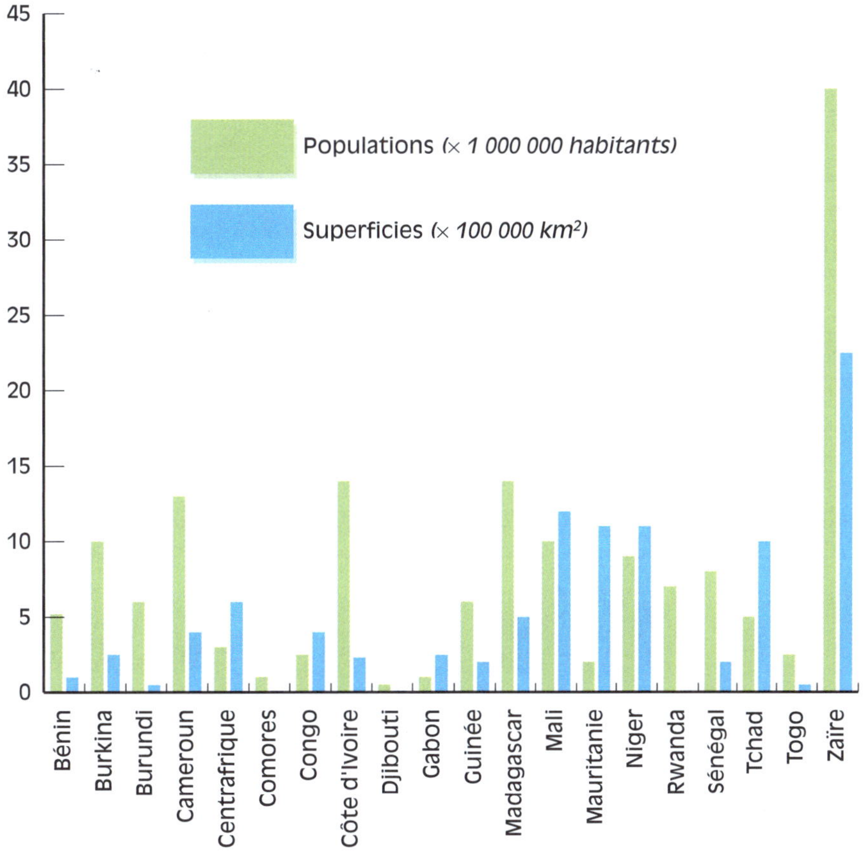

SOMMAIRE

1 Organisation des données

1.1 COLLECTE D'INFORMATIONS

L'enquête

Un professeur de mathématiques se livre à une enquête auprès des soixante élèves de sa classe de $4^e{}_1$, afin de recueillir des informations qui lui permettront d'établir des tableaux de données statistiques. Voici un extrait du questionnaire.

① *Combien as-tu de frères et sœurs ?*

② *Parmi les chanteurs suivants, lequel préfères-tu ?*
A. Kidjo ; M. Makéba ; K. Olomidé ; Wally ; M. Kanté ; Akendengué.

③ *Quelle couleur choisirais-tu pour le maillot de l'équipe de football du collège ?*

④ *Quelle est ton année de naissance ?*

Le dépouillement de l'enquête

Question ① : *Combien as-tu de frères et sœurs ?*

Réponses :

5	6	4	5	2	5	4	3	7	1	4	3	2	5	6	2	3	5	7	4
7	4	4	5	7	5	3	5	6	2	6	2	4	4	3	5	6	9	4	1
3	3	4	5	2	5	1	0	4	4	3	6	6	4	3	2	3	4	5	6

Question ② : *Parmi les chanteurs suivants, lequel préfères-tu ?*
A. Kidjo ; M. Makéba ; K. Olomidé ; Wally ; M. Kanté ; Akendengué.

Réponses :

Mory Kanté	: cité 12 fois		Myriam Makéba	: citée	11 fois
A. Kidjo	: citée 15 fois		Koffi Olomidé	: cité	9 fois
Wally	: cité 5 fois		Akendengué	: cité	8 fois

Les réponses à cette question sont **partiellement regroupées**.

Question ③ : *Quelle couleur choisirais-tu pour le maillot de l'équipe de football du collège ?*

Réponses :

vert	jaune	jaune	jaune	orange	jaune	orange	rose	rose	bleu
vert	rouge	vert	bleu	jaune	bleu	rose	vert	orange	jaune
vert	violet	bleu	jaune	vert	rose	vert	jaune	vert	jaune
bleu	rouge	bleu	bleu	bleu	jaune	orange	orange	vert	rose
orange	rose	jaune	orange	orange	bleu	rose	jaune	orange	rose
orange	marron	bleu	rose	orange	jaune	violet	bleu	jaune	bleu

Question ④ : *Quelle est ton année de naissance ?*

Réponses : 20 sont nés en 1985 ; 15 sont nés en 1986 ; 14 sont nés en 1984 ; 6 sont nés en 1983 ; 3 sont nés en 1987 ; un est né en 1982 et une est née en 1988.

VOCABULAIRE

L'ENQUÊTE

Langage courant	Vocabulaire statistique
– les élèves interrogés – chacun des élèves interrogés – le nombre des élèves interrogés	– la **population** – un **individu** – l'**effectif total**

QUESTION ①

Langage courant	Vocabulaire statistique
– les termes de la question précisant l'objet de l'étude :	– le **caractère** étudié :
le nombre de frères et sœurs	
– les différentes réponses obtenues (ou qu'il est possible d'obtenir) :	– les **modalités** du caractère :
0, 1, 2, 3, 4, 5, 6, 7, 8, 9 …	
– Les réponses sont des nombres qui expriment des quantités.	– Le caractère est **quantitatif**.

QUESTION ②

Langage courant	Vocabulaire statistique
– les termes de la question précisant l'objet de l'étude :	– le **caractère** étudié :
un chanteur préféré, parmi six proposés	
– les différentes réponses obtenues (ou qu'il est possible d'obtenir) :	– les **modalités** du caractère :
M. Makéba, K. Olomidé, A. Kidjo, Wally, M. Kanté, Akendengué	
– Les réponses ne sont pas des nombres.	– Le caractère est **qualitatif**.

EXERCICES

1.a Reprends la liste des réponses obtenues à la question ③. Quel est le caractère étudié ? Précise s'il est qualitatif ou quantitatif ; donne ses différentes modalités.

1.b Cite deux caractères qualitatifs concernant les élèves de ton établissement. Cite deux caractères quantitatifs concernant des élèves de ton établissement.

1.2 TABLEAUX DES EFFECTIFS

Les réponses à la question ① ne sont pas regroupées.
Nous nous proposons de les organiser et de les présenter dans un tableau, appelé **tableau des effectifs**.
Déterminons le nombre de fois qu'apparaît chaque modalité dans la liste des données de la question ①.

Pour cela, nous avons procédé comme suit :

– dans la liste des réponses, le premier élément est le nombre **5**. Le barrer et tracer un trait vertical sur la ligne « ont 5 frères et sœurs » (modalité : 5) ;

– répéter le processus avec le deuxième élément de la liste, (nombre 6, barré, trait vertical sur la ligne « ont 6 frères et sœurs ») ; puis avec chacun des nombres suivants, jusqu'à épuisement des éléments de cette liste ;

– totaliser les traits de chaque ligne, afin d'obtenir l'**effectif de chaque modalité** ;

– reporter ces effectifs dans le **tableau des effectifs** ci-dessous.

Modalités	Décompte	Totaux
0	I	1
1	III	3
2	IIIII II	7
3	IIIII IIIII	10
4	IIIII IIIII IIII	14
5	IIIII IIIII II	12
6	IIIII III	8
7	IIII	4
8		0
9	I	1

Modalités	0	1	2	3	4	5	6	7	8	9	Total
Effectifs	1	3	7	10	14	12	8	4	0	1	**60**

- Vérifie que la somme des effectifs est égale à 60.
- Quel est le nombre d'élèves qui ont 4 frères et sœurs ?
- Quelle modalité a pour effectif 8 ? Exprime cette question dans le langage courant.
- Quelle est la modalité qui a le plus grand effectif ?

EXERCICES

1.c Établis le tableau des effectifs correspondant aux réponses à la question ③.

1.d Établis le tableau des effectifs correspondant aux réponses à la question ④.

1.3 TABLEAUX DES FRÉQUENCES

Fréquence d'une modalité

La question ② posée dans deux classes différentes, la $4^e{}_1$ et la $4^e{}_2$ a permis de réaliser les deux tableaux des effectifs suivants.

Tableau des effectifs de la classe de $4^e{}_1$

Modalités	A. Kidjo	M. Makéba	K. Olomidé	Wally	Mory Kanté	Akendengué	Total
Effectifs	15	11	9	5	12	8	**60**

Tableau des effectifs de la classe de $4^e{}_2$

Modalités	A. Kidjo	M. Makéba	K. Olomidé	Wally	Mory Kanté	Akendengué	Total
Effectifs	16	11	12	7	19	15	**80**

- A. Kidjo est-il plus populaire en $4^e{}_2$ qu'en $4^e{}_1$?

Pour répondre à cette question, la comparaison des effectifs ne suffit pas ; en effet, dans la classe de $4^e{}_1$, 15 élèves sur 60 ont choisi Kidjo et dans la classe de $4^e{}_2$, 16 élèves sur 80 ont choisi ce même chanteur.

Dans chaque classe, on calcule le quotient : $\frac{\text{nombre d'élèves ayant choisi Kidjo}}{\text{nombre total d'élèves}}$;

c'est la **fréquence** de la modalité Kidjo.

Dans la classe de $4^e{}_1$, la fréquence de la modalité « Kidjo » est $\frac{15}{60}$ ou encore $\frac{1}{4}$.

Dans la classe de $4^e{}_2$, la fréquence de la modalité « Kidjo » est $\frac{16}{80}$ ou encore $\frac{1}{5}$.

La comparaison des fractions $\frac{1}{4}$ et $\frac{1}{5}$ permet de trancher ($\frac{1}{4} > \frac{1}{5}$) :

A. Kidjo est plus populaire en $4^e{}_1$ qu'en $4^e{}_2$.

DÉFINITION

On appelle fréquence d'une modalité, le quotient de l'effectif de la modalité par l'effectif total.

$$\text{Fréquence d'une modalité} = \frac{\text{effectif de la modalité}}{\text{effectif total}}$$

La somme des effectifs de chaque modalité est égale à l'effectif total ; on en déduit que la somme des fréquences de chaque modalité est égale à 1.

Diverses expressions de la fréquence d'une modalité

Dans la classe de $4^e{}_1$, la fréquence de la modalité « Wally » peut être présentée sous les diverses formes suivantes :

- une fraction dont le numérateur est l'effectif de la modalité et le dénominateur l'effectif total : $\frac{5}{60}$;
- une fraction irréductible égale à la fraction précédente : $\frac{1}{12}$;
- un nombre décimal qui est l'arrondi d'ordre 2 ou 3 de ce quotient : 0,08 ou 0,083 (car $\frac{5}{60} \simeq 0{,}083$) ;
- un pourcentage, expression en % de cet arrondi : 8 % ou 8,3 % (car $0{,}083 = \frac{8{,}3}{100}$).

Tableau des fréquences

En reportant toutes les modalités et leurs fréquences dans un tableau, nous obtenons le tableau des fréquences.

Tableau des fréquences de la classe de $4^e{}_1$

Modalités	A. Kidjo	M. Makéba	K. Olomidé	Wally	Mory Kanté	Akendengué	Total
Fréquences	$\frac{15}{60}$	$\frac{11}{60}$	$\frac{9}{60}$	$\frac{5}{60}$	$\frac{12}{60}$	$\frac{8}{60}$	1

- Vérifie que la somme des fréquences est égale à 1.

On peut aussi présenter le tableau des fréquences exprimées en pourcentages.

Tableau des fréquences de la classe de $4^e{}_1$

Modalités	A. Kidjo	M. Makéba	K. Olomidé	Wally	Mory Kanté	Akendengué	Total
Fréquences	25%	18,3%	15%	8,3%	20%	13,3%	99,9%

La somme des fréquences étant égale à 1, la somme des pourcentages devrait donc être égale à 100 %.

- D'où provient la différence de 0,1 % ?

Dans la pratique, on présente un tel tableau de fréquences en corrigeant une des valeurs approchées 18,3 % ; 8,3 % ou 13,3 % de sorte que la somme donne 100 %.

Organiser des données, c'est présenter celles-ci dans un tableau regroupant :
- les modalités du caractère,
- les effectifs de chaque modalité ou leurs fréquences (généralement exprimées en pourcentage).

EXERCICES

1.e Exprime en pourcentage chacun des nombres suivants :
0,15 ; 0,03 ; 0,3 ; 0,95 ; 1,05.
Donne une écriture décimale de chacun des pourcentages suivants :
12 % ; 7,5 % ; 33 % ; 80 % ; 150 %.

1.f Établis le tableau des fréquences correspondant au caractère « nombre de frères et sœurs » de la question ① ; exprime ces fréquences sous forme de pourcentages.

1.g Dans une enquête sur la taille des élèves d'une classe de 62 élèves, la fréquence de la modalité 1,52 m est de 11,3 %. Quel est le nombre d'élèves qui mesurent 1,52 m ?

2 Traitement des données

2.1 LA MOYENNE

Reprenons les réponses obtenues à la question ①

5	6	4	5	2	5	4	3	7	1	4	3	2	5	6	2	3	5	7	4
7	4	4	5	7	5	3	5	6	2	6	2	4	4	3	5	6	9	4	1
3	3	4	5	2	5	1	0	4	4	3	6	6	4	3	2	3	4	5	6

- Calcule la somme de tous les nombres écris dans ce tableau.

Cette somme est égale au nombre total de frères et sœurs des élèves de la $4^e{}_1$.

Le quotient : $\dfrac{\text{nombre total de frères et sœurs}}{\text{nombre total d'élèves}}$

est la **moyenne** du nombre de frères et sœurs des élèves de la classe de $4^e{}_1$.
Ce nombre n'est pas entier ; il donne toutefois une indication sur le nombre approximatif de frères et sœurs de chaque élève de cette classe.

2.2 CALCUL DE LA MOYENNE

Lorsqu'on connaît le tableau des effectifs, on peut calculer la moyenne en procédant comme suit :
- on calcule le produit de chaque modalité par son effectif ;
- on calcule la somme S de tous ces produits ;
- on calcule le quotient de S par l'effectif total.

Exemple : moyenne du nombre de frères et sœurs de la classe de $4^e{}_1$.

Modalités	0	1	2	3	4	5	6	7	8	9	Totaux
Effectifs	1	3	7	10	14	12	8	4	0	1	**60**
Produit modalité par effectif	0	3	14	30	56	60	48	28	0	9	**248**

La moyenne est égale à $\frac{248}{60}$; l'arrondi d'ordre 2 de ce quotient est : 4,13.

EXERCICES

2.a Dans une classe, on a posé à chaque élève la question suivante : « Combien de temps (en minutes) te faut-il pour parcourir le trajet domicile-collège ? ».

Durée du trajet (en min)	5	8	11	14	17
Effectifs	4	7	16	19	8
Fréquences					

Les réponses ont permis de dresser le tableau ci-contre. Recopie-le et complète-le en calculant les fréquences. Quel est l'effectif total ?
Calcule la moyenne des durées des trajets domicile-collège.
Tu pourras indiquer dans une quatrième ligne de ce tableau le produit des modalités par les effectifs correspondants.

2.b Une entreprise emploie 18 ouvriers. La moyenne des salaires mensuels de ces ouvriers est de 92 500 F. Quel est le montant de la somme que doit préparer chaque mois le comptable pour payer ces ouvriers ?

Utilisation de la calculatrice

Calcule la moyenne des données relatives au tableau ci-contre :

Modalités	11	12	13	14	Total
Effectifs	3	27	19	5	54

• Si tu as une calculatrice simple, disposant cependant d'une mémoire, purge la mémoire en appuyant deux fois la touche RCM *(Rappel / Correction de Mémoire)* et suis les indications ci-dessous :

TOUCHES	AFFICHAGE
RCM RCM	0
1 1 × 3 =	33
M+	33
1 2 × 2 7 =	324
M+	324
1 3 × 1 9 =	247
M+	247
1 4 × 5 =	70
M+	70
RCM	674
÷ 5 4	54
=	12,481481

• Si ta calculatrice possède un mode statistique, réfère-toi à sa notice technique.

3 Diagrammes

3.1 DIAGRAMMES SEMI-CIRCULAIRES

Diagramme représentant le caractère qualitatif « Chanteur préféré »

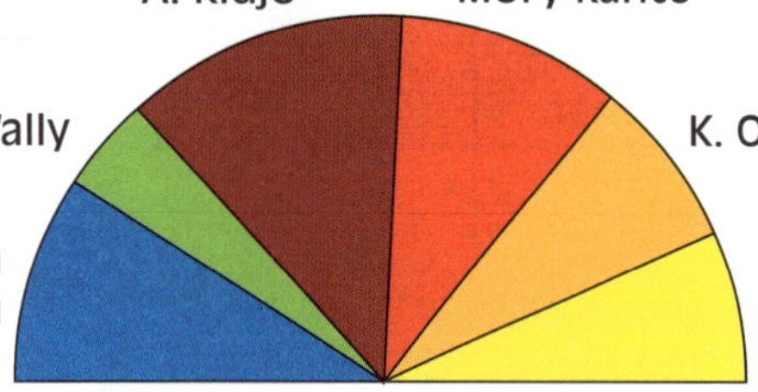

Diagramme semi-circulaire

Sur un demi-disque, on peut représenter les effectifs de chaque modalité par des **secteurs circulaires**. (Ce sont des parties du demi-disque déterminées par des angles au centre.)

À chaque modalité, on associe un secteur circulaire tel que l'aire du secteur circulaire, donc son angle au centre, soit proportionnelle à l'effectif de la modalité représentée.

Modalités	A. Kidjo	M. Makéba	K. Olomidé	Wally	Mory Kanté	Akendengué	
Effectifs					12		60
Angle au centre					36		180

(60 → × 3 → 180)

Lire un diagramme semi-circulaire

Maroc : répartition des travailleurs,
(en pourcentage de la population active)

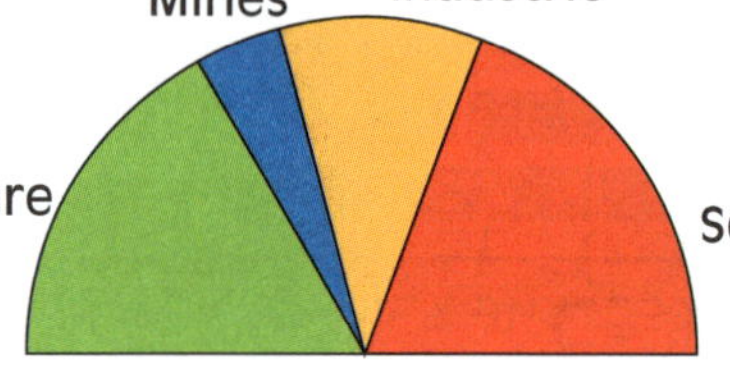

D'après *ATLASECO 1995.*

On veut trouver le pourcentage des travailleurs de chacun des secteurs d'activité.

- Pour cela :
  – détermine la mesure de chacun des quatre angles au centre ;
  – établis le tableau des fréquences exprimées en pourcentages.
- Quel est le secteur économique qui utilise :
  – le plus grand nombre de travailleurs ?
  – le plus petit nombre de travailleurs ?

EXERCICES

3.a Ce diagramme représente la vente des journaux dans un kiosque de Dakar, pour une semaine.
Le samedi, 45 journaux ont été vendus. Combien de journaux ont-ils été vendus chacun des autres jours ?
Quelle est la moyenne des ventes journalières pour cette semaine ?

3.b Reprends le tableau des effectifs correspondant aux réponses à la question ③ (voir exercice 1.c).
Représente ce tableau par un diagramme semi-circulaire.

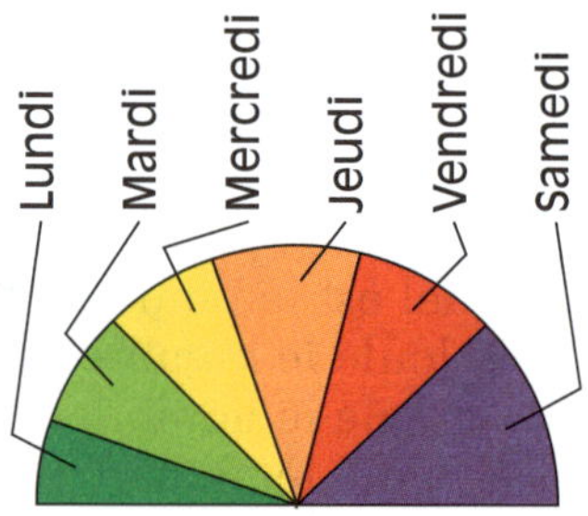

Vente de journaux

3.2 DIAGRAMMES À BANDES

Présentation

Dans le journal de l'école, on a représenté par la figure ci-contre les réponses à la question ④.

Dans ce diagramme, qui représente la répartition des élèves selon leur année de naissance, les bandes ont la même largeur ; la longueur de chacune d'elles est égale ou proportionnelle au nombre de naissances enregistrées dans l'année qu'elle représente.

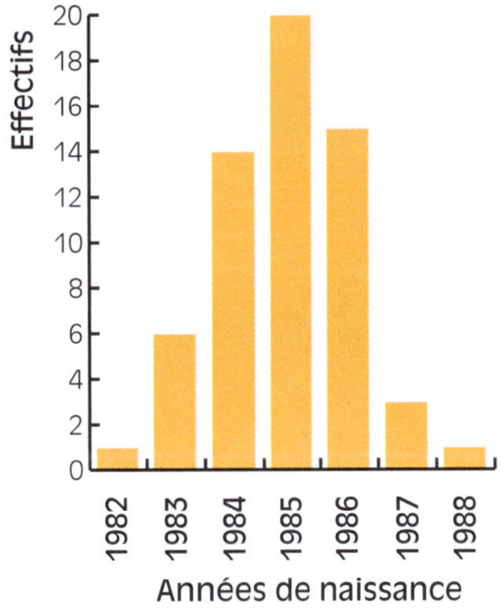

- Combien d'élèves de $4^e{}_1$ sont-ils nés en 1983 ?
- Quelle année a vu naître 3 élèves de $4^e{}_1$?
- Quelle année a vu naître 14 élèves de $4^e{}_1$?
- Quelle est l'année qui a vu naître le plus grand nombre d'élèves de $4^e{}_1$?

Activité

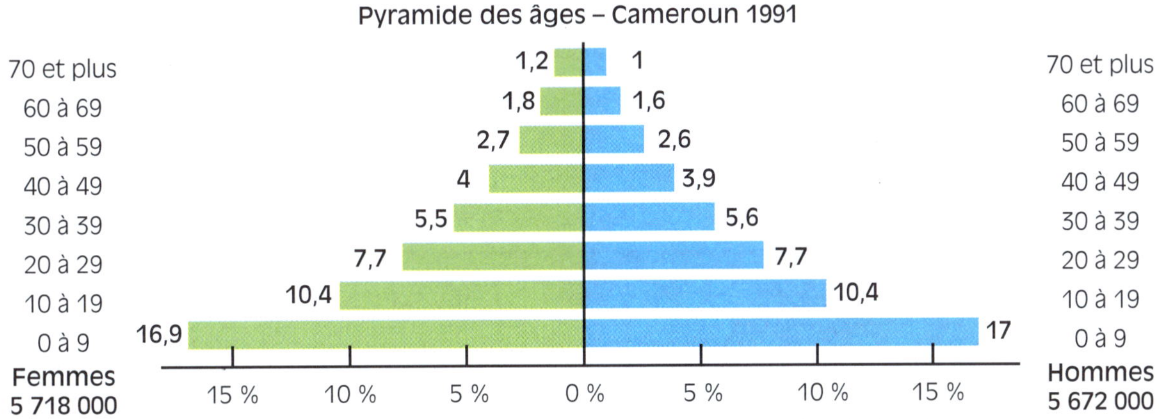

Broderbund S. 1992.

Examine ce graphique.

On peut y lire que :
- les hommes dont l'âge est situé dans la tranche 40 à 49 ans représentent 3,9 % de la population totale ;
- les femmes qui ont 70 ans ou plus représentent 1,2 % de la population totale.

a) Calcule la population totale du Cameroun en 1991.
b) Quel est le pourcentage des femmes dans cette population ?
c) Calcule le nombre de filles ayant moins de 10 ans.
d) Calcule le nombre d'enfants ayant moins de 10 ans.
e) Calcule le nombre d'hommes dont l'âge est situé dans la tranche 40 à 49 ans.
f) Calcule le nombre de personnes dont l'âge est situé dans la tranche 20 à 29 ans.
g) Calcule le nombre de personnes ayant plus de 59 ans.

3.3 DIAGRAMME EN BÂTONS

Répartition des frères et sœurs des élèves de la classe de $4^e{}_1$

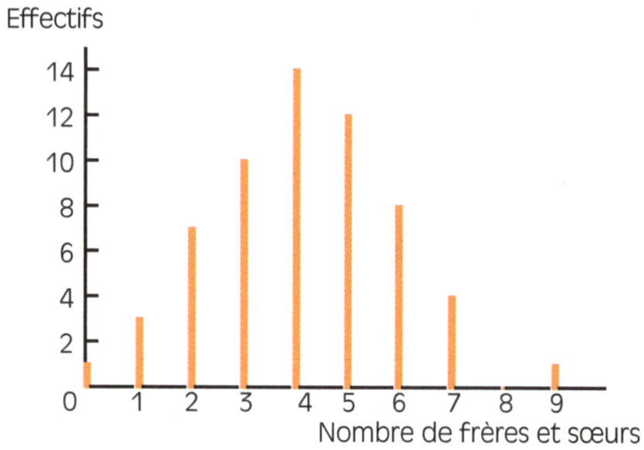

Dans le cas de données statistiques relatives à un caractère quantitatif, on peut aussi dessiner dans un repère du plan, un diagramme qui représente le tableau des effectifs.

Dans ce repère, chaque modalité est représentée par un segment parallèle à l'axe des ordonnées, de longueur égale ou proportionnelle à l'effectif de la modalité.
Une des extrémités du segment est sur l'axe des abscisses.

Lorsque l'effectif d'une modalité est nul, le segment qui la représente a une longueur nulle (comme la modalité 8).

Comment tracer un diagramme en bâtons ?

Le prix de vente d'une calculatrice « 4 opérations » a été relevé dans 60 points de vente.
On a obtenu les résultats suivants :

5 000 F	dans 2 points de vente ;	5 500 F	dans 4 points de vente ;
6 000 F	dans 10 points de vente ;	7 000 F	dans 12 points de vente ;
7 500 F	dans 16 points de vente ;	8 000 F	dans 8 points de vente ;
9 000 F	dans 6 points de vente ;	10 000 F	dans 2 points de vente.

L'objectif est de représenter cette situation par un diagramme en bâtons.

Établissons le tableau des effectifs relatif aux réponses à cette enquête :

Prix d'une calculatrice	5 000	5 500	6 000	7 000	7 500	8 000	9 000	10 000	Total
Nombre de points de vente	2	4	10	12	16	8	6	2	60

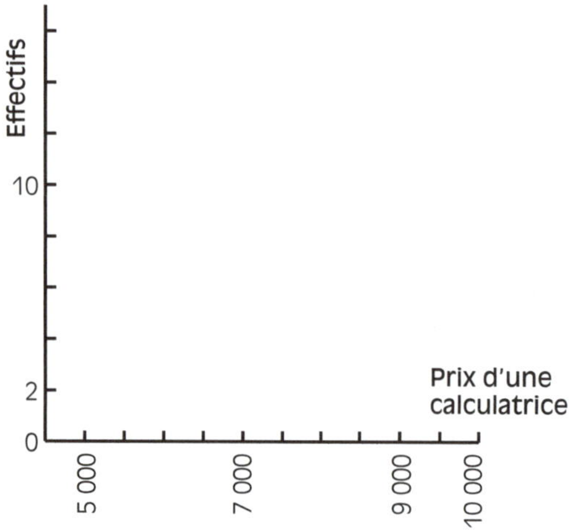

En abscisse, les modalités varient de 5 000 à 10 000. Il n'est donc pas nécessaire de représenter les nombres de 0 à 10 000 en abscisse. On se contentera de la partie de l'axe des abscisses représentant les nombres compris entre 4 500 et 10 000.

• Recopie le graphique ci-contre ; place les points représentant chacune des colonnes du tableau des effectifs puis trace les segments afin d'obtenir un diagramme en bâtons.

• Calcule la moyenne des prix des calculatrices dans les 60 points de vente.

EXERCICES

ENTRAÎNEMENT

1 ORGANISATION DES DONNÉES

1 Pendant le mois de janvier 1995, un commerçant a relevé la consommation de riz de 30 familles.
Riz (en kg) : 30 - 45 - 60 - 50 - 50 - 45 - 25 - 15 - 25 - 30 - 35 - 35 - 50 - 50 - 60 - 65 - 30 - 35 - 30 - 40 - 35 - 40 - 40 - 65 - 50 - 50 - 45 - 45 - 25 - 40
Pour ce caractère étudié, précise :
a) la liste des modalités ;
b) l'effectif total ;
c) le tableau des effectifs ;
d) les modalités qui ont pour effectif 4 ;
e) la modalité qui a le plus grand effectif.

2 Au Lycée Béhanzin de Porto Novo, on a choisi au hasard 32 élèves des classes terminales. L'enquêteur leur a demandé de préciser la série dans laquelle ils vont présenter le baccalauréat.
A : Philosophie et lettres
B : Économie et sciences sociales
C : Mathématiques et sciences physiques
D : Mathématiques et Biologie.
Les réponses ont été les suivantes :
A - D - D - A - A - D - D - A - D - D - A - A - D - D - D - C - D - D - A - A - A - A - B - A - A - D - D - D - C - C - C - B
Pour ce caractère étudié, précise :
a) la liste des modalités ;
b) l'effectif total ;
c) le tableau des effectifs ;
d) la modalité qui a le plus grand effectif.

3 Dans la boulangerie de M. Haman, on a pris au hasard 64 pains.
46 pains avaient le poids légal, 12 pains avaient un poids inférieur et 6 avaient un poids supérieur au poids légal.
Dans la boulangerie de M. Tahirou, on a pris au hasard 80 pains.
52 pains avaient le poids légal, 18 pains avaient un poids inférieur et 10 avaient un poids supérieur au poids légal.
À partir des échantillons étudiés, indique la boulangerie qui respecte le mieux le poids légal du pain et celle où le pain a le plus souvent un poids inférieur au poids légal.

4 « Combien de temps te faut-il pour venir au collège ? »
Avec les réponses à cette question, on a établi le tableau des effectifs qui suit :

Temps en min	5	10	15	20	25	30
Effectifs	10	12	23	9	6	4

Établis le tableau des fréquences (exprimées en pourcentages) de ces données.

5 « Combien as-tu acheté de stylos à bille bleus cette année ? »
Avec les réponses à cette question, on a établi le tableau des fréquences qui suit :

Stylos achetés	1	2	3	4
Fréquences (en %)	6,25	59,38	21,88	12,5

Sachant que 4 élèves ont acheté un seul stylo cette année, quel est l'effectif total ?
Établis le tableau des effectifs.

6 Donne une écriture décimale de chacun des pourcentages suivants : 10 % ; 20 % ; 25 % ; 40 % ; 95 % ; 105 % ; 115 % ; 3,5 % ; 19,5 %.

7 Exprime en pourcentage chacun des nombres suivants : 0,01 ; 0,1 ; 0,075 ; 0,125 ; 0,33 ; 1,08 ; 1,25 ; 1,42.

2 TRAITEMENT DES DONNÉES

8 Dans le livret d'activités de 6e, on a relevé le nombre de pages de chaque chapitre.
On a obtenu :
10 ; 5 ; 9 ; 6 ; 5 ; 9 ; 10 ; 7 ; 7 ; 3 ; 8 ; 8 ; 6 ; 6 ; 5.
Calcule la moyenne du nombre de pages par chapitre de ce livret.

9 Dans le livret d'activités de 5e, on a étudié le nombre de pages par chapitre et on a obtenu le tableau des effectifs suivant :

Nombre de pages	2	4	5	6	7	9
Nombre de chapitres	1	1	6	2	4	2

Calcule la moyenne du nombre de pages par chapitre de ce livret.

EXERCICES

10 Le livret d'activités de 6e comporte 15 chapitres de la page 3 à la page 106.
Pour imprimer tous les chapitres de ce livret, on a utilisé une moyenne de 923 caractères par page. La page 97 compte 762 caractères dans cette édition.
Pour l'édition suivante, on avait prévu de ne modifier qu'une seule page du livret : la page 97. Cette page devait alors compter 996 caractères.
En tenant compte de cette modification, quelle serait la moyenne du nombre de caractères par page dans la deuxième édition ?

3 DIAGRAMMES

11 Le Scrabble est un jeu de société consistant à former des mots sur une grille à l'aide de jetons portant une lettre.
Le diagramme semi-circulaire ci-dessous représente la répartition des 44 jetons sur lesquels se trouvent les voyelles A, E, I , O et U.

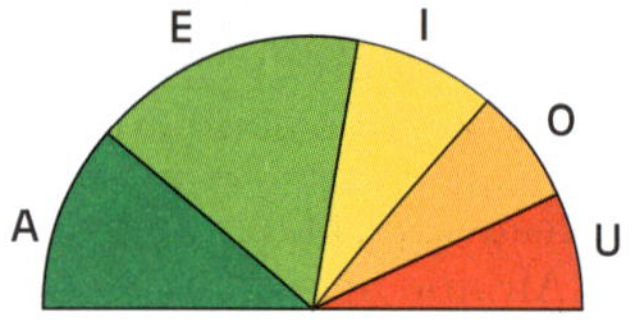

Recopie et complète le tableau des effectifs ci-dessous.

Lettres	A	E	I	O	U
Effectifs					

Combien y a-t-il de jetons portant la lettre A ?

12 Dans un lycée de Brazzaville, on a étudié le groupe sanguin des élèves et on a représenté les réponses dans le diagramme à bandes ci-dessous :

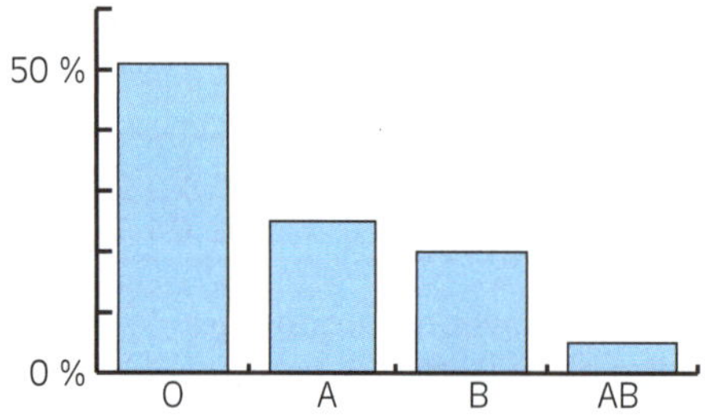

Sachant que l'effectif total de la population étudiée est de 2 384 élèves, recopie et complète le tableau des effectifs ci-dessous :

Groupes sanguins	O	A	B	AB
Effectifs				

13 Représente la liste des données de l'exercice n° 1 par un diagramme semi-circulaire.

14 Représente la liste des données de l'exercice n° 2 par un diagramme semi-circulaire.

15 Représente la liste des données de l'exercice n° 1 par un diagramme à bandes.

16 Représente la liste des données de l'exercice n° 2 par un diagramme à bandes.

17 Un magasinier vide un sac de 75 pièces contenant des vis (v), des écrous (e) et des rondelles (r). Il établit la liste suivante :
e, e, v, r, e, e, v, v, r, r, r, e, e, v, r, e, v, r, r, e, v, v, e, e, r, r, r, r, e, e, v, v, v, v, e, v, e, e, e, v, e, v, r, r, r, r, e, e, e, v, r, r, r, e, e, v, v, v, e, r, r, v, e, e, e, v, e, v, v, r, e, r, r, e, e.
a) Sur quelle population porte cette étude statistique ? Quelles sont les modalités du caractère observé ?
b) Dresse le tableau des effectifs et des fréquences de chaque modalité.
c) Construis un diagramme à bandes représentant ces données statistiques.

18 Représente la liste des données de l'exercice n° 5 par un diagramme en bâtons.

19 Représente la liste des données de l'exercice n° 9 par un diagramme en bâtons.

20 Le diagramme ci-dessous représente le nombre de paires de chaussures vendues en une semaine par la boutique de Mme N'Ziengué, en fonction de la pointure.

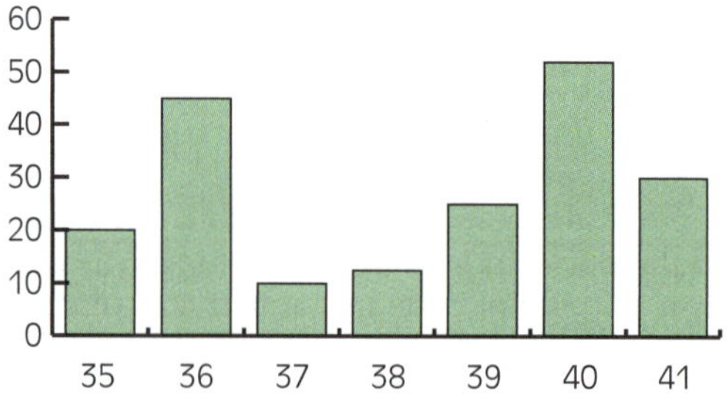

EXERCICES

Quelle est la pointure la plus vendue ?
Dresse un tableau des fréquences.

21 Les mers et océans contiennent 1 350 milliards de milliards de litres d'eau. Cela représente 97,5 % de l'eau de la Terre. Le diagramme ci-dessous montre la répartition des 2,5 % qui restent, entre les banquises (B), les nappes souterraines (N) et les autres eaux (R) : lacs, fleuves, humidité du sol et de l'air, eau des matières vivantes…

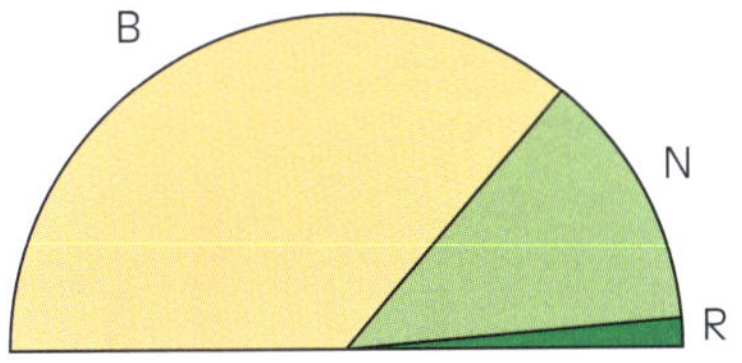

Calcule les quantités d'eau représentées par les banquises, puis par les nappes souterraines.

APPROFONDISSEMENT

22 Le tableau ci-dessous donne le sexe des enfants nés ce jour dans la maternité de Zouan-Hounien.

N° d'ordre	1	2	3	4	5	6	7	8	9
Sexe	F	F	M	F	M	F	F	F	F
N° d'ordre	10	11	12	13	14	15	16	17	18
Sexe	M	F	M	M	F	M	F	M	M

a) Quelle est la population ?
b) Quel est l'effectif total de la population ?
c) Quel est le caractère étudié ?
d) Dresse le tableau des effectifs des sexes.
e) Construis un diagramme à bandes représentant les effectifs.
f) Calcule le pourcentage de chaque modalité.
g) Construis un diagramme semi-circulaire représentant ces données statistiques.

23 À la fin de la saison sportive, le capitaine d'une équipe de football a relevé dans le tableau suivant le nombre de joueurs ayant marqué 0, 1, 2 , 3 … buts dans la saison.

Nombre de buts	0	1	2	3	4	5	6	7	8	9
Nombre de joueurs	1	0	0	2	0	1	2	4	0	1

a) Quelle est la population ? Quel est son effectif ?
b) Dresse le tableau des fréquences.
c) Construis un diagramme en bâtons représentant les effectifs.
d) Calcule la moyenne du nombre de buts marqués.

24 Le diagramme ci-dessous représente la production de graines d'arachide (en milliers de tonnes) dans cinq centres A, B, C, D et E.

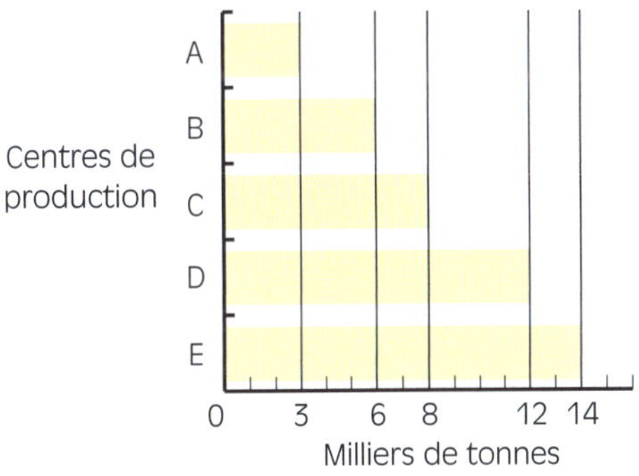

a) Quelle est la production totale de ces cinq centres ?
b) Représente les productions de ces cinq centres par un diagramme semi-circulaire.

25 Le tableau suivant donne les populations des pays d'Afrique francophone en 1990.

Algérie	18 351 810
Burkina	7 976 019
Burundi	4 852 000
Cameroun	10 446 000
Centrafrique	2 740 000
Congo	2 180 000
Côte d'Ivoire	11 154 000
Gabon	1 060 000
Guinée	6 380 000
Madagascar	10 800 000
Mali	7 600 000
Mauritanie	1 946 000
Niger	7 250 000
Sénégal	6 881 919
Tchad	5 061 000
Togo	3 250 000
Zaïre	32 460 000

EXERCICES

a) Quelle est la population étudiée ?
b) Quel est le caractère étudié ?
c) Ce caractère est-il quantitatif ou qualitatif ?
d) Calcule la moyenne des populations des pays d'Afrique francophone.
e) Arrondis chaque effectif au million près puis construis un diagramme à bandes représentant les effectifs ainsi arrondis.

26 Le diagramme ci-dessous représente la répartition des notes obtenues par les candidats au concours d'entrée à l'École Normale Supérieure.

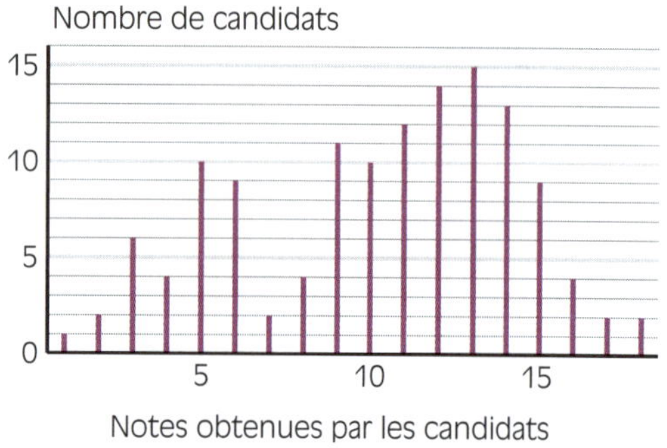

a) Détermine le nombre de candidats à ce concours d'entrée.
b) Établis un tableau des fréquences.
c) Calcule la moyenne des notes des candidats à ce concours.

27 Dans la maternité de Ziguinchor, on mesure la taille des bébés à la naissance. Le diagramme à bandes ci-dessous montre une répartition de bébés selon leur taille.

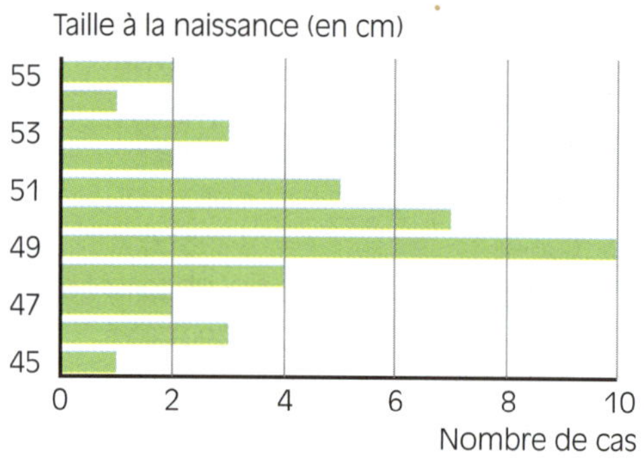

a) Quel est l'effectif total de la population étudiée ?
b) Établis un tableau des effectifs et des fréquences, les fréquences étant exprimées en pourcentage.
c) Quelle est la moyenne des tailles de ces bébés ?

28 Le diagramme ci-dessous montre les moyennes annuelles en mathématiques dans une classe de Première Scientifique, option Mathématiques, du Lycée Saint Viateur.

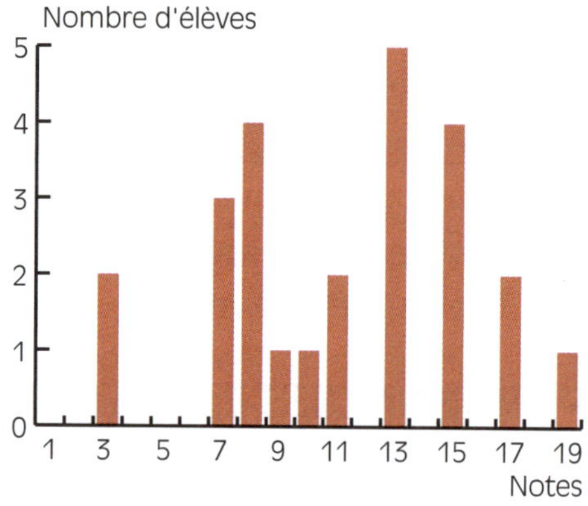

a) Dresse le tableau des effectifs correspondant à ce diagramme.
b) Quel est le pourcentage des élèves ayant une moyenne inférieure à 8 ?
c) Quel est le pourcentage des élèves ayant une moyenne supérieure à 12 ?

POUR ALLER PLUS LOIN...

en route vers la 3e !

L'évolution des méthodes d'enseignement des mathématiques va dans le sens d'une plus grande **autonomie** des élèves. Cette direction, adaptée aux exigences du monde moderne, suppose l'introduction de nouveaux supports pédagogiques : le professeur trouvera dans les pages suivantes des exercices qui mettent en relation les différentes connaissances d'un même chapitre ou bien de plusieurs chapitres. Il pourra les proposer à ses élèves sous forme de devoirs à la maison, de travaux à réaliser en groupes pendant la classe, ou encore de débats – aussi bien au cours d'un chapitre qu'à la fin.
Les élèves pourront aussi s'en servir pour réviser et se préparer à la 3e.
De difficultés variables, ces activités répondent à **plusieurs objectifs** : perfectionner les techniques de calcul, autonomiser la démarche de l'élève, développer son raisonnement, s'entraîner méthodiquement à exploiter ses connaissances et ses savoir-faire en vue de la classe supérieure.

- Les **tests** de la rubrique **Discuter** (p. 224) permettent de faire le point sur les acquis de telle ou telle leçon avant de passer aux exercices eux-mêmes.
- Les premiers exercices (p. 225 à 232) sont classés selon la **compétence** qu'ils mobilisent : **Calculer** et **Déterminer des nombres** pour les activités numériques, **Constuire** et **Démontrer** pour les activités géométriques. Ces rubriques proposent des exercices d'application et d'entraînement sur les notions essentielles du programme.
- Puis, pour effectuer les **Activités d'intégration** (p. 233-234), l'élève va devoir convoquer des connaissances et des savoir-faire issus de chapitres différents.
- La rubrique suivante (p. 234), **Faire preuve de logique**, introduit cette discipline avec humour, donnant ainsi une motivation supplémentaire aux élèves.
- Enfin, ceux-ci seront confrontés à de réelles situations d'évaluation dans **S'entraîner à l'examen** et **Situations problèmes** (p. 235-238).

DISCUTER

Pour chaque affirmation ou question, une ou plusieurs propositions sont possibles.
Indique lesquelles en expliquant à chaque fois ta réponse.

	Questions	a	b	c	d
1	Les puissances de – 5 sont :	toujours positives.	toujours négatives.	positives ou négatives.	On ne peut jamais savoir.
2	La forme développée et réduite de $A = (2x + 4)^2 - (x - 2)(4x - 8)$ est :	$A = 32x + 1$	$A = 28x + 1$	$A = 32x$	$A = 28x$
3	Quelle est la solution de l'équation $2x + 4 - 5x + 12 = x + 8$?	$x = 0$	$x = 1$	$x = 2$	$x = 3$
4	Les figures ci-contre sont formées de carrés et de triangles équilatéraux. Quelles sont celles qui représentent le patron d'une pyramide ?	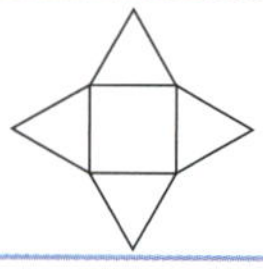	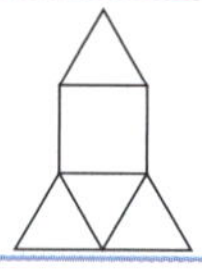	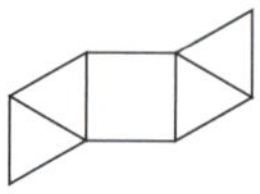	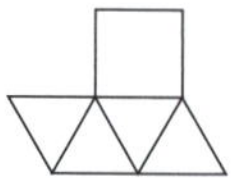
5	1,45 est l'arrondi au centième d'un nombre et 1,44 est sa troncature au centième. Quel peut être ce nombre ?	1,445	1,452	1,444	Ce n'est pas possible.
6	ABCD est un parallélogramme. La translation de vecteur $\overrightarrow{AB}$ transforme :	le segment [AB] en le segment [CD].	le segment [DA] en le segment [BC].	le point D en le point B et le point A en le point C.	le point D en le point C et le point A en le point B.
7	Le projeté d'un segment est :	un segment de même longueur.	un segment de longueur plus petite.	un segment de longueur plus grande.	un segment.
8	L'image d'un point par une application du plan est lui-même, alors cette transformation peut être :	une symétrie centrale.	une symétrie axiale.	une projection.	une translation.
9	Cette année, la plus mauvaise note de Ali est 5/20. Sa meilleure note est 15/20. Que peut-on dire de sa moyenne ?	Elle sera inférieure à 10/20.	Elle sera supérieure à 10/20.	Elle sera très proche de 10/20.	On ne peut rien dire.
10	Le PGCD de deux multiples de 5 :	est un multiple de 5.	n'est pas un multiple de 5.	vaut 5.	On ne peut rien dire.
11	On veut placer un point à 3 cm de deux droites parallèles.	Il n'y a qu'une seule possibilité.	Il y a une infinité de possibilité.	On ne peut pas.	On ne peut rien dire.
12	L'inverse de $\frac{2}{3}$ s'écrit :	$\frac{3}{2}$	$\frac{1}{\frac{3}{2}}$	$\frac{2^{-1}}{3^{-1}}$	$-\frac{3}{2}$
13	Deux arcs de cercle ont la même longueur. Donc :	leurs rayons sont égaux.	les angles qu'ils interceptent ont la même mesure.	leurs rayons sont égaux et les angles qu'ils interceptent ont la même mesure.	On ne peut rien dire.

Réponses : **1.** c - **2.** d - **3.** c - **4.** a, b et c - **5.** a - **6.** b et d - **7.** d - **8.** a, b, c et d - **9.** d - **10.** a - **11.** d - **12.** a, b et c - **13.** d.

Calculer

1 Sur un cube de 5 cm d'arête, on perce sur chaque face 4 trous de forme carrée sur toute la profondeur du cube comme le montre la figure ci-dessous. *(Les trous sont représentés en noir.)*

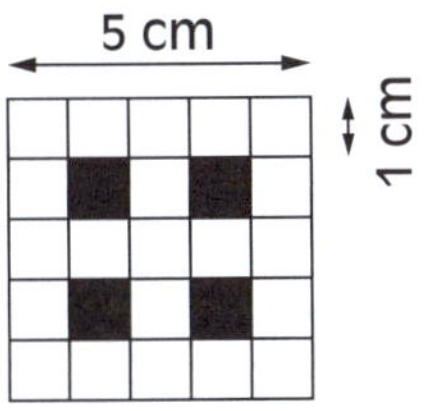

De combien de petits cubes de 1 cm d'arête est alors composé le solide obtenu ?

Voir chapitre 8.

2 Quelle est la masse d'une rame de papier de 500 feuilles au format A4 à 90 g/m^2 ?

Voir chapitre 14.

3 Un tuyau en fer a pour diamètre extérieur 12 mm, pour diamètre intérieur 10 mm et pour longueur 3,5 m. La masse volumique du fer est de 7 874 kg/m^3.
Calcule la masse du tuyau à 1 mg près.

Voir chapitres 8 et 14.

4 Moussa doit aller à la ville voisine distante de 6 km acheter des provisions. Il fait l'aller en courant à la vitesse de 12 km/h. Il fait le retour en marchant à 6 km/h.
Quelle est la vitesse moyenne de Moussa ?

Voir chapitre 14.

5 Le schéma ci-contre représente une roue dentée de 1 cm d'épaisseur.
Le diamètre intérieur de cette roue est de 4 cm.

Le diamètre extérieur est de 5 cm.
Calcule son volume à 1 mm^3 près.

Voir chapitres 7 et 8.

6 Dans un cylindre de rayon R et de hauteur 2R, on met une boule de rayon R.
Fais une figure et calcule en fonction de R le volume de l'espace inoccupé dans le cylindre.

Voir chapitres 8 et 10.

7 a) Calcule le périmètre de la figure ci-dessous sachant qu'elle est délimitée par les trois arcs de cercle ayant pour centre les sommets du triangle équilatéral ABC dont les côtés mesurent 5 cm.
(On donnera une réponse à 1 mm près.)
b) Quelle est l'aire de cette figure ?
(On donnera une réponse à 1 mm^2 près.)

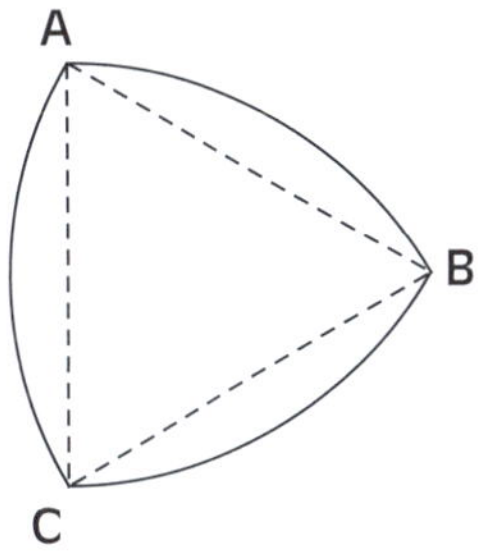

Voir chapitres 4 et 7.

8 Un mot « sympathique » est composé d'une consonne, puis d'une voyelle, puis d'une consonne, puis d'une voyelle et enfin d'une consonne.
Combien de mots « sympathiques » tous différents est-il possible d'écrire ?

Voir chapitre 14.

9 Un mot de passe est composé de 6 caractères pouvant être soit une lettre minuscule, soit un chiffre.
Combien existe-il de mots de passe différents ?

Voir chapitre 14.

10 Chaque jour, Finda gagne 100 F CFA de plus que la veille.
Sachant que le 1er avril de cette année, elle a gagné 2 000 F CFA, combien Finda a-t-elle gagné d'argent en avril en moyenne par jour ?

Voir chapitre 14.

11 M. Diop, le plus grand vendeur de chaussures de la région, promet de baisser ses prix de 30 % en 6 ans en les baissant de

5 % par an chaque année pendant 6 ans. Qu'en penses-tu ?

Voir chapitre 14.

12 Quel est le plus grand nombre ?
$\frac{1}{4}$ de $\frac{2}{3}$ ou $\frac{2}{3}$ de $\frac{1}{4}$?

Voir chapitre 11.

13 Calcule la somme du produit de $\frac{4}{3}$ et $\frac{5}{4}$ et du quotient de $\frac{7}{8}$ par $\frac{-5}{4}$.

Voir chapitre 11.

14 Calcule :

$$\frac{1}{2} - \frac{1}{4} - \frac{1}{8} - \frac{1}{16} - \frac{1}{32} - \frac{1}{64} - \frac{1}{128} - \frac{1}{256} - \frac{1}{512}$$

Voir chapitre 11.

15 Effectue les opérations suivantes :

$$\frac{1}{2^3 \times 3^2 \times 5^4} - \frac{1}{2^3 \times 3^4 \times 5^2}$$

$$\frac{1}{2^3 \times 3^2 \times 5^4} \div \frac{1}{2^3 \times 3^4 \times 5^2}$$

$$\frac{1}{2^3 \times 3^2 \times 5^4} \div \frac{1}{2^3 \times 3^4 \times 5^2}$$

Voir chapitres 10 et 11.

16 Calcule :

$$\frac{7^1}{5^2} \times \frac{3^4}{2^2} \times \frac{7^2}{3^3} \times \frac{5^1}{2^4} \times \frac{2^3}{7^4} \times \frac{3^2}{5^1}$$

Voir chapitres 10 et 11.

17 Calcule :

$$A = \frac{\frac{2}{3} - \frac{4}{5}}{\frac{6}{7} - \frac{8}{9}} \qquad B = \frac{\frac{1}{2} + \frac{3}{4} \times \frac{5}{6}}{\frac{7}{5} \div \frac{9}{10}}$$

$$C = \left(\frac{4}{3} + \frac{8}{7}\right) \times \left(\frac{3}{4} - \frac{7}{8}\right)$$

Voir chapitre 11.

18 Calcule :

$$1 + \cfrac{1}{1 + \cfrac{1}{1 + \cfrac{1}{1 + \cfrac{1}{1 + \cfrac{1}{1 + \cfrac{1}{2}}}}}}$$

Voir chapitre 11.

19 On donne $A = 4x^2 + 6x - 5$ et $B = 5x^2yz^3$.

a) Calcule A pour $x = \frac{2}{3}$ puis pour $x = \frac{7}{4}$.

b) Calcule ensuite B pour $x = 2^3 \times 5$, $y = 3^2 \times 5$ et $z = 2^2 \times 3^2$.

Voir chapitres 10 et 11.

20 Factorise l'expression A suivante :

$A = (t + 1)(t + 2) + (t + 2)(2t + 4)$
$\quad + (t + 1)(2t + 4)$

Voir chapitre 10.

21 Je suis un nombre décimal d'ordre 3. Ma troncature au centième est 4,56 et le dernier chiffre de mon écriture est égal à la moyenne de mes autres chiffres. Qui suis-je ?

Voir chapitres 13 et 15.

22 Démontre que la somme de cinq nombres consécutifs est un multiple de 5.

Voir chapitre 10.

Déterminer des nombres

23 Il y a 125 personnes inscrites au club de sport de Gagnoa. 82 personnes pratiquent le football et 54 personnes pratiquent l'athlétisme.

a) Combien de personnes au minimum pratiquent le football et l'athlétisme ?

b) Combien y en a-t-il au maximum ?

Voir chapitre 14.

24 Résous les équations suivantes :

$8x - 4 - 2x = 6x + 3$

$7x + 8 + 4x = 10 + 11x - 2$

Voir chapitres 10 et 12.

25 Résous les équations suivantes :

$(2x + 4) - (7x + 3) = (4x - 5) + (2 - 8x)$

$(5 - 3x) + (4 - 2x) = -(2x + 4) - (9x - 3)$

$(4x - 2) - (3x - 11) = (7x - 4) - (7 - 8x)$

Voir chapitres 10 et 12.

26 Résous les équations suivantes :

$(4x + 2)(3x + 5) = (2x - 4)(6x - 3)$

$(3 - 2x)(8x - 6) = (8 - 4x)(4x - 3)$

Voir chapitres 10 et 12.

27 Résous les équations suivantes :
$(3x - 4)^2 + (4x + 1)^2 = (5x - 2)^2$
$(7x - 4)^2 + (7x + 3)^2 = (14x - 1)(7x + 3)$

Voir chapitres 10 et 12.

28 a) Trouve toutes les valeurs possibles de x vérifiant simultanément les deux inéquations ci-dessous :
$4x - 30 \leq 2$
$7 - x < 1$
b) Représente ces valeurs sur un axe gradué.

Voir chapitres 10 et 12.

29 Résous les inéquations suivantes :
$(3x + 2)^2 > (x + 3)(9x - 1)$
$4x(2x + 3) - 11 \geq 4x(5x - 4) + 3x(2 - 4x)$

Voir chapitres 10 et 12.

30 Le lundi, Jean-Baptiste dit un secret à 5 personnes. Le mardi, chacune de ces 5 personnes le répète à 5 autres personnes qui le répètent le mercredi encore à 5 autres personnes, etc.
a) Combien de personnes connaîtront le secret à la fin de la semaine en supposant que le secret est toujours répété à quelqu'un qui ne le connaît pas encore ?
b) Au bout de combien de jours peut-on être sûr que tous les habitants de la Terre connaissent le secret ? *(On estime à 6 milliards le nombre de personnes vivant sur Terre.)*

Voir chapitres 10, 13 et 14.

31 Une feuille de papier a pour épaisseur 0,1 mm. La distance Terre-Lune fait approximativement 300 000 km.
Combien de fois au moins, faudra-t-il plier la feuille de papier pour qu'elle ait une épaisseur supérieure à la distance Terre-Lune ?

Voir chapitres 10, 13 et 14.

32 Une pâte feuilletée est obtenue en pliant une pâte sur elle-même trois fois, en l'étalant puis en recommençant l'opération plusieurs fois. Combien de fois faudra-t-il répéter cette opération afin d'obtenir au moins 1 000 épaisseurs dans la pâte ?

Voir chapitres 10 et 14.

33 Oumar, Aruna, Scott et Peter se partagent un sac de billes de la façon suivante :
Oumar prend la moitié des billes qui sont dans le sac et le passe à Aruna. Aruna prend un tiers des billes qui sont dans le sac et le passe à Scott. Scott prend un quart des billes qui sont dans le sac et le passe à Peter. Peter prend toutes les billes restantes, soit 12 billes.
Calcule combien chacun des trois autres enfants a pris de billes dans le sac.

Voir chapitres 11 et 14.

34 Au collège de Koupela, 60 % des élèves apprennent l'anglais, 20 % apprennent l'espagnol et 30 % apprennent l'allemand. 5 % des élèves apprennent les trois langues. Les $\frac{2}{3}$ des germanistes n'apprennent pas d'autres langues. La moitié des élèves suivant les cours d'espagnol apprennent une autre langue et 10 % des anglicistes font aussi de l'allemand.
Sachant qu'il y a 1 200 élèves au collège de Koupela, calcule :
a) le nombre d'élèves faisant de l'anglais et de l'espagnol mais pas d'allemand ;
b) le nombre d'élèves faisant de l'espagnol et de l'allemand mais pas d'anglais.

Voir chapitres 12 et 14.

35 On donne le programme de calcul suivant :
Je choisis un nombre.
J'ajoute 5 à son triple.
Je multiplie le résultat par 2.
Je retire au dernier résultat le quintuple de mon nombre augmenté de 14.
Je rajoute 5.
Effectue ce programme de calcul avec plusieurs nombres de ton choix.
Que constates-tu ? Explique-le.

Voir chapitre 10.

36 On donne le programme de calcul suivant :
Je choisis un nombre.
J'ajoute 3 à son double.
Je retire au dernier résultat le triple de mon nombre augmenté de 8.
Je rajoute 5.

Effectue ce programme de calcul avec plusieurs nombres de ton choix.
Que constates-tu ? Explique-le.

Voir chapitre 10.

37 On donne A = $(x - 1)(x - 2)(x - 3)$.
Détermine 3 valeurs différentes de x pour lesquelles on a A = 0.

Voir chapitres 10 et 12.

38 On donne B = $(2x - 3)(7x + 5)$.
Détermine 2 valeurs différentes de x pour lesquelles on a B = 0.

Voir chapitres 10 et 12.

39 Un grand-père a 52 ans de plus que son petit-fils. Dans 20 ans, le grand-père sera deux fois plus vieux que son petit-fils.
Quel est l'âge actuel du grand-père ?

Voir chapitres 10, 12 et 13.

40 Voici les notes sur 20 de Fabou depuis le début de l'année scolaire :

8 7 7 9.

Il ne reste plus qu'un seul contrôle avant que le professeur ne calcule les moyennes.
Combien faudra-t-il à Fabou au minimum à ce dernier contrôle pour être sûr d'avoir la moyenne ?

Voir chapitres 12 et 15.

41 On tend une corde autour de la Terre puis on rallonge cette corde de 1 m.
De quelle hauteur s'est-elle élevée ?
(On prendra 12 756 km comme diamètre de la Terre et on donnera un résultat arrondi au cm.)

Voir chapitres 10, 12 et 14.

42 Une bouteille et son bouchon coûtent ensemble 1 000 F CFA. La bouteille coûte 900 F CFA de plus que le bouchon.
Combien coûte la bouteille ?

Voir chapitres 10, 12 et 14.

43 On note x le nombre 0,999 999 999 …
Calculer $10x$ puis $10x - 9$.
Déduis-en une équation vérifiée par x.
Conclus à propos de la valeur de x.

Voir chapitres 10 et 12.

44 Trois nombres consécutifs ont pour somme 123 456.
Quelle est la valeur de chacun de ces nombres ?

Voir chapitres 10, 12 et 14.

45 Deux nombres ont pour somme 543 et pour différence 125.
Quelle est la valeur de chacun de ces nombres ?

Voir chapitres 10, 12 et 14.

46 Le double d'un nombre augmenté de $\frac{1}{6}$ est égal au sextuple de ce même nombre augmenté de $\frac{1}{2}$.
Quel est ce nombre ?

Voir chapitres 10, 11, 12 et 14.

47 Trois fois le quart d'un nombre est égal au quart de ce nombre augmenté de 3.
Quel est ce nombre ?

Voir chapitres 10, 11, 12 et 14.

48 Écris l'ensemble A des diviseurs de 72, l'ensemble B des diviseurs de 48 et l'ensemble C des diviseurs de 132.
Déduis-en le PGCD de 72, 48 et 132.

Voir chapitre 11.

49 Écris l'ensemble A des multiples non nuls de 12 et plus petits que 200, l'ensemble B des multiples non nuls de 20 et plus petits que 200 et l'ensemble C des multiples non nuls de 18 et plus petits que 200.
Déduis-en le PPCM de 12, 20 et 18.

Voir chapitre 11.

50 Recopie et complète le tableau suivant avec des nombres en écriture décimale.

$\times$	3^0	3^1	3^1	3^3	3^4
5^0					
5^1					
5^2					

Que représentent tous ces nombres pour le nombre $a = 3^4 \times 5^2$?

Voir chapitre 11.

51 Trouve toutes les valeurs possibles d'un nombre entier a tel que le PGCD de a et 72 soit égal à 12.

Voir chapitre 11.

52 Un nombre est dit parfait s'il est égal à la somme de ses diviseurs propres, c'est-à-dire autre que lui-même.
a) Détermine quels sont les nombres parfaits qui sont inférieurs à 10.
b) 28 est-il un nombre parfait ?
c) Un nombre premier peut-il être parfait ?

Voir chapitre 11.

53 Deux nombres sont dits premiers entre eux si leur seul diviseur commun est 1.
a) Vérifie que 24 et 35 sont premiers entre eux.
b) 75 et 56 sont-ils premiers entre eux ?

Voir chapitre 11.

54 Une boîte a pour dimensions 72 cm de hauteur, 54 cm de largeur et 108 cm de profondeur. On désire la remplir entièrement avec des cubes les plus grands possibles, tous identiques et dont les dimensions sont entières (en cm).
a) Quelle est la dimension de l'arête d'un de ces cubes ?
b) Combien y aura-t-il de cubes dans la boîte ?

Voir chapitres 11 et 14.

Construire

55 Sur la figure ci-dessous, tout ce qui est en dehors du cadre a été effacé.

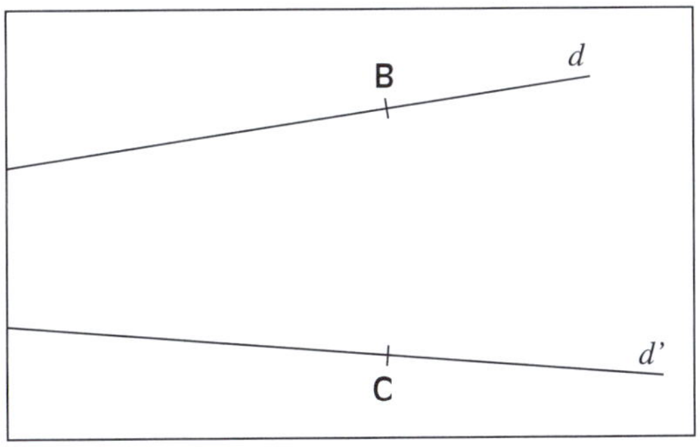

Les deux droites (d) et (d') se coupent en A. Reproduis cette figure et construis la bissectrice de l'angle $\widehat{BAC}$ sans tracer à l'extérieur du cadre.

Voir chapitres 1, 3 et 4.

56 Détermine et trace l'ensemble des points situés à exactement 3 cm d'un segment [AB] de longueur 5 cm.

Voir chapitres 1 et 3.

57 (d) et (d') sont deux droites sécantes.
a) Combien de points peut-on placer à exactement 3 cm de chacune des deux droites ?
b) Quelle est la figure formée par ces points ? Explique ta réponse.

Voir chapitres 1 et 3.

58 Reproduis la figure ci-dessous.
Détermine et colorie l'ensemble des points situés à moins de 1 cm de [AB] et à plus de 3 cm de C.

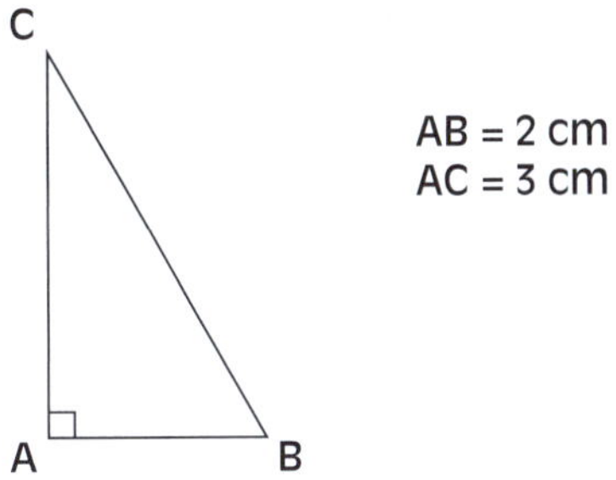

Voir chapitres 1 et 3.

59 Reproduis la figure ci-dessous.
Détermine et colorie l'ensemble des points situés à moins de 2 cm de la figure $\mathcal{F}$.

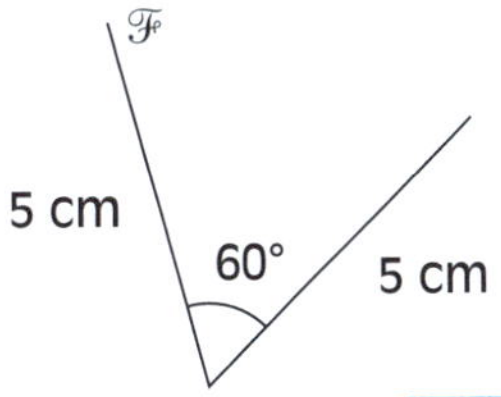

Voir chapitres 1 et 3.

60 Sur la figure de la page suivante, le triangle ABC a été presque totalement effacé. On sait que (d) est la médiatrice de [BA] et que (d') est la médiatrice de [BC].

Donne une méthode de construction permettant de tracer le triangle ABC.

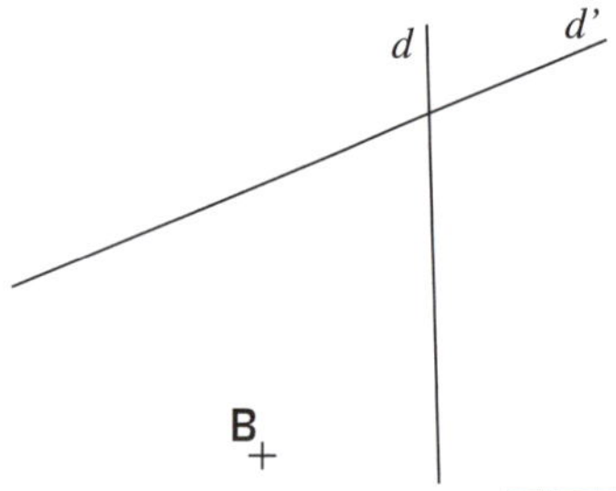

Voir chapitres 1 et 4.

61 Reproduis une figure semblable à la figure ci-dessous et trace le projeté du cercle $\mathscr{C}$ sur la droite *(d)* parallèlement à la droite Δ.

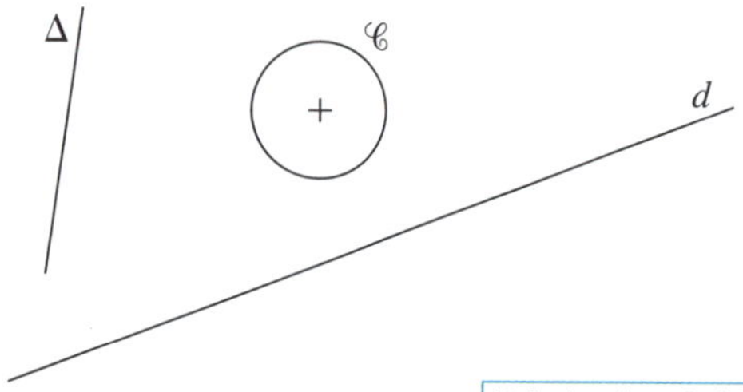

Voir chapitres 1 et 6.

62 Reproduis une figure semblable à la figure ci-dessous et trace le segment dont le projeté sur (TU) parallèlement à (RS) est [TU] et dont le projeté sur (RS) parallèlement à (TU) est [RS].

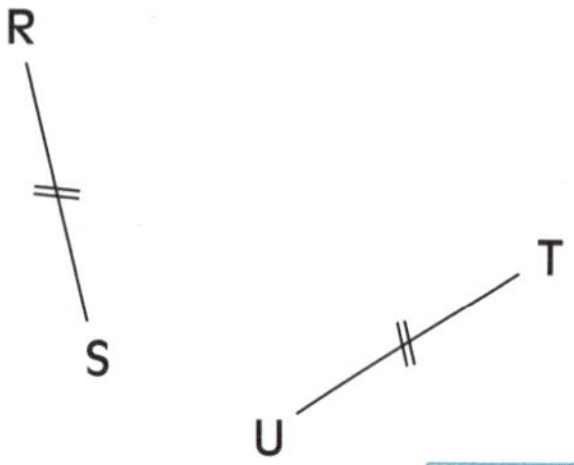

Voir chapitres 1 et 6.

63 ABCDA'B'C'D' est un cube. Quelle est la droite intersection des plans (A'DC) et (AD'C) ?

Voir chapitres 8 et 9.

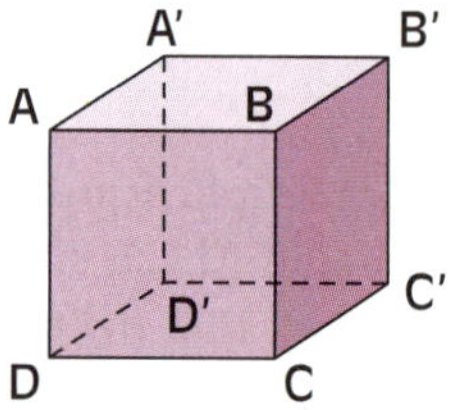

64 SABCD est une pyramide de base le parallélogramme ABCD. La droite (SA) est perpendiculaire au plan (ABD). M est un point de [SB].
Dessine une figure et trace l'intersection de la pyramide avec le plan parallèle à (SAD) et passant par M.

Voir chapitres 8 et 9.

65 Reproduis la figure ci-dessous et construis l'image de la figure par la symétrie d'axe *(d)*, puis l'image de la figure par la symétrie de centre O et l'image de la figure par la translation de vecteur $\vec{u}$.

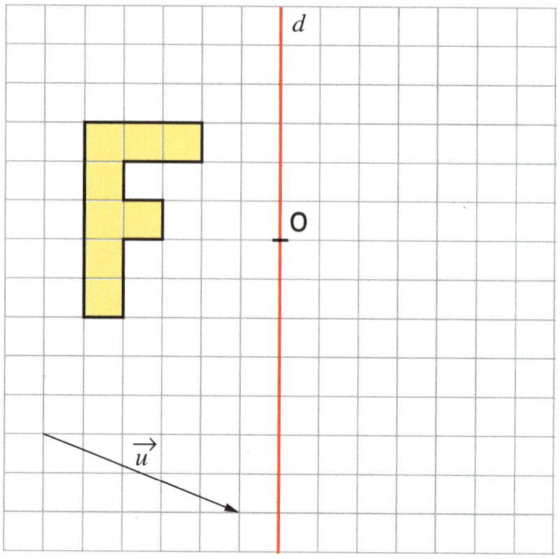

Voir chapitres 2 et 5.

66

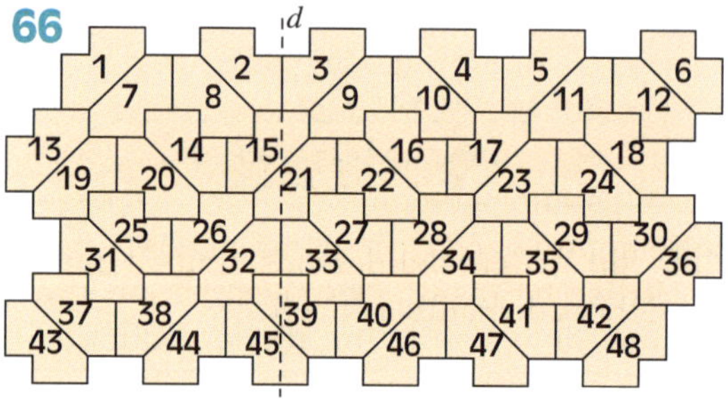

a) Quelle est l'image de la figure n° 10 par la symétrie d'axe *(d)* ?
b) Quelle est l'image de la figure n° 14 par la symétrie de centre O ?
c) Quelle est l'image de la figure n° 31 par la translation qui transforme la figure n° 44 en la figure n° 34 ?
d) Quelle figure a pour image la figure n° 25 par la symétrie d'axe *(d)* ?

e) Quelle figure a pour image la figure n° 17 par la symétrie de centre O ?
f) Quelle figure a pour image la figure n° 3 par la translation qui transforme la figure n° 40 en la figure n° 17 ?

Voir chapitres 2 et 5.

Démontrer

67 Deux cercles de centres respectifs O et O' se coupent en deux points distincts A et B.
Démontre que la droite (AB) est parallèle à la médiatrice du segment [OO'].

Voir chapitres 1 et 4.

68 On se donne deux points O et O' disjoints. (𝒞) est le cercle de centre O et de rayon 5 cm et (𝒞') est le cercle de centre O' et de rayon 2,5 cm. L'objectif est de tracer une droite qui soit à la fois tangente au cercle (𝒞) et tangente au cercle (𝒞'). On a tracé deux rayons [OA] et [OA'] de support parallèle.

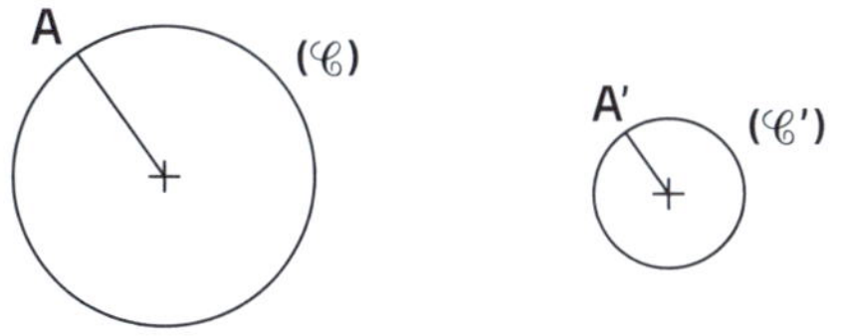

a) Reproduis une figure semblable.
Trace les droites (OO') et (AA'). Elles se coupent au point M.
Place le point I milieu de [OA].
b) Démontre que OIA'O' et AIO'A' sont des parallélogrammes. Déduis-en que IO'MA' est un parallélogramme.
c) Démontre que O' est le milieu [OM].
d) Utilise ce résultat pour écrire un programme de construction d'une droite tangente à la fois aux cercles (𝒞) et (𝒞').

Voir chapitres 1, 2 et 3.

69 La figure ci-contre n'est pas en vraie grandeur, l'unité choisie est le millimètre.

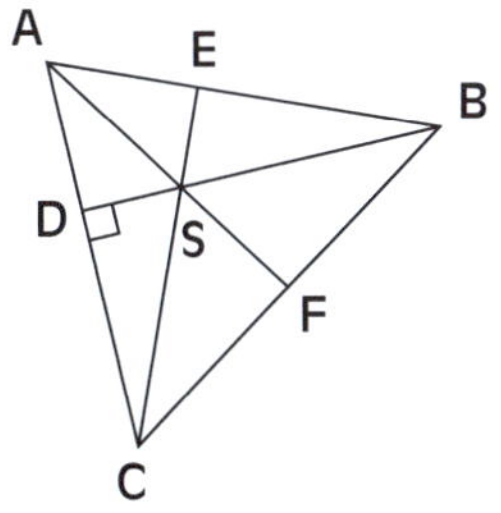

On donne pour longueurs :
EC = 60, AF = 52, AC = 65, et FC = 39.
Calcule la longueur AE.

Voir chapitres 1 et 4.

70 ABCD est un carré.
Que peux-tu dire du triangle APV ? Justifie-le.

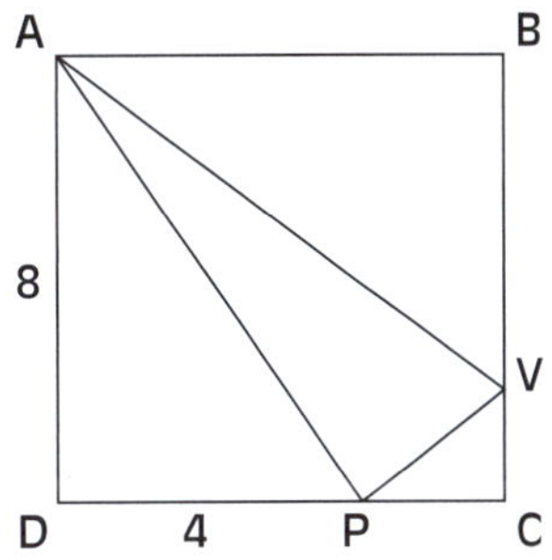

Voir chapitre 4.

71 ABCD est un trapèze de base [AB] et [CD]. I est le milieu de [AD]. Les droites (IJ) et (DC) sont parallèles.
Démontre que J est le milieu de [BC].

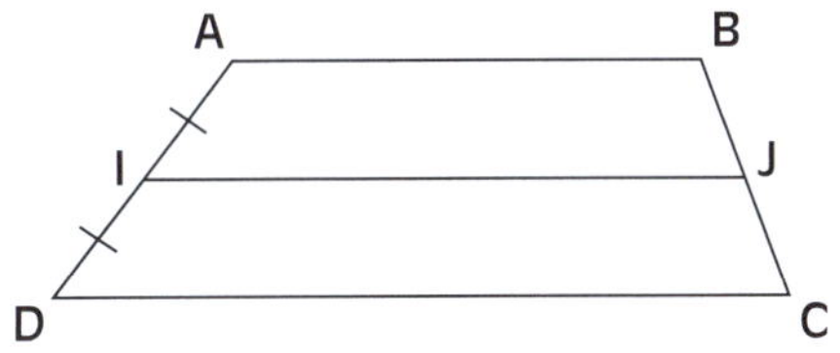

Voir chapitres 1 et 4.

72 ABC est un triangle rectangle.
Montre que son orthocentre, son centre de gravité et le centre de son cercle circonscrit sont alignés.

Voir chapitres 1 et 4.

73 RST est un triangle, G son centre de gravité.
On note I, J et K les milieux respectifs de [ST], [TR] et [RS].
On note R', S' et T' les images respectives de G par la symétrie de centre I, J et K.
a) Fais une figure.
b) Démontre que G est le centre de gravité de R'S'T'.

Voir chapitres 1 et 4.

74 ABC est un triangle isocèle en A. R est un point de la hauteur issue de A. I, J, K et

L sont les milieux respectifs de [AB], [BR], [RC] et [CA].
Démontre que IJKL est un rectangle.

Voir chapitres 1 et 4.

75 EFG est un triangle. On place A sur [EG] tel que EA = $\frac{EG}{3}$.
B est le projeté de A sur (EF) parallèlement à (FG). C est le projeté de A sur (EG) parallèlement à (EF).

a) Démontre que EB = $\frac{EF}{3}$.

b) Calcule $\frac{CG}{GF}$.

Voir chapitres 1, 4 et 6.

76 RST est un triangle. I est le milieu de [RS], J est le milieu de [RI], K est le milieu de [RJ]. K' est le projeté de K sur (RT) parallèlement à (ST).
Démontre que $\frac{RK}{RS} = \frac{RK'}{RT} = \frac{KK'}{RT}$.

Voir chapitres 1, 4 et 6.

77 ABCD est un parallélogramme de centre O.
Calcule la somme $\overrightarrow{DC} + \overrightarrow{BC} + \overrightarrow{OA}$.

Voir chapitres 1 et 5.

78 ABCD est un rectangle de centre O. I, J, K et L sont les milieux respectifs de [AB], [BC], [CD] et [DA].
Calcule la somme $\overrightarrow{JI} + \overrightarrow{DC} + \overrightarrow{KJ}$.

Voir chapitres 1 et 5.

79 Trace deux droites *d* et *d'* parallèles.
Place trois points A, B et C.
Construis les points A', B' et C' images respectives de A, B et C par la symétrie d'axe *d*.
Construis les points A'', B'' et C'' images respectives de A', B' et C' par la symétrie d'axe *d'*.
Quelle transformation permet d'avoir A'', B'' et C'' comme images respectives de A, B et C ? Explique ta réponse.

Voir chapitres 1, 2 et 5.

80 A, B, C, D, E et F sont des points du plan.

a) Trace l'image du triangle ABC par la translation de vecteur $\overrightarrow{DE}$. On note A'B'C' le triangle obtenu.

b) Trace l'image du triangle A'B'C' par la translation de vecteur $\overrightarrow{EF}$. On note A''B''C'' le triangle obtenu.

c) Quelle transformation permet d'avoir A''B''C'' comme image de ABC ? Explique ta réponse.

Voir chapitres 1 et 5.

81

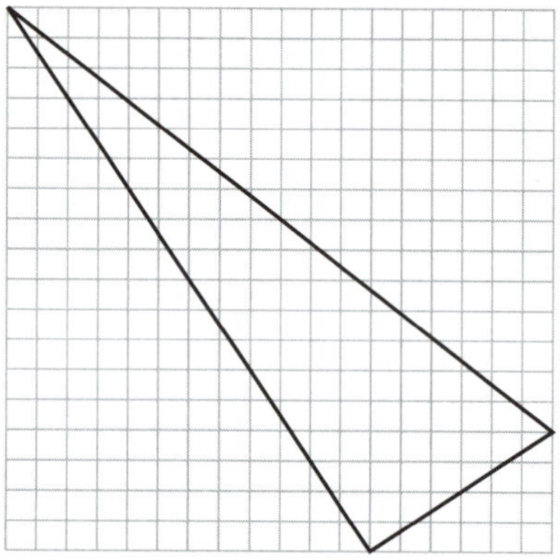

Calcule le périmètre et l'aire du triangle ci-dessus. On prendra un carreau comme unité de mesure. (On arrondira le périmètre au dixième.)

Voir chapitres 1 et 4.

82 ABC est un triangle tel que AB = 12 mm, BC = 16 mm et CA = 20 mm. I est le milieu de [CA]. Calcule [IB].

Voir chapitres 1 et 4.

83 OAB est un triangle rectangle en $\widehat{A}$ tel que OA = AB = 1 cm. OBC est un triangle rectangle en $\widehat{B}$ tel que BC = 1 cm.
OCD est un triangle rectangle en $\widehat{C}$ tel que CD = 1 cm. ODE est un triangle rectangle en $\widehat{D}$ tel que DE = 1 cm. OEF est un triangle rectangle en $\widehat{E}$ tel que EF = 1 cm.
OFG est un triangle rectangle en $\widehat{F}$ tel que FG = 1 cm. OGH est un triangle rectangle en $\widehat{G}$ tel que GH = 1 cm. OHI est un triangle rectangle en $\widehat{H}$ tel que HI = 1 cm.
Calcule la longueur OI.

Voir chapitre 4.

Effectuer les activités d'intégration

84 Soit ABC un triangle tel que :
AB = 4 cm ; BC = 5 cm et CA = 7 cm.

On souhaite tracer trois cercles de centre A, B et C de telle sorte qu'ils soient tangents deux à deux comme le montre la figure ci-contre.

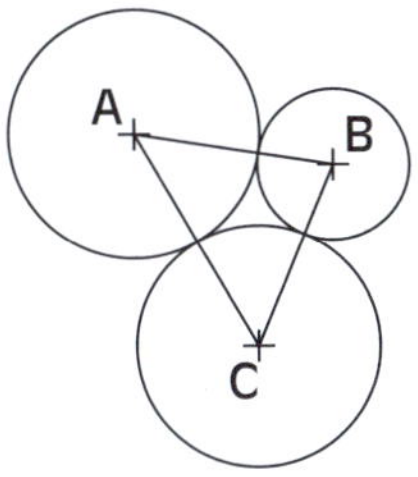

On note x le rayon du cercle de centre A, y le rayon du cercle de centre B et z le rayon du cercle de centre C.

a) Écris une équation vérifiée par x et y.
b) Écris une équation vérifiée par y et z.
c) Écris une équation vérifiée par z et x.
d) Démontre que $2x + y + z = 11$.
e) Déduis-en que $2x + 5 = 11$ et calcule la valeur de x.
f) Calcule la valeur de y et z.
g) Fais une figure en vraie grandeur.

Voir chapitres 3, 10, 12 et 14.

85 La figure ci-dessous n'est pas en vraie grandeur, l'unité choisie est le centimètre.
ABCD et EBGH sont des carrés.

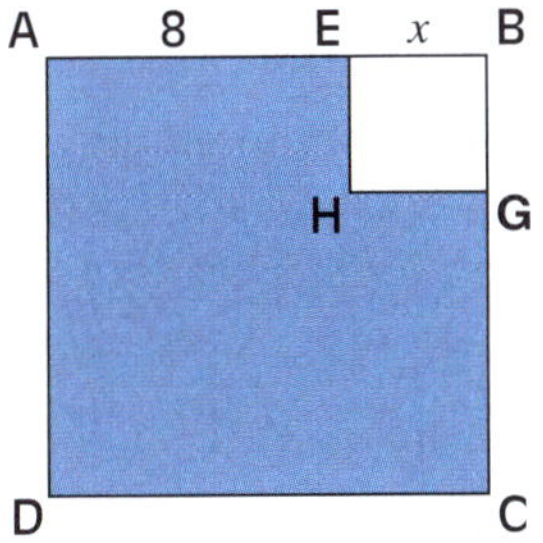

Calcule x pour que l'aire de la surface colorée soit égale à 112 cm^2.

Voir chapitres 10, 12 et 14.

86 La figure ci-contre n'est pas en vraie grandeur, l'unité choisie est le centimètre.
Détermine la valeur de x pour que le triangle ci-dessous soit un triangle rectangle.

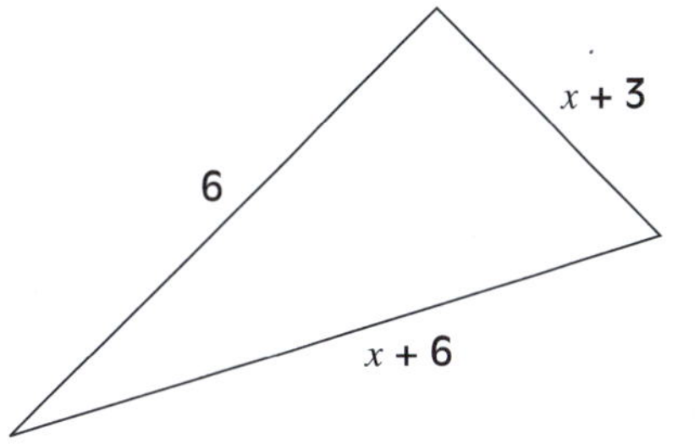

Voir chapitres 4, 10, 12 et 14.

87 La figure ci-dessous n'est pas en vraie grandeur, l'unité choisie est le centimètre.
Détermine la valeur de x pour que Δ soit parallèle à (BC).

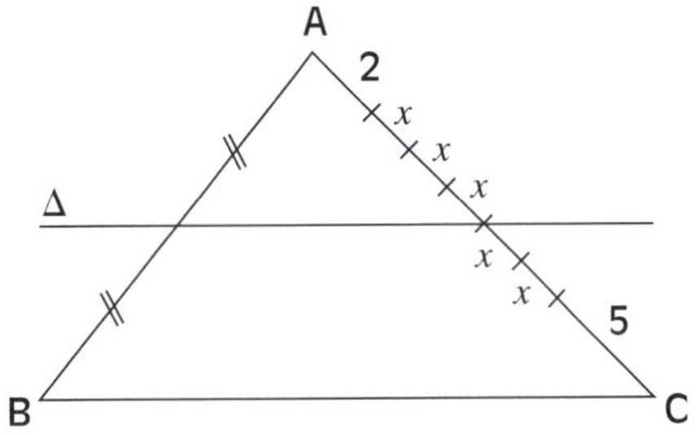

Voir chapitres 4, 10, 12 et 14.

88 Les trois demi-cercles tracés sur la figure ci-dessous ont pour diamètre les trois côtés du triangle rectangle.
Démontre que l'aire des lunules (surface colorée) est égale à l'aire du triangle ABC.

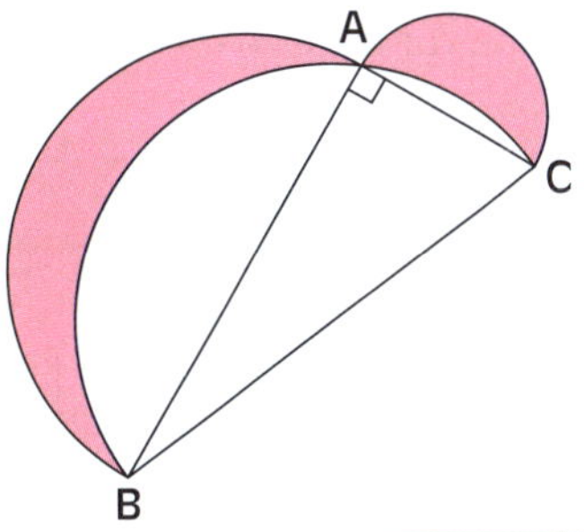

Voir chapitres 4, 10 et 12.

89 A, O et B sont alignés. Les trois arcs de cercle tracés ci-dessous ont pour diamètre [AO], [OB] et [AB].
Quelle est la longueur la plus longue : celle de la ligne en trait continu ou celle de la ligne en traits pointillés (voir figure page suivante) ?

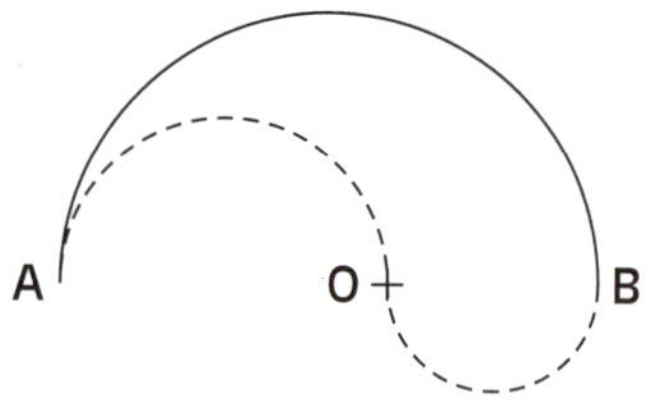

Voir chapitres 10, 12 et 14.

90 Dienabou désire fabriquer un cône de révolution de rayon 6 cm et de hauteur 8 cm. La figure ci-dessous est le schéma du patron qu'elle a dessiné.
Aide Dienabou à réaliser son patron aux vraies grandeurs en calculant la longueur R puis la mesure de l'angle α.

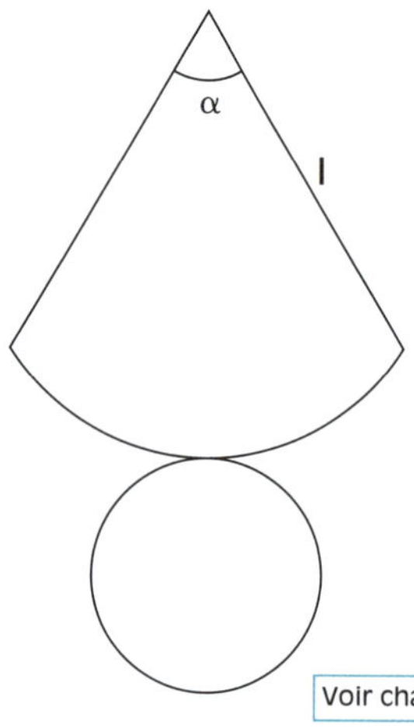

Voir chapitres 7, 8 et 14.

91 Calcule la mesure de l'angle α.
Calcule l'aire du trapèze ci-dessous de deux manières différentes.
Déduis-en une relation entre a, b et c.

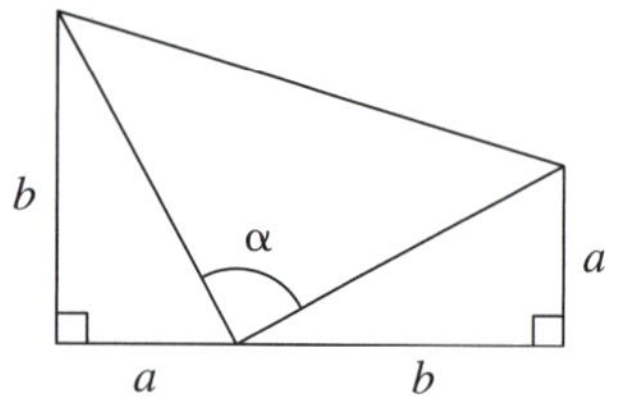

Voir chapitres 4, 10 et 12.

92 Une échelle est posée verticalement contre un mur. On écarte la base de l'échelle de 3 m du mur. Le sommet de l'échelle descend alors de 1 m.
Quelle est la longueur de l'échelle ?

Voir chapitres 4, 10, 12 et 14.

Faire preuve de logique

93 Voici un vieux proverbe hollywoodien :
« Si Ternimathor est dans le coin,
alors il va y avoir de la bagarre. »

Ternimathor est dans le coin. Va-t-il y avoir de la bagarre ?
Ternimathor n'est pas dans le coin. Va-t-il y avoir de la bagarre ?
Il va y avoir de la bagarre. Ternimathor est-il dans le coin ?
Il ne va pas y avoir de bagarre. Ternimathor est-il dans le coin ?

Parmi les phrases suivantes, lesquelles sont justes ?
a) Lorsque Ternimathor est dans le coin, il va y avoir de la bagarre.
b) Il va y avoir de la bagarre, donc Ternimathor est dans le coin.
c) Il va y avoir de la bagarre parce que Ternimathor est dans le coin.
d) Il ne va pas y avoir de bagarre car Ternimathor n'est pas dans le coin.

Voir chapitre 1.

94 Deep le Brun était un pirate de la mer des Caraïbes du XVIIe siècle. Dans son équipage il y avait des marins borgnes. Il y avait aussi des marins très cruels. En revanche, aucun d'entre eux n'était sanguinaire. Après avoir lu tous les livres d'histoire sur les pirates, on sait maintenant que si un pirate a une jambe de bois alors il est cruel et que si un pirate a un foulard sur la tête alors il est sanguinaire. De plus, il est bien connu que si un pirate est borgne alors il est très habile au sabre.
a) Dans l'équipage de Deep le Brun, y a-t-il des pirates habiles au sabre ?
b) Dans l'équipage de Deep le Brun, y a-t-il des pirates qui ont un foulard sur la tête ?
c) Dans l'équipage de Deep le Brun, y a-t-il des pirates qui ont une jambe de bois ?

Voir chapitre 1.

95 Doussouba est une petite fille sage. Elle fait de la gymnastique mais déteste le football.

Dans le livre du Docteur Diop, on apprend que :

– si un enfant n'a pas les cheveux longs et fait de la gymnastique alors il se réveille tous les jours à 7 heures du matin.

– Si un enfant mesure moins de 1 m 18 alors il a de très petits yeux.

– Si un enfant est sage, alors il aime manger des bonbons.

– Si un enfant se réveille tous les jours à 7 heures du matin alors il a de très grands yeux.

– Si un enfant a les cheveux longs alors il aime le football.

a) Doussouba aime-t-elle manger des bonbons ?

b) Doussouba a-t-elle les cheveux longs ?

c) Que peut-on dire de la taille des yeux de Doussouba ?

d) Que peut-on dire de la taille de Doussouba ?

Voir chapitre 1.

96 Voici ce que Kadidiatou a écrit dans son cahier :

« Je prends deux nombres x et y égaux : $x = y$.
Je multiplie par x à gauche et y à droite (j'ai le droit puisqu'ils sont égaux !) :

$x^2 = y^2$

$x^2 - y^2 = x^2 - y^2$

J'utilise les produits remarquables :

$(x + y)(x - y) = x^2 - y^2$

Puis comme $x = y$:

$(x + y)(x - y) = x^2 - xy$

$(x + y)(x - y) = x(x - y)$

Je simplifie par $(x - y)$ et j'obtiens : $(x + y) = x$.
et comme $x = y$:

$x + x = x$

$2x = x$

Et en simplifiant par x, je trouve que : 2 = 1 ! »
Qu'en penses-tu ?

Voir chapitres 10 et 12.

97 On considère le polynôme suivant :
$g(x) = (7x - 5)(3 - 2x) - 14x + 10 - 5(5 - 7x)$
Développer, réduire et ordonner $g(x)$ suivant les puissances décroissantes de x.

(Burkina Faso, 2002)

Voir chapitre 10.

S'entraîner à l'examen

98 $A(x) = (x + 5)(2x - 3) + (x^2 - 25)$
Développer et réduire $A(x)$.

(Djibouti, 2000)

Voir chapitre 10.

99 On considère les nombres A, B et D tels que :

$A = \frac{3}{2} - \frac{10}{3} \times \frac{12}{5}$; $B = \frac{4}{15} \div \left(\frac{3}{5} - \frac{3}{4}\right)$

$D = \frac{0{,}64 \times 10^2 \times 5 \times 10^{-5}}{8 \times 10^3 \times 5 \times 10^{-6}}$

❶ a) Calculer A et B et donner chaque résultat sous forme de fraction irréductible.

b) Donner l'écriture décimale puis la notation scientifique de D.

Soit l'expression $E = (2x - 6)(1 - x) + (x^2 - 9)$.

❷ Développer, réduire et ordonner E.

(Gabon, 2000)

Voir chapitres 10 et 11.

100 Le propriétaire d'un troupeau de mouton vend d'abord 3 moutons, puis la moitié de ceux qui lui restent, puis 4 moutons. Il lui reste le tiers du troupeau initial. Combien de têtes contenait le troupeau initial ?

(Congo, 1999)

Voir chapitres 10, 12 et 14.

101 Ali va à pied de sa maison au collège à la vitesse moyenne de 5 km/h.
S'il y allait en voiture, il irait 6 fois plus vite (donc à 30 km/h) et arriverait 20 min avant.

❶ Combien de temps lui faut-il pour aller à pied au collège ?

❷ Quelle est la distance entre la maison d'Ali et le collège ?

(Djibouti, 2000)

Voir chapitres 10, 12 et 14.

102 Avant de partir au marché, Clémence possède 1 200 F CFA de plus que sa camarade Solange. Au marché, elles dépensent chacune 3 600 F CFA. Clémence possède alors deux fois plus d'argent que Solange.

De quelles sommes d'argent disposaient-elles avant d'aller au marché ?

(RCA, 2000)

Voir chapitres 10, 12 et 14.

103 Sur le schéma ci-après, ABC est un triangle équilatéral.
La droite (D) est perpendiculaire à la droite (AC).

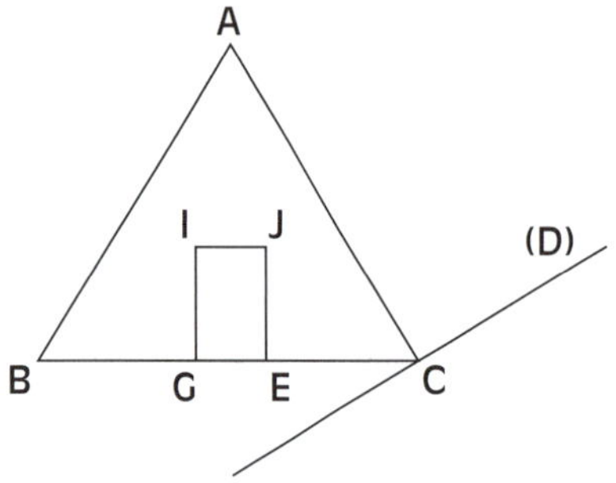

Complète cette figure par symétrie par rapport à la droite (D).

(Cameroun, 2001)

Voir chapitre 2.

104 L'unité de longueur est le centimètre (cm).
La figure ci-dessous, qui n'est pas en grandeur réelle, représente un cône de révolution de sommet S, de hauteur [SO] et de base le cercle de diamètre [IJ].
On donne IJ = 10 et SO = 12.

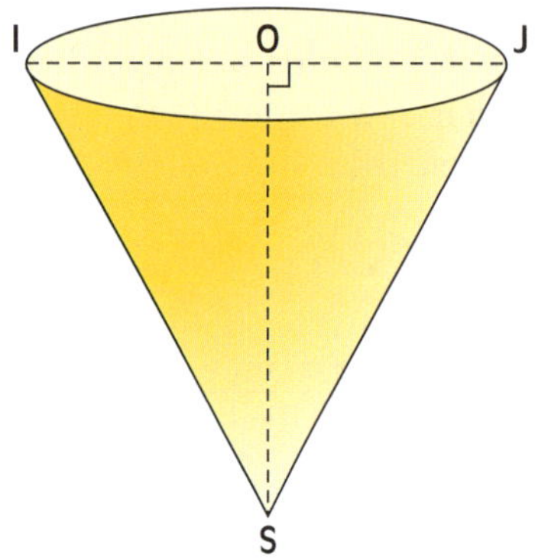

❶ Démontre que SI = 13.
❷ Calcule l'aire latérale de ce cône au mm^2 près.

(Côte d'Ivoire, 2001)

Voir chapitres 4, 7, 8 et 14.

105 Sur la figure ci-après, ABC est un triangle rectangle en B tel que BA = 4 cm et BC = 3 cm.

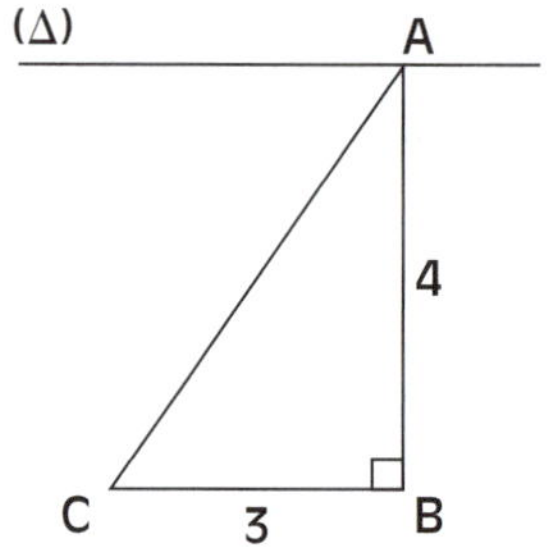

❶ Reproduis la figure sur ta feuille de copie.
❷ Construis sur ta copie l'image (F) du triangle ABC par la symétrie orthogonale d'axe (Δ) suivie de la symétrie orthogonale d'axe (BC).

(Côte d'Ivoire, 2002)

Voir chapitre 2.

106 ABCD est un parallélogramme, I est le milieu de [AD], K le milieu de [AB], L le milieu de [DC].

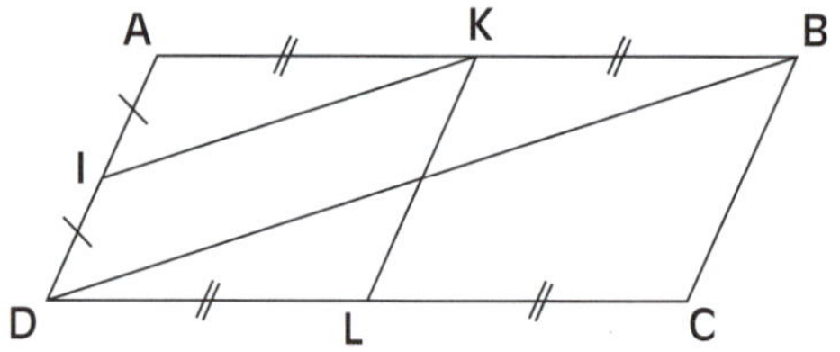

❶ a) Donner un vecteur égal au vecteur $\overrightarrow{AL}$.
b) Donner un vecteur d'origine L et égal au vecteur $\overrightarrow{BK}$.
c) Déduire de ❶ a) l'image du point K dans la translation de vecteur $\overrightarrow{AL}$.
❷ Quelle est l'image du point B dans la translation de vecteur $\overrightarrow{KL} + \overrightarrow{CL}$?
❸ Comparer les mesures IK et DB. Justifiez votre réponse.

(Djibouti, 2000)

Voir chapitre 5.

107 Dans un triangle ABC, I est le milieu de [AB], J est le milieu de [AC], K est le symé-trique de J par rapport à B. La droite (IK) coupe (BC) en L.
❶ Faire une figure soignée.

Il consulte deux entreprises en bâtiments pour connaître leurs tarifs.
L'entreprise de M. Kamara propose des pots de peinture pouvant couvrir une surface de 100 m^2 à 24 800 F CFA l'unité. Son équipe de peintres est composée de quatre ouvriers. Le forfait journalier pour la main-d'œuvre est de 26 000 F CFA.
L'entreprise de M. Dosso n'utilise que des pots de peinture pouvant couvrir une surface de 20 m^2. Chacun de ces pots coûte 5 600 F CFA. M. Dosso accordera une remise de 15 % sur toute la peinture. Son équipe de peintres est faite de trois personnes. Le forfait journalier pour la main-d'œuvre est de 19 000 F CFA.
Pour des raisons administratives, le directeur de l'observatoire doit acheter toute sa peinture chez le même fournisseur et doit faire appel à l'une des deux entreprises citées pour la main-d'œuvre. Il estime qu'un peintre peut peindre une surface de 80 m^2 par jour.
Indique quelle sera la procédure du directeur de l'observatoire pour réaliser ces travaux de peinture au moindre coût et quelle sera la somme que paiera réellement l'observatoire.

Voir chapitres 8, 10, 11 et 14.

112 Un architecte a reçu une commande pour réaliser un pavage sur les murs d'une grande pièce carrée de 12 m de côté et de 4,6 m de hauteur.
Voici les contraintes données dans le cahier des charges :
– les motifs utilisés devront tous être identiques ;
– les motifs doivent se superposer si on les translate horizontalement et verticalement.
Pour l'harmonie de l'ensemble, l'architecte décide que les motifs auront un centre de symétrie.
Il a créé le début du motif :

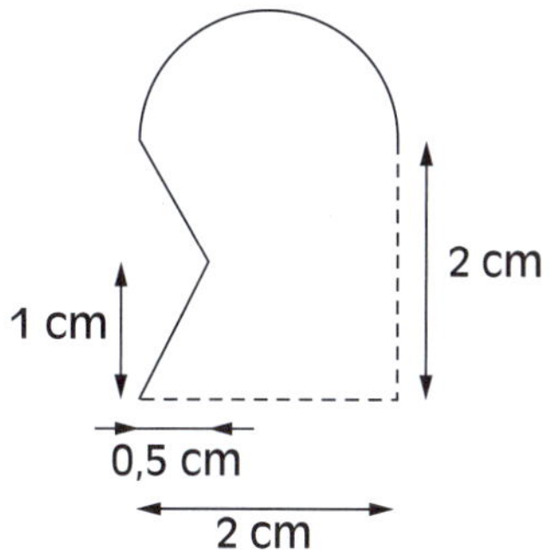

a) Reproduis la figure en vraie grandeur et achève le dessin du motif sachant que l'arc de cercle est un demi-cercle et que le centre de symétrie du motif se situe à l'intersection des lignes pointillées.
b) L'architecte désire utiliser cinq couleurs différentes. Sur chaque ligne de son pavage, les couleurs devront être disposées de manière régulière. Par ailleurs, quand une couleur est utilisée, elle ne pourra pas être de nouveau utilisée avant que les autres ne l'aient été aussi.
Il se demande s'il pourra assembler des lignes toutes différentes. Aide-le à répondre à cette question.
c) Pour découper chacun des motifs, il lui faudra utiliser une scie de précision. Cette scie peut découper sur 800 m avant de devoir changer la lame.
Combien l'architecte devra-t-il prévoir de lames pour ce travail ?

Voir chapitres 2, 5, 13 et 14.

❷ Démontrer que (IJ) est parallèle à (BC).
❸ Démontrer que L est le milieu de [KI].

(Niger, 2000)

Voir chapitres 1, 2 et 4.

108 ABCD est un rectangle dont les côtés ont pour longueur AB = 7 cm et AD = 6 cm. I est le point de [AD] tel que AI = 2 cm. Soit N le point de [AB] tel que AN = x.
❶ Faire la construction.
❷ Exprimer NB, NC^2 et IN^2 en fonction de x.
❸ Trouver pour quelle valeur de x le triangle INC est rectangle en I.

(Niger, 2002)

Voir chapitres 4, 10, 12 et 14.

109 Dans le bar de la cantine du lycée, on peut trouver les boissons suivantes : Coca-Cola, Fanta, Sprite, Malta et Tonic. En une journée, la vendeuse a vendu 85 bouteilles de boisson. Le diagramme ci-dessous indique le nombre de bouteilles vendues pour chaque type de boisson.

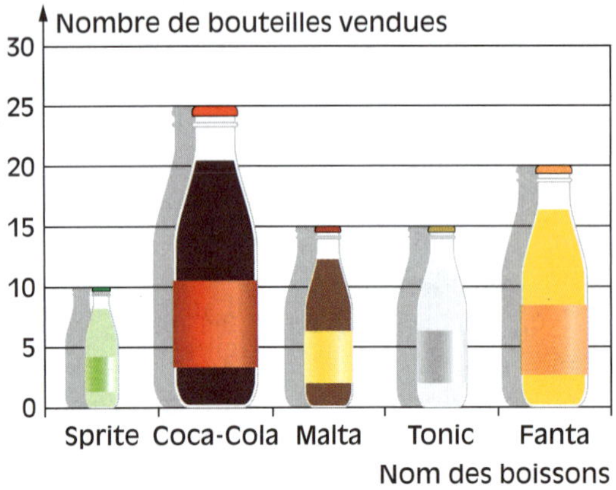

Recopier et compléter le tableau ci-dessous :

Noms des boissons	Coca-Cola	Fanta	Sprite	Malta	Tonic
Nombres de bouteilles vendues	25				
Fréquences	$\frac{5}{17}$				

(Cameroun, 2001)

Voir chapitres 11 et 15.

110 Après son élection, le maire d'une commune mène une enquête pour connaître la priorité dans la réalisation des quatre projets suivants : Électrification (E) ; Adduction d'eau (A) ; Dispensaire (D) ; Morgue (M).
Chaque personne interrogée doit choisir un et un seul projet.
Les fréquences des réponses sont résumées dans le tableau suivant :

Projets	E	A	D	M	Total
Fréquences	$\frac{5}{18}$	$\frac{6}{18}$	$\frac{4}{18}$	$\frac{3}{18}$	1

❶ Quel est le projet prioritaire ?
❷ Construis un diagramme en bâtons des fréquences de la série. (*On prendra 1 cm pour la fraction 1/18.*)

(Côte d'Ivoire, 2001)

Voir chapitre 15.

Situations problèmes

111 Le directeur d'un observatoire doit engager des travaux afin de refaire les peintures extérieures de son bâtiment. Celui-ci a la forme ci-dessous :

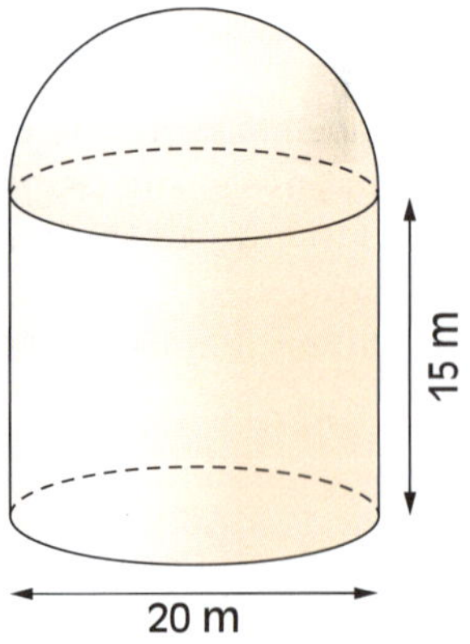

La partie basse du bâtiment est composée d'un cylindre et la partie supérieure d'une demi-sphère.
Pour financer ce projet, l'État lui accordera une subvention représentant un quart de la facture totale. L'Union Africaine paiera 10 % de la facture à hauteur de 40 000 F CFA. Le reste sera à la charge de l'observatoire.